JN485654

장소통합형 도시재생

황재훈·홍성조·변나향·박경옥
김미경·안대환·박봉주·김학실

NOVA APERIO 1951 충북대학교 출판부

차례

서문

도시는 성장과 진화에 의해 끊임없이 변해가는 유기체적 실체(Organic Entity)이다. 이 과정에서 자연환경과 인공요소 간의 물리적 관계설정을 위한 노력이 역사적으로 다양하게 진행되어왔다. 일반적으로 새로운 환경에 새로운 시설을 건설하는 신개발의 개념과 기존 정주환경을 최소한으로 개선하려는 정비, 그리고 살아온 삶터를 유지하면서 새롭게 되살리려는 재생으로 나누어질 수 있고, 시대와 지역 그리고 정책에 따라 선별적이거나 복합적으로 사용되면서 우리의 도시환경이 변해왔다.

산업혁명 이전까지만 하더라도 새롭게 환경을 조성하든, 기존의 도시를 개선하든 기본적으로 사회적, 문화적, 물리적 연계성을 가지고 정주환경 공간과 시설을 만들어 왔고 이 과정에서 의식적이든 무의식적이든 재생(Regeneration)의 개념에 근거하여 이루어진 것을 알 수 있다. 이에 따라 도시와 마을은 지역적 특성과 함께 다른 곳과 차별성을 가지게 되고 각 도시나 지역만의 이야기 속에서, 유사한 지역의 이미지와 형태적 유사성(혹은 맥락성)으로 나타났다.

하지만 산업혁명 이후 모더니즘(Modernism)의 기능주의(Functionalism)와 구조주의(Structuralism) 등으로 인해 기존이 물리적 혹은 비물리적 지속성보다는 효율성과 경제성을 바탕으로 구조와 공간의 창조성에 초점을 맞추어 도시조직(Urban Tissue)의 단절은 물론 정주환경의 조성방식 역시 기존이나 역사와 거리가 먼 국제주의적(Internationalism) 현상으로 나타나게 되었다. 이 과정에서 재생 개념이 우선적으로 자리잡기에는 한계를 보이게 되었다.

이러한 패러다임의 지배는 1980년대를 지나면서 서서히 변하기 시작하여 역사와 옛것에 대한 새로운 재해석으로 자리잡게 되고, 이는 영국과 미국을 중심으로 도시재생이라는 새로운 물결로 다시 정주환경을 유지하고 관리하는데 전면으로 부상하게 되었다. 특히 2차 세계대전 이후 도시 및 정주환경의 재건의 연장선에서 새로운 지역의 무분별한 건설과 기존 도시의 팽창 등으로 인해 도심이 낙후되고 경우에 따라 비어가는 도심 공동화 현상이 사회적으로나 물리적으로 큰 문제로 대두됨에 따라 이에 대한 해결방안의 하나로 재생이 더욱 강조되게 되었다.

시대의 도시환경 조성을 위한 계획설계 패러다임으로 자리는 잡았지만, 지역과 역사적 해석에서 다양한 형태의 재생유형이 탄생하게 된다. 우선 현대재생이론의 발생지인 영국의 경우 역사적으로 오래된 빅토리안 스타일(Victorian Style) 도시의 새로운 변화가 필요함은 물론 사회·경제적으로 급속하게 대응하는 도시공간을 유지하기 위한 방안으로 창조도시의 개념으로 추진한 반면 미국의 경우 200년의 역사 속에서 가치 있는 시설과 공간에 대한 보전과 보존관점의 재생으로 진행하고 있다. 이외 유럽지역의 경우 물리적 환경의 리모델링을 통한 새로운 공간기능 부여에 초점을 맞추어 도시의 형태적 결을 유지하고자 하였다. 한편 일본의 경우는 주민참여라는 공동체 구조를 통해 지역 가꾸기 형태로 진행하여 기존 도시재생의 새로운 추진방식을 제시하게 되었다.

이러한 세계의 흐름 속에 한국의 도시재생은 상대적으로 늦게 시작되었지만, 서구의 재생과 일본의 재생을 병합하여 짧은 기간 안에 한국형 도시재생으로 발전시켜나가고 있다. 특히 도시재생법의 법적 근거와 도시재생이라는 정책적 뒷받침 속에서 각 지자체의 경쟁심을 통한 공모는 지역적으로 빠르게 확산하게 하는 기폭제 역할을 하고 있다. 물론 이 과정에서 재생이 가지는 시간 소요 무시와 운영관리시스템의 불안전성 그리고 이를 받아들이는 주민의 의식과 역량 등이 여전히 혼란스러운 부분이지만 가시적 효과를 위한 강한 드라이브가 걸려있는 상황이다.

다른 선진국이나 먼저 재생이 제도화된 국가와 달리 압축적이고 단기적 목적으로 진행되는 한국의 재생은 이제는 새로운 재생과 한국형 재생을 정착하기 위해 도시재생의 철학, 이론, 그리고 전문가가 필요한 시점이다. 다행히 국가지원사업으로 도시재생 전문인력 양성사업이 진행되어 학술적인 측면과 함께 도시재생을 전문적으로 다루는 학위프로그램이 생기게 되어 다행스럽고 다른 국가와 같이 많은 연구가 기대된다.

따라서 이번에 충북대학교 일반대학원 도시재생학 학과간 협동과정에서 발간하는 "장소통합형 도시재생"은 이러한 도시재생의 기본이론과 함께 지역적 특성을 바탕으로 사례와 경험을 소개하는 소중한 첫걸음의 결과로 자리매김하고자 한다.

2021. 11

충북대학교 일반대학원 도시재생학 학과간 협동과정

주임교수 **황 재 훈**

제1장
도시재생의 이해

제1절 도시재생의 배경

1. 도시

도시는 다수의 인간이 정주를 목적으로 진화하는 전체적(全體的) 삶터를 의미한다. 인간의 집합체로서 일정한 영역 안에서 서로 간의 교류를 통해 경제와 사회활동은 물론 정치적인 행위까지 함께 나타나는 일련의 과정이고 결과이다. 이곳에서 서로 간의 규율과 관습은 물론 문화를 만들어가고 이를 공동체적 특성과 정체성 그리고 공간적으로는 장소성으로 나타난다. 각기 다름의 도시의 상황과 성격은 결과적으로 여러 도시를 구별함은 물론 차별성으로 작용하게 된다.

오랜 기간 만들어지고 이어져 온 도시는 변화 속에서 부침을 통해 성장하기도 하고 쇠락하기도 한다. 하지만 기본적으로 도시의 속성은 복합성(Complexity)과 변화성(Transformation), 그리고 지속가능성(Sustainability)을 원칙으로 하고 있다. 복합성은 인구의 구성은 물론 다양한 기능의 융복합적 상황을 의미하고, 변화성은 시대의 흐름 속에서 새로운 환경과 여건에 대한 조건적 반응 속에서 맞추어가려는 현상을 의미하고, 지속가능성은 이러한 다양한 요소들이 변해가면서 멈추지 않은 다수의 정주환경을 유지해가는 것에 있다.

이러한 도시의 기본원칙에도 불구하고 시간의 흐름 속에 도시는 변화에 대한 적절한 대응이 현실적으로 어려운 경우가 발생하기도 하는데. 일반적으로 내외적 변화 압력의 항상성과 면역성의 부재에 기인하게 된다. 변화 압력은 통상 주변이든 내부이든 어느 한 곳에서 시작하여 궁극적으로 함께 작용하게 된다. 이 과정에서 도시는 현재의 기본 상황을 유지하려는 항상성(Homeostasis)이 작용하여야 하나 의견수렴과 비용 등의 한계로 인해 균형감을 잃을 때를 항상성의 부재라고 하고, 또한 면역력의 부재는 도시구조나 정주여건이 일정 조건 안에서 변화하기보다는 갑작스러운 개발이나 파괴로 인한 변화허용용량(Carring

Capacity of Changes)이 초과되어 기존 공간 질서나 구성요소의 급격한 변화되는 상황을 의미한다.

이렇듯 도시의 건강하고 균형감에서 벗어나 관심에서 멀어지면 도시공간은 다양한 문제로 나타난다. 크게는 물리적 측면과 비물리적 측면으로 나누어지며 이러한 시점에서 도시공간의 변화가 필요하게 되는 것이다.

2. 도시정책의 주제

이러한 도시는 역사적 사실을 통해 변화해왔음을 알게 되고 이러한 과정에서 몇 가지 정책적 기조를 바탕으로 하고 있다.

첫 번째 도시 정책의 주제는 도시지역의 물리적 여건과 이에 대한 사회경제적 반응 간의 정합적 관계를 위하여 수립된다. 이는 도시공간구조 및 환경이 경제기반과 사회적 구조와 밀접한 연계성을 가져야 하기 때문이다.

두 번째 도시 정책의 주제는 도시지역에서 주거와 건강 그리고 잘사는 일에 대해 초점을 맞추고 있다. 도시 안에서 안전하고 편안한 주거는 물론 이러한 주거를 영위할 수 있는 일자리와 연계시키기 위해 끊임없는 정책적 당위성과 추진성을 모색하게 된다.

세 번째 도시 정책의 주제는 경제적 가치창출과 더불어 사회적 개선까지 바람직하게 연결할 수 있도록 초점을 맞추고 있다. 이는 도시번영과 삶의 질에 대한 근간이 되는 경제활동의 원활성에 초점을 맞추고 있다.

네 번째 도시 정책의 주제는 성장과 축소에 대한 예측 혹은 계획에 있다. 기본적으로 성장을 위한 노력을 경주하지만 경우에 따라 축소지향적 압축의 가치로 초점을 맞추기도 한다. 다만 이 과정에서 성장과 축소는 지자체의 선택사항이지만 최선의 토지이용과 불필요한 팽창억제라는 측면에서의 압축(Compact)은 도시정책의 공통적 사항으로 추진되고 있다.

다섯 번째 도시 정책의 주제는 점차 중요하게 대두되고 있는 환경적 이슈에 대한 인식이다. 이는 그린노믹스(Greenomix)와 지속가능성(Sustainability)의 공동적 정책성을 의미하고 이는 추후 재생에서도 우선적 개념으로 자리메김하게 된다.

여섯 번째 도시 정책의 주제는 근본적으로 정책자체에 대한 본질적 변화를 모색하는 움직임이다. 정책패러다임은 변화에 부응하고 시대의 흐름에 대응하는 정책목표로서 의미가 있기 때문이고, 이는 현재 사회적 관습과 정치를 반영하는 도시정책으로 인식되고 있다.

3. 도시의 물리적 여건에 대한 사회적 반응

도시는 원천적 속성을 가지고 시간의 흐름속에서 변화의 과정을 거치게 된다. 여기서 토지수요나 기반시설 등 다양한 변화요구가 발생하게 되고 발전과 쇠퇴 혹은 압축과 팽창 등의 현상이 나타나게 된다. 또한 잉여의 공간이 나타나기도 하고 새로운 기능이 필요하게 된다.

도시의 시간에 의한 변화 불가피성은 정책과 제도로 연결되고 이를 바탕으로 긍정적 결과나 부정적 결과로 나타나게 된다. 성공적 조정(Adjust)과 개선(Improvement)의 경우 대체적으로 긍정적 도시관리를 가능하게 되고 이 과정에서 도시의 축조물(혹은 물리적 구조물)은 부의 관점과 경제적 관점으로 발전(이 단계에서는 도시는 인간행위 장소와 Asset간 현존하는 긴장감이 조성)하게 되고 점차 사회적 역할, 미학적 단위로 인식하게 된다(이 단계에서는 도시는 통합적 실체로서 작용).

이렇듯 도시의 변화는 당연한 것이고 이 과정에서 발전적 현상은 바람직하지만 그렇지 못한 경우에 대한 고민이 필요한 것이고 그 고민 중의 물리적 환경개선 혹은 재활용에 관련된 부분이 재생으로 태동하게 된다.

이러한 과정을 도식화하면 다음 표와 같다.

〈표 1-1〉 도시 속성의 물리적 여건에 따른 변화

도시지역의 본래의 속성 + 도시의 시간성 = 도시의 변화 요구(토지수요/기반시설)의 발생
↓ ↓ 도시의 낙후성/공간의 불필요성
전통적 도시역할 ↓ 공간의 잉여/새로운 기능의 필요
↓ ↓
↓ 정책/관리에 따라 (+) 혹은 (-) ← 도시의 시간에 의한 변화불가피성
↓ (+)의 경우 성공적 관리 - Adjust와 Improve에 의해
현대적 개념으로 변화
↓
특이 도시의 물리적 구조물 = 상당한 부의 자원
경제적 가치와 관점으로 접근
〈- 이는 기존의 장소는 단순한 물리적 공간, 사회적 역할, 미학적 단위 인식과 차이

↓

인간활동의 건조환경과 시장의 역할 = The difference between use and exchange values
인간행위 장소와 Assets간 현존하는 긴장감(밀접한 관계성)은 해결해야 할 도시문제의 중심

4. 도시재생의 배경

도시공간이 변화하면서 새로운 개발과 함께 기존의 공간을 새롭게 재조정하는 일련의 작업을 하면서 재생이란 용어를 사용하게 된다. 이러한 재생의 배경을 설명하면 다음과 같다.

(1) 도시공간구조의 불균형

도시의 발전은 새로운 환경을 지속적으로 만들어내는 것에 초점을 맞추고 이는 신개발지 혹은 도시팽창의 연장선에서 나타나는 현상이다. 특히 이동수단의 발전과 새로움에 대한 인간의 동경이 맞물려 외곽으로 나갈 수밖에 없고, 탈 도심으로 인해 남겨진 공간은 자연스럽게 관리에 어려움이 발생한다.

특히 외곽으로 이전하는 계층의 경우 중산층 이상이 대부분으로 자차를 활용한 이동이 용이하기 때문에 새로운 개발지에서의 생활을 선호하게 된다. 이러한 선별적 계층의 이동은 상대적으로 이동에 어려움을 가지고 있는 계층이 기존의 도시공간에 남을 수 밖에 없어 한정된 경제활동과 점점 쇠락하는 공간환경을 가지게 된다. 이렇게 탈도심화로 인해 비어지는 현상을 공동화라고 하고, 기존의 낡은 기반시설과 정주시설 그리고 경제적 여력이 없는 계층중심으로 이루어져 사회적 문제를 안고 있는 지역으로 남게 된다.

하지만 어느 정도 도시팽창 속에서 한동안 신개발지 중심의 정주환경이 입체개발이라는 새로운 패러다임의 도입과 재활용이라는 사회적 개념확산 그리고 기존의 인프라를 활용한 도시공간을 만들고자 하는 인식전환으로 다시 도심에 대한 관심을 가지게 되고 회귀하는 현상으로 발전하였다. 다시 돌아온 계층은 기존의 낙후되고 버려진 공간을 그대로 사용하기 어렵기 때문에 이를 새롭게 만들어 가려는 시도를 하게 되었고, 이러한 움직임이 도시재생 탄생의 배경으로 작용하고 있다.

(2) 도시공간패러다임의 변화

1980년대 이전의 도시공간을 구성하고 관리하는 개념과 그 이후의 개념은 기본적인 차이를 보이고 있다. 모더니즘은 기능, 기술, 기계로 대별되면서 대량생산(Mass Production), 사전제작(Pre-fabrication)에 가치를 부여하는 패러다임으로 지속적인 생산(Production)과 확장중심적인 개념이다. 하지만 모더니즘은 역사와의 단절과 기하학적이고 단순한 형태가 가져오는 단순함, 그리고 항상 새로움을 추구하는 것으로 인해 예전의 모습과 흔적 그리고 역사라는 개념을 등한시하게 되었다.

이런 모더니즘은 도시가 빠른 시일안에 성장하거나 팽창하는 과정에서는 필요한 부분이지만 일정 단계에 도달하고 나면 적용하기 힘든 패러다임으로 여겨진다. 1980년대를 지나면서 이런 확장의 정점을 이루게 되고 이후 새로운 개념인 뉴어바니즘(New Urbanism)과 압축도시(Compact City) 개념과 이론이 나타나게 되었다. 뉴어바니즘의 경우 과거의 추억이나 흔적으로 회귀하는 모티브를 가지고 모더니즘(Modernism)에서 등한시된 공동체의 복구와 맞물리면서 도시재생 움직임에 근간으로 작용하게 되었다.

또한 압축도시의 경우 기존의 토지이용 효율화와 보행권을 확보하려는 개념에서 출발하여 직주근접은 물론 기존 도심의 기반시설을 최대한 활용하여 새로운 시설건설로부터 자유롭고 경제적인 측면에서 도심으로 이동하게 되는 계기로 작용하게 된다. 또한 지속가능성과 자연보호하는 명분을 가지고 이동을 최소화함으로서 시간과 이동거리, 그리고 에너지를 절약할 수 있어 도심으로의 회귀는 시대의 요청을 간주된다. 따라서 회귀된 공간에서의 새로움은 기존의 환경을 고려한 변화와 변형이 중심이 되는 재생의 개념으로 탈바꿈하게 두 개의 패러다임은 재생 움직임을 더욱 강하게 하는 촉진제의 역할을 담당하게 되었다.

(3) 경제활동 및 소비패턴의 변화

도시에서 경제활동은 도시를 유지하는 근간임과 동시에 도시민에게는 가장 중요한 생활활동이다. 성장하고 발전하는 도시의 대부분이 경제활동이 용이하고 안정적인 곳이고 이를 지속가능하게 만들어가는 것이 도시의 중요한 경쟁력으로 인식하고 있다. 이러한 경제활동이 시대상황과 기술의 발달로 인해 많은 변화를 거쳐오게 되고 이는 곧 도시공간구조의 변화까지 영향을 미치게 된다.

모더니즘 도시에서의 경제활동은 대기업이나 프랜차이즈 중심의 공산품소비패턴이었으나 이제는 소규모 혹은 차별적 제품(Craftmanship)으로 옮겨가고 있다. 특히 근래에 들어 Off-line에서 On-line으로 변화하여 대규모 경제활동이 아니더라도 경쟁력을 가질 수 있는 구조로 변하게 되었다. 따라서 도시공간에서 경제활동규모도 마을 단위에서 충분하게 되었고 자생적이면서 경쟁력을 확보하는 단계에 이르렀다. 특히 연합적 소상공업 중심의 공동체적 경제활동은 사회적 의미까지 가지면서 지역상권의 가능성을 확보하게 되었다.

골목상권이 대표적인 지역의 경제활동의 단위로 새롭게 변화된 소비패턴과 도시공간구조가 함께 만들어가는 차별적 공간이 가능하게 되었다. 따라서 기존의 도시인프라를 이용한 도심의 소규모 상권도 충분한 가치창출이 가능하고 규모경제를 만들어 나갈 수 있게 되어 과감한 도심으로 회귀와 경제활동을 연계할 수 있게 되었고 이를 위한 환경과 공동체를 복원하려는 재생이란 개념도입이 자연스럽게 필요하게 된다.

(4) 인구 및 사회구조의 변화

현대도시에서의 인구구조 변화는 사회구조는 물론 도시공간구조의 변화와 직결된다. 인구의 증가가 기본적으로 전제되는 것이 바람직하지만 우리나라에서는 인구감소 상황으로 돌입하게 되었다. 이는 곧 도시공간규모와 연결이 되어 이에 대한 고민이 필요한 시점임을 의미한다. 한편 인구수의 변화 못지않게 중요한 변화는 인구구조의 변화와 가구인구수의 변화에 있다.

인구구조의 경우 노령화 사회로 접어들면서 노동력의 변화는 물론 사회복지시스템까지 영향을 미치게 된다. 특히 현재 노령화비율은 선진국의 수준을 넘어서는 상황이고 이는 급격한 사회구조변화의 기준을 작용한다. 또한 가구인구수의 변화는 핵가족화를 의미하고 1인 가구의 급격한 증가로 인해 기존의 주거패턴의 변화를 야기하고 있다.

따라서 인구수의 감소와 토지이용의 효율화, 핵가족화, 새로운 공동체의 형성을 위해서는 기존의 도심을 다시 한번 이용하는 것이 바람직하다고 생각하게 된다. 이는 압축도시와 융복합이라는 시대개념과 맞부닥치면서 작지만 독특하고, 차별적이고 창의적인 공간과 시설을 선호하게 되어 기존을 재활용하면서 변화된 사회구조에 대응하고 탈관계적 공동체를 구성하게 된다. 기존 도심 주거환경의 개념적으로 탈피하여 새로운 유형의(예: 공유주택, Sharing House 등) 주거를 만들어 내고 이를 위해 재생적 관심을 가지게 된다.

(5) 정치적 이슈

정치적 이슈에 의한 도시재생은 우리나라만의 독특한 배경으로 인식되고 있다. 도시재생(Urban Regeneration)이라는 용어와 분야를 사용한 영국의 경우 한국과는 달리 공공중심이 아닌 민간중심의 주민 스스로 지역을 새롭게 만들어가는 운동으로 시작하였다. 특히 역사적으로 오래된 지역이 많고 국내에서 전쟁이 없었던 이유로 전통적인 도시조직(Urban Tissue)의 유지는 물론 건축구조물(Artifacts)도 원형을 유지할 수 있는 환경을 가지고 있다. 따라서 주민과 사회분위기는 자연스럽게 기존의 시설과 환경을 바탕으로 최소한의 변화나 기존 시설물과 맥락적 연계성을 고려한 리모델링 중심으로 재생을 추진해왔다.

또한 일본의 경우 공동체의식이 강한 국민성을 바탕으로 정주환경개선을 목적으로 소규모 단위의 활동으로 진행하면서 마을만들기운동으로 확장하고, 경제활동으로 연결하는 재생으로 진행하였다. 미국 역시 도시미화운동의 연장선으로 도시재생을 추진하였고, 역사물이 많지 않은 이유로 역사보전(Historic Preservation)의 개념으로 도시재생을 추진하고 있다.

한편 한국의 경우 전통의 도시조직과 축조물은 전쟁과 침략 그리고 근대화로 인해 원형(Archetype)의 모습을 잃어 왔다. 이런 이유로 물리적 환경의 재생이 힘든 상황에서 재생의 추진방식을 차용하여 복합적이고 확장적 개념의 도시재생으로 변화를 모색하였다. 결과적으로 한국 도시재생은 영국처럼 물리적 환경에 대한 재생의 개념이 상대적으로 희박하고 현재 상황에 맞는 공간구조개선정책으로 진행하게 되었다.

한국의 도시재생은 기본적으로 영국의 물리적 리모델링개념에 일본의 주민참여방식을 접목한 한국형의 도시재생 모형을 창출하여 진행하였고, 이를 정치적 이슈에서 출발하였다. 박근혜정권에서부터 시작한 한국형 도시재생은 현 정권에 들어 주요 공약사업의 하나인 도시재생뉴딜사업으로 변화를 주면서 현재에 이르고 있다.

5. 도시재생 연관 개념

도시재생에 관련된 가장 유사한 개념들로 재개발(Redevelopment)과 재정비(Realignment)로 비교할 수 있다. 이는 1990년대 이론서에는 재건축(Reconstruction), 재활성화(Rehabilitation), 재개발(Redevelopment)과 비교를 하였으나 본 자료에서는 국내 제도상에 명시된 재정비가 현실성이 있는 것으로 판단되어 다음 표로 작성하게 되었다.

세 개의 유사용어에서 가장 큰 차이점은 다루고자 하는 시간의 범위에 있다. 재생의 경우 과거와 현재를 바탕으로 미래의 그림을 그리는 통시적인 작업이라면 재개발과 재정비는 상대적으로 미래와 현재 등 국한된 시간 프레임을 가지고 있다. 또한 과정적 기간에 있어서도 재생은 나머지 개념보다 상대적으로 긴 시간(Long Term)을 요구하고 있어, 재생관련 참여자들은 이에 대한 분명한 이해가 필요한 것으로 여겨진다.

각 용어의 목적에 있어서도 재생이 재창조성(Recreate)에 중점을 두고 있어 재탄생(Reborn)과 개선(Improvement)과는 분명한 차이점을 보이고 있다.

Regeneration(재생)		Redevelopment(재개발)		Realignment(재정비)
Reborn/recreate		New making		Improvement
Whole Going(진행적)		Whole Completion(완료적)		Partial for Infra(부분적)
Past + Present + Future		Future		Present
물리적 환경을 포함한 사회/경제/복지	VS	물리적 환경 중심	VS	최소한의 생활기반중심
주민주도*		사업자(공공/민간)주도		공공주도
참여주체의 다양성과 복잡성		상대적으로 한정된 주체		한정된 주체
중간지원조직		추진기관(조합 등 이익집단)		추진기관(정비대행/건설업체)
Bottom Up		Top Down		Top Down
장기(Long-term)		중기(Intermediate)		단기(Short-term)

[그림 1-1] 도시재생 연관 개념 차이점 (재생, 재개발, 재정비)

제2절 도시재생 원칙

1. 도시재생의 의미

"Urban regeneration is a newer concept, which arose during the 1980s and, as a label, indicates that the process is about something more than simply demolition and rebuilding. The urban sociologist Rob Furbey has written about the origins of the term, reflecting that 'regeneration' in Latin means 'rebirth' and embodies a series of Judaeo-Christian values about being born again."

- Phil Jones and James Evans, "Urban Regeneration in the UK" Sage, UK, P 3

"인구감소, 산업구조의 변화, 도시의 무분별한 확장, 주거환경의 노후화 등으로 쇠퇴하는 도시를 지역역량의 강화, 새로운 기능의 도입, 창출 및 지역자원의 활용을 통하여 경제적, 사회적, 물리적, 환경적으로 활성화 시키는 것"

- 도시재생 활성화 및 지원에 관한 특별법 제2조 제1항

역사적으로 도시공간이 끊임없이 변화해오면서 때론 새로운 자연환경을 대상으로 하는 신개발방식(Greenfield Development)과 기존의 기개발지를 대상으로 하는 재개발(Brownfield Development) 혹은 전면 재건축(Reconstruction)과 부분 리모델링(Remodeling) 등이 사용되어 왔다. 이러한 이분법적 개발방식이 전문분야로 자리잡기 전까지는 경계가 불분명한 채로 혼용되어 사용되었다.

이러한 관점에서 인류의 도시는 과거에 여러 재생사례가 있었지만 전문적인 영역이나 분야로서 자리매김하지 못했기에 사실 알지도 모르는 상태에서 재생행위를 해온 것이나 다름이 없었다. 특히 브라운필드개발에서는 지속적인 변화에 적응하기 위해 다양한 형식의 재생으로 진행되어 왔다. 90년 이후 시대 및 패러다임변화로 인해 전문영역으로 발전하고 확장되고 있다.

제도적 의미로서 도시재생은 다양한 원인으로 인해 쇠퇴하는 도시의 물리적 측면뿐 아니라 사회적·경제적 측면을 활성화하는 동시에 지역역량을 강화시키는 것을 말한다. 또한 시간이 흐르고 도시환경의 복합화는 재생 유형은 물론 개념의 확장성을 보이고 있다. 도시

재생활성화 및 지원에 관한 특별법에 명시된 정의를 학술적 의미로 확대해 본다면 다음과 같다.

"삶의 지속성을 위해 서로 눈 맞추고 마음을 맞추어 가는 일련의 과정"

"어제 있었고, 오늘도 있고 그래서 내일도 있어야 하는 우리의 정주환경"

"성급한 발걸음이 아닌 천천히 돌아가는 과정"

"기다림과 타협의 미학"

"얘깃거리를 통해 다듬어진 삶의 터전과 공동체"

도시재생은 쇠퇴하고 있는 정주환경에 새로운 생명을 불어넣는 것을 기본으로 하고 이를 위해 물리적 환경과 비물리적 지역여건을 개선하기 위한 시스템적 추진과정을 일컫는다. 또한 이를 위해 지역주민의 참여가 필수적이고 상호동의를 통해 공동체가 원하는 목적을 달성해가는 과정으로 설명할 수 있다. 특히 과거의 가치를 계승하거나 보전하기 위한 방안을 모색하여야 하고 현재에 맞도록 변형(Transformation)이 필요하고, 미래까지 지속가능성을 담보로 할 수 있는 구조를 만드는 것이다.

경제공동체로서 주민들의 참여와 지속성을 담보로 할 수 있어야 하고 지역의 고유한 이야깃거리를 통한 삶의 터전을 만들어 나가는 것을 도시재생이라고 한다.

이를 요약된 표로 설명하면 다음과 같다.

〈표 1-2〉 도시재생 목적 및 원칙

따라서 도시재생은 도시나 지역이 직면한 문제를 다루고 Long-term으로 추진되며 좀 더 전략적이며 목적과 장소중심적 추진과정, 또한 이 과정에서 다양한 참여주체의 의견을 수용하며 주민과 정주환경의 실질적이고 창의적인 개선을 추구하는 것

2. 도시재생의 시대성

영국이나 미국 등 선진 외국의 경우 1950년대부터 시작된 도시 확산은 1980년대에 이르러 신자유주의에 기초한 도시 재구조화의 영향을 받게 되어 원거리 통근 및 수송으로 인한 에너지 및 자원의 낭비, 교통 혼잡 및 공해 유발, 그리고 지역 정체성의 상실과 같은 교외지역 자체에서의 문제와 함께 소외와 범죄, 실업률 증가와 같은 도심부 지역에서의 사회문제 및 도시 활력의 저하로 인한 도시의 경쟁력 저하 문제, 그리고 도시토지의 저밀 이용 및 자연자원의 훼손으로 인한 생태계 파괴 등의 도시문제가 증폭되기에 이르렀다.

이러한 대도시지역의 무분별한 확산과 이로 인한 도심부 쇠퇴현상을 극복하기 위해 등장한 것이 도시재생(Urban Regeneration)이다. 여기에서 쇠퇴라 함은 단지 물리적 환경의 쇠퇴만을 의미하는 것이 아니라 교육, 실업, 범죄, 인종, 도시활력 등 경제적, 사회적인 모두를 포함한다. 이처럼 지역의 침체된 경제를 활성화시키고 황폐화된 물리적 구조물을 개선함으로서 도시문제를 해결하고자 하는 노력은 1950년대 이후 지속적으로 전개되어 왔는데, 1950년대의 도시 재구축, 1960년대의 도시 재활성화를 거쳐 1970년대의 전면재개발, 1980년대의 도시재개발 등을 대표적으로 들 수 있다.

그러나 과거의 접근방식은 물리적 환경의 개선에 주안점을 두고, 주택, 교육, 실업, 보건, 사회문제 등은 별도로 취급함으로써 물리적 환경의 개선효과가 지속되지 못한 채 도심부 문제는 상존하는 결과를 초래하게 되었다. 이에 따라 1980년대 후반에 등장한 도시재생은 기성시가지에 대한 종합적인 재생을 통해 도시부흥을 도모하고자 시도하고 있다. 즉 쇠퇴지역의 문제를 종합적인 시각에서 해결하려는 접근으로서, 해당지역의 경제적·사회적·환경적 상태를 지속적으로 개선하고자 하는 것이다.

이는 첫째, 이념적 측면에서는 도심기능의 재생을 통한 인구 및 산업의 도심회귀를 촉진함으로서 '도심부를 부활시키고 이를 통해 궁극적으로는 지속가능한 도시개발의 이념을 달성하고자 한다. 즉 성장관리형 도심재생을 통해 간접적으로는 도시의 무분별한 확산을 방지하고 직접적으로는 기성시가지를 활성화하고 토지이용을 고도화함으로써, 한계자원을 효율적으로 이용하고 도시기반시설을 효율적으로 구축하며 도시민의 삶의 질을 향상시킴과 아울러 새로운 도심 산업 활동을 창출함으로써 현세대는 물론 미래 세대에게도 건강한 도시를 건설하는 것, 즉 환경성, 미래성, 참여성, 형평성이 보장되는 지속가능한 도시개발의 이념을 추구하고자 하는 것이다.

둘째, 물리·환경적 측면에서는 도심부를 지속가능하고 활기 있는 장소로 조성하기 위한 공간적 수법을 모색하는 것이다. 이를 위해 도시 차원에서의 지속가능한 도시공간구조와 도시 형태를 모색하고, 도심 공동화 현상을 진단·처방하며, 도심부 토지이용을 고도화하고 도심부 공간을 쾌적하고 활성화된 공간으로 조성하기 위한 바람직한 방안을 모색하는 것이다.

셋째, 사회·경제적 측면에서는 도시의 정체성을 회복하고 지역사회를 복원하며, 도시민들에게 취업과 여가 등 균등한 기회를 제공하는 등 사회적 형평성을 추구하는 동시에 소매업 활성화, 벤쳐기업 육성, 문화산업 육성 등을 통해 경제적 활력을 회복하는 것이다.

따라서 도시재생은 기존의 독립적이고 일시적인 개발에서 벗어나 우리의 문화와 전통을 바탕으로 점진적이고 유기적인 개발을 통한 도시활성화를 의미하는 것으로, 현대도시의 정체성 확립은 물론 지역 커뮤니티를 형성하는 가장 기본적인 접근 방식이다. 청주시라는 지역적 독립성과 차별성을 가질 수 있도록 하기 위한 가장 손쉬운 방법도 재생으로 이해하고 도시관리정책은 물론 주민들의 장소형성도 이를 통해 이루어져야 한다.

3. 도시재생의 목적 및 대상

도시재생의 목적은 사실 지역상황이나 사업의 의도에 따라 다르게 작용하는 것이 일반적이다. 영국의 도시공간구조 가치에 초점을 맞추는 재생과, 현대화된 도시에서 역사적 사실에 대한 가치에 초점을 맞추는 미국, 그리고 마을이라는 소규모 공동체의 가치에 초점을 맞추는 일본 등과 같이 문화권의 거시적 의도로 진행되기도 한다. 또한 재생의 주제에 따라 다른 목적을 가지고 추진하게 되고 이는 단위사업에 주로 미시적 차원으로 적용된다.

하지만 도시재생의 보편적인 목적은 "지역을 재활성화하고 재활하면서 도시조직을 창조하는 것(Recreate the Urban Tissue for Rehabilitation and Revitalization)"으로 요약할 수 있고 활성화와 재활이라는 주제어로 정리할 수 있다. 세부적인 목적은 다음과 같다.

- 정주민의 이주로 인한 도심의 빈 공간 해결(Resolve the inner city vacancy)
- 오래되고 낙후된 공간 및 시설의 개선(Improve deterioration area)
- 공동체의 회복(Recover a sense of community)
- 도시 및 지역경쟁력의 회복(Achieve the urban competitiveness)
- 지역의 가치(장소성) 창조(Create the value of locality)

도시재생의 대상은 도시내의 물리적 환경과 비물리적으로 대별할 수 있고 광의적 대상과 실천적 대상으로도 나눌 수 있다. 전자의 대별에서는 건축물과 시설 등 공간에 대한 개선에 초점을 맞추는 것을 물리적 환경으로 하고 역량강화사업이나 컨텐츠사업을 비물리적인 도시재생사업 대상으로 한다.

후자의 대별에서는 광의적 대상으로는 생태 및 에너지, 공동체, 역사(이야기), 경관, 그리고 인간성으로 하고, 실천적 대상으로는 기본 정주조건, 기존인프라, 도시쾌적성, 사회복지, 그리고 지역자원 활용을 대상으로 한다. 기본정주조건은 인간이 모여서 일하고 거주할 수 있는 환경을 조성하는 것을 의미하고, 기존인프라는 도로, 상하수도 등 지역 거주민의 생활지원이 가능한 시설을 확보하는 것이다. 도시쾌적성은 지역이나 공동체의 오픈스페이스, 녹지, 여가공간 조성을 통해 가능하고, 사회복지는 재생의 팽창적 의미로서 건강과 교육을 대상으로 하고 있다. 지역자원활용은 도시재생에서 가장 기본적 대상으로 지역의 자연성, 역사, 문화 등을 대상으로 새로운 방향성을 찾아가는 것이다.

[그림 1-2] 도시재생 대상(물리적 환경, 비물리적 환경)

4. 도시재생의 과정

도시재생의 과정은 이론을 바탕으로 하는 일반적 과정과 한국 도시재생제도에 맞춘 실천적 과정으로 나눌 수 있다. 일반적 과정은 7단계로 진행된다.

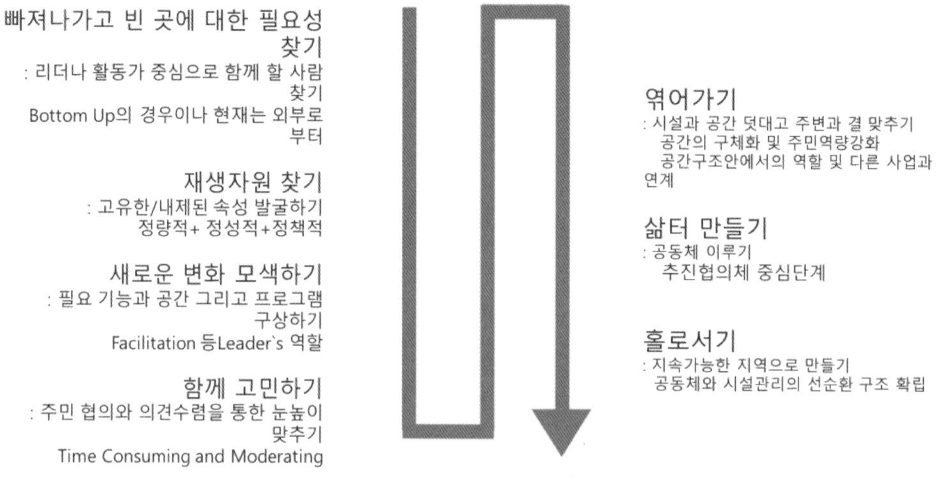

[그림 1-3] 도시재생의 과정

▶ 재생의 필요성 인식

지역에서 낙후되고 쇠퇴되거나 새로운 변화가 필요한 부분에 대한 주민 혹은 구성원의 인식으로부터 출발하게 되는데, 제안자 중심으로 추진을 위한 집단형성과정

▶ 재생자원 발굴

재생이 가지는 지역고유성의 재발견과 발전적 변형을 전제로 하고 이를 위한 지역의 내제된 속성을 시설이나 공간으로 찾기도 하고 역사문화와 같은 비물리적 자원으로 발굴하는 과정

▶ 새로운 변화 모색

재생의 필요성과 재생자원을 어떻게 활용할 것인가를 우선적으로 고민하는 단계로서 Facilitator와 Leader 중심의 재생틀을 구상하는 단계

▶ 함께 고민

도시재생에서 가장 중요하고 어려우며 시간도 많이 걸리는 단계로서 주민참여를 통해 구체적인 지역재생전략과 계획을 만들어 가는 과정

▶ 엮어가기

물리적 환경개선을 위해 기존의 시설과 공간에 새로움을 추가하여 주변의 도시공간구조나 예전 지역의 모습을 찾아 나가는 단계이며, 물리적 환경이 이 단계에서는 구체화 되는 과정

▶ 삶터 만들기

지역에서 구체적인 사업이나 프로그램으로 추진해가는 과정으로 결과물이 만들어지고 한편으로는 피드백을 통한 새로운 재생과정이 진행

▶ 홀로서기

도시재생의 결과로서 일련의 과정을 거치면서 나타난 변화된 지역의 모습과 구성원들의 공동체 형성 그리고 이를 바탕으로 지속가능한 시스템의 형성(예: 경제공동체)

또 다른 과정인 실천성(현장 중심형)은 7단계로 진행된다.

▶ 지역재생프레임설정

도시재생의 법정계획인 도시재생활성화계획을 수립하여 재생방향, 전략, 사업을 도출하고 구성원간의 공유를 통해 함께 시작할 수 있는 근거를 마련하는 단계

▶ 재생추진체의 구성

주민들의 자발적 추진조직인 도시재생추진협의회와 현장지원센터을 구성하고 이를 바탕으로 거버넌스를 조직하여 지역의 행정조직과 유기적 관계를 맺는 단계

▶ 재생사업의 설정

재생사업을 추진하기 위한 사업별 코디네이터를 위촉하고 사업실시계획을 수립하여 현장에서 직접 진행이 가능하도록 구성하는 단계

▶ 마중물사업의 추진

도시재생사업의 선제적 유도개념으로 마중물사업을 진행하는 단계로 기반시설중심의 공공마중물사업과 앵커시설중심의 민간마중물사업으로 대별되고, 각 사업의 특성에 맞도록 진행하는 단계

▶ 재생사업의 추진

도시재생활성화계획과 실시계획에서 명시된 단일사업을 추진하는 과정이며 물리적 환경을 재생하는 사업과 주민역량강화를 위한 프로그램운영사업으로 구성

▶ Monitoring

도시재생과정의 변화성에 대한 대응 및 재생추진평가를 진행하는 단계로서 사업의 정합성과 효율성에 초점을 맞추고, 추진특성에 따라 차별적 기준으로 모니터링을 진행

▶ 출구전략

이론적인 도시재생출구는 별도로 존재하지 않고 지속적 재생을 하는 것이지만, 제도권과 사업적인 측면에서는 재생사업 종료시 발생하는 상황에 대한 예측을 하는 과정

이런 실천적 과정의 흐름도는 다음과 같다.

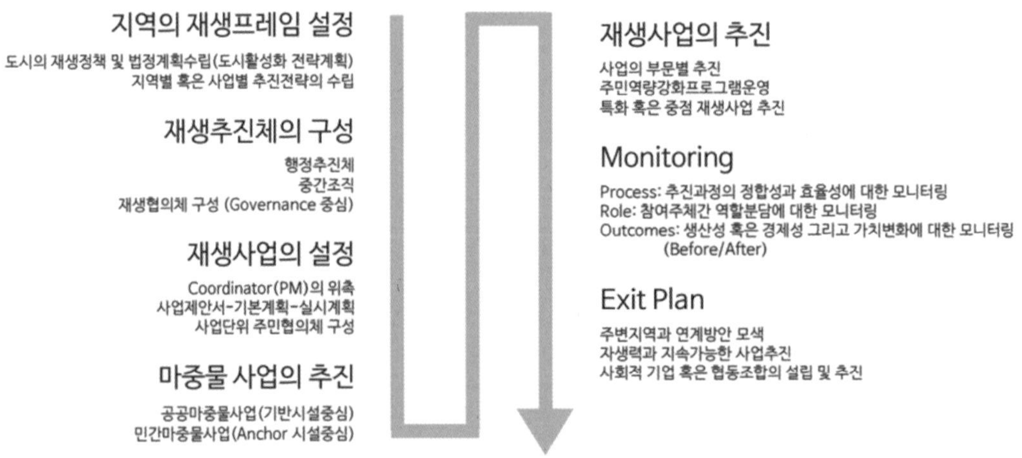

[그림 1-4] 도시재생 실천적 과정 흐름도

5. 도시재생의 속성

도시재생의 속성은 지역의 물리적 자원과 비물리적인 여건을 활용하여 시설, 공간, 사람, 지역사회, 지역경제를 변화시키는 속성을 가지고 있다.

▶ 시설의 변화는 기존에 존재하거나 새롭게 건설되는 것까지 포괄적으로 접근을 하고 이를 위해 리모델링이나 수선, 그리고 보전의 개념

▶ 공간의 변화는 가로나 광장, 공원 등과 같은 공공중심의 공간을 개선하여 정주민의 여가공간이나 활력을 부여하는 기능을 담당하는 개념(경관적 가치 포함)

▶ 사람의 변화

지역에서 개체의 역할에서 지역주민과 함께하는 공동의 목적을 가진 사람으로 변화를 의미하고 이는 참여와 교육을 통한 주민역량강화를 통해 가능

▶ 사회의 변화

지역구성원이 모여 함께 논의하는 구조를 조성하는 거버넌스를 형성함으로서 공동체의 구축 및 지역 정체성을 확립할 수 있는 계기로 작용

▶ 경제의 변화

지역의 가치상승과 주민의 유대감결속을 위해 공유하는 경제적 가치가 필요하고 이를 위해 사회적 기업이나 협동조합 등으로 공동대응

재생속성을 표로 정리하면 다음과 같다.

구분	내용
시설의 변화	건축물이나 물리적 축조물(교량/공공시설물 등)의 개선 리모델링(덧댐) / 수선(고침) / 보전(놓아둠)
공간의 변화	공공중심 공간(가로 / 광장 / 공원 등의 공간)의 개선 User의 접근성 / 연결성 / 이용성 / 쾌적성 / 바탕성 / 장소성 등
사람의 변화	함께 사는 공간을 위해 사람들이 스스로 가꾸고 만들어 가면서 사고변화 참여와 교육을 통한 주민역량강화
지역) 사회의 변화	공동체의 구축 지역정체성 확립 자체추진체 / 거버넌스 / 모니터링 등
지역) 경제의 변화	공동대응을 통한 지역의 경제적 가치 창출 사회적 기업 / NPO / 협동조합 등

[그림 1-5] 도시재생 속성

6. 도시재생의 원칙

(1) 재생지역 여건의 철저하고 구체적인 분석

재생에서 가장 기본적이고 중요하며 제일 먼저 실행하는 단계로 재생여건분석이 있고, 여기서는 재생을 위한 구체적이고 특징적인 분석을 실행해야 한다. 일반적으로 도시계획여건이나 경관여건 등 다른 계획과 중복되는 분석이 아닌 재생에 초점을 맞추어 분석하는 것이 무엇보다 중요하다. 이러한 연장선에서 역사, 스토리를 바탕으로 재생자원을 분석하여야 하고 세밀한 부분까지 자료수집, 현장답사, 관계인 인터뷰 등을 통해 진행한다.

▶ 재생적 Fact 분석

재생에 관련 조사항목을 설정하고 객관화와 사실 중심으로 구체적인 자료 분석(새로운 자료의 발견이나 구축)

▶ Trend 분석

지역 재생여건분석을 한 시점의 상황분석이 아닌 일정한 시간적 범위 안에서 움직임의 특성을 파악

▶ Combination 분석

항목별 분석을 기본으로 하지만 항목 간 연계성을 고려하여 복합적인 분석 필요(새로운 분석결과로 도출)

(2) 재생 관련 지표의 설정

도시계획의 목표와 지표는 분명하게 설정되고 추진의 지향점으로 작용하고 있는 반면 도시재생은 아직 지표에 대한 개념이 분명하게 설정되어 있지 않은 상황이다. 공동지표와 재생유형별 지표로 나누어 설정이 필요하고 이는 도시재생의 물리적 패턴, 도시조직, 사회구조, 경제기반, 환경조건 등 필요한 부분을 담고 있으며 즉시 적용가능 하도록 설정한다. 추후 한국의 도시재생계획에서 지표설정에 대한 가이드라인 구축이 필요하다.

▶ 정량 지표

가시적 결과에 대한 분명한 공유 및 모니터링, 평가에 객관적 자료로 활용

▶ 변화 정도

Before and After의 개념으로 재생이 추진하기 전과 추진후에 대한 비교가 가능한 구조로 설정

▶ 정성 지표

공간특성(Space character)과 장소성(Locality) 구축을 위한 서술적 지표의 설정

(3) 종합적 전략수립과 실행

도시재생의 넓은 범위(혹은 확장성) 특성상 균형감이 필요하고 참여주체의 스펙트럼은 질서를 통해 효율적 운영이 가능하다. 도시재생의 복합성으로 인해 상호 의견조율과 협의 과정을 거치게 되지만 그 이전에 종합적 전략(Comprehensive Strategy) 수립이 근간으로 작용한다. 이를 바탕으로 문제해결 및 추진의 용이성이 가능하다.

▶ 계획적 위계확립

도시재생의 다단계별 진행으로 인한 위계별 계획 및 계획간 연계성(병렬 및 직렬적 연계) 확보

▶ 지역 Agenda 발굴

지역만의 도시재생안건을 발굴하여 공감대를 통한 문제해결이 가능한 구조로 진행

▶ 전략의 실천성

공모로 진행되는 도시재생사업에서 보여주기 중심의 나열식 전략이 아닌 상호연계된 전략으로 현장적용과 이를 통한 분명한 결과도출

(4) 지속가능성(Sustainability)의 확보

도시재생의 기본 성격과 목표는 물리적 환경(자연환경, 공간조직, 건축물 등)은 물론 비물리적인 지역 속성(문화, 역사, 경제, 공동체 등)에 대한 지속가능성을 확보하는 데 있다. 현대에서는 생태적(Ecology) 도시재생을 새롭게 강조하면서 자연환경의 보존 및 활용에 초점을 맞추고 있다(국내 도시재생에서는 생태성에 대한 가치부여가 부족한 상황).

▶ Ecology

기존의 재생이 예술, 문화, 공동체에 초점을 맞추어 온 것이 재생공간 내의 생태성 확보로 확대

▶ Unlimited Loop

재생은 지속적으로 진행되어야 하는 끊임없는 과정으로 이해하고, 이를 위한 자생구조와 운영시스템 형성이 필요

▶ Benefit

지속가능한 구조는 각 참여자의 공생과 상호이익구조를 만들때 만이 가능하고 이를 위한 경제공동체로 확립이 전제

(5) 재생과 다른 Issue와 연계

재생은 독립적인 개념이 아닌 복합적 개념으로 지역이나 도시의 다양한 Issue들과 함께 연계될 때 진정한 의미를 가지게 된다. 공공위생, 웰빙 활동 등 지역의 Issue뿐만 아니라 인근지역의 여건과 연결도 필요하고, 예를 들어 청주의 경우 경제기반형-중심시가지형-도활사업 재생클러스터로 상호보완관계를 확보하면서 다양한 이슈들을 병합적으로 추진하고 있다.

▶ 부서간 Issue 연계

재생에서 가장 필요하고 이는 부서연계나 혹은 부처 연계사업으로 확장

▶ 지역간 Issue 연계

재생사업지구의 다른 행정구역 혹은 인접 재생사업과 연계를 통한 상호발전성 확보

▶ 계획간 연계

지역의 거시적인 도시정책에서부터 재생과 관련된 상위계획과도 연계성 확보

(6) 정주환경에 대한 종합적 접근

건조환경의 토지를 포함한 자연성, 경제성, 인적자원성에 대한 가장 가능한 이용방안 강구

하며, 재생을 위한 다양한 자원의 발굴과 가치성부여 그리고 이에 대한 활용방안이 중요하다. 이를 위해 기본적으로 공간적 개선과 시설개선이 우선되어야 하고 이는 Infra 측면에서 최우선적으로 접근(자연환경을 함께 고려)을 의미

▶ 자연환경

재생에서 지형, 생태, 자연환경요소에 대한 관찰과 변화추이를 고려한 실천성 확보와 유지관리방안에 대한 접근

▶ 인공시설

지역의 고유한 도시공간구조를 바탕으로 도시조직(Urban Tissue)과 건축물에 대한 실천성 확보와 개선방안

▶ 기반시설

재생의 경우 기본적으로 도로, 공원, 오픈스페이스 등 기반시설이 열악한 지역을 대상으로 하고 있기 때문에 각 상황에서 필요한 시설에 대한 고려

(7) 이해당사자들의 참여

도시재생지역에서 합리적이고 타당한 관심을 가지는 모든 이해당사자 (Stakeholder)의 최대한 참여와 협동을 통한 공감대 형성이 재생에서 가장 본질적인 요인으로 작용한다. 이를 위해 주민의 적극적 참여를 바탕으로 파트너쉽이나 다른 협동과정(시스템)을 구축하여 함께 정해진 목표를 향해 추진한다.

▶ 주민협의체

지역의 정주환경과 공동체를 함께 나가는 주축(Main Force)로서 자체적 구성과정과 함께 자치구조 설정

▶ 중간지원조직

재생사업이나 추진세력을 지원하는 조직으로 현장중심적 운영이 원칙

▶ 거버넌스의 구축

재생의 명분 및 사업의 정합성확보를 위한 지역사회와 연결체로 운영

(8) 재생추진과정에서 충실한 Monitoring

재생 진행사항변화의 감지와 이에 대한 목표/목적/방법 등에 대한 수정을 위해 진행하는 것으로 목표치에 미달했다고 실패로 간주하기보다는 시점에서 중간상황 검토를 의미한다. 따라서 재생은 긴 과정 속에서 이루어지고 여러 번의 모니터링 과정이 필요하고 주기적이고 적절한 모니터링 시점이 중요하다.

- 앞으로 반복되는 실수를 최소하거나 피하기 위한 차원
- 주어진 문제에서 최적화하기 위한 차원
- 상존하는 외부영향을 확인하는 차원
- 돌발사항에 대처하는 차원

(9) Feed Back

도시재생은 장기간의 진행되는 일련의 행위와 사업이며 다양한 참여주체변화로 인한 재생여건변화가 수반되는 특성을 가지고 있기 때문에 진행과정에서 환류(Feedback)가 필요하다. 여기에는 자체적인 변화 혹은 수정과정을 거치기도 하고 모니터링이나 평가를 통해 환류의 과정을 거치기도 한다.

▶ 여건변화에 따른 환류

장기간의 재생과정과 단계별 재생에서 변하는 여건을 파악하고 자체적인 환류시스템을 운영

▶ 모니터링에 의한 환류

가장 일반적인 환류시스템으로서 재생특성에 맞는 모니터링으로 환류시스템 운영

▶ 평가에 의한 환류

모니터링은 진행과정의 개선을 위해 진행하는 것으로 자문이나 상황인식의 객관화 과정이지만 평가는 변화를 모색하기보다는 결과중심적 판단으로 가장 강한 형태의 환류

(10) 장기간 추진을 위한 운영관리시스템의 구축

도시재생의 지속가능성은 중요한 목적으로 작용하고 있기 때문에 이에 부합하는 운영관리시스템의 구축이 필요하다. 전략의 계승과 지속적 진행을 위한 대비(arrangement)를 의미하고, 한국의 경우 경제공동체 유도를 통해 참여자의 동기로 작용한다. 사례로는 협동조합, 마을기업, NPO (Non-profit Organization) 등 다양한 형태로 구축가능하다.

▶ 자생적 기구

도시재생과 연관된 사업으로 주민들이 함께 경제적 가치를 공유할 수 있는 시스템의 구축

▶ 중간지원조직의 변화

한국의 독특한 운영관리시스템이며 지자체나 외부 지원이 있을 때 만 운영이 가능하여 경제공동체와 연계

▶ 재생공사

독립적 기관으로서 지역의 도시재생사업을 총괄하고 공적 기관으로 운영

제3절 도시재생의 유형

1. 주제별 유형

주제별 유형은 재생사업이 진행되는 대상지의 기능적 특성에 따라 5가지로 분류할 수 있다.

(1) 문화재생

문화재생은 문화의 공존을 통해 시민이 함께 추진하고 참여하는 재생으로 문화를 위한 기본 인프라 혹은 시설이 전제된다. 또한 문화 콘텐츠 개발을 위한 전문기관과 Co-work System으로 진행되며 공공중심의 재생이라고 할 수 있다. 문화재생은 문화시설을 Anchor로 하여 지역경제 파급효과를 목적으로 하고 있으며 문화적 자원을 바탕으로 도시의 가치를 만들어나간다. 한편 지속적인 문화프로그램의 보급이 관건이다. 문화재생 해외 성공사례로는 영국의 리버풀(Liverpool), 네덜란드의 암스테르담(Amsterdam), 독일의 바이마르(Weimar)가 있다.

[그림 1-6] Liverpool

출처: pixabay

[그림 1-7] Amsterdam

출처: pixabay

(2) 주거재생

주거재생은 노후주택 개선, 공동주택 계획수선 등을 통한 주거수준을 향상하는 재생이다. 재생뉴딜정책에서 추진하고자 하는 저층낙후지역 정비사업의 일환으로 대규모 공공시설주변을 대상으로 진행한다. 또한 On-site의 보전대상을 활용하며 공사나 민간개발 중심의 재생사업이다.주거재생 해외 성공사례로는 미국 뉴욕의 Queens Borough, 일본 오사카의 Uemachidaichi가 있다.

(3) 상업재생

상업재생은 구도심의 인구유입을 위해 상업시설의 활기와 공공성을 살리는 계획의 재생이다. 현재 경제기반형 재생사업의 성격을 띠고 있으며 낙후지역을 지역거점 상권으로 육성하는 것이 목적이다. 상업재생은 부동산개발 측면으로 접근하며 실제로 부동산 개발회사가 시행을 한다. 또한 주변지역 파급효과와 함께 젠트리피케이션(Gentrification)현상이 발생한다는 특징이 있으며 대규모 사업으로 인한 기반시설확충이 관건이다.

상업재생 해외 성공사례로는 일본 오사카의 난바파크(Namba Park), 동경의 롯폰기(Roppongi)가 있다.

[그림 1-8] 난바파크

출처: unsplash

[그림 1-9] 롯폰기

출처: unsplash

(4) 산업재생

산업재생은 산업시설의 새로운 기능부여로 최대한의 재생효과를 내는 재생이다. 산업시설의 현대적 기능부여로 지역이 새롭게 탈바꿈되며 이용객에게 가장 독특한 인상과 새로운 경험을 부여한다. 따라서 최고의 재생효과로 인식된다. 하지만 산업재생은 리모델링을 전제로 하기 때문에 비용조달의 어려움이 있고 대규모시설인 만큼 컨텐츠구성의 어려움이 따른다.

해외 성공사례로는 런던의 테이트뮤지엄(Tate Museum), 이탈리아의 링고토 피아트 공장(Lingotto Fiat Factory)이 있으며 국내 성공사례로는 당인리 발전소가 있다.

[그림 1-10] Tate Museum 외부

[그림 1-11] Tate Museum 내부

[그림 1-12] 링고토 피아트 공장 내부

출처: unsplash

(5) 수변재생

수변재생은 도심의 복합문화레저공간을 통한 관광 및 야간활동 확보를 위해 진행된다. 수상 물류창고 중심이었던 수변낙후지역의 도시거점화를 목적으로 규모의 특성상 SPC형태로 장기간에 걸쳐 진행된다. 지구개념의 재생으로 Master Plan에 의해 추진되며 경관거점 혹은 Design Symbol을 통한 장소성을 확보한다. 또한 도심으로 낮 시간 활용도 확보 및 주변 연결시설을 확보한다.

수변재생의 해외 성공사례로는 미국 뉴욕의 피어 17(Pier 17), 메릴랜드 볼티모어의 이너하버(Inner Harbor), 펜실베이니아 필라델피아의 펜스랜딩(Penn's Landing)이 있다.

[그림 1-13] 볼티모어 이너하버

출처: unsplash

제4절 지역 도시재생

1. 장소통합형 도시재생

현대도시의 확장과 인구증가의 한계로 인해 도심을 되살리기 위한 여러 가지 계획과 사업이 진행되고 있다. 이를 흔히 도시재생이라는 용어로 쇠퇴되거나 버려진 원도심을 중심으로 활성화 방안을 모색하고 있다. 이 과정에서 많은 지자체와 사업들이 재개발과 혼용된 개념으로 사용되기도 하고 조급한 결과물 도출을 위해 과정을 생략하는 경우도 있어 진정한 의미의 도시재생이 진행되는 곳은 의외로 많지 않은 실정이다.

특히 주민들이나 지역의 의견을 고려하지 않은 채 전문가들이나 관료중심으로 추진하여 원활한 진행이 어렵거나 때론 지역적 문제로 작용하기도 한다. 따라서 현재 진행하고 있는 재생계획과 사업은 형식적인 의견수렴이나 절차상의 과정으로가 아닌 활동가 혹은 지역전문가들이 직접 재생계획과 현장에 투입되어 머리와 피부 그리고 가슴을 맞대고 만들고 진행되어야 비로소 진정한 의미의 재생으로 자리매김 할 수 있는 것이다.

사실 재생이라는 것이 과거부터 우리 삶의 일부 혹은 정주환경의 일부이기 때문에 우리 생활과 밀접한 관계를 가짐은 물론 앞으로 지속적으로 생활해야하기 때문에 사용자적 측면에서 당연히 함께 고민해야할 뿐 아니라 가꾸고 지켜나갈 주체이기 때문에 더더욱 의견수렴과 주민참여가 필요한 것이다. 다만 재생이 여러 생각이 다른 참여자들이 스스로 계획과 사업에 일정 역할을 담당해야하기 때문에 시간적으로나 조율이 어려운 것은 사실이다. 이를 위해 전문가들이 전체적인 진행방향을 제시하고 이를 구체화하기 위해 활동가가 필요한 것이다. 이렇듯 주민과 전문가 그리고 활동가가 중심이 되어 이끌어가고 이를 제도적, 경제적, 행정적 뒷받침을 하는 것이 지자체의 역할이고 임무인 것이다.

하지만 지차체는 예산이 투여되고 행정인력의 성과로서 평가를 받아야하기 때문에 재생이 가지는 속성을 그대로 받아들일 수 없는 근본적인 한계를 가지고 있다. 특히 다양한 감사는 행정인력의 운신의 폭을 좁게 하여 재생추진의 권한을 놓지 않게 되는 측면도 있다. 따라서 이를 개선하기 위해 재생에 관련된 부서와 인력은 선진국처럼 가능한 최소화하고 이를 전문적으로 지원해줄 수 있는 인력으로 대체하여, 이들은 민간전문가들로 구성하여 순환보직과 상관없이 지속적으로 재생업무와 사업이 일관성 있게 추진될 수 있도록 슬림화와 지원중심의 행정시스템으로 변화가 필요하다.

미국 포트랜드시의 경우 정식 공무원보다도 재생이나 특별목적을 가진 사업을 추진하는 전문가들이 120명 정도 활동하면서 다양한 사업을 지속적으로 챙기면서 규제나 간섭이 아닌 순수한 자문과 지원의 역할을 담당하고 있다. 이 결과 전문가와 활동가중심으로 샤렛이라는 주민참여프로그램을 통해 지역주민의 대부분이 퇴근 후 커뮤니티시설에 모여 일주일의 4일을 사업추진에 대한 모든 것을 토의하고 결정해나가고 있다. 그러다보니 결과에 대한 만족감은 물론 공동체의식까지 함양되어 도시공간의 물리적 환경개선과 함께 지역장소성 그리고 자긍심까지 고취시키는 일석삼조의 효과를 나타내고 있다.

특히 포틀랜드의 경우 사업의 기간, 비용 그리고 방법에 이르기까지 주민들의 모임에서 결정하기 때문에 우리처럼 조급하거나 결과의 평가에 대한 의미가 다르게 된다. 우리처럼 중앙정부의 획일적인 가이드라인이나 평가지침이 아닌 지역에서 사는 사람들의 특성에 맞추어 진행되는 것이기 때문에 획일적인 잣대가 필요 없게 되는 것이고 그렇기 때문에 지역마다 색다른, 그래서 흔히 장소성이 있는, 도시재생이 이루어지고 있다. 우리도 이제는 관중심의 재생에서 벗어나 원래의 재생목적에 부합하고 주민들의 역량강화를 통해 각기 다른 색깔의 재생이 이루어질 수 있도록 변화가 필요한 시점이다. 이것이 장소통합형 도시재생인 것이다.

[그림 1-14] 포틀랜드

출처: unsplash

2. 중소도시 도시재생

한동안 끊임없이 확장하던 도시의 모습은 사라지고 이제는 기존시가지를 재활용하면서 변화된 새 모습을 찾으려고 하고 있다. 기본적으로 재개발과 재생이라는 방법이 사용되고 있지만 사실 두 용어는 많은 차이점을 보이고 있어 우선은 올바른 이해가 필요하다.

재개발의 경우 새로운 환경조성을 위해 기존 지역의 상태를 모두 없애면서 무에서 유를 창조하는 방법이라면 재생은 기존지역의 속성이나 남겨진 흔적들을 최대한 활용하거나 남기면서 변화를 모색하는 것이다. 따라서 재생은 많은 시간과 노력은 물론이고 다양한 주체의 참여와 아이디어를 통해 만들어가는 일련의 과정인 것이다. 이렇게 다단계와 많은 생각 끝에 탄생하게 되는 재생지역은 다른 어떤 개발지역보다 생명력과 경쟁력을 가지게 된다.

대표적으로 서울 인사동이나 북촌, 그리고 삼청동으로 이르는 역사주제재생지역의 경우 그 지역에 원래부터 있던 역사흔적들을 모티브로 하여 다양한 볼거리, 먹거리, 경험거리로 변모시켜 많은 사람들이 와서 즐기는 장소와 느끼는 공간으로 사랑받고 있다. 이런 성공적 도시재생을 이루기위해서는 점진적 변화를 통한 새로운 가치창조에서 출발한다. 만약 많은 토지주들이 재산권행사와 극대화에 초점을 맞추어 흔히 볼 수 있는 아파트로 획일화된 개발되었다면 이렇게 재미있는 공간과 기능을 만들어지지 않았을 것이다.

사실 청주만하더라도 도시정비예정지역으로 지정된 곳만 하더라도 고층고밀의 대규모 주거단지개발을 선호하고 있다. 하지만 이러한 추세는 다름을 추구하는 현대의 도시경쟁력구조에서 매우 뒤떨어진 생각으로 여겨진다. 국내외 공통적으로 나타나는 사례들로서 70년대 건설된 고층아파트단지의 경우 시설의 낙후는 물론 경관적으로도 많은 문제가 있어 공간적, 경제적 가치가 현저히 떨어지고 심한 경우 우범지대로 전락하기도 한다. 이는 공간의 형성이 단시간에 이루어지고 단순한 기능들로 형성되어 변화를 찾기가 힘들기 때문이다.

도시는 유기체여서 새로운 기능과 공간들이 계속 공급이 되면서 한쪽의 낙후된 부분들을 대체해 나가야 하기 때문이다. 이는 물이 썩지 않기 위해서 새로운 공기와 물이 유입되어야 하는 것과 같은 이치이다. 하지만 현재 정비예정구역에서 추진하고 있는 대규모 고밀주거중심의 방법은 원론적으로 재생이 아닐뿐더러 짧은 기간에 건설된다 하더라도 한동안은 깨끗한 환경을 유지하겠지만 유기체적 성격이 가미되지 않아 시간의 흐름 속의 변화에 적절히 대응하지 못하게 되고 결국은 특징 없는 장소로 잊혀져가게 된다.

이러한 관점에서 대부분의 도시에서 재생전략은 규모가 아닌 내용중심으로 전개된다. 버려진 공장부지를 활용한 예술인촌을 조성하거나, 오래된 한옥들을 중심으로 하는 먹거리 전통지구의 건설, 낙후된 저층주거지역을 활용한 소규모 상점촌 등은 이미 세계적으로 성공사례로 손꼽히고 있고 각 도시의 중심에서 경쟁력을 향상시키는 역할을 담당하고 있다. 사실 청주에서도 이러한 가능성을 엿볼 수 있는 사례로서 드라마촬영지로 알려진 수동의 경우 대규모 개발 없이 작지만 분명한 이미지와 내용을 통해 지역의 재생은 물론 가치를 높이고 있다. 이러한 시작을 바탕으로 유사하고 서로 보완되는 기능과 공간을 연결해나가면 이곳은 주제를 가진 도시재생의 성공적 사례가 되는 것이다.

우리는 도시재생을 거창하게만 생각하고 있다. 하지만 원칙적으로 작지만 분명하게 시작하고 이를 바탕으로 끊임없이 덧붙여나가는 것이 재생의 본 모습이다. 왜냐하면 재생은 인간 삶의 과정을 위한 것이기 때문에 인간의 정서와 환경 그리고 느낌에 충실해야하기 때문이다. 따라서 인간을 위하고 인간적인 장소로 꾸며나가는 것이 진정한 도시재생의 방법인 동시에 목표인 것이다.

[그림 1-15] 삼청동

출처: unsplash

[그림 1-16] 인사동

출처: unsplash

3. 충북의 도시재생

도시가 확장하고 변해가면서 도시의 일부분은 지속적인 관리와 수정이 수반되는 것이 도시성장의 이론이다. 이런 관점에서 도시를 유기체라고 명명하기도 한다. 대도시의 경우 경제와 조직의 집중, 그리고 개발기술의 집약으로 도시변화에 대해 능동적이고 발전적으로 대처할 수 있지만 지방의 중소도시는 여러 가지 측면에서 제약을 가질 수밖에 없게 된다.

충북지역의 3개 도시 청주, 충주, 제천의 경우 수위도시인 청주가 가장 도심공동화의 진행정도가 심각한 것을 나타나고, 도시 내 지역적 균형이 낮은 것으로 판단된다. 나머지 두 개 도시의 경우 도심의 쇠퇴기적 현상을 벗어나 공동화로 진입하는 단계로 판단이 되어 진다. 공동화와 쇠퇴기에 대한 문제는 중소도시의 경우 도시의 규모와 경제 관리능력 때문에 큰 차이를 나타내지 않고 있다. 따라서 충북도 차원의 공통적 대안논리와 재생전략의 수립이 필요하다.

우선 정책적으로 충북에서는 현재 시작되어진 새로운 도시나 신개발택지와 같은 외향적 도시개발과 관리구조에서 압축적 개발을 위한 내향적 도시관리정책으로 전환이 필요하다. 이를 위해서 정책 선언과 함께 도시별 도시재생기본계획과 지역별 사업계획의 수립이 필요하다. 법적인 수립대상규모가 아니라하더라도 도시 내 균형발전과 도시활성화를 위해 필요하게 된다. 도시재생을 위한 기본전략은 공동화해소를 위한 상주인구유입을 위한 주거지의 건설, 공공문화시설의 입지와 건설을 통한 유동인구의 확대, 재래시장활성화와 권역별특성화를 통한 연계체계의 구축, 거점 외부공간이나 오픈스페이스를 통한 집회공간의 설정, 호기심과 미적 도시경관성제고를 통한 지역유입인구 증대, 그리고 제도적인 인센티브 등이 있다.

이러한 정책기조와 계획바탕으로 충북도시의 재생전략을 구체적으로 살펴보면 첫째, 도시별로 도심 내 접근성의 향상을 위해 새로운 공공교통수단의 도입이 필요하다. 도로의 확충은 기존시가지에서는 어렵기 때문에 개인차량의 이동을 억제하고 공공이동을 장려하는 기법이 필요하다. 이를 위해 환승체계의 구축과 주차시설의 추가 설치가 필요하다.

둘째, 중소도시의 공통적인 특징인 전형적 도시공간구조의 재생이다. 이를 위해 골목길을 활용한 도시공간의 활성화는 세계적으로 범용되고 있는 지역성 확립차원에서 필요하다. 최소한의 기반시설확충을 통한 픽쳐레스크기법의 공간구성은 보행권확보와 경관적 연속성, 그리고 공간적 장소성을 수반할 수 있다.

셋째, 지역의 대표적 상권인 차 없는 거리의 지속적인 확대이다. 충북의 어느 도시이든 대형할인매장의 입점으로 상권의 위축과 외지로 자본 유출은 심각한 지역경제문제로 대두되고 있다. 이를 위한 자생력의 증대를 위해 테마중심의 상권형성이 필요하다. 이러한 관점에서 청주에서 시행하고 있는 성안길의 가로시설보수와 중앙로의 확장, 대현지하상가의 리모델링 그리고 로데오거리의 확장노력은 도심활성화에 크게 기여하고 있다.

넷째, 도시의 상징적 공간이나 시설의 건립추진이다. 작은 도시의 이미지는 작은 것에서부터 출발하여야 한다. 서구의 경쟁력 있는 도시의 경우 30만을 상회하는 도시규모는 그리

흔하지가 않다. 이는 압축적이고 전문적인 형태개발을 통해 추진되어 왔다.

그리고 마지막으로 창조적 도시의 구현이다. 물리적 환경뿐만 아닌 소프트웨어나 프로그램을 함께 수반한 도시재생을 진행하여야 한다. 이를 위해 주민의 창조성을 결집할 수 있는 지원 및 관리체계가 필수적이며 이를 활용한 도시특성에 맞는 지식이나 문화산업이 필요하다. 이는 대량생산중심에서 탈피하여 소량과 맞춤중심의 상업활동이 필요하다. 이태리 볼로그나, 일본의 오르골생산지역, 미국 피츠버그 도심재생 등은 몇 개의 전문화된 상권으로 도심을 재생시킨 성공적인 사례이다.

[그림 1-17] 이탈리아 볼로냐

출처: unsplash

[그림 1-18] 미국 피츠버그

출처: unsplash

4. 마카오 도시재생

흔히 마카오를 관광이나 도박을 연상시키게 된다. 전체 면적이라야 서울 여의도의 4배정도인 30㎢밖에 되지 않고 인구는 50만을 약간 상회하는 아주 작은 규모의 도시국가이지만 놀랍게도 국민소득은 우리의 두 배인 3만9천불을 넘고 있고 연간 3천5백만이상의 관광객이 방문한다고 한다. 이는 세계 최고관광지인 로마의 5000만과 우리나라 관광객유치 목표 천만명과 비교하면 실로 대단한 수치가 아닌가 싶다. 특히 뚜렷한 자연자원이나 생산산업도 없고 한동안 포르투갈의 식민지로 있다가 독립하여 중국의 특별행정지구로 되면서 여러 문화가 혼재된 상태에서 자칫 정체성을 잃을 수도 있었지만 오히려 다양한 문화를 융합하여 새로운 도시환경으로 만드는 데 성공하여 그 결과로 많은 관광객을 유치하고 있다.

흔히 도박을 위한 시설들로 이루어져 있을 것 같지만 사실은 도시재생이라는 주제를 통하여 독특한 그들만의 문화와 장소를 소유하고 있다. 기본적으로 마카오의 도시구조는 바다를 매립하여 카지노나 호텔과 같은 대규모 관광지구를 조성한 지역과 포르투갈 식민지시절의 통치시설과 공공시설은 역사적 자원으로 보전과 활용하고 있는 지역, 그리고 나머지는 본래의 주민들이 살던 삶의 모습을 그대로 재생하면서 그들만을 위한 공간으로 끊임없이 재생되고 있는 지역으로 구성되어 있다. 이 재생지역은 식민지 시절이전의 오래된 지역 건축물과 기존의 골목길 중심의 도로구조를 아직도 그대로 활용하고 있으면서 과거와 현재, 자연과 인공, 그리고 나와 우리가 함께 공존하고 있다.

특히 밀도면에서도 변화 없이 일정한 높이와 규모의 건축물들이 원도심을 그대로 채우고 있어 교통문제도 야기하지 않고 있다. 도심형성이 오래 되어 좁은 도로 폭에도 불구하고 교통은 기본적으로 일방통행으로 처리하고 주차는 자투리공간을 활용하여 해결하고 있다. 또한 환경과 관련된 공원과 쓰레기처리는 소규모로 가구단위로 위치하여 보행으로 이용이 가능하게 되어 있다. 그리고 가장 중요한 것은 도시재생은 철저히 지역거주민을 대상으로 하여 사회구조의 급격한 변화를 피하고 있을 뿐 만 아니라 자체적으로 형성된 자치권과 주도권으로 인해 안정적이고 지역적 특성을 가지고 있다는 것이다.

이는 우리의 도시재생과는 너무나도 다른 모습을 가지고 있다. 우선 우리나라에서는 재생이라는 개념을 재개발과 혼돈하여 삶터의 리모델링 개념에서 기존 모습을 유지하면서 문화와 환경의 지속가능한 발전을 모색하기 보다는 주거양식을 경제적 가치로만 여겨 부동산개발과 같은 획기적 변화에 초점을 맞추게 된다. 그렇기 때문에 무조건 고층이나 고밀 혹은 대규모 개발로 진행하여 개발에 따른 시세차익만을 우선적으로 생각하게 된다. 이러한 과도한 개발은 지역의 기반시설용량을 초과하여 결과적으로 도시의 부분적 마비 현상을 야기 시키기도 한다.

그리고 가장 다른 차이점은 도시재생이 그 지역에 사는 사람들을 위한 거주환경의 영속적 변화 속에서 안정되고 자생적인 커뮤니티가 형성되어야 함에도 불구하고 우리는 오히려 외지인을 위한 공간과 시설로 탈바꿈 되어 원래 주민들은 정든 지역을 떠나게 되고 그동안 존속하였던 커뮤니티가 파괴되고 급조된 사회구조가 그 자리를 매꾸면서 삭막하고 불안정한 형태를 띠게 된다.

따라서 현재 진행되고 있는 우리의 도시재생개념은 물리적 도시형태나 비물리적 사회구조를 어원이 의미하는 대로 점진적으로 다시 살리는 것이 아닌 함께 죽이는 형태로 진행되고 있는 것이 아닌지 재점검할 필요가 있으며 새로운 방법의 접근과 모색이 필요하다. 이러한 관점에서 마카오가 주는 시사점은 매우 의미 있게 여겨진다.

[그림 1-19] 마카오

5. 파리의 도시재생

도시를 흔히 유기체라고들 이야기 한다. 이는 통시성(通時性)이라는 시간 흐름의 틀 속에서 역사문화의 축적과 도시의 물리적 형태 변화, 그리고 인간의 정주환경으로써 고유한 정체성을 가지고 있기 때문이다. 이런 기본적인 속성을 바탕으로 흔히 유명하거나 잘 알려진 도시들을 보면 과거의 다양한 모습과 현재의 필요성이 함께 공존하면서 새로운 미래 도시상을 제시하는 공통점을 가지고 있는 것을 알 수 있다.

그 중에서 프랑스 파리는 전통적 도시조직을 그대로 유지하면서 이와 연계한 새로운 신도시 라데팡스 건설을 통해 역사문화는 물론 물리적 환경까지 지속가능하게 함으로서 세계인으로부터 많은 사랑을 받고 있는 대표적 사례로 손꼽힌다. 특히 원도심의 생폴가로는 역사의 손길을 그대로 간직한 채 보존적 도시관리를 하고 있다. 도로는 예전의 석재를 그대로 활용하고 건축물 역시 옛 모습을 바탕으로 최소한의 수리를 원칙으로 하고 있다. 여기에 재미를 더하는 상점들로 구성하여 많은 예술가 및 관광객이 함께 어우러지는 명소로 인식되고 있다.

이런 전통적 공간을 유지하면서 한편으로 새로움을 추구하고 동시에 이들간 조화를 위해 많은 계획설계적 요소를 발견할 수가 있다. 가장 기본적으로 방사형의 도시공간구조를 꼽을 수 있다. 이는 개선문이나 에펠탑처럼 다양한 상징물을 중심으로 도로가 뻗어나가고 이들이 자연스럽게 권역이나 지역 중심역할을 할 수 밖에 없게 된다. 그 결과로 새로운 건축물이나 시설물은 당연히 상징물과 조화를 이루게 되고 이는 곧 도시전체가 공간적, 형태적, 그리고 의미적 연결성을 가지게 된다.

또한 이들 중심의 건축물 높이, 재료, 색체는 가로구간에서 통일된 경관을 연출할 뿐 만 아니라 상징물이 훌륭한 조망점과 조망대상의 역할까지 할 수 있어 경관적 가치 또한 높은 도시

특성을 가지고 있다. 이런 공간형태는 도시확장과 관리도 용이하여 역사적으로 대제국의 위상과 통치자의 권위를 가장 잘 표현한 형태로 구성되어 있다. 여기에 파리의 중심공간축의 역할을 하고 있는 그랜드 액시스는 베르사이유 궁전에서 루브르 박물관, 개선문을 거쳐 라데팡스의 신개선문까지 이르는 약 12Km의 거대한 도시공간 축으로 공공시설과 공간이 위치하여 도시의 심장역할을 담당하고 있다. 또한 거대한 거점기능으로 주변의 가로망과 도시구조를 잡아주고 있어 도시전체가 하나의 축조물로 인식되어 강한 도시의 형태적 힘을 느끼게 하고 있다.

이 과정에서 기존의 건축물과 새로운 건축물은 설계요소의 반복, 형태의 변형, 그리고 재생이라는 방법을 통하여 교묘하게 주변도시시설물과 어우러짐은 물론 각기 나름대로 건축물의 형태적 특징을 나타내게 된다. 이를 설계용어로 보편적 개체성이라는 말로 표현을 할 수 있으며 이는 마치 학교 운동회때 상의는 통일된 색채 의 셔츠로 소속감을 나타내고 하의는 다양한 재질과 칼라로 각기 개성을 나타내는 것과 같은 이치이다.

이런 거대축 끝부분에 위치한 라데팡스는 미래지향적 신도시계획 패러다임을 기초로 하여 70년대부터 본격적으로 개발되어 약 30년이 지나 현재의 모습으로 창조되었다. 가장 특징적인 것은 기존의 평면적 도시동선의 기능을 동선의 종류에 따라 입체적 변화를 주어 차량은 지하로 그리고 보행은 원칙적으로 지상으로 분리한 새로운 공간개념을 선보이게 되었다. 당시에는 혁신적인 개념으로써 지역통과교통 배제는 물론 지상상부의 독립된 공간과 이로 인한 쾌적성을 확보할 수 있었다. 이런 공간구조의 변화는 창조성을 중시하는 프랑스식 사고의 연장선에서 이루어 졌으며 그런 새로움도 기본적인 질서와 융화를 이루기 위한 노력을 전제로 하고 있다.

가장 대표적인 것은 신개선문으로 이는 도심개선문의 형태와 의미를 현대적으로 재해석하여 도시축의 양 끝단에 위치하여 영역적 의미와 함께 도시의 상징성을 부여하고 있다. 도심의 개선문은 역사적 번영과 승리를 의미하며 라데팡스의 신개선문은 신기술 바탕의 축조술로 미래지향적 아이콘으로 계획되어졌다.

또한 이 신개선문을 중심으로 라데팡스의 기본 건축물의 모습은 파리의 기존 도시공간구조에서 가지는 맥락적 요소를 그대로 도입하였다. 구체적 계획설계요소로는 인접 지역의 지붕아래선을 일치시키고 또한 유사한 건축물의 덩어리 규모, 그리고 창문의 위치와 높이 등을 규정하여 가로공간에서 양측건축물이 마치 벽으로 느껴지게 하는 효과를 그대로 적용한 공간을 구성하여 동일한 도시이미지를 창출하고 있다. 따라서 파리속의 신도시 라데팡스는 기존도시의 모습과 절묘하게 연결되어 시공을 초월하여 한 도시의 몸체 역할을 성공적으로 담당하고 있다. 이것이 도시공존의 미학이다.

[그림 1-20] 개선문에서 바라본 라데팡스

출처: unsplash

[그림 1-21] 개선문

출처: unsplash

제5절 성공적 도시재생

1. 도시재생 전략

한동안 끊임없이 확장하던 도시의 모습은 사라지고 이제는 기존시가지를 재활용하면서 변화된 새 모습을 찾으려고 하고 있다. 기본적으로 재개발과 재생이라는 방법이 사용되고 있지만 사실 두 용어는 많은 차이점을 보이고 있어 우선은 올바른 이해가 필요하다.

재개발의 경우 새로운 환경조성을 위해 기존 지역의 상태를 모두 없애면서 무에서 유를 창조하는 방법이라면 재생은 기존지역의 속성이나 남겨진 흔적들을 최대한 활용하거나 남기면서 변화를 모색하는 것이다. 따라서 재생은 많은 시간과 노력은 물론이고 다양한 주체의 참여와 아이디어를 통해 만들어가는 일련의 과정인 것이다. 이렇게 다단계와 많은 생각끝에 탄생하게 되는 재생지역은 다른 어떤 개발지역보다 생명력과 경쟁력을 가지게 된다. 대표적으로 서울 인사동이나 북촌, 그리고 삼청동으로 이르는 역사주제재생지역의 경우 그 지역에 원래부터 있던 역사흔적들을 모티브로 하여 다양한 볼거리, 먹거리, 경험거리로 변모시켜 많은 사람들이 와서 즐기는 장소와 느끼는 공간으로 사랑받고 있다. 이런 성공적 도시재생을 이루기위해서는 점진적 변화를 통한 새로운 가치창조에서 출발한다. 만약 많은 토지주들이 재산권행사와 극대화에 초점을 맞추어 흔히 볼 수 있는 아파트로 획일화된 개발되었다면 이렇게 재미있는 공간과 기능을 만들어지지 않았을 것이다.

사실 청주만하더라도 도시정비예정지역으로 지정된 곳만 하더라도 고층고밀의 대규모 주거단지개발을 선호하고 있다. 하지만 이러한 추세는 다름을 추구하는 현대의 도시경쟁력구조에서 매우 뒤떨어진 생각으로 여겨진다. 국내외 공통적으로 나타나는 사례들로서 70년대 건설된 고층아파트단지의 경우 시설의 낙후는 물론 경관적으로도 많은 문제가 있어 공간적, 경제적 가치가 현저히 떨어지고 심한 경우 우범지대로 전락하기도 한다. 이는 공간의 형성이 단시간에 이루어지고 단순한 기능들로 형성되어 변화를 찾기가 힘들기 때문이다. 도시는 유기체이기여서 새로운 기능과 공간들이 계속 공급이 되면서 한쪽의 낙후된 부분들을 대체해 나가야하기 때문이다. 이는 물이 썩지 않기 위해서 새로운 공기와 물이 유입되어야 하는 것과 같은 이치이다. 하지만 현재 정비예정구역에서 추진하고 있는 대규모 고밀주거중심의 방법은 원론적으로 재생이 아닐뿐더러 짧은 기간에 건설된다하더라도 한동안은 깨끗한 환경을 유지하겠지만 유기체적 성격이 가미되지 않아 시간의 흐름속의 변화에 적절히 대응하지 못하게 되고 결국은 특징 없는 장소로 잊혀져가게 된다.

이러한 관점에서 대부분의 도시에서 재생전략은 규모가 아닌 내용중심으로 전개된다. 버려진 공장부지를 활용한 예술인촌을 조성하거나, 오래된 한옥들을 중심으로 하는 먹거리 전통지구의 건설, 낙후된 저층주거지역을 활용한 소규모 상점촌 등은 이미 세계적으로 성공사례로 손꼽히고 있고 각 도시의 중심에서 경쟁력을 향상시키는 역할을 담당하고 있다.

사실 청주에서도 이러한 가능성을 엿볼 수 있는 사례로서 드라마촬영지로 알려진 수동의 경우 대규모 개발없이 작지만 분명한 이미지와 내용을 통해 지역의 재생은 물론 가치를 높이고 있다. 이러한 시작을 바탕으로 유사하고 서로 보완되는 기능과 공간을 연결해나가면 이곳은 주제를 가진 도시재생의 성공적 사례가 되는 것이다. 우리는 도시재생을 거창하게만 생각하고 있다. 하지만 원칙적으로 작지만 분명하게 시작하고 이를 바탕으로 끊임없이 덧붙여나가는 것이 재생의 본 모습이다. 왜냐하면 재생은 인간 삶의 과정을 위한 것이기 때문에 인간의 정서와 환경 그리고 느낌에 충실해야하기 때문이다. 따라서 인간을 위하고 인간적인 장소로 꾸며나가는 것이 진정한 도시재생의 방법인 동시에 목표인 것이다.

2. 도시재생을 위한 자세

도시로 인구집중화와 인구감소로 인한 중소도시의 쇠퇴와 소멸, 도시외곽으로 개발중심 시대의 결과로 야기된 도심의 쇠퇴와 낙후, 그리고 도시화로 야기된 전통적 공동체 와해는 도시환경조성의 새로운 사고의 전환이나 패러다임의 변화를 요구하게 되었고 그 결과 기존의 도시와 삶의 터전이었던 장소와 가치를 되살리려는 노력으로 바뀌게 되었다. 이를 재생이라고 하고 물리적 환경뿐만 아니라 문화나 역사 그리고 주민공동체까지 원래의 모습을 회복하거나 이를 통해 새로운 기능과 이야기 거리를 동원하여 창의적인 공간과 환경으로 탈바꿈시켜나가는 것을 의미한다. 또한 재생은 지속가능한 정주환경으로 전환과 모든 사람들이 함께 만들어 가는 것을 기본 원칙으로 하고 있기 때문에 주민들의 참여와 오랜 시간이 필요로 하는 새로운 전제조건을 수반하고 있다. 이러한 우리 환경변화여건은 범세계적인 추세로 국내에 도입된 지 10년 정도 밖에 되지 않고 그동안 착근기를 거쳐 정착기를 향하고 있다. 특히 현 정부의 도시재생뉴딜정책을 통해 정주환경개선은 물론 경제적 일자리차원과 보편적 복지실현의 중요한 단서로 활용하기 위해 다양한 사업형식으로 추진하고 있다. 그 결과 광역은 물론 기초 지자체까지 정부지원을 받기 위해 많은 관심과 함께 많은 노력을 기울이고 있다. 이런 폭발적 관심과 수요에 대해 막연하게 접근하기보다는 재생의 기본적 원칙과 특징을 정확하게 파악하고 단계적으로 접근할 필요가 있다.

첫째, 재생은 자생적 가치를 회복하는 일이라는 것을 알아야 한다. 기존의 내생적 재생자원을 발굴하고 외생적 창의적 요소를 적절하게 조화하여야 한다.

둘째, 재생의 목적과 결과는 다차원적 이여야 하고 이 과정에서 주거복지와 경제적 가치를 함께 수반할 수 있어야 한다. 이를 위해 역사나 문화 혹은 자연적 가치를 충분히 활용하여야 한다.

셋째, 도시재생이 기본적으로 주민중심으로 진행되는 것을 원칙으로 하지만 새롭게 시작하는 지역에서는 화수분재생시스템을 구축하는 측면에서 관이나 전문가의 리드가 선행되어야 한다. 일반적으로 처음 시작하는 단계에서 주민들은 어디서부터 해야 할지 모르기 때문에 따라갈 수 있는 여건조성이 필요하고 이는 결과적으로 반드시 자생적 시스템구축이 전제되어야 한다.

넷째, 재생결과의 파급력을 높이기 위해 지역의 장점을 활용하여 극대화하는 것도 중요하지만 지역의 약점을 극복할 경우 재생 효과는 몇 배로 빛나게 된다.

다섯째, 재생은 가고자 하는 곳을 결정해놓고 가지보다는 가는 길을 찾아가는 것이다. 다시 말해 대부분의 계획이나 개발은 개량적 지표를 정해놓고 달성하는 것이 일반적이나 재생은 목적을 정해 놓기는 하지만 재생참여자의 협치과정에서 다양하게 변해가게 되고 이런 과정을 탄력적으로 받아들이고 가치를 두어야 한다. 재생과정의 주도적 참여주체는 주민의 대표성이 전제되어야 한다. 주민들의 참여와 협치가 근간이기 때문에 사업추진의 동력은 많은 참여와 동의는 그들의 권한을 위임한 조직에 기초한다.

여섯째, 재생의 결과에 대한 출구전략은 반드시 수반되어야 한다. 특히 현재 재생사업과정은 외부지원을 근간으로 하고 있기 때문에 지원종료 시 자생력을 갖추기 위한 노력이 사전적으로 고려되어야 한다.

일곱째, 재생의 가장 성공적 확률은 지속적이고 일치된 노력에서부터 출발한다. 다양한 아이디어와 순간적인 추진력은 누구나 할 수 있는 부분이지만 환경이나 경제적 가치가 표출되기까지는 최소한의 시간이 필요하기 때문에 지속적인 추진이 무엇보다도 중요하다.

여덟째, 재생은 행정적 뒷받침을 필요로 하나 융복합적인 측면으로 진행되기 때문에 이를 조정할 수 있는 체계나 컨트롤타워가 필요하다. 많은 재생사업이 문화나 역사 때로는 일자리까지 함께 진행되는 종합적 사업이기 때문에 이를 지원할 시스템도 종합적이여야하기 때문이다. 따라서 재생을 바라보는 시각은 다양해야 하고 마음은 열려있어야만 가능한 산물인 것이다.

참고문헌

Alberto Amore, 『Tourism and Urban Regeneration : Processes Compressed in Time and Space (Hardcover)』, Taylor & Francis Ltd

Carley, Michael, 『Urban Regeneration Through Partnership : A Study in Nine Urban Regions in England, Scotland and Wales (Paperback)』, Policy Press

Chris Couch, 『City of Change and Challenge : Urban Planning and Regeneration in Liverpool (Paperback)』, Routledge

Chris Couch, 『Urban Regeneration in Europe (Paperback)』, Blackwell Pub

Dave O'Brien, 『After Urban Regeneration : Communities, Policy and Place (Paperback)』, Policy Pr

Dr Phil Jones, 『Urban Regeneration in the UK : Boom, Bust and Recovery (Paperback, 2 Revised edition)』, Sage Publications (CA)

Edmund Christopher Matotay, 『Place and Tourism Promotion : Urban Regeneration? (Hardcover)』, Isd

E. Michael, 『The Routledge Companion to Urban Regeneration (Paperback, 1)』, Routledge

Jing Xie,『Heritage-led Urban Regeneration in China (Paperback, 1)』, Routledge

J. N. Berry, 『Urban Regeneration : Property Investment and Development (Paperback)』, Taylor & Francis

Jonathan S. Davies, 『Partnerships and Regimes : The Politics of Urban Regeneration in the UK (Paperback)』, Routledge

Kristian Ruming, 『Urban Regeneration in Australia : Policies, Processes and Projects of Contemporary Urban Change (Hardcover)』, Routledge

Milyung Son, 『Culture-Led Urban Regeneration in South Korea (Hardcover)』, Vernon Art and Science

Mohit Gupta, 『Regeneration of an Urban Village, Case : Shahpur Jat (Paperback)』, LAP Lambert Academic Publishing

Oscar Carracedo, 『Resilient Urban Regeneration in Informal Settlements in the Tropics: Upgrading Strategies in Asia and Latin America (Hardcover, 2021)』, Springer

Paul J. Maginn, 『Urban Regeneration, Community Power and the (In)Significance of 'race' (Hardcover)』, Taylor & Francis

Peter Roberts, 『Urban Regeneration (Hardcover, 2 Revised edition)』, Sage Pubns Ltd

Rezart Prifti, 『Entrepreneurial Urban Regeneration : Business Improvement Districts as a Form of Organizational Innovation (Hardcover)』, Routledge

Simon Huston, 『Smart Urban Regeneration : Visions, Institutions and Mechanisms for Real Estate (Paperback)』, Taylor & Francis

Steffen Lehmann, 『Urban Regeneration: A Manifesto for Transforming UK Cities in the Age of Climate Change (Paperback, 2019)』, Springer Nature Switzerland AG

Stock, Julian, 『Shaping Change: 25 Years of Urban Regeneration : The Architecture and Urbanism of Stockwool (Paperback)』, Artifice

NPO와 마을만들기 연구회, 『NPO를 위한 도시재생과 마을만들기』, 구미서관

김병준, 『도시재생시대』, CIR(씨아이알)

김정후, 『발전소는 어떻게 미술관이 되었는가』, 돌베개

김정후, 『유럽의 발견』, 동녘

김종선 · 서영철, 『앞으로 30년, 잘사는 대한민국 도시재생사업』, 팬덤북스

김형균 외 27인, 『도시재생 실천하라』, 미세움

나카지마 에리, 『영국의 지속가능한 지역만들기』, 한울(한울아카데미)

남진, 『산업연관분석을 활용한 도시재생사업의 경제적 효과 분석』, 국토연구원

노춘희 외, 『도시미래와 재생』, 형설출판사

대한국토 · 도시계획학회 지음, 『도시 재생』, 보성각

도시재생사업단, 『역사와 문화를 활용한 도시재생 이야기』, 한울(한울아카데미)

메가북 편집부, 『도시재생 재개발사업』, 메가북

메가북 편집부, 『자연을 품는 건축도시재생』, 메가북

민유기 외, 『세계의 지속가능 도시재생』, 국토연구원

서민호 외, 『도시재생 뉴딜의 전략적 추진방안』, 국토연구원

서수정 · 박성남 · 임강륜, 『도시재생지원기구 운영사례 및 중장기 운영방안』, auri(건축도시공간연구소)

서수정 외, 『도시재생의 효율적 추진을 위한 제도개선 연구』, auri(건축도시공간연구소)

서수정 · 윤주선, 『도시재생 활성화를 위한 근린재생형 기금지원 프로그램 개발』, auri(건축도시공간연구소)

서정렬, 『도시재생사업의 이해와 실무』, 문운당

양팔석 · 윤석환, 『대한민국 마지막 투자처 도시재생』, 라온북

우메즈 마사노스케, 『삶이 있기에 마을이다!』, 구미서관

이석현, 『공생의 도시재생디자인』, 미세움

이정형, 『도시재생과 경관만들기』, 발언(건설기술네트워크)

이주형, 『21세기 도시재생의 패러다임』, 보성각

이희정, 『도시재생시대의 도시계획』, 보성각

임공수, 『도시재생정책론』, 청목출판사

제종길, 『도시재생 학습』, 자연과생태

진양교, 『기억과 상징으로의 여행: 43 도시 재생공원』, 이엘에이(ELA)

진영효, 『도시재생지원센터의 경험과 과제』, 국토연구원

한국도시연구소, 『도시재생과 젠트리피케이션 (반양장)』, 한울(한울아카데미)

황희연 외, 『도시재생, 현장에서 답을 찾다』, 미세움

제2장
지역개발과 지역재생

제1절 지역과 지역계획

1. 지역이란

(1) 지역의 개념

지역계획, 지역개발, 지역발전, 지역균형발전, 지역재생 등을 논의하기 위한 사전 단계로 지역이 무엇인가에 대한 논의가 필요하다. 지역(region)이라는 용어에 대한 통일된 정의를 찾기는 어려우며, 학문적 분야와 관심에 따라 다양하게 사용되고 있는 것이 현실이다(김용웅 외, 2009).

일반적으로 지역계획 분야에서는 최하위 공간 단위와 국가(국토) 사이에 위치하는 중간 계층적 공간을 지역이라고 한다. 즉, 지역은 국가라는 최상위 정치체에 의하여 관리되는 국토보다는 작은 공간 단위를 다양하게 일컫는 말이다. 이와 같은 정의에 따르면 읍면동과 같은 작은 공간 단위도 지역으로 부를 수 있으며, 수도권과 같이 복수의 광역지자체가 포함된 큰 공간 단위도 지역으로 부를 수 있다.

또한, 분야에 따라서는 국가보다 큰 지리적 권역을 지역으로 부르기도 한다. 예를 들어 환태평양지역, EU지역 등이 있다. 주로 국제경제학, 국제정치학과 같은 분야에서 이같이 거대한 지역 구분을 활용한다. 최근에는 국가간의 연계체계의 중요성이 강조되면서, 국토계획이나 지역계획분야에서도 여러 국가의 범역이 포함된 지역구분을 활용하기도 한다.

정리하면, 지역은 일정한 지리적 권역을 포함하는 말로 공간의 크기와 상관없이 널리 활용될 수 있으나, 일반적으로 지역계획 분야에서는 국가보다는 작은 공간 단위를 지칭하는 말로 널리 활용된다.

(2) 우리나라에서의 지역

우리나라에서도 지역은 일반적으로 국토보다는 작고 가장 작은 공간단위 보다는 큰 공간단위를 의미한다. 그러나 가장 기초적인 공간단위를 의미하는 Local과 명확한 구분이 이루어지지는 못하고 있다. 영어권에서는 Local-Region-Nation으로 공간단위의 규모가 커지지만(김용웅 외, 2009), 우리나라에서의 지역은 때로는 Local을, 때로는 Region을 의미하고 있다.

이 경우 국가의 최하위 공간 단위를 무엇으로 볼 것인가도 이견이 있을 수 있다. 행정구역 단위를 이용하더라도 읍면동이 적절한 수준의 공간 단위인지에 대한 이견이 있을 수 있다. 특히 행정동의 경우 지리적 특성이나 역사성보다는 행정수요와 행정 편의성을 기준으로 구분되며, 이로 인하여 행정수요가 급격하게 변화되는 경우에는 경계의 변경이 자주 발생하는 점도 문제이다.

지자체장과 지방의원이 투표에 의하여 선출되며, 따라서 자치권을 가진 것으로 생각할 수 있는 시군구를 공간의 최하단위로 이용하는 경우, 자치시가 아닌 제주시, 서귀포시 등을 동일한 위계로 다룰 것인가의 문제점이 있다. 또한 특별시, 광역시에 포함된 구의 경우, 자치권을 가지고 있으나 시와 군에 비하여 도시계획 권한 등에서 차이가 있다. 따라서 구를 시나 군과 동일한 위계의 지역으로 볼 것인가의 문제가 있다.

이와 더불어 우리나라에서 지역은 때때로 도시의 반대되는 개념으로 활용된다. 이는 도시지역이 아닌 지역의 계획명칭에서 지역이란 용어를 널리 활용해왔기 때문에 생긴 현상이다. 이에 따라 농촌 지역의 공간구성을 학습하는 학과의 명칭이 지역건설공학과 등과 같은 이름으로 나타나기도 한다. 지역개발의 경우에도 농촌지역, 비도시지역의 개발의 의미하는 용어로 사용되는 경우가 있다.

최근에는 지역이 지방을 대체하는 용어로도 자주 쓰이고 있다. 사전적으로 서울 이외의 지역을 의미하는 '지방'이라는 용어가 부정적인 이미지를 가지게 되면서 이를 대체하기 위하여 '지역'이라는 용어를 사용하는 경우가 종종 나타난다. 예를 들면 지역대학 등이다. 이에 따라 지역이 비수도권을 의미하는 용어로 활용되는 경우도 있다.

2. 지역의 구분

지역을 구분하는 기본적인 방법은 등질지역(homogeneous region)과 기능지역(functional region)의 개념을 이용하는 것이다. 등질지역은 동질지역이라고도 불리우며, 지역이 가지고 있는 특성을 기준으로 유사한 특성을 가지는 지역을 하나의 지역으로 구분하는 것이다.

예를 들어 동일한 기후를 가진 지역, 거주민의 사회경제적 특성이 유사한 지역, 지역의 물리적 특성이 유사한 지역 등을 하나의 지역으로 구분한다.

기능지역은 서로 간에 기능적으로 밀접하게 연결되어 있는 권역을 하나의 지역으로 구분하는 방법이다. 중심지의 기능이 미치는 지역을 의미하는 경우에는 결절지역(nodal region / polarized region)이라는 용어를 활용하기도 한다. 본 수업에서는 기능지역과 결절지역을 별도로 구분하지는 않고 설명하겠다. 기능지역의 예로는 특정한 지역으로 통근이 활발하게 이루어지는 지역, 지역 간에 교통량이 일정 수준 이상인 지역, 특정지역으로부터 공급되는 서비스를 이용하는 공간적 범위 등이 있다.

계획지역(planning region)은 계획가나 정책결정자들이 특정한 목적의 달성을 위한 계획의 단위로서 지역을 설정한 것이다. 따라서 계획지역은 현재 상태의 동질성이나 기능적 관계와는 부합하지 않을 수도 있다. 또한 계획의 실행 가능성, 자료취득의 용이성 등의 이유로 대체로 행정경계를 기준으로 설정되는 경향이 있다. 계획지역의 예로는 국토종합계획에서의 권역 구분, 수도권정비계획의 권역 구분, 각종 계획에서의 생활권 구분 등이 있다. 생활권은 등질지역이나 기능지역의 개념으로 구분될 수도 있으나, 생활권 계획의 수립과 집행을 위한 계획지역의 개념으로 구분될 수도 있다.

3. 지역계획의 필요성

우리나라에서는 그동안 도시계획이나 국토계획에 비하여 지역계획은 크게 주목받지 못하였다. 그러나 지역계획의 필요성은 점차 증가하고 있다.

정보통신기술, 교통수단의 발달은 하나의 생활권으로 작동하는 지리적 공간범위를 확대하고 있으며, 4차 산업혁명으로 대변되는 IT 기술, 자율주행 기술 등의 발달은 이와 같은 추세를 보대 가속화할 것이다. 이에 따라 기존에는 도시문제로 여겨지던 문제들이 보다 넓은 지역에서 발생하고 있다.

이에 따라 도시문제, 지역문제의 해결을 위해서는 보다 넓은 공간 범위를 대상으로 하는 지역적 해결책, 지역적 계획역량이 요구되고 있다. 이에 따라 도시보다 큰 공간 단위에서의 계획 필요성이 증가하고 있으며, 이는 지역계획의 필요성 증가로 이어지고 있다.

이와 더불어 국내에서 지역 간 불균형 문제는 갈수록 심각해지고 있다. 도시지역과 농촌지역 사이의 불균형, 경부축과 타지역사이의 불균형, 수도권과 비수도권사이의 불균형, 특정한 권역 내에서도 중심지역과 주변지역 사이의 불균형 문제는 갈수록 심각해지고 있다. 이 같은 상황의 극복을 위해서 지역계획에 대한 관심이 증가하고 있다.

4. 본 수업에서 다루는 지역과 지역계획의 범위

아래의 그림 1은 우리나라의 공간계획체계를 나타낸 것이다. 가장 좁은 개념으로 보면 지역계획은 광역권개발계획, 수도권정비계획 등과 같은 제도적 지역계획만을 의미한다. 광의로 보면 국토보다 작은 공간단위를 대상으로 하는 모든 계획을 지역계획으로 생각할 수도 있다. 또한 가장 넓게 보면 국토종합계획을 포함한 모든 공간계획을 지역계획으로 생각할 수도 있다.

본 수업에서는 이 중에서 도시보다 큰 공간단위의 계획을 대상으로 한다. 즉, 도시계획보다 큰 공간단위와 복수의 지자체를 대상으로 하며, 국토계획까지를 포함하는 범위를 수업의 대상으로 한다. 우리나라의 지역문제가 국토계획의 틀에서 많이 다루어졌기 때문에 국토계획을 포함한다.

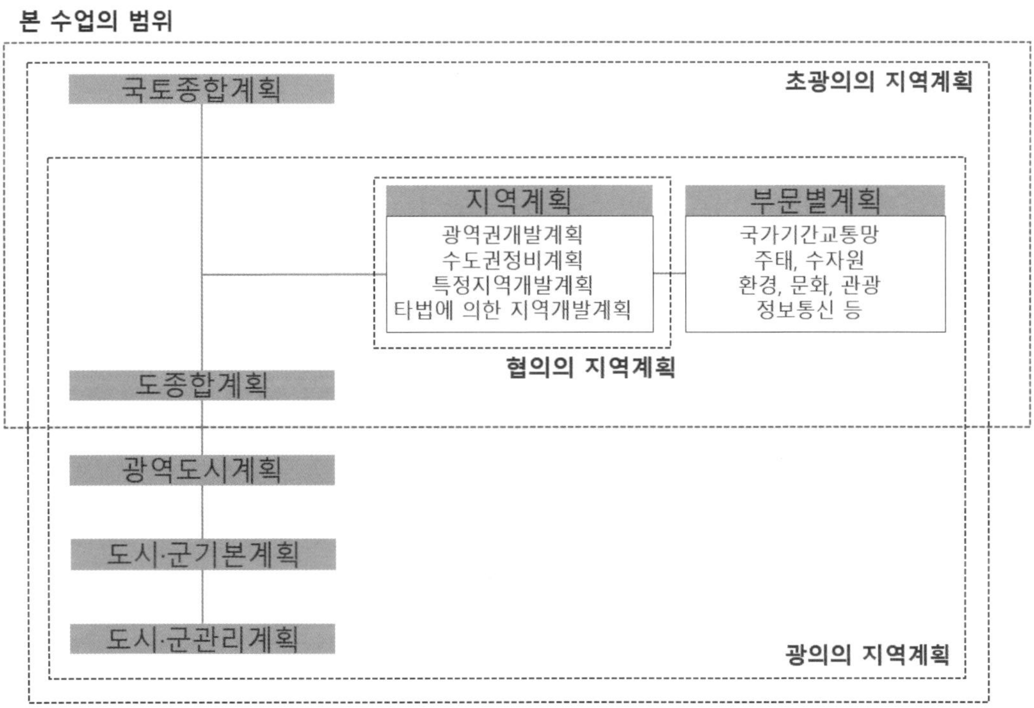

[그림 2-1] 우리나라의 공간계획체계와 지역계획

제2절 지역문제와 지역발전

1. 지역문제의 유형과 원인

(1) 지역 내 문제

지역계획의 해결대상이 되는 지역문제는 크게 지역 내 문제와 지역 간 문제로 나눌 수 있다(박종화 외, 2016). 지역 내 문제는 도시지역에서 나타나는 문제와 농촌지역(비도시지역)에서 나타나는 문제로 나눌 수 있다(한국지역개발학회, 2017). 도시지역에서 나타나는 문제는 일반적으로 인구의 과도한 밀집으로 인한 것으로 공해, 혼잡, 열악한 주거, 환경문제 등이 있으며, 실업이나 범죄와 같은 사회경제적 문제도 있다.

농촌지역의 문제는 일반적으로 낙후성으로 인한 것이다. 각종 서비스(의료, 교육, 복지, 행정 등)의 낮은 수준, 낮은 주거의 질 등이 있다. 특히 각종 매체의 발달로 인하여 도시지역과 농촌지역에서의 각종 서비스 및 삶의 질에 대한 정보가 쉽게 구득이 가능하다. 이에 따라 상대적으로 열악한 농촌지역의 문제가 강조되고, 거주민들이 상대적인 박탈감을 느끼는 문제도 있다. 이로 인하여 농촌지역에서 도시지역으로 인구유출이 더욱 심화되는 문제가 발생하기도 한다.

(2) 지역 간 문제

지역 간 문제는 지역 사이의 성장격차로 인한 불균형 문제가 대표적이다. 이와 같은 지역 사이의 불균형은 지역 간 갈등을 유발하고, 국가의 통합적 발전에 큰 저해요소로 된다.

우리나라에서는 도시지역과 농촌지역의 격차, 경부축과 기타지역의 격차, 수도권과 비수도권의 격차 등 다양한 계층에서 지역 간 격차가 존재하며, 이로 인한 각종 갈등 또한 심각하게 발생하고 있다. 또한, 기초지자체 수준과 같은 작은 공간단위에서도 지역 간 불균형이 존재하며, 이에 따라 소지역 단위에서도 균형발전의 필요성이 끊임없이 제시되고 있다.

(3) 지역 문제의 원인

지역 문제가 발생 원인은 다양하다. 가장 기본적인 원인으로는 자연적, 지리적 요인이 있다. 지역별로 상이한 기후, 자원, 지형, 토질 등으로 인하여 지역의 생산능력에 차이가 발생하고, 이로 인하여 지역의 발전 정도의 차이가 발생한다. 우리나라의 경우 기후나 자원으로 인한 발전 정도의 차이는 큰 편은 아니지만, 과거 시멘트, 석탄 산업과 연계된 지역의 발전 등은 지역의 자연자원으로 인한 것이다. 또한 국토 내에서 기후의 차이도 아주 크지는 않기 때문에 일부 과일의 생산가능성 등을 제외하면 기후 차이로 인한 지역 간 격차 문제는 크지 않다.

우리나라에서 지역의 발전과 지역 문제에 가장 큰 영향을 미치는 지리적 요인은 접근성이다. 우리나라는 역사적으로 제조업 중심으로 경제발전을 달성하였다. 우리나라의 제조업은 대부분의 원자재를 수입하고, 다량의 생산품을 해외로 수출한다. 대부분의 원자재를 수입하는 상황에서 대형 항만의 입지 가능성과 항만과의 접근성은 지역의 산업발전과 밀접하게 연계되어 있다. 제품의 판매처로서 항만 또는 대도시와의 교통 접근성도 지역 발전에 큰 영향을 미친다.

우리나라는 지역 간 사회문화적 요인의 차이가 크지 않다. 그러나 국토의 크기가 크거나, 지형이나 도서 등으로 지리적으로 이격되어 있는 지역이 많은 국가에서는 지역 간의 근면의식, 교육수준, 노동문화 등의 차이가 매우 큰 경우가 있다. 이와 같은 사회·문화적 요인은 지역 간의 발전수준의 차이를 발생시키기도 한다.

최근에는 지역의 관용적인 문화가 창조산업의 발전에 중요한 창조계급(creative class)을 지역으로 유인하고, 이들이 밀집한 지역이 빠르게 발전하고 있다는 주장이 제기되기도 하였다(Richard Florida, 이원호 외 역, 2008). 이에 따라 지역의 관용성을 대변하는 게이지수가 지역의 경제발전과 밀접한 관계가 나타난다.

2. 문제지역의 유형

문제지역은 다양한 유형이 있을 수 있으며, 학자에 따라 문제지역의 다양한 구분을 제시하기도 하였다. Hoover & Giarratani(1984)는 전형적인 문제지역으로 낙후지역, 침체지역, 과잉성장 및 집중지역을 들고 있다(한국지역개발학회, 2017에서 재인용).

낙후지역(Backward Region)은 성장한 적이 없으며, 계속적으로 저발전되어 있는 지역으로, 일반적으로 산업화 수준이 낮다. 또한 스스로 성장 단계에 진입하지 못한 지역으로, 전통 산업인 농업, 어업 등을 중심으로 하는 경제구조를 가지는 경우가 많다.

침체지역(Developed region in recession)은 한때 활성화되었으나, 현재는 다양한 이유로 침체된 지역이다. 따라서 과거에 일정한 수준의 산업화가 이루어졌다. 활성화되었던 시기의 경제적 역동성을 여러가지 이유로 상실하였으며, 현재는 경제적 활성화 정도가 낮아지고, 인구가 유출되는 등의 문제가 발생한다. 이 같은 지역은 특정 산업이나 특정 자원을 중심으로 성장하였다가, 해당 산업이나 자원의 경쟁력이 저하되는 경우에 침체되는 경우가 많다.

과잉성장 및 집중지역(Excessive growth and concentration)은 성장이 지나쳐서 문제가 발생한 지역이다. 지역의 급속한 발전으로 인구유입이 발생하며, 이로 인한 과도한 인구집중은 각종 문제를 발생시킨다. 일반적으로 환경오염이 발생하고, 지역의 쾌적성이 낮아지고, 주거비가 급격히 상승하는 등의 문제가 발생한다. 이 같은 지역의 등장은 해당 지역의 문제로 그치지 않고 국가 내 다른 지역의 저성장, 상대적 격차를 발생시켜 지역 간 갈등으로 이어지기도 한다. 우리나라의 수도권은 과잉성장 및 집중지역의 대표적인 사례로도 생각할 수 있다. 그러나 이와 같은 지역을 판단하기 위한 과잉의 적절한 기준을 설정하는 것은 한계가 있다. 즉, 해당 지역이 적절하게 성장한 지역인지 과도하게 성장한 지역인지를 발전하는 것은 어렵다.

그러나, 과잉성장과 집중으로 인한 집적의 이익은 주로 생산성이 높은 기업에게 귀속되나, 발생되는 문제는 해당 권역의 전체 시민에게 귀속되는 문제는 명확하다. 따라서 이와 같은 과잉성장 및 집중지역의 문제해결 노력이 요구된다.

3. 지역발전의 개념

(1) 지역발전정책의 필요성

앞에서 살펴본 낙후지역, 침체지역, 과잉성장 및 집중지역과 같은 문제지역은 정부의 개입 없이, 시장기능에 의한 문제 해결이 어려운 경우가 많다. 따라서 문제지역의 문제해결을 위해서는 다양한 방면에서 공공부문의 노력이 요구되며, 이와 같은 노력은 모두 일종의 지역발전정책이라고 할 수 있다.

낙후지역과 침체지역의 경우 문제해결의 근본적인 방안은 지역의 경제적 성장과 발전이다. 이같은 성장과 발전의 과정은 많은 경우 산업화와 도시화를 통하여 이루어지기 때문에 지역발전정책은 지역의 산업화와 도시화를 목표로 하는 경우도 많다.

과잉성장 및 집중지역의 문제해결의 경우는 지역발전정책이라는 용어보다는 성장관리정책, 균형발전정책 등의 용어로 다루어지는 경우가 많다. 따라서 본 절에서 다루는 지역발전정책은 주로 낙후지역이나 침체지역의 경제적 성장을 목표로 하는 정책을 의미한다.

(2) 지역발전의 개념

지역발전은 "지역"으로 구분된 일정한 공간단위를 대상으로 산업화와 도시화를 위한 물리적, 사회경제적 상황을 개선하는 활동을 의미한다. 또한 지역발전정책은 지역발전을 위하여 정부가 개입하는 전반적인 수단을 모두 의미한다.

지역발전정책에 이용되는 정책적 수단으로는 특정시설의 입지 설정, 사회간접자본(SOC)의 확충, 지역별 산업정책, 지역별로 차별화된 조세, 금융 정책, 각종 규제방법 등이 있을 수 있다.

(3) 지역발전정책의 목표

Vanhove and Klaassen(1980)은 지역발전정책의 목표를 경제적 측면과 사회적 측면으로 나누어 제시하였다(김용웅 외, 2009에서 재인용). 경제적 측면에서는 생산요소의 활용을 극대화하는 것, 지역의 자원 및 입지적 특성을 고려해 기업이 최적의 입지를 선정할 수 있도록 하는 것, 분산된 공간발전을 통해 인구와 경제활동의 집중으로 발생하는 혼잡비용을 최소화하는 것, 자원과 투자의 집중으로 초래되는 지역적 불균형과 인플레이션을 방지하는 것 등을 제시하였다.

사회적 측면에서는 모든 지역에서 완전고용 실현, 지역 간 소득배분을 균등하게 하는 것, 저발전 또는 쇠퇴 지역의 주민 복지를 증진하는 것, 자원과 환경의 남용을 방지하는 것, 지역간 불균형으로 인한 갈등과 대립을 방지하여 국가적 통합성을 증진하는 것 등을 제시한다.

Friedmann(1966)은 국가발전단계와 지역정책의 목표의 관계를 제시하였다(김용웅 외, 2009에서 재인용). 먼저 GNP에서 산업이 차지하는 비율이 10% 미만인 산업화 이전 단계에서는 지역발전정책이 부적당한 것으로 판단하였다. 지역발전정책보다는 교육, 보건 등에 치중하는 것이 적절한 것으로 판단하였다.

산업이 GNP에서 차지하는 비중이 10%를 넘기 시작하는 전이단계에 진입하면, 국가경제성장에서 지역정책의 중요성이 증가한다. 산업입지의 선정, 도로, 전력, 용수, 항만 등의 사회간접자본의 확충이 요구된다.

산업이 GNP에서 차지하는 비중이 25%를 넘어서는 산업사회에 이르면 지역정책의 중요성이 감소하기 시작한다. 50%가 넘는 후기 산업사회에 도달하면 국가정책자체가 지역의 발전 보다는 지역간의 균형, 도시의 재개발 등을 중요시 하는 방향으로 변화한다.

〈표 2-1〉 국가발전 단계와 지역정책 목표와의 관계

경제유형	산업화 이전	전이단계	산업사회	후기산업사회
GNP대비 산업비중	0-10%	10-25%	25-50%	감소
국가경제성장에서 지역정책의 중요성	부적당	핵심적	주변적	초점 변화
주요 정책 과제	경제발전의 전제조건 창출	산업화에도 지속가능한 공간적 조직 창출	침체지역문제, 지역발전, 공동시장 조직의 공간적 조정	도시재개발, 대도시 지역 내 공간질서와 순환, 옥외공간과 경관의 쾌적성
사례 국가	탄자니아, 파라과이, 볼리비아, 아프가니스탄, 캄보디아, 미얀마	베네수엘라, 브라질, 콜롬비아, 터키, 인도, 파키스탄, 이라크, 멕시코	프랑스, 이탈리아, 서독, 일본, 이스라엘, 영국, 캐나다, 오스트레일리아	미국

Friedmann(1973), 김용웅 외(2009: 33)에서 재인용

제3절 지역발전이론

1. 지역발전이론의 체계

김용웅 외(2009)는 지역발전과 관련한 여러 이론을 체계적으로 정리하였다. 다음의 표2에서 보는 바와 같이 지역발전과 관련한 이론은 공간조직이론과 지역발전이론으로 크게 나눌 수 있다.

공간조직이론은 토지이용, 정주체계 등의 공간적인 조직행태를 설명하는 이론으로, 산업입지, 도시공간구조 등과 관련한 이론들을 이야기한다. 이와 같은 이론들은 공간에서 기능들의 입지를 체계적으로 설명하기 때문에 지역발전과 관련한 여러 이론의 토대가 된다. 다만, 공간조직이론은 타 수업에서 다루기 때문에 본 수업에서는 다루지 않는다.

지역발전이론은 지역적 현상의 발생원인을 밝히고 그 과정을 설명하는 지역발전실증이론과, 지역의 발전을 의도적으로 촉진하기 위한 전략을 다루는 지역발전규범이론으로 나누어진다. 지역발전실증이론은 지역발전의 적절한 방향을 설정하지 않으며, 가치중립적으로 지역발전과 관련한 현상의 설명과 예측에 집중한다. 반면, 지역발전규범이론은 지역발전의 규범적 방향을 설정하고 이를 달성하기 위한 정책적 방안의 도출에 집중한다.

지역발전실증이론은 크게 균형이론과 불균형이론으로 나눌 수 있다. 균형이론은 시장매커니즘에 의하여 지역 간의 균형이 자연스럽게 이루어진다는 가정에 기반한 이론이며, 불균형이론은 지역 간의 불균형이 지속된다는 가정에 기반한 이론이다.

지역발전규범이론은 공간전략이론과 추진전략이론으로 구분할 수 있다. 공간전략이론 균형발전을 목표로 하는 균형발전전략과 불균형한 상태에서 효율적인 발전을 추진하는 불균형 발전전략이 있다.

추진전략이론은 지역발전의 추진주체, 추진의 방식, 자원활용 등과 같은 추진전략에 관한 이론이다.

이 외에도 공간혁신이론, 거버넌스이론 등을 포함하는 지역발전을 위한 대안적 발전이론도 존재한다.

〈표 2-2〉 지역발전이론의 체계

<table>
<tr><td rowspan="8">지역발전
관련
이론</td><td>공간조직
이론</td><td colspan="3">• 토지이용이론
• 입지이론
• 중심지이론
• 생태학적 공간구성이론
• 구조주의적 도시형성이론</td></tr>
<tr><td rowspan="7">지역발전
이론</td><td rowspan="3">지역발전
실증이론</td><td>국가발전론</td><td>• 발전론
• 역사적 발전이론
• 종속이론
• 균형성장이론, 불균형성장이론
• 노동의 무한공급이론
• 기초수요 접근방법</td></tr>
<tr><td>지역성장의
균형이론</td><td>• 고전주의 균형성장이론
• 신고전주의 균형성장이론
• 지역 간 인구이동론
• 지역 간 자본 및 생산 요소 이동
• 지역승수이론
• 수출기반모형 등</td></tr>
<tr><td>지역성장의
불균형이론</td><td>• 중심-주변부이론
• 성장거점이론
• 불균등발전이론 등</td></tr>
<tr><td rowspan="2">지역발전
규범이론</td><td>공간전략 이론</td><td>• 균형발전전략
• 불균형발전전략</td></tr>
<tr><td>추진전략 이론</td><td>• 추진전략이론(상향적, 하향적 발전전략)
• 자원활용전략이론(내생적, 외생적 발전전략)</td></tr>
<tr><td rowspan="2">대안적
지역
발전이론</td><td colspan="2">• 공간혁신이론
• (신산업지구론, 혁신클러스터, 지역혁신체계, 학습지역 등)</td></tr>
<tr><td colspan="2">• 거버넌스론, 네트워크론, 파트너쉽론 등
• 지속가능 지역발전, 사회적 자본 등 대안적 지역발전이론</td></tr>
</table>

김용웅 외(2009: 62)에서 인용, 재작성

2. 지역발전이론의 전개

김용웅 외(2009)는 지역발전이론의 전개 과정을 연대순으로 정리하였다. 2차 세계대전이 끝나고 1960년대까지 지역발전의 주요 목표는 국가의 경제성장을 달성하는 것이었다. 이 과정에서 지역발전이론은 국가 전체의 경제적 효율성을 높이는 것을 주요 목적으로 하였다. 이에 따라 성장 잠재력이 높은 지역으로 국가의 역량을 집중하는 성장거점이론이 주로 발전하였다. 이에 따라 불균형을 인정한 상태에서의 발전을 목표로 하는 불균형발전이론이 함께 발전하였으며, 국가가 거시적인 목표를 설정하고 이를 달성하기 위하여 지역이 따르는 하향식 접근을 주로 사용하였다.

1970년대에는 경제성장에 따른 지역 간의 격차와 불균형이 장기적인 사회발전에 부정적 영향을 미치는 것으로 판단하였다. 이에 따라 지역발전정책의 목표가 지역 간 균형달성(형평)과 주민의 복지를 증진하는 것으로 변화하기 시작하였다. 이를 위하여 거점 중심으로 자원을 집중하던 전략에서 자원의 공간적인 재배분을 통한 형평성 증진을 추구하였다. 이와 같은 전략을 통하여 전반적인 사회·경제적 여건의 개선을 목표로 하였다. 이에 따라 분산적 집중발전전략, 지역균형발전이론이 주목받았으며, 이를 달성하기 위한 방법으로 상향적 지역발전이론, 내생적 지역발전이론이 주목받았다.

1980년대 이후로는 환경문제의 등장과 인류의 지속적인 생존이 중요하다는 인식이 등장하였다. 이에 따라 환경적 차원에서의 지속가능한 발전이론 등이 등장하였다.

70년대 중반 이후로 서구 선진국의 지역발전 양상에 큰 변화가 발생하며, 이로 인하여 지역발전 이론에도 새로운 이론들이 등장하기 시작한다. 미국의 경우, 기존 산업의 중심지였던 공업 지역들이 침체하는 반면, 기존에는 저발전 지역이었던 일부 지역이 새롭게 성장하기 시작하였다. 영국에서도 전통적인 공업 중심지로 발전했던 중부지역이 쇠퇴하고, 런던 주변의 남동부 지역이 성장하기 시작하였다. 또한 이 시기에는 아시아 지역의 신흥공업국들이 부상하기 시작하였다. 기존의 전통적 지역발전이론은 이와 같은 변화를 설명하지 못하였으며, 이에 따라 대안적 이론의 등장하기 시작하였다. 대표적인 대안적 이론으로는 유연생산체제, 신산업지구론 등이 있다.

3. 지역발전규범이론

지역발전의 적절한 방향을 설정하고, 이에 대한 전략을 제시하는 지역발전규범이론에 관하여 보다 자세히 다루고자 한다. 다음에서 보는 바와 같이 지역발전 규범이론은 크게 공간전략이론과 추진전략이론으로 나눌 수 있다.

(1) 지역발전 공간전략이론

지역발전 공간전략이론은 크게 공간적 균형발전전략과 공간적 불균형발전전략으로 나눌 수 있다. 공간적 균형발전전략은 국가의 목표가 사회적 형평성, 지역간의 형평성, 국가적 통일성을 중요시하는 경우에 채택될 수 있다. 이와 같은 전략은 대부분 경제성장이 일정 부분 이루어진 뒤에 채택되는데, 이는 경제성장의 시작단계에서는 한정된 자원의 효율적인 활용이 중시되기 때문에 일반적으로 거점에 집중적으로 투자하는 불균형발전전략이 활용된다. 특히, 경제성장의 초기에는 거점지역(발전지역)이 주변지역(저발전지역)으로 노동, 자본, 자원 등을 빨아들이는 극화효과가 매우 크게 작동한다. 따라서 정부가 균형발전을 위하여 적극적으로 개입하여도, 그 정책효과를 기대하기 어렵다.

공간적 균형발전 전략은 국가의 자원을 지역 간에 적절하게 배분하고, 이를 통해 지역 간의 성장수준, 발전수준을 균형있게 조정하는 것을 주요 목표로 삼는다. 이와 같은 전략의 예로는 지역 단위의 생활권 계획을 통하여 생활권 별로 균등한 수준의 발전을 꾀하는 정책, 과밀지역에 집중되어 있는 기능을 과밀지역 외부로 분산시키는 정책 등이 있다. 우리나라의 지역행복생활권 정책, 혁신도시 이전을 통한 공공기관의 이전 등이 이와 같은 정책의 사례이다.

공간적 균형발전 전략은 지역간의 불균형 문제를 교정하기 위하여 등장하였으나, 균형발전전략의 추진과정에서 경제적 효율성을 침해할 가능성, 정부 개입의 경직성과 비효율성 등으로 비판받기도 한다.

공간적 불균형발전전략은 불균형한 상태를 인정하고, 이와 같은 상황의 개선에 적극적으로 노력하기보다는 자원의 효율적 이용에 보다 주목하는 전략이다. 국가가 불균형한 상태의 개선 의지가 없음을 인정하기는 어렵기 때문에, 공식적으로 공간적 불균형발전전략을 천명하는 경우는 거의 없다.

그러나 많은 국가에서 경제성장의 초기 또는 진행 과정에서 잠재력이 높은 소수의 지역에 자원과 역량을 집중적으로 투자하여 거점으로 육성하는 사례가 있다. 이와 같은 불균형발전전략은 특정지역에 자원을 집중하여 규모의 경제를 달성하고, 집적경제 효과를 누리고자 한다. 이렇게 발전된 거점으로부터의 낙수효과를 통하여 국가 전체적인 발전수준을 제고하는 것을 목표로 한다.

공간적 불균형발전전략은 주로 경제성장의 초기 단계에서 한정된 자원을 효율적으로 이용된다. 이와 같은 전략의 배경에는 집중적인 투자로 불균형이 발생하더라도, 불균형으로 인한 문제가 발생하기 때문에 장기적으로는 자연스럽게 지역간 균형에 도달할 것이라는 관점이 있다. 즉 불균형 문제는 정부의 특별한 개입이 없이도 시장 매커니즘에 의하여 자연스럽게 극복될 것으로 생각한다. 이와 같은 관점은 이론적으로는 타당할 수 있으나, 여러 나라의 실제 경험을 보면, 한번 발생한 지역 간 불균형은 자연적으로 교정되지 못하고, 오히려 더욱 심화되는 현상이 나타난다. 이로 인하여 저발전 지역의 거주민은 삶의 질은 지속적으로 하락하며, 국가 전체적인 형평성 저하와 지역간 갈등이 발생하는 사례가 흔하다.

공간적 균형발전전략과 공간적 불균형발전전략은 공간적 위계에 따라 혼합되어 나타나기도 한다. 예를 들면 국토 수준에서 균형발전을 달성하기 위하여 저발전지역을 발전시키기 위하여, 저발전지역 내 거점을 육성하는 전략은 흔히 나타난다. 이와 같은 균형발전전략은 소지역 단위에서는 오히려 불균형을 심화하기도 한다. 예를 들어 국토균형발전을 위하여 도별로 혁신도시를 조성하는 정책을 추진하였다. 이는 수도권에 비하여 저발전된 지방의 각 도의 발전을 위하여 혁신도시라는 거점을 도별로 조성한 것이다. 혁신도시에는 수도권의 공공기관을 이전시켰으며, 중앙정부와 지방정부의 다양한 정책과 재원을 집중하였다. 그 결과 해당 도 내에서는 혁신도시 지역과 타 지역과의 불균형 문제가 새롭게 제기되기도 한다.

(2) 지역발전 추진전략이론

추진전략이론은 추진전략이론과 자원활용전략이 포함되어 있다. 추진전략은 지역발전의 추진과정에서 정책의 추진과정이 어떻게 되어야 하는가를 주로 다루며, 자원활용전략은 자원의 투입 또는 활용이 어떻게 되어야 하는가를 주로 다룬다.

지역발전 추진전략은 크게 하향적 지역발전전략과 상향적 지역발전전략으로 나뉘어진다. 하향적 지역발전전략은 목표의 설정과 전략의 추진이 중앙정부를 중심으로 추진되는 전략이다. 이는 저발전지역 문제, 지역 간 격차 문제의 해결을 위해서서는 국가차원의 자원 재분배가 요구되며, 따라서 중앙정부의 역할이 중요하다는 관점이다.

하향적 지역발전전략은 주로 효율적인 자원활용이 요구되는 개발도상국에서 선택되는 경우가 많다. 이에 따라 하향적전략은 주로 수출 지향적이며, 산업개발을 중요시한다. 이를 위한 거점지역에 대한 대규모 투자 및 집적경제를 추진하는 경우가 많으며, 이에 따라 불균형발전전략과 연계되는 경우가 많다.

상향적 지역발전전략은 자원의 효율적 활용을 통한 전체 국가 경제의 성장보다는 지역의 사회·경제적 발전과 지역부민의 삶의 질 제고를 중요시한다. 또한 발전의 추진과정에서 외부로 부터의 자원 및 자본의 투입보다는 지역의 내부적 잠재력을 활용하고자 한다. 따라서 지역 간의 자원 배분보다는 개별 지역이 지닌 자원의 활용을 극대화하고 이를 통하여 지역 주민의 삶의 질을 제고하는 것을 가장 중요한 목표로 한다. 이는 하향적 발전전략에 따른 외부 자원의 유입이 지역민의 실제 삶의 질을 제고시키지는 못했다는 비판적 관점에서 대두되었다.

(3) 지역발전 자원활용 전략이론

지역발전 자원활용 전략이론은 크게 외생적 지역발전전략과 내생적 지역발전전략으로 나뉘어진다. 외생적 지역발전전략은 외부로부터의 자극과 자원투입을 통하여 성장을 추진하는 발전전략이다. 외생적 지역발전전략에서 "발전"은 양적 성장을 의미하는 경우가 많으며, 따라서 자원의 효율적 활용, 생산성의 제고를 통하여 지역의 경제적 성장을 목표로 하는 경우가 많다. 따라서 추진전략이론 중에서 하향적 지역발전이 추구하는 접근방법과 유사하다.

외생적 지역발전전략에 따라 외부 자원이 투입되고 효율적으로 활용하면, 지역의 생산력이 실제로 증가되는 경우가 많다. 그러나 지역의 생산력이 증가되고, 경제의 양적성장이 이루어지더라도, 외부로 부터의 자원 투입의 의존성이 심화되며, 지역민의 삶의 질과 소득이 직접적으로 높아지지 못하는 경우가 많다. 또한 외부로 부터의 자원 유입 과정에서 해당지역의 잠재적인 내부 발전역량을 쇠퇴시키며, 외부에 의한 내부 자원과 환경의 파괴가 일어나기도 한다. 그리고 양적 성장을 중요시하기 때문에 지역민의 삶의 질, 복지 등의 목표는 달성하지 못하기도 한다.

이와 같은 한계에 따라 내생적 지역발전전략이 등장하였다. 내생적 지역발전전략은 발전에 필요한 자원을 지역의 내부에서 확보하고자 하는 전략이다. 또한, 생산력의 제고가 아닌 주민의 삶의 질과 복지의 제고를 발전의 목표로 우선적으로 추진한다. 그러나 내생적 지역발전 전략은 지역의 경쟁력을 저하시킬 가능성이 있으며, 내부적인 수요 자체가 부족한 저발전지역에서는 활용의 효과를 기대하기 어려운 경우가 많다. 또한 폐쇄적인 시스템이 아닌 이상 지역 주민들의 삶이나 복지는 외부와 완전히 단절되어 있지 않다. 따라서 내생적 지역발전전략만으로는 목표를 달성하기 어렵다는 지적이 많다. 이에 따라 내부적 역량과 외부의 자원을 혼합적으로 활용하는 발전전략이 요구되기도 한다. 결과적으로 내생적 지역발전전략은 일정한 경제성장을 달성한 이후 삶의 질 제고를 목표로 추구하는 선진국 등에서 주로 채택된다.

(4) 지역발전 전략이론의 종합

앞에서 설명한 지역발전 공간전략이론, 지역발전 추진전략이론, 지역발전 자원활용이론은 서로 간에 밀접하게 연계되어 있으며, 표 3에서 보는 바와 같이 경제지향적 발전전략과 복지지향적 발전전략으로 큰 틀에서 나눌 수 있다.

경제지향적 발전전략은 공간적 불균형발전전략, 하향적 지역발전전략, 외생적 지역발전전략과 밀접하게 연계되어 있으며, 경제성장과 생산의 확대를 발전으로 생각한다. 이에 따라 생산증대를 우선적인 목표로 생각하며, 증가된 생산량의 재분배를 통한 개인복지 증진 또한 목표로 한다.

반면, 복지지향적 발전전략은 공간적 균형발전전략, 상향적 지역발전전략, 내생적 지역발전전략과 밀접하게 연계되어 있으며, 기회와 내부의 잠재력 확대를 발전으로 생각하고 있다. 이에 따라 복지의 증진, 개인소득의 증진을 우선적인 목표로 설정하고 있으며, 수요 유발을 통한 생산 확대를 목표로 한다.

경제지향적 발전전략에서는 생산요소의 효율성을 제고하기 위하여 규모의 경제와 집적경제를 자원배분의 기준으로 삼는다. 반면, 복지지향적 발전전략에서는 내부의 자원 동원 능력을 확대하기 위하여 자원을 배분한다.

경제지향적 발전전략은 중앙집권적이며, 하양적 의사결정과정을 일반적으로 가지나, 복지지향적 발전전략은 지방분권적이며, 상향적 의사결정과정을 일반적으로 가진다.

경제지향적 발전전략에서는 발전의 형태로 도시화와 산업발전을 설정하고, 이에 따라 대규모 투자, 선도사업 육성, 성장거점 육성 등의 발전방식을 채택한다. 산업 중에서도 수출기반산업을 우선적으로 육성한다.

반면, 복지지향적 발전전략은 농촌 및 농업발전을 목표로 하며, 다양한 소비산업을 육성하고, 지역사회의 여건을 개선하는 것을 발전방식으로 채택한다. 산업 중에서도 주민 복지 및 소비산업을 우선적으로 육성하는 차이가 있다.

〈표 2-3〉 지역발전 전략이론의 비교

구분	경제지향적 발전전략	복지지향적 발전전략
전략유형	공간적 불균형발전전략 하향적 지역발전전략 외생적 지역발전전략	공간적 균형발전전략 상향적 지역발전전략 내생적 지역발전전략
발전개념	경제성장과 생산 확대	기회 및 내부적 잠재력 확대
발전목표	생산의 증대 성과의 재분배를 통한 개인 복지의 증진	복지의 증진 개인소득 증진 수요 유발을 통한 생산 확대
생산요소 배분기준	생산요소별 수익률 극대화 규모 및 집적 경제	내부적 자원 동원 능력 확대 내부적 행태 및 구조 전환
발전 동기	외부적 동기 유발 외부 수요 외부 자본 및 기술	내부적 동기 유발 내부 수요 내부 자본 및 전통 기술

구분	경제지향적 발전전략	복지지향적 발전전략
의사결정	중앙집권적 국가 및 광역단위	지방분권적 하위 공간단위(지역사회)
지역 성격	기능적 공간	문화 및 정치적 영토
지역격차	구조적 원인에 의한 불균형	지역자원 동원 및 잠재력 개발 미흡
발전전략	외생적 발전전략 기술 및 자본 집약적 재생 불능 자원 활용 수출기반산업 육성	내생적 발전전략 노동집약적 재생 가능한 자원의 활용 주민 복지 및 소비산업 육성
발전형태	도시 및 산업발전 대규모 투자사업 시장 제품 생산 확대	농촌 및 농업 발전 소규모 사업 주민 소득 및 복지 증진
발전방식	선도산업 육성 성장거점도시 육성	다양한 생업 및 소비산업 육성 지역사회의 여건 개선
이론적근거	지역불균형발전이론 뮈르달, 허쉬만, 프리드만 슘페터의 혁신이론 수출기반이론	기본수요이론 도농지구개발이론 넉시의 균형발전이론 농촌 및 생태발전이론

김용웅 외(2009: 205)에서 인용

4. 지역개발 전략

지역발전을 달성하기 위한 구체적인 지역개발 전략은 다양하다. 본 절에서는 이 중에서 성장거점전략, 기본욕구 발전전략, 클러스터 발전전략, 지역혁신체계 발전전략을 살펴본다.

(1) 성장거점 전략

지리적 공간상에서 지역의 발전은 지역별로 무작위하거나 동일하게 발생하지 않는다. 지역의 발전은 공간상의 특정 지점을 중심으로 발생하는 것이 일반적이다. 성장거점 전략은 특정한 지점에 발전이 유망한 산업체나 산업, 공공부문 등을 입지시키려는 노력이 일반적이다. 이를 통하여 해당 거점을 성장시키고, 거점이 주변지역의 발전을 견인하기를 기대한다.

지역 정책으로서 성장거점전략은 6가지 특성이 있다(김형국, 1996). 첫째, 성장거점은 지속적으로 발전을 추진하는 기업의 입지이다. 김형국(1996)은 이와 같은 기업을 발전추진적 기업이라고 하였으며, 그 특징을 다음과 같이 제시하였다. 먼저 대규모 노동력을 고용하지 않더라도, 직간접적으로 지역발전에 큰 영향을 미치는 업체, 전국시장에 생산제품을 주로 판매하는 업체, 지역에서 높은 승수효과와 분극효과를 발생시키는 업체, 원자재를 지역 내에서 주로 조달하여 업체의 비용이 해당 지역에 투입되고, 이로 인하여 주민들의 유효수요를 증대시키는 업체, 해당 업체 생산품 수요의 소득탄력성이 높아, 업체의 성장률이 국민소득 증가율보다 높은 업체이다. 즉, 발전추진적 기업은 입지한 지역에 직간접적으로 많은 경제적 효과를 발생시키며, 그 효과가 주변지역으로 넓게 퍼질 수 있으며, 전체 국가의 성장률 보다 빠르게 성장할 수 있는 업체이다.

둘째, 성장거점은 분극효과를 통하여 주변지역의 유휴 노동력을 증가시키는 지점이다. 분극효과는 거점의 성장 파급효과가 주변지역으로 확산되어 지역 전체의 발전을 견인하는 효과를 의미한다. 셋째, 성장거점은 대도시나 수위도시에서 발생한 사회적, 경제적 혁신을 주변지역으로 전파하는 매개지역의 역할을 한다. 넷째, 성장거점은 "자체적으로 지속성장할 수 있는 도시"여야 하며, 따라서 거점을 스스로 지속적으로 발전가능한 상태를 만드는 것은 중요한 목표이다. 다섯째, 성장거점은 적정 규모의 도시이다. 성장거점이 과도하게 성장하게 되면 과잉성장 및 집중지역으로 문제지역이 될 수 있다. 도시의 적정 규모를 설정하는 것은 어렵지만, 환경오염이나 교통혼잡과 같은 집적의 불이익이 적은 상태에서 규모의 경제, 집적경제와 같은 집적의 이익을 확보할 수 있는 규모를 상한선으로 한다. 반면, 지역 전체의 발전을 견인할 수 있는 최소한의 규모를 하한선으로 생각할 수 있다. 여섯째, 성장거점은 지역 내외의 유사한 계층 도시들과 서로의 기능을 보완하면서 전문화되어야 한다.

성장거점을 지역발전의 전략으로 활용하기 위해서는 다음과 같은 이슈에 대한 고민이 필요하다(김형국, 1996). 먼저, 성장거점으로 어떠한 지역을 선정해야 하는가가 중요한 문제이다. 성장거점으로 선정된 지역은 집중적인 자원의 투입이 결정되는 것이며, 따라서 성장거점의 선정과정은 중요하다.

둘째, 어느 정도 수준의 도시를 성장거점으로 선택하느냐이다. 이미 일정한 발전 수준을 갖춘 도시을 보다 발전시킬 것인가? 아니면 발전단계가 낮지만 잠재력과 파급효과가 클 것으로 예상되는 지역을 발전시킬 것인가의 문제가 있다.

셋째, 성장거점정책의 목표를 해당 거점의 기존 기능을 강화하는 방향으로 설정한 것인가? 아니면 새롭고 혁신적인 기능의 입지를 추진할 것인가의 문제가 있다.

마지막으로 성장거점의 성격으로, 산업기능 요소를 강조하는 것인가? 아니면 지리적 요소를 강조할 것인가의 문제가 있다. 일반적으로 경제적 성장을 목표로 하는 경우에는 성장거점이 지역의 핵심 산업거점으로서 기능할 것을 목표로 설정하는 경우가 많다. 그러나 지역의 서비스 공급 거점으로서의 거점전략을 펼칠 수도 있다.

우리나라의 지역발전전략에서도 '거점개발'이라는 용어는 널리 활용되어왔다. 진정한 의미의 성장거점 발전전략과는 일부 차이가 있으나, 많은 공통점을 가지고 있다. 산업화 초기에서부터 공업기능 중심의 신도시를 조성하여 거점으로 활용한 정책, 수도권의 기능을 지방으로 이전하여 거점으로 활용하기 위한 행정중심복합도시, 혁신도시 정책 등이 성장거점 전략의 관점에서 이해될 수 있다.

(2) 기본욕구 발전전략

기본욕구 발전전략의 등장은 1970년대이다. 기존의 양적성장만을 강조한 거점 중심의 지역발전 전략을 펼친 결과, 지역 간의 불균형이 심화되고, 형평성 문제가 심각하게 대두되었다. 이와 같은 형평성 문제는 특히 저발전국에서는 더욱 심각하였다. 이에 대한 대안적인 개발전략으로서 기본욕구 전략이 등장하기 시작하였다.

기본욕구 발전전략은 주로 저발전국의 저소득층을 대상으로 하며, 그들의 생존을 위한 최소한의 소비재와 공공서비스 제공을 목적으로 한다. 즉, 기본욕구는 전략은 생존을 위한 최소한의 소비재와 공공서비스를 제공하며, 이를 통하여 기본적인 인권을 보장할 수 있는 사회시스템을 구축한다는 목표를 가진다.

'기본욕구'라는 용어는 1976년 국제노동기구(ILO)가 세계교용회의에서 제창(한국지역개발학회, 2017)한 것으로, 2가지 요소로 구성된다. 첫째, 인간의 생존에 필요한 최소한의 '소비'로 의식주와 관련된 소비 등이 포함된다. 둘째, 지역사회에서 제공되는 서비스로, 안전한 식수, 공중 위생, 공공교통, 보건의료, 기초교육 등이 이에 포함된다.

이와 유사하지만, 다음과 같이 기본욕구를 구분하는 경우도 있다(박종화 외, 1995). ① 생활에 필수적인 기본욕구: 식품, 의복, 주거 등, ② 인간의 복지증진에 필수적인 기본욕구: 보건의료, 교육, 교통, 통신, 전력, 시장, 공공시설 등, ③ 생산수단이나 경제적 기회에 대한 접근성을 개선하는 데 필수적인 기본욕구: 토지, 용수, 산림, 자본, 고용, 소득 등, ④ 안전과 자유에 필수적인 기본욕구: 인권, 주민참여, 사회 안정, 국방, 규범(박종화 외, 1995)

기본욕구발전전략과 관련하여 다음과 같은 쟁점이 있다. 먼저, 국가의 발전단계별로 기본욕구 수준이 다를 수 있다는 점이다. 같은 개발도상국이라 하더라도 소득 수준은 매우 다양하며, 이에 따라 요구되는 기본욕구를 달성하기 위한 서비스의 종류, 양적수준, 질적수준이 모두 다르다. 이 같은 상황에서 어떠한 욕구를 기본욕구로 보고 목표로 할 것인가에는 쟁점이 있다.

기본욕구를 달성하기 위한 서비스의 종류는 다양한데, 어느 수준의 서비스, 어떤 서비스를 기본욕구로 판단할 것인가는 쟁점이 있다. 또 하나는 기본욕구가 시간이 지남에 따라 변화한다는 점이다. 따라서 한번 설정된 서비스의 종류나 수준은 향후 변화할 수 있다.

또한 기본욕구 전략은 주민의 욕구를 만족시키는 것에 치중하기 때문에, 지역의 생산능력 증대, 경제적 수준 제고에는 큰 관심을 가지지 않는다. 지역의 생산능력 증대 없이 외부에서의 서비스와 소비품을 제공하는 전략을 통해서는 지역의 본질적인 역량강화에 한계가 있으며, 오히려 지역의 역량을 약화시킬 가능성도 있다.

마지막으로 국제협력 내용과의 관계이다. 기본욕구 개념이 제기되었을 때, 저발전국은 다음과 같은 점을 의심하였다. 먼저, 선진국의 원조가 기본욕구 충족과 관련한 항목으로 한정되어 원조의 총량이 줄어들 가능성이 있다. 둘째, 소비품 중심의 원조정책으로 저발전국의 생산역량 증대, 공업화 및 산업화에 대한 원조가 감소할 가능성이 있고, 이에 따라 오히려 선진국에 대한 의존성이 강화될 수 있다(한국지역개발학회, 2017).

(3) 클러스터 발전전략

클러스터의 개념으로는 Porter(1998)의 정의가 가장 널리 쓰이고 있다 (한국지역개발학회, 2017). 이에 따르면, 클러스터는 "지리적으로 인접한 특정 산업의 기업들과 관련 기관 등이 공통성과 보완성에 의해 상호 연계된 그룹"이다(한국지역개발학회, 2017).

클러스터 발전전략에서 가장 중요한 것은 클러스터의 구성요소가 무엇인지를 밝히는 것이다. 클러스터의 구성요소는 일반적으로 생산업체, 부품업체, 관련 산업의 기업, 연구기관(대학, 연구소), 금융기관, 유통업체, 행정기관 등을 포함한다. 이 구성요소들은 클러스터를 구성하는 핵심 기업을 중심으로 하여 밀접한 연계체계를 구성한다.

클러스터의 특징은 지리적으로 집중한다는 점이다. 클러스터를 구성하는 기업과 관련 기관들의 관계가 밀접한 것에서 나아가 공간적으로 일정한 권역에 집중되어 있어야 클러스터가 될 수 있다. 공간적인 인접성을 판단하기 위한 구체적인 기준을 설정하는 것은 매우 어렵지만, 공간적 인접성이 클러스터의 중요한 특징임은 분명하다. 일정 지역에 모여있음을 통하여 규모의 경제 및 집적경제를 기대할 수 있으며, 구성원들사이의 암묵지 전달, 대면접촉이 가능하다.

또한, 클러스터의 구성요소들은 특정한 분야에 특화되어 있어야 한다. 여러 기업과 기관들이 지리적으로 인접한 지역에 모여있더라도, 다른 산업 분야의 기업들로는 클러스터의 형성이 어렵다. 유사한 업종의 기업들이 서로 연관되어 있어야 시너지 효과를 발휘할 수 있다.

클러스터의 또다른 특징은 연계와 네트워킹을 통한 혁신역량의 확보이다. 지리적으로 인접한 공간 내에서 서로간의 밀접한 네트워크를 통하여 풍부한 암묵지가 전달되며, 이 과정에서 다양한 혁신이 일어나게 된다. 암묵지의 전달을 위해서는 대면접촉이 중요시되며, 지리적인 인접성은 대면접촉의 가능성을 높인다.

여러 나라에서는 혁신클러스터를 조성하고자 다양한 정책을 추진하여 왔다. 추진된 혁신클러스터 정책들은 다음과 같은 특징들을 공유하고 있다. 먼저, 종합적인 차원에서의 클러스터 정책 시행이 강조되고 있으며, 클러스터 구성주체들 사이의 네트워크를 강조하고 있다. 또한, 정책 수립과 집행의 과정에서 중앙 및 지방정부뿐 아니라 민간의 참여를 독려하고 있다.

(4) 지역혁신체계 발전전략

지역혁신체계는 "일정한 공간적 범위 내에서 적절하게 상호 학습이 가능한 혁신주체들 간의 지식의 창출, 확산, 활용을 높이기 위한 협력체계"이다(한국지역개발학회, 2017). 1980년대 이후 선진국의 주요 공업지역은 쇠퇴하는 반면, 실리콘밸리 등의 신산업지역은 지역의 혁신체계를 바탕으로 지속적으로 성장하는 현실에 주목하여 지역혁신체계론이 등장하였다(한국지역개발학회, 2017). 지역혁신체계는 기술의 학습과 혁신을 강조하는 것이 특징이다.

지역혁신체계의 구성요소에는 하부구조와 상부구조가 있다. 하부구조는 혁신을 위한 구체적인 지원체제로, 도로나 공항 등과 같은 물리적 하부구조와 사회적 하부구조로 이루어진다. 사회적 하부구조에는 연구기관, 교육기관, 기업, 금융 부문, 공공부문 등이 포함된다.

상부구조는 기관들이 서로 효율적으로 운영되고 협조하기 위한 민주적 정치풍토, 신뢰와 협력의 문화와 같은 사회적 요인들을 포함한다. 이와 같은 상부구조는 네트워크를 통한 서로 간의 협력을 강화하도록 하는 중요한 요인이다.

지역혁신체계는 클러스터론과 유사한 점이 많으며, 공유하는 개념도 상당수 있다. 지역혁신체계와 클러스터의 큰 차이는 지역혁신체계는 상호연계를 중요한 특징으로 하며, 클러스터는 공간적인 집적을 중요한 특징으로 한다는 점이 가장 큰 차이점이다.

제4절 우리나라의 지역발전 정책

1. 우리나라의 공간구조 변화

우리나라는 1960년대 이후 급격한 산업화와 이를 통한 경제발전을 달성하였다. 이 과정에서 제조업 부문이 급격하게 성장하였으며, 농업, 어업과 같은 1차산업이 경제에서 차지하는 비중은 감소하였다. 이에 따라 고용구조는 2차산업과 3차산업을 중심으로 한 구조로 변화되었다. 2000년대 이후로는 IT 서비스업 등 지식기반서비스업이 경제에서 차지하는 비중이 증가하고 있다.

이와 같은 경제구조, 고용구조의 변화는 국토와 지역의 공간구조에도 큰 영향을 미쳤다. 산업화와 농업부문의 고용 감소는 도시로의 농촌인구 유출을 발생시켰으며, 이로 인하여 우리나라는 급격한 도시화를 경험하였다. 도시화 과정을 거치면서 도시의 인구는 크게 증가하였으나, 농촌지역의 인구는 급격히 감소하였다. 이에 따라 도시지역에서는 과밀한 인구로 인한 환경오염, 혼잡, 지가앙등 등의 문제가 발생하고 있으며, 농촌지역에서는 인구감소와 고령화 문제가 심각하게 대두되고 있다.

산업화 이전에는 국토의 권역별 인구가 비교적 균형있게 분포되어 있었으나, 산업화 과정에서 불균형이 심화되기 시작하였다. 산업화 초기 제조업의 주요 입지인 동남권과 수도권으로 인구가 집중하기 시작하였으며, 권역 내에서는 서울과 부산 같은 대도시로의 집중이 함께 발생하였다.

과거에는 경부축과 기타지역 사이의 불균형, 도시와 농촌지역 사이의 불균형이 주요 문제였으나, 최근에는 수도권의 인구가 전체 인구의 50%를 넘어서는 등, 수도권과 비수도권 사이의 불균형 문제가 더욱 심각하게 대두되고 있다.

특히 국가경제에서 중요한 비중을 차지하며 고급 일자리를 다수 공급하는 첨단제조업, 지식기반서비스업의 경우 수도권 집중 문제가 더욱 심각하다. 이로 인하여 지방의 경제적 자립 능력이 크게 위협받고 있는 상황이다. 또한 본사기능은 수도권, 제조기능은 비수도권으로 양분되는 기업의 입지는 지역간의 위계를 만들기도 한다.

2. 우리나라의 국토 불균형

2020년 기준 우리나라의 도시지역 인구비율은 91.8%(e-나라지표, 2021)로 90% 이상의 인구가 도시에 거주하는 초도시화 상황이다. 농촌지역의 인구는 매우 적은 비율을 차지할 뿐 아니라 심각한 고령화로 활력이 매우 저하된 상황이다. 1960년 도시화율이 39.1%(강현수 외, 2013)였던 것을 감안하면 이와 같은 도시화는 매우 급격하게 이루어졌음을 알 수 있다.

우리나라의 도시화 과정은 1960년대 이후의 산업화 과정과 함께 이루어졌다. 1960년대 이후 산업시설이 집중적으로 투자된 수도권의 동남권으로 농촌지역의 인구가 급격하게 유출되었으며, 이에 따라 수도권과 동남권의 대도시(서울, 부산, 대구, 인천, 울산, 포항, 창원 등) 인구는 크게 증가하였다. 반면 산업기능이 상대적으로 부족했던 강원, 충청, 호남 지역의 인구 비중은 감소하였다(강현수 외, 2013).

수도권과 동남권의 양극체제는 두 핵심을 연결하는 경부축을 중심으로 한 집중을 유발하였다. 이에 따라 경부축에 위치한 도시를 따라 인구와 산업의 집중이 이루어졌으며, 경부축에 위치한 지역과 그렇지 못한 지역사이의 격차가 크게 발생하였다.

1980년대 이후로는 수도권으로의 집중이 심화되면서 수도권 일극 중심체제가 심화되기 시작하였다. 이에 정부는 수도권의 제조업 기능입지를 규제하는 등의 정책을 시행하였으나, 수도권 집중은 보다 심화되고 있다. 특히 1990년대 이후 지식기반서비스업, 첨단제조업의 수도권 집중이 보다 심화되고 있는 상황이다. 이에 2020년 수도권 인구가 전체 인구의 50%를 넘어서는 상황이 발생하였다.

이와 같은 수도권으로의 집중은 인구 외에도 각종 사회경제적 역량의 집중도 함께 일어나고 있다. 2005년 기준으로 수도권의 GRDP가 전국에서 차지하는 비율은 43.8%이다(강현수 외, 2013). 이 외에도 매출액 기준 1000대 기업 본사의 70% 이상, 100대 기업의 80% 이상이 수도권에 입지하고 있다(강현수 외, 2013).

많은 국가부문, 공공부문의 기능을 행정중심복합도시, 혁신도시 등으로 이전하였음에도 불구하고, 여전히 수도권으로의 집중은 완화되지 않고 있는 것이 현실이다. 이는 좋은 일자리의 격차에서 발생하는 것으로 알려져있다. 특히 첨단업종, 지식기반업종을 중심으로 경제구조가 변화하는 과정에서 기존의 제조업 중심의 수도권 규제가 기능을 하지 못하고 있으며, 새롭게 생겨나는 고소득 일자리가 수도권으로 집중하는 현상이 심화하고 있다. 이에 따라 고용자들의 수도권 선호현상은 더욱 심화되고 있다.

3. 국토종합계획에 따른 지역발전 정책의 추진

우리나라의 지역발전정책은 국토종합계획(국토종합개발계획)을 중심으로 이루어져 왔다. 제1차 국토종합개발계획은 1972년부터 1981년을 계획의 범위로 한다. 이전인 1960년대에는 경제개발계획을 중심으로 국가의 성장을 계획하여 왔다.

1950년까지는 전후 복구사업이 국가의 주요 목표였으며, 경제발전, 지역발전 정책이 적극적으로 추진되지는 못하였다. 1950년대의 복구사업을 통하여 1960년대초에는 각종 인프라와 경제 수준 등이 전쟁 이전 수준으로 회복할 수 있었다.

1960년대부터는 경제성장의 촉진을 위한 각종 정책이 수립되었다. 1차(1962-1966), 2차(1967-1971) 경제개발 5개년 계획이 추진되었으며, 농업생산력 증대, 에너지 확보, 공업기반 구축 등을 목표로 하였다. 이를 위하여 도로, 항만, 댐 등 사회기반시설을 공급하는 것에 집중하였다. 또한, 잠재적 역량이 높은 지역을 선별하고 집중적으로 투자하는 불균형 발전전략을 채택하였다.

1970년대에는 제1차 국토종합개발계획(1971-1981)이 수립 및 추진되었다. 이는 최초로 수립된 국토에 대한 종합적인 계획이다. 1차계획의 목표는 국토개발의 기반을 확충하는 것이 핵심 목표였다. 또한, 성장거점을 선정하여 개발하는 방식을 채택하였으며, 대도시를 중심으로 한 권역별 개발방식을 채택하였다.

특정지역개발, 대단위 산업단지 개발을 통하여 공업기반을 확충하고자 하였으며, 경인고속도로, 경부고속도로, 호남고속도로, 영동고속도로 등을 건설하여 지역 간 접근성을 제고하고자 하였다. 또한 전력생산과 용수공급을 위한 소양강댐, 대청댐, 충주댐 등의 다목적댐 건설이 추진되었다. 이 시기부터 수도권집중을 억제하기 위한 정책들도 추진되었는데, 대표적으로는 수도권 공장 입지 억제, 개발제한구역 설정 등이다.

1980년대에는 제2차 국토종합개발계획(1982-1991)이 수립 및 추진되었다. 이 시기에는 경제성장 위주에서 사회발전을 중시하는 방향으로 국가의 정책목표가 변화되었다. 이에 따라 경제성장 외에 형평, 사회적 발전 등을 중시하기 시작하였다. 지역간 균형발전, 국민복지의 등진등이 주요한 국가의 과제로 등장하기 시작하였다.

제2차 국토종합개발계획은 60~70년대 성장거점 중심의 개발정책으로 초래된 공간적인 불균형의 해소와 균형발전을 주요 목표로 하였으며, 주택, 의료, 교육과 같은 서비스에도 관심을 가지기 시작하였다. 또한, 자연환경에 대한 관심이 등장하기 시작하였다. 낙후된 지방을 발전시키기 위한 지방성장거점의 조성과 주민의 삶의 질을 제고하기 위한 생활권 정책이 추진되었다. 이에 따라 서울, 부산 등 대도시의 개발을 억제하고, 지방의 거점도시를 육성하는 정책이 추진되었다. 그러나 결과적으로 국토의 불균형한 상태를 교정하는 것에는 한계가 있었다.

1990년대에는 민주화가 이루어졌으며, 지방자치제가 도입되어 지자체장과 지방의원들이 선출되기 시작하였다. 또한, 세계화와 지방화가 시대적인 트렌드가 되었다. 1997년에는 IMF 경제위기가 발생하여, 산업 및 기업의 구조조정이 이루어졌으며, 신자유주의적인 경제 정책이 도입되었다.

〈표 2-4〉 국토계획의 변천

구 분	제1차 국토종합개발계획 (1972~1981년)	제2차 국토종합개발계획 (1982~1991년)	제3차 국토종합개발계획 (1992~2001년)	제4차 국토종합계획 (2000~2020년)	제4차 국토종합계획 수정계획 (2006~2020년)
기본 목표	· 국토이용 관리 효율화 · 국토개발 기반 확충 · 국토자원 개발과 자연보전 · 국민 생활환경의 개선	· 인구의 지방 정착유도 · 개발가능성의 전국적 확대 · 국민 복지수준 제고 · 국토 자연환경의 보전	· 지방분산형 국토골격 형성 · · 생산적 자원절약적 국토이용체계 구축 · 국민 복지향상과 국토환경보전 · 남북통일 대비 기반조성	- 계획의 기조 21세기 통합국토의 실현 - 계획의 목표 균형국토 녹색국토 개방국토 통일국토	- 계획의 기조 약동하는 통합국토 - 계획의 목표 상생하는 균형국토 경쟁력 있는 개방국토 살기 좋은 복지국토 지속가능 녹색국토 번영하는 통일국토
수립 시점의 1인당 GNP	319달러(1972년)	1,824달러(1982년)	7,007달러	10,841달러	12,030달러
	수도권집중도 : 28.3%	35.5%	42.8%	46.3%	47.6%
개발 전략 및 정책	· 대규모 공업 기반의 구축 · 교통 · 통신 · 수자원 및 에너지 공급망정비 · 부진지역 개발을 위한 지역기능 강화	· 국토의 다핵구조 형성과 지역생활권 조성 · 서울,부산 양대 도시의 성장억제 및 관리 · 지역기능강화를 위한 교통 · 통신 등 사회간접자본 확충 · 후진지역의 개발 촉진	· 지방육성과 수도권 집중억제 · 신산업지대 조성과 산업구조의 고도화 · 종합적 고속교류망 구축 · 국민생활과 환경부문 투자 증대 · 남북교류지역의 관리	· 개방형 통합국토축 형성 · 지역별 경쟁력 고도화 · 건강하고 쾌적한 국토환경 조성 · 고속 교통 · 정보망 구축 · 남북한 교류협력 기반조성	· 자립형 지역발전기반구축 · 동북아시대 국토경영과 통일기반 조성 · 네트워크형 인프라구축 · 아름답고 인간적인 정주환경 조성 · 지속가능한 국토 및 자원관리 · 분권형 국토계획 및 집행체계 구축
공간 개발 전략 및 이론 배경	· 성장거점개발 방식 - 서울, 인천, 부산, 대구 · 권역별 개발 방식 - 4대권, 8중권, 17소권	· 분산형 거점개발방식 · 지역생활권 방식 - 28개 지역생활권 설정	· 다핵개발 방식 · 지역경제권 개발방식 - 수도권, 동남권, 서남권, 중부권 등 4개 지역경제권	· 개방형 통합국토축 - 연안국토축, 동서내륙축 · 광역개발방식 - 10대광역권	· 3개 국토축 - 남해안, 서해안, 동해안 · 7+1경제권역설정 → 다핵연계형 국토구조
특징 및 문제점	· 거점 개발방식의 채택 · 경부축 중심의 양극화초래	· 양대도시의 성장억제 및 성장거점도시 육성에 의한 국토균형발전 추구 · 구체적 집행수단 결여로 국토의 불균형 지속	· 세계화, 개방화, 지방화 등 여건반영 미흡 · WTO 출범 등 국토개발의 기조변화	· 개방형의 π형 연안국토축과 10대 광역권 개발해 지역균형개발 촉진 · 국토환경의 적극적보전을 위해 개발과 환경의 조화전략제시	· 국토균형발전 정책 추진 - 분산형 국토개발 (행정도시, 혁신도시, 기업도시) · 경제자유구역, 특구 등

김용웅 외(2009: 410)에서 인용

이 시기에 수립되고 시행된 제3차 국토종합개발계획 지방화 추세에 맞추어 지방분산형 국토골격의 형성을 목표로 제시되었으며, 지역경제권에 기반한 다핵개발방식이 도입된다. 이와 더불어 남북통일에 대비한 기반조성이라는 개념과 남북교류지역의 관리 개념이 처음으로 등장하였다. 즉, 우리 국토를 벗어나 북한지역과의 연계에 대한 고민이 등장하기 시작하였다.

제4차 국토종합계획은 2000년에 최초 수립되었으나 2006년과 2011년에 2차례의 수정을 거쳤다. 결과적으로 제4차 국토종합계획(2000~2020), 제4차 국토종합계획 수정계획(2006~2020), 제4차 국토종합계획 수정계획(2011~2020)의 3개 계획이 존재한다. 2003년 집권한 노무현 정부는 국토의 균형발전을 핵심적인 정책목표로 설정하고, 이를 실현하기 위한 행정중심복합도시, 혁신도시 등의 정책을 추진하였다. 이와 같은 정책방향을 담기 위하여 국토종합계획 수정계획을 수립하였다.

이후 2008년 집권한 이명박 정부는 행정중심복합도시 수정안을 추진하는 등 이전 정부 국토공간 정책을 대대적으로 변경하고자 하였다. 이에 따라 2번째 수정계획이 마련되었다. 제4차 국토종합계획에서는 동북아 지역에 대한 연계협력방안이 제시되었으며, 이를 통하여 우리 국토 외부 지역과의 연계체계를 국토종합계획에 담았다. 이와 같은 변화는 표 5를 통하여 보다 자세하게 확인할 수 있다.

〈표 2-5〉 제4차 국토종합계획 1차 수정안, 2차 수정안의 비교

구 분	제4차 국토종합계획 1차 수정 (2006~2020년)	제4차 국토종합계획 2차 수정 (2011~2020년)
기조	약동하는 통합국토의 실현	대민국의 새로운 도약을 위한 「글로벌 녹색국토」
인구	인구증가와 고령화 사회	인구감소 및 초고령 사회 다문화사회 형성
지역 균형 및 국가 경쟁력	지역간 균형발전에 중점 수도권 과밀 억제	광역경제권 중심의 특성화발전 및 글로벌 경쟁력 강화에 중점 수도권의 경쟁력 강화 및 계획적 성장관리
대외 개방 및 국토 골격	한반도 육지(경성국토) 행정구역별 접근(7+1경제권역) 점적 개방(3개축)에 중점	한반도 육지와 해양, 재외기업 활동 공간을 포함 (연성국토) 행정구역을 초월한 광역적 접근(5+2 광역경제권) 대외개방 벨트 및 접경벨트(4개축) 글로벌 개방거점 육성 등 개방형 국토 형성 추진
기후 변화 및 자원 확보	기후변화를 환경 보호 및 재해대응 측면에서 접근 국내 자원관리에 중점	기후변화 대응 및 녹색성장을 국토계획의 기조로 설정 해외자원 확보 및 공동개발 추진

구 분	제4차 국토종합계획 1차 수정 (2006~2020년)	제4차 국토종합계획 2차 수정 (2011~2020년)
지역 개발 산업 입지	지역분산형 개발 정책 (행정도시, 공공기관 지방이전, 혁신도시 · 기업도시 건설 등) 혁신클러스터 형성	광역경제권 형성을 통한 지역별 특화발전 및 글로벌경쟁력 강화 지역특성을 고려한 전략적 성장거점 육성 (대도시 및 KTX 정차도시를 중심으로 도시권 육성) 신성장동력 육성 및 녹색성장을 위한 新산업기반 조성
도시 주택 토지	기초적 삶의 질 보장 네트워크형 도시체계 형성 주거복지 향상 임대주택 공급 확대 계획적 토지이용 관리 강화 (선계획-후개발)	도시재생 및 품격있는 도시 조성 한국형 녹색콤팩트도시 조성 주거수준의 선진화 인구감소 · 고령화에 대응한 수요맞춤형 주택정책 계획적 토지이용의 제고를 위한 개발행위허가제도 운용 계획적 토지이용을 전제로, 수요변화에 대응하는 유연한 토지이용체계 구축
교통 물류	7×9 간선도로망 구축 행정중심복합도시와 각 지역의 연결성 강화	철도 중심의 녹색교통체계 기존시설의 운영 효율화 광역경제권 및 초광역개발권 연계 인프라 확충
수자원 방재 정보	수자원의 안정적 공급 및 수질관리 중심 예방적 · 통합적 방재체계 구축	하천의 다목적 이용 및 새로운 하천문화 창출 수변공간의 적극적 활용 기후변화에 대응한 선제적 · 예방적 방재 도시형 재난 대책 강화
유라시아 태평양 협력	경제자유구역, 자유무역지역 중심의 개방 · 협력거점 육성 접경지역 협력사업 추진	다변화된 글로벌 개방거점 육성(새만금, 경제자유구역, 국제자유도시, 국제과학비즈니스벨트, 첨단의료복합단지 등) 한국형 도시개발 수출 남북교류 · 접경벨트 종합관리계획 수립 북한자원 공동개발 및 인적 · 물적자원 지원
해양		해양자원 및 해양산업 육성을 통한 글로벌 해양국토 실현
계획의 관리 및 집행	지방분권과 갈등조정시스템 구축 투자재원의 다양화와 운영효율화	효율적인 지역개발시스템 구축 (지역개발사업 남발 방지) 재원 조달방식 다양화 및 재정분담 원칙 정립

국토교통부(2012)

2020년 제5차 국토종합계획이 시행되었다. 제5차 국토종합계획은 국토의 개발에 중점을 둔 기존의 계획과 단리 인구의 감소와 저성장이 뉴노멀로 일상화된 상황에서 국토의 이용과 관리에서 과제를 제시하고 있다(김예성, 2020). 즉, 국토를 개발의 대상이 아닌 관리의 대상으로 패러다임이 변경된 것이 제5차 국토종합계획의 큰 특징이다. 또한 국민참여단을 통한 참여형 계획의 수립도 큰 특징이다.

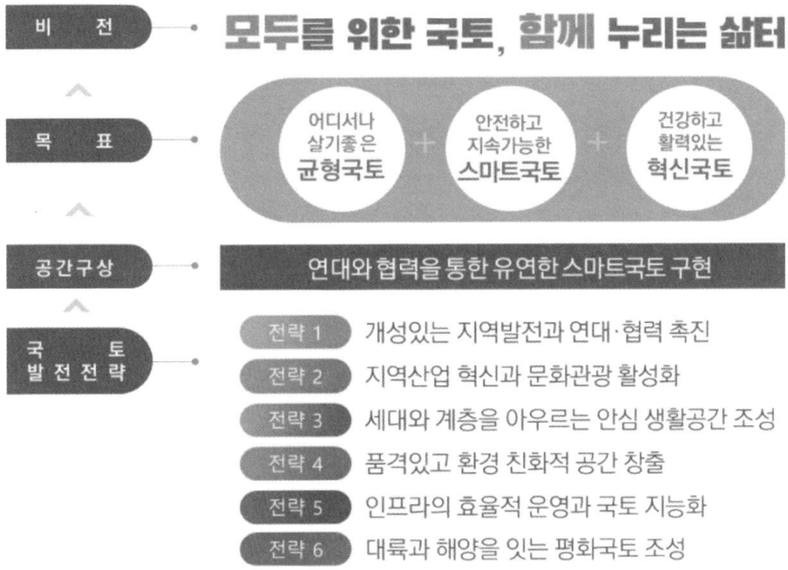

[그림 2-2] 제5차 국토종합계획의 기조 : 비전, 목표, 전략(대한민국, 정부, 2019)

4. 우리나라의 지역발전 정책 수단

우리나라에서 그동안 지역발전을 위하여 활용해온 전략들은 크게 나누면 성장거점 육성, 생활권 조성, 광역권 활성화, 산업입지 정책 등으로 나눌 수 있다.

성장거점 육성은 지역의 거점역할을 할 수 있는 도시지역에 성장산업이나 특정기능을 집중시켜서 해당 도시의 성장을 유도하고, 그 성장의 효과가 주변으로 확산되도록 하는 전략이다. 이와 같은 성장거점 육성전략은 1960년대부터 꾸준히 활용되어 왔으며, 최근까지도 활용되고 있다. 과거에는 공업기능을 거점도시, 거점지역에 입지시키는 전략을 주로 활용해 왔다. 최근에는 혁신네트워크, 혁신클러스터의 거점이 될 지역으로 혁신도시를 각 도별로 지정하는 사업이 이루어지기도 하였다, 혁신도시로는 공공기관을 이전시켜 이와 관련한 분야의 집적, 클러스터 형성을 도모하고 있다.

생활권 조성은 지역의 성장보다는 주민들의 삶의 질을 제고(또는 유지)하기 위하여 주로 활용되는 전략이다. 일정한 공간적 범위 내의 주민에게 취업의 기회와 다양한 서비스를 제공할 수 있는 단위로서 생활권을 설정하고 발전시키고자 한다. 제2차 국토종합개발계획에서는 전국을 28개 생활권으로 구분하여 발전시키고자 하였으며, 박근혜 정부에서는 지역행복생활권을 설정하고, 생활권 단위로 일정한 서비스의 질을 유지하고자 하였다. 이와 같은 생활권 전략은 인구감소 시대에 일정한 정주여건과 서비스 제공능력을 유지하기 위한 전략으로 주목받고 있다.

광역권 활성화는 규모의 경제를 달성하기 위한 개념에서 시작한다. 하나의 지역이나 성장거점으로 규모의 경제 달성이 어려운 상황에서는 보다 넓은 광역적 지역단위에서 발전전략을 수립하고 시행한다. 최근에는 수도권에 대응하기 위한 광역권으로서 동남권 메가시티 또는 메가리전이 주목받고 있다. 다만, 광역권의 경우 복수의 동등한 행정체계가 혼합되는 경우가 많으며, 이에 따른 계획내용의 조정 등이 주요한 과제이다.

지역의 발전에 필수적인 것은 일자리이며, 특히나 임금이 높고 안정된 좋은 일자리는 지역 발전과 인구유입에 크게 기여한다. 따라서 지역발전 전략은 산업입지 전략과 밀접하게 관련되어 있다. 우리나라는 1960년대부터 다양한 공업기능을 입지시키는 전략을 지역 발전에 활용하여 왔다. 또한 수도권과 같이 집중의 부작용이 큰 지역에서는 공업기능의 입지를 제한하는 정책을 주로 활용하여왔다. 이 같은 공업기능 중심의 산업 입지 정책은 2000년대에 들어오면서 크게 변화하고 있다.

지식기반서비스업이 지역경제, 국가경제에서 차지하는 비중이 증가하고 있으며, 이에 따라 양질의 일자리가 지식기반서비스업에서 많이 공급되고 있다. 이와 같은 산업은 제조업에 비하여 대도시 지향성, 수도권 지향성이 강하기 때문에 낙후지역으로 입지를 유도하는 것에 한계가 있다. 따라서 이와 같은 산업을 다양한 지방에 입지 시키고자 많은 정책적 노력을 실시하고 있으나 아직까지 뚜렷한 성과는 찾기 어려운 상황이다.

혁신도시와 행정중심복합도시의 건설 및 공공기관 및 정부기관 이전을 통하여 공공부문 일자리의 상당수를 비수도권으로 분산하였다. 그러나 민간부문에서의 좋은 일자리를 비수도권으로 이전하는 것에는 한계가 있으며, 이를 위한 다양한 정책마련이 요구되는 상황이다.

제5절 2000년대 이후의 균형발전 정책

1. 균형발전의 필요성과 관련 이슈

다음의 〈표 2-6〉에서 보는 바와 같이 우리나라 헌법에서는 이미 국토 균형발전의 필요성을 명시적으로 제시하고 있다. 그러나 여전히 우리사회에는 지역균형발전의 필요성과 그 방향에 대한 여러 이견이 존재하는 것이 사실이다.

〈표 2-6〉 대한민국 헌법의 균형발전 관련 조항

조	조문
120조	①광물 기타 중요한 지하자원 · 수산자원 · 수력과 경제상 이용할 수 있는 자연력은 법률이 정하는 바에 의하여 일정한 기간 그 채취 · 개발 또는 이용을 특허할 수 있다. ②국토와 자원은 국가의 보호를 받으며, 국가는 그 균형있는 개발과 이용을 위하여 필요한 계획을 수립한다.
122조	국가는 국민 모두의 생산 및 생활의 기반이 되는 국토의 효율적이고 균형있는 이용 · 개발과 보전을 위하여 법률이 정하는 바에 의하여 그에 관한 필요한 제한과 의무를 과할 수 있다.
123조	①국가는 농업 및 어업을 보호 · 육성하기 위하여 농 · 어촌종합개발과 그 지원등 필요한 계획을 수립 · 시행하여야 한다. ②국가는 지역간의 균형있는 발전을 위하여 지역경제를 육성할 의무를 진다. ③국가는 중소기업을 보호 · 육성하여야 한다. ④국가는 농수산물의 수급균형과 유통구조의 개선에 노력하여 가격안정을 도모함으로써 농 · 어민의 이익을 보호한다. ⑤국가는 농 · 어민과 중소기업의 자조조직을 육성하여야 하며, 그 자율적 활동과 발전을 보장한다.

대표적인 입장은 효율성 측면에서 경쟁력이 있는 지역을 보다 발전시키고, 이들 지역의 경쟁력을 바탕으로 국가경쟁력을 제고하여야 한다는 입장이다. 특히 전세계적으로 국가단위의 경쟁보다 도시권(또는 대도시) 단위의 경쟁이 치열해지고 있는 상황에서 우리나라에서도 경쟁력 있는 도시권과 대도시의 규모를 더욱 키우고 이들 지역의 경쟁력을 제고해야 한다는 입장이다. 이들 지역으로 발생하는 경제적 발전효과가 주변지역, 나아가 국토 전체로 확산될 때 모든 지역의 발전 효과가 더욱 클 것이라는 입장도 존재한다.

이와 같은 입장은 우리나라에서는 수도권 문제와 밀접하게 연계되어 있다. 즉, 지역균형발전을 위해서는 수도권의 성장을 규제하고, 비수도권의 성장을 유도하는 전략이 함께 펼쳐지게 된다. 그러나 효율성을 강조하는 입장에서는 수도권의 규제에 반대하고, 국가 경쟁력

차원에서 오히려 수도권의 경쟁력 강화가 더 중요하다는 입장이다.

또 다른 입장으로, 균형발전의 달성 자체가 현실적으로 불가능하다는 입장이 있다. 지역균형발전이 규범적으로 옳고, 달성해야 하는 목표라 하더라도, 균형된 발전상태라는 것은 존재할 수 없고 달성이 불가능하다는 입장이다.

사회경제적으로 균형있는 발전이 중요한 것은 인정하지만, 그 균형의 단위가 지역이 되어서는 안된다는 입장도 존재한다. 낙후된 지역이라도 소득이 높은 계층이 있으며, 발전된 지역에도 극빈층은 존재한다. 즉, 주민의 균형있는 삶의 질을 달성하기 위해서는 사람들 사이의 균형을 이루려는 정책이 중요하고, 지역이 균형달성의 단위가 되어서는 안된다는 입장이다.

이와 같이 지역균형발전에 대한 이견과 더불어 균형발전과 관련해서는 공간단위의 이슈 또한 존재한다. 즉, 어떠한 공간단위에서 균형발전을 추진할 것인가의 문제이다. 예를 들어 수도권 대비 경쟁력을 확보하기 위하여 동남권을 발전시키기로 하였을 때, 동남권 내의 불균형 문제는 어떻게 처리해야 하는가의 문제가 있다. 동남권의 발전을 위하여 부산, 창원 등 잠재력이 높은 기존 대도시를 거점으로 하여 각종 투자를 하였을 경우, 수도권과 동남권 사이의 격차는 완화되더라도, 동남권 내에서 대도시와 다른 지역사이의 격차는 더욱 심각해질 수 있다. 이와 같은 상황이 보다 균형적인 상황으로 볼 수 있는가의 문제가 존재한다.

또 다른 이슈는 발전을 위한 권역과 행정체계의 불일치 문제이다. 동남권, 충청권과 같은 광역권이 균형발전 정책, 지역발전 정책의 단위로 많이 사용되고 있다. 그러나 이와 같은 지역들은 다수의 행정단위(광역자치단체와 기초자치단체)가 혼재되어 있으며, 이들 간의 이해관계를 조율하고 통합적인 발전방향을 마련하는 것은 많은 어려움이 따른다.

공간단위, 행정단위의 문제는 지방분권, 행정구역 개편 문제와도 연계되는 경우가 많다. 각종 균형발전 정책의 실효성을 확보하기 위해서는 정책의 공간단위와 행정단위가 일치하는 것이 유리하다. 따라서 광역권 단위의 균형발전 전략을 위한 행정구역 통합 등도 논의되고 있다. 행정구역 통합에는 이르지 못하더라도 별도의 계획주체를 설정하는 방법 등도 함께 논의되고 있다.

또한, 개별 행정단위의 주체적이고 차별화된 정책의 수립과 집행을 위해서는 지방분권이 중요하다. 일각에서는 지역균형발전 정책을 추진하기 전에 지방분권이 선행되어야 함을 주장하기도 한다. 특히 중앙정부에 예속되어 지방정부의 재정문제 해결 없이는 본질적인 지방분권이 어려우며, 균형발전도 어렵다는 입장이 있다.

2. 노무현 정부의 균형발전 정책

1970년대 이래 지역 간의 불균형 문제가 심각하게 대두되기 시작하였으며, 이에 따라 정부는 지역 균형발전을 위한 여러 정책을 펼쳐왔다. 그러나 이와 같은 정책은 지역 정책의 일부분으로서 존재하였으며, 국정의 핵심 목표로 여겨지지는 못하였다. 그 결과 지역간의 불균형 문제는 오히려 심각해지고 다양해졌다.

이 같은 상황에서 2003년 집권한 노무현정부(참여정부)는 국가균형발전을 지역 정책에서 나아가 국가의 최우선 정책으로 천명하고, 신행정수도 건설, 공공기관 지방 이전과 같은 파격적인 정책을 추진하였다. 이 과정에서 여러 반대와 저항에 부딪혀 좌절된 정책들도 있으나, 역대 정부 중에서 균형발전 정책을 가장 적극적으로 추진한 정부임은 분명하다.

노무현 정부는 지역균형발전 정책을 국가의 핵심 의제이자 국정과제로 위상을 명확히 하였으며, 이를 추진하기 위한 대통령 직속 '국가균형발전위원회'를 구성하였으며, '국가균형발전특별법'을 제정하였다. 이 과정에서 그동안 일반적으로 사용되던 지역균형발전이라는 용어를 국가균형발전으로 변경하여, 균형발전의 중요성을 더욱 명확히 하였다.

노무현 정부의 균형발전 정책의 핵심은 수도권에 집중된 각종 기능을 지방으로 분산·이전 시키는 것이다. 이를 위하여 정부기능의 이전을 위한 행정중심복합도시, 공공기관의 이전을 위한 혁신도시, 민간기능의 이전을 위한 기업도시 등의 수도권 기능 분산을 위한 신도시들을 대규모로 추진하였다. 이와 더불어 지역혁신체계의 구축을 산업정책의 핵심개념으로 도입하였다. 지역별로 혁신체계의 구축을 통하여 자생적인 역량도 함께 제공하고자 하였다.

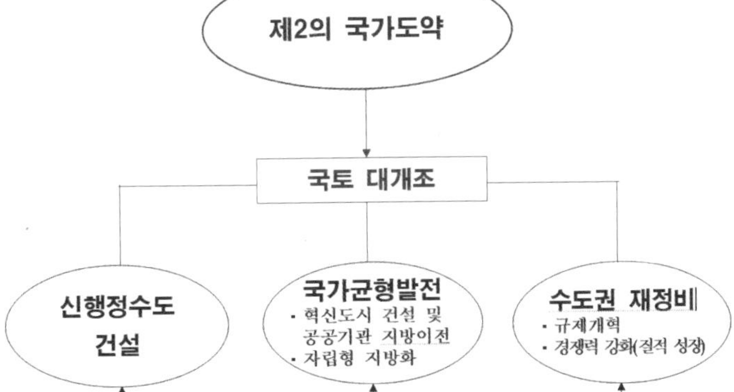

[그림 2-3] 국가균형발전 5개년계획 기본개념(국가균형발전위원회 · 산업자원부, 2004)

노무현 정부의 균형발전정책은 제1차 국가균형발전 5개년 계획으로 구체화 되었다. 이 계획에 따르면 국토개조 및 혁신주도형 경제구조로의 전환을 위해서는 신행정수도건설, 균형발전, 수도권 재정비가 필요한 것으로 판단하고 있다. 즉, 수도권 집중과 지방 위축에 따른 폐해가 제2의 경제도약을 위한 국가발전에 장애가 되고 있다고 판단하였다. 이에 따라 행정수도건설, 국가균형발전, 수도권재정비 정책을 종합적으로 처리하는 계획이 국가균형발전 5개년 계획이다.

행정수도, 혁신도시, 기업도시와 같은 수도권 기능을 이전하는 신도시들의 건설과 더불어 노무한 정부의 균형발전 정책의 주요 개념은 혁신클러스터의 조성이다. 실리콘밸리에 버금가는 경쟁력이 있는 혁신클러스터의 2~3개 육성을 목표로 대덕연구단지, 6개 산업단지(창원, 구미, 울산, 광주, 반월시화, 원주) 등을 강화하고자 하였다. 이와 더불어 공공기관이 이전하는 혁신도시가 혁신클러스터의 중심역할을 할 수 있도록 하였다. 또한 아래의 그림 4에서 보는 바와 같이 16개 광역 지자체 별로 4개씩의 전략산업을 선정하고 해당 산업의 발전을 추진하였다.

노무현 정부의 가장 대표적인 균형발전 정책은 신행정수도의 추진이다. 2004년 최종 입지로 연기·공주 지역이 선정되고 50만 인구 규모의 행정수도 건설 기본계획이 확정되었다. 그러나 행정수도 이전은 많은 반대에 직면하였으며, 2004년 헌법재판소의 위헌 판결에 따라 행정중심복합도시 건설로 변경되었다.

2007년 노무현 정부는 민간이 주도하는 균형 발전정책으로의 전환을 추진하였다. 이를 2단계 균형발전 정책이라고도 하는데, 기업의 지방투자를 확산하기 위한 각종 인센티브와 낙후 지역에 제공하는 인센티브 등을 제도화하려고 하였다. 그러나 입법을 통한 제도화에 실패하였다.

노무현 정부는 강력하고 다양한 균형발전 정책을 추진하였으며, 이를 위한 각종 조직과 제도를 정비하였다. 행정중심복합도시와 혁신도시를 통하여 수도권에 집중되어 있던 공공부문 기능의 이전과 재배치도 일정부분 성과를 이루었다.

그러나 민간기능의 지방이전에는 한계가 있었으며, 지방정부 주도라기 보다는 중앙정부가 주도하였다는 한계가 있다. 또한 사회적 동의의 확보에 실패하여, 차기 정부에서 관련 정책이 지속적으로 추진되지 못한 점도 한계로 지적될 수 있다.

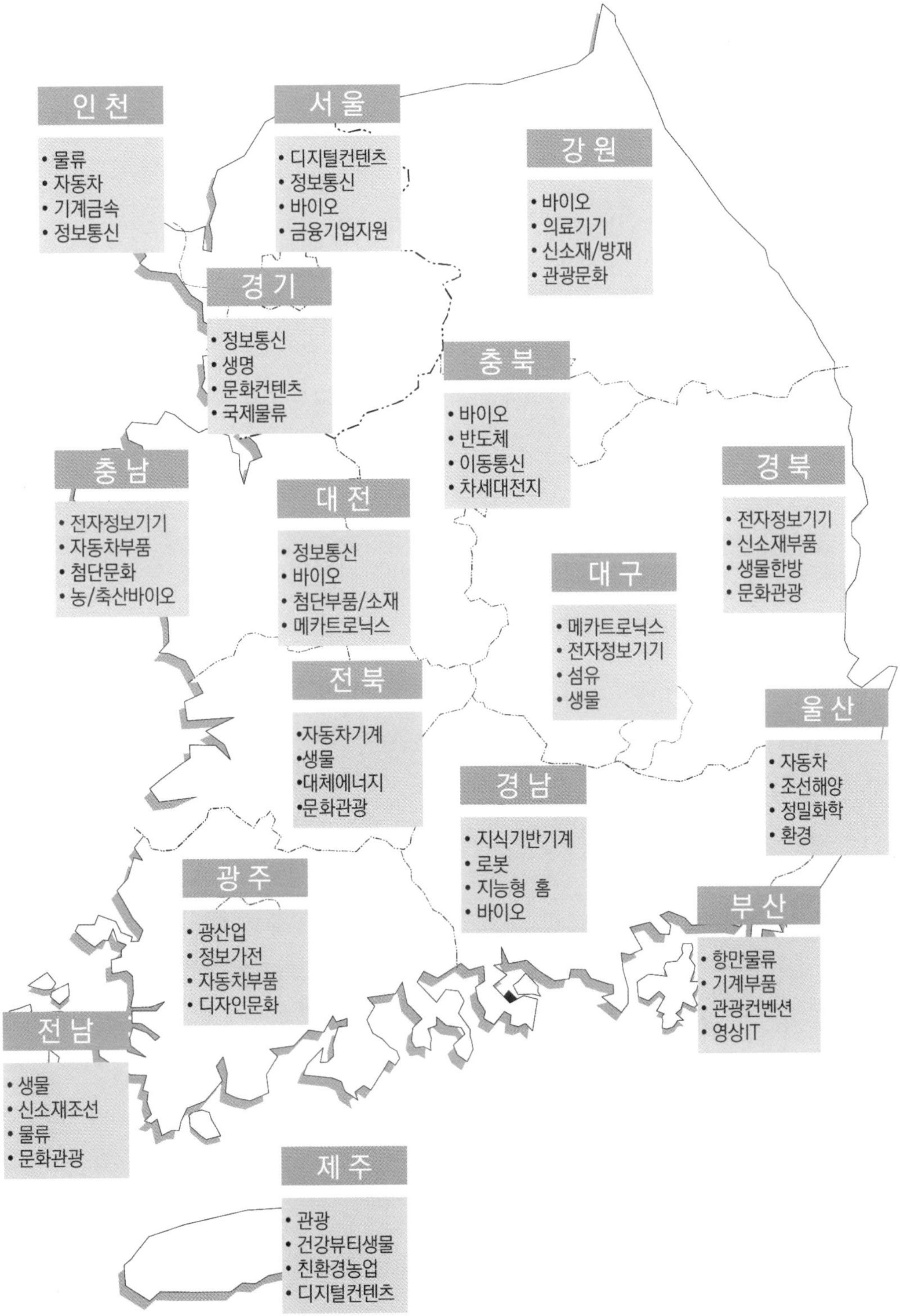

[그림 2-4] 제1차 국가균형발전 5개년 계획의 지역별 전략산업(국가균형발전위원회 · 산업자원부, 2004)

3. 이명박 정부의 균형발전 정책

노무현 정부의 뒤를 이어 집권한 이명박 정부는 형평성보다는 효율성을 중시하였으며, 정부의 역할보다는 민간부문, 시장의 역할을 중요시하였다. 이에 따라 지역 간의 균형적인 발전보다는 광역권 단위의 경쟁력 제고를 중점적으로 추진하였다. 16개 광역시도를 7개로 구분한 5+2 광역경제권을 설정하고, 광역경제권별로 선도 프로젝트를 추진하였다.

이명박 정부는 지방균형발전을 위해서는 지방분권이 필요하다고 보고, 중앙정부의 각종 권한을 지방으로 이양하는 지방분권을 추진하였다. 이를 위하여 지방재정의 자율성을 높이고, 보조금의 활용 자율성을 높이는 포괄보조제도를 도입하였다. 또한 지방소비세 신설과 지방소득세 전환을 통하여 지방정부의 재정상황과 자율성을 높이는 노력을 하였다.

이와 더불어 기초지자체의 통합을 통하여 지자체를 광역화하는 작업을 추진하며, 이를 통해 행정체계를 광역적 생활권과 일치시키려고 하였다. 이 과정에서 광역시와 도를 폐지하고, 시군구를 통합하여 인구 60~100만 규모의 광역시 70여개 만들고자 하는 정책을 추진하기도 하였다.

이명박 정부 시기의 균형발전 관련 가장 큰 논란 중 하나는 행정중심복합도시 수정안의 추진과 수도권 규제의 완화이다. 세종시로 행정기능을 이전하려는 이전 정부의 계획을 교육과학 중심의 도시로 변경하려는 수정안을 국회에 제출하였으나, 국회에서 동의를 얻지 못하였고, 행복도시는 원안대로 추진되게 되었다.

이전 정부에서는 균형발전을 위해서는 수도권의 규제와 비수도권의 발전이 병행되어야 한다는 관점에서 수도권 규제를 강조하였다. 그러나 이명박 정부에서는 수도권의 경쟁력 강화가 중요하다는 관점을 견지하였으며, 이에 따른 수도권 규제 합리화방안을 발표하고 수도권 규제를 지속적으로 완화하였다. 그 결과, 수도권의 공장 신증설과 산업단지 개발에 대한 규제가 큰 폭으로 완화되었으며, 보금자리 주택의 건설을 위하여 수도권의 개발제한구역이 대규모로 해제되었다.

이명박 정부의 균형발전 정책은 지방분권과 지방재정의 자율성 측면에서는 일부 효과가 있었으나, 수도권 규제의 대대적인 완화로 수도권과 비수도권의 격차가 보다 커진 점은 문제로 지적된다.

4. 박근혜 정부의 균형발전 정책

박근혜 정부의 균형발전 정책은 지역 주민의 삶의 질 측면에서 주로 접근하였다. 이를 위하여 추진한 정책으로는 지역행복생활권 정책이 대표적이다.

지역행복생활권은 주민들의 생활에 필요한 기초적인 인프라, 교육·문화·복지 등 각종 서비스 등이 행정구역 경계를 넘어 생활권 단위로 공급될 수 있도록 하는 개념이다. 이를 위하여 단일 시군 내에서 충족하지 못하는 서비스를 확충하기 위하여 시군간의 연계협력사업을 추진하도록 하고 있다.

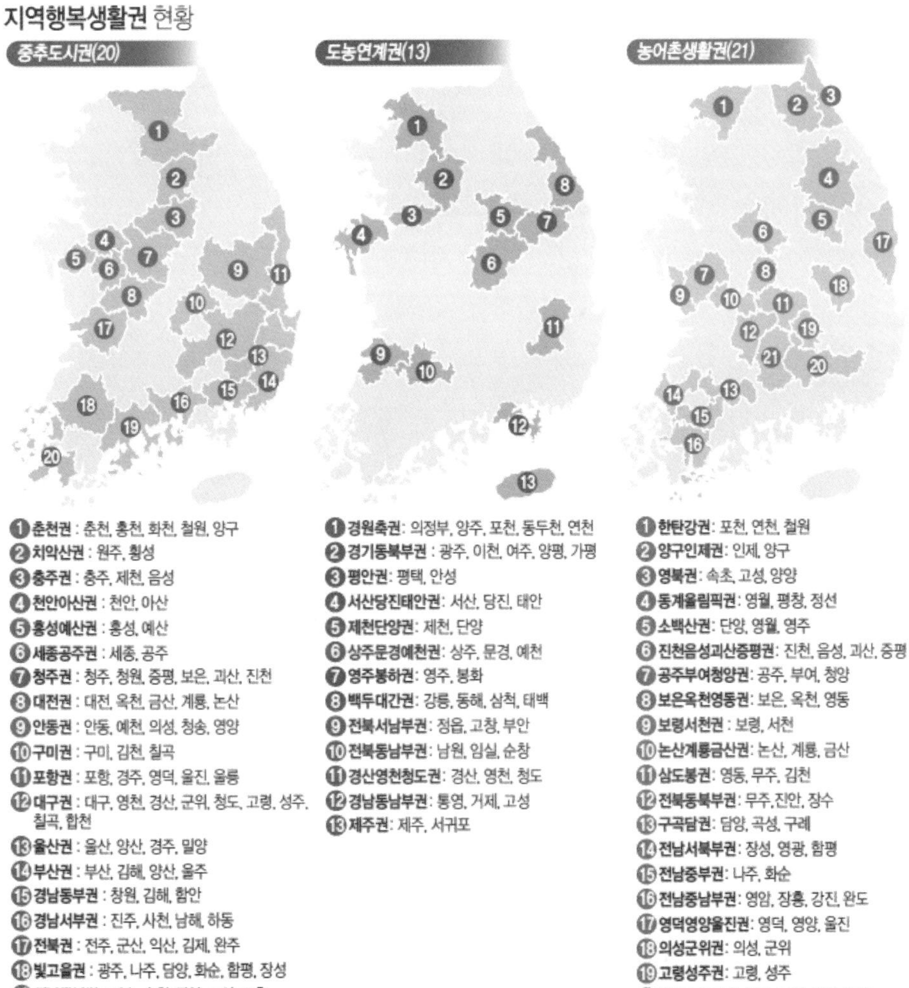

[그림 2-5] 지역행복생활권 현황(대한민국 정책브리핑, 2014)

[그림 2-5]에서 보는 바와 같이 지역행복생활권은 중추도시권, 도농연계권, 농어촌생활권으로 구분하였으며, 시군간의 연계협력을 강화하기 위한 선도사업을 추진하였다.

이 외에 낙후도가 심한 지역을 대상으로 성장촉진지역을 지정하고, 이들 지역에 기반시설 설치를 지원하는 성장촉진지역 개발사업을 추진하기도 하였다.

박근혜 정부는 균형발전과 지역 균형발전의 성과가 실제 주민의 삶의 질 개선에 기여해야 한다는 접근방법을 도입한 점과 이를 달성하기 위한 생활권 정책을 도입한 점은 성과로 판단된다. 그러나 생활권 구성의 합리적인 기준과 연계가능성 측면에서는 한계가 있으며, 여러 정치적인 상황으로 적극적인 추진이 이루어지지는 못하였다.

5. 문재인 정부의 균형발전 정책

2017년 출범한 문재인 정부는 국정운영 5개년 계획을 통하여 5대 국정목표와 20대 국정전략을 발표하였다. 5대 국정목표의 하나로 “고르게 발전하는 지역”을 포함하였으며, 해당 목표를 위한 전략으로 “풀뿌리 민주주의를 실현하는 자치분권”, “골고루 잘사는 균형발전”, “사람이 돌아오는 농산어촌”을 포함하였다. 즉, 문재인 정부는 국정운영의 주요한 목표로 국가 균형발전을 천명하였다.

문재인 정부의 국가균형발전을 위한 대표정책은 국가균형발전프로젝트이다. 속칭 예타면제사업이라고도 알려진 국가균형발전프로젝트는 지역으로부터 수렴된 23개 사업, 25조원 규모의 투자사업이다. 지역전략사업의 육성을 위한 R&D사업과 지역의 인프라 구축사업으로 주로 구성되어 있다. 그림 6에서 국가균형발전 프로젝트의 산업들을 확인할 수 있는데, 지역간의 접근성 개선을 위한 도로 및 철도 인프라가 다수 포함되어 있다.

균형발전을 위한 또 다른 정책으로는 지역균형뉴딜, 초광역협력 프로젝트, 혁신도시 시즌 2 등이 있다. 지역균형뉴딜은 한국판 뉴딜 중에서 지역에서 시행되며, 효과가 지역에 귀착되는 사업과 지자체 주도형 뉴딜사업, 공공기관 선도형 뉴딜사업을 포함한 것이다.

초광역협력 프로젝는 수도권 수준의 경쟁력을 갖춘 광역권을 형성하는 것이 목적으로 2020년 10월 13개 프로젝트를 선정하고 동남권 메가시티 구축 전략이 수립되기도 하였다.

혁신도시 시즌 2는 혁신도시를 활성화하기 위한 사업으로 혁신도시의 종합적인 발전을 지원하며, 그 결과 정주 인구수, 이주율, 입주기업수 등이 증가한 것으로 알려져 있다.

문재인 정부의 균형발전 정책은 현재로서는 평가하기에 이르다. 다만, 노무현 정부의 국가균형발전 정책을 상당 부분 계승하고 활성화하려고 노력하였으며, 코로나 시기의 극복을 위한 뉴딜사업과의 연계방안 등이 주목할만하다. 또한 효율성 중심의 B/C로 평가되는 예비타당성 검토제도(예타)의 한계를 극복하고 균형발전 효과 측면에서 사업을 선정한 국가균형발전 프로젝트의 효과를 향후 검토해볼 필요가 있다.

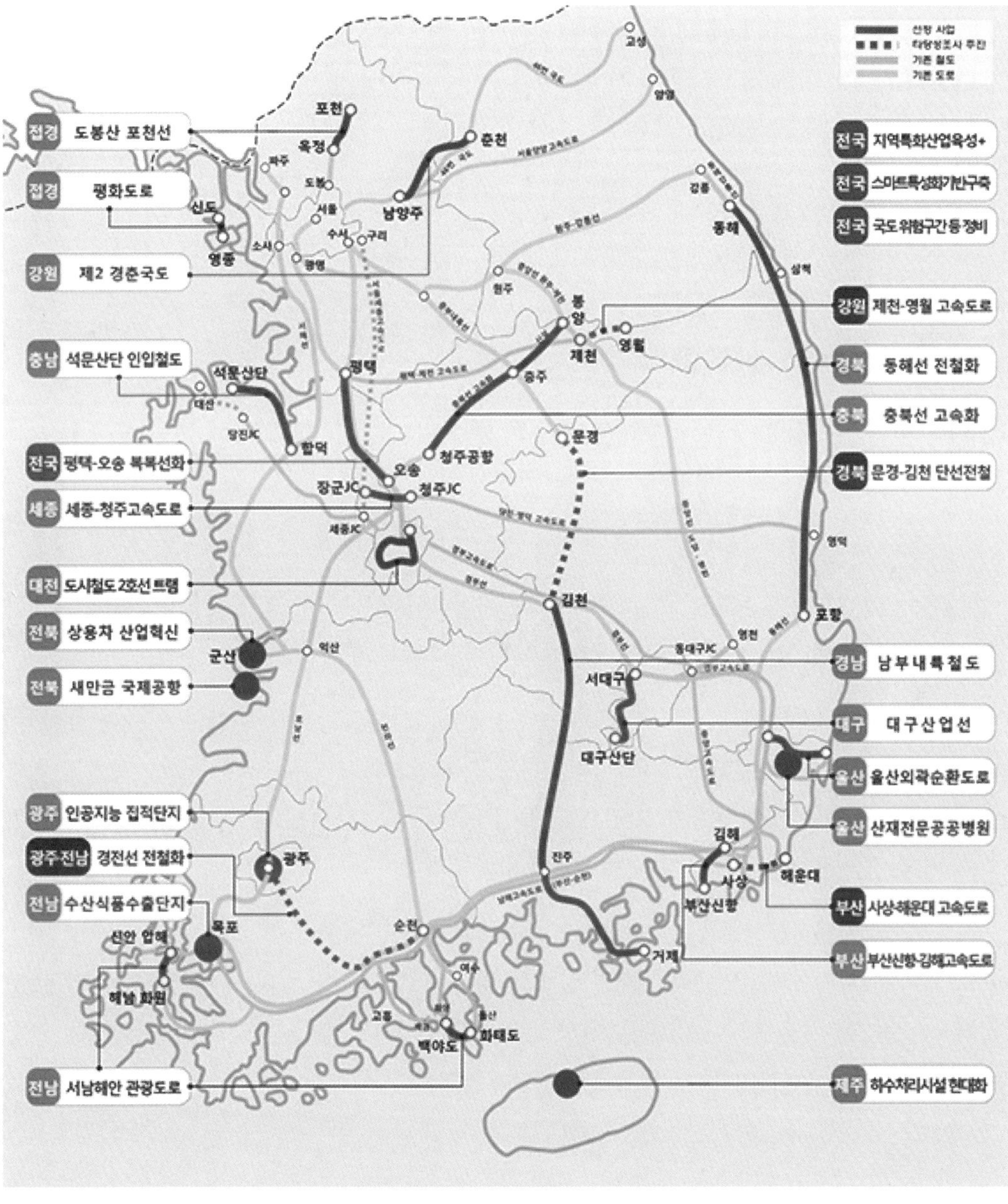

[그림 2-6] 2019 국가균형발전 프로젝트(대한민국 정책브리핑, 2019)

6. 지역개발사업 제도

기존의 지역개발사업이 주로 거점의 성장을 통한 지역발전을 목표로 하는 방식으로 진행되어 왔다면, 앞으로의 지역개발사업은 낙후된 지역에 거주하는 주민의 삶의 질을 유지하고, 개선하기 위한 사업이 큰 비중을 차지하게 될 것으로 생각된다.

2015년 시행된 「지역개발및지원에관한법률」은 '지역균형개발 및 지방중소기업 육성에 관한 법률'에 따른 개발촉진지구, 특정지역, 광역개발권, 지역종합개발지구, '신발전지역 육성을 위한 투자촉진 특별법'에 의한 신발전지역 등 2개 법률의 5개 지역개발제도를 '지역개발사업구역'으로 통합하였다.

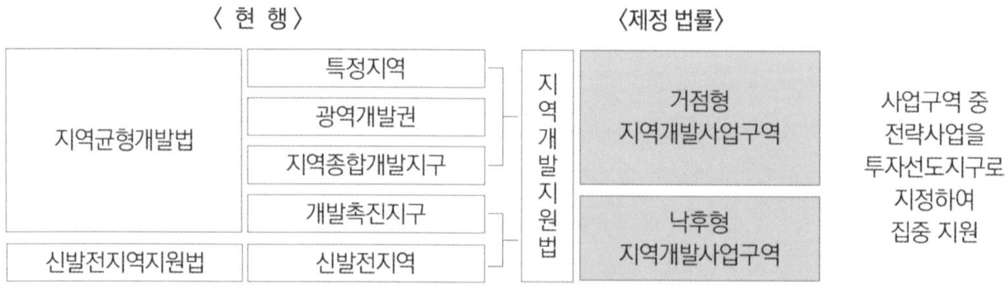

[그림 2-7] 지역개발지원법에 따른 지역개발사업의 유형 변화(국토교통부, 2014)

통합된 지역개발사업구역은 거점형 지역개발사업구역과 낙후형 지역개발사업구역으로 나누어지며, 지역개발사업도 거점형과 낙후형으로 구분된다.

낙후형 지역개발사업은 낙후지역 또는 낙후지역과 그 인근지역을 연계하여 종합적·체계적으로 개발하기 위한 지역개발사업이며, 거점형 지역개발사업은 거점지역과 그 인근지역을 연계하여 지역발전의 전략적 거점으로 육성하거나 특화산업을 발전시키기 위하여 종합적·체계적으로 개발하기 위한 지역개발사업이다.

「지역개발및지원에관한법률」은 낙후지역 중에서도 개발수준이 현저히 낮은 지역을 지역활성화지역을 지정할 수 있도록 하고, 정책적 지원을 실시하고 있다. 지역활성화지역은 도별 성장촉진지역 시군구의 30% 범위에서 선정하도록 하고 있다. 지역활성화지역에는 포괄보조 등을 차등, 우선지원하며, 시도에서는 낙후지역발전 특별회계를 통하여 보조사업 등을 차등적으로 지원할 수 있다.

현재 지역활성화지역은 총 22개가 지정되어 있으며, 전라북도와 경상북도가 5개의 군지역이 지정되어 가장 많은 비중을 차지하고 있다.

〈표 2-7〉 지역활성화지역 고시 현황

도별	지역활성화 지역		비고
	시군수	시군명	
강원도	2	양양군, 태백시	
충청북도	2	단양군, 영동군	
충청남도	2	청양군, 태안군	
전라북도	3	임실군, 장수군, 진안군	
전라남도	5	고흥군, 곡성군, 신안군, 완도군, 함평군	
경상북도	5	군위군, 영양군, 의성군, 봉화군, 청송군	
경상남도	3	산청군, 의령군, 합천군	
합계	22		

국토교통부 고시 제2015-190호

제6절 수도권 관리 정책

1. 수도권 집중의 원인과 문제점

우리나라의 지역계획 및 지역발전 정책에서 중요한 비중을 차지하는 것은 수도권의 규제와 성장관리정책이다. 해방 이후 서울로의 집중현상은 늘 문제가 되어왔으며, 특히 1960년대 산업화의 시작 이후로 더욱 심각해 졌다. 80~90년대에는 일부 서울의 인구가 감소하고 주변지역의 인구가 증가하는 현상이 나타났으나, 수도권 전체로 보면 그 비중은 지속적으로 증가하고 있다. 2020년에는 수도권 인구가 전체 인구의 50%를 넘어서기도 했다.

역사적으로도 서울은 우리나라의 정치, 경제, 문화의 중심지 역할을 수행해 왔으며, 근대 이후로는 산업입지에 따른 고용기회, 경제적 기회가 수도권 집중을 보다 가속해왔다. 과도한 수도권 집중의 문제는 혼잡비용의 증가, 환경오염, 지가와 주택가격의 급등 등으로 나타난다. 이와 더불어 지역 간 위화감으로 인한 갈등은 국가 전체의 통합에 부정적인 영향을 미치고 있다.

2. 수도권 관리 정책의 전개

해방과 한국전쟁 이후 인프라가 제대로 갖추어지지 않은 상황에서 서울로 급격한 인구가 모이기 시작하였으며, 이에 따른 여러 가지 사회문제가 발생하였다. 이에 정부는 1964년 대도시인구집중방지책을 실시하고 서울의 인구집중을 완화하고자 하였으나 성공하지는 못하였다.

특히 북한과의 전쟁위험이 존재하는 상황에서 한강 북쪽에 많은 인구가 거주하는 것은 안보적으로 심각한 문제로 인지하였다, 이에 정부는 강남지역의 개발을 통한 인구 재배치를 추진하였으며, 1976년에는 신행정수도 건설을 추진하기도 하였다. 즉, 1960~1970년대의 수도권 관리정책은 서울, 서울도심의 인구집중을 완화하고, 서울의 인구를 주변지역으로 분산시키고자 하였다.

1980년대에는 환경문제에 대한 인식이 증가하였으며, 산업화 과정에서 발생한 환경오염, 지역간 불균형 문제 등이 대두되었다. 이에 수도권 규제의 범위를 서울, 경기, 인천을 포함하는 수도권 전체지역으로 확대하고 수도권의 산업기능, 교육기능, 공공기관 등을 지방으로 이전하고자 하였다. 1984년에는 제1차 수도권정비계획이 발표되었으며, 업무시설, 공공시설, 공장, 대학 등에 대한 입지 규제를 시작하였다.

1990년대에는 국가경쟁력과 세계화가 중요해지면서, 지역균형발전보다는 수도권의 경쟁력 강화에 관심이 높아졌다. 이에 기존의 수도권 규제를 일부 완화하였다. 수도권에 입지를 물리적으로 억제하기 보다는 과밀부담금이나 지방이전에 대한 지원제도와 같은 경제적 수단을 통하여 간접적인 규제를 실시하였다

2000년대로 들어오면서 수도권 규제는 물리적 규제와 경제적 규제가 병행되었다. 업무시설, 공공시설 등은 과밀부담금을 통하여 관리하였으며, 공장과 대학의 경우는 총량관리 체제로 전환되었다. 이명박 정부를 거치면서 수도권 규제의 상당 부분이 추가적으로 완화되었다.

3. 수도권 관리 정책의 주요 이슈

수도권 관리정책과 관련한 가장 중요한 이슈는 수도권 규제가 수도권의 경쟁력을 저하시켜 국가 전체의 경쟁력을 떨어트린다는 지적이다. 수도권의 입지 규제를 통하여 기업의 지방이전을 유도하고 있으나, 현실적으로는 기업의 해외 유출로 이어진다는 비판도 있다. 그러나 수도권의 규제 없이는 지방의 발전이 현실적으로 불가능하며, 지방에 대한 발전정책과 수도권에 대한 규제정책이 병행되어야만 한다는 입장도 있다.

수도권의 낙후지역을 어떻게 다룰 것인가의 문제도 중요하다. 수도권에 입지하더라도 경기도 북부의 접경지역, 동부지역, 도서지역과 같이 낙후도가 높은 지역이 분명히 존재한다. 이들 지역도 행정구역상 수도권에 입지하기 때문에 각종 규제의 대상이 되고 있는데, 이는 불합리하다는 주장이 존재한다.

이에 따라 변창흠(강현수 외, 2013)은 수도권의 다양한 위상을 구분하여, 역할을 설정해야한다고 주장하였다. 즉, 동북아의 국제적인 대도시권, 우리나라의 중심적인 대도시권, 수도권 내부에서 서울의 역할과 같이 다양한 층위의 서울과 수도권이 존재하며, 이를 구분한 정책적 접근이 필요하다는 것이다(강현수 외, 2013). 이와 관련한 내용은 다음의 표 8에서 확인할 수 있다.

〈표 2-8〉 수도권의 위상과 요구 정책

	수도권의 위상과 역할	필요한 정책
국제적인 관점	국가의 상징적인 대도시권	수도로서의 품격과 문화적 다양성, 지속가능성
	다른 나라의 대도시권과 경쟁해야 할 경제단위	국제적 중심성, 투자유치, 삶의 질 제고를 위한 정책
전국적인 관점	혁신을 창출하고 다른 지역의 성장을 견인	혁신성과 파급효과 확대
	다른 지역의 성장잠재력을 흡입하는 거대한 블랙홀	수도권 기능의 분산, 지방재정조정 및 개발이익의 분산, 지방투자 확대
지역적인 관점	여러 지방자치단체들이 결합된 지역	지자체간 광역협의회 구성, 성장관리
	주민들이 일하고 살아가는 공간	기존 수요 충족을 위한 개발확대, 규제완화

강현수 외 (2013: 320)에서 인용

수도권 집중이 갈수록 심해지며, 전 세계적으로는 대도시, 대도시권 사이의 경쟁이 심화되는 상황에서 수도권 문제의 본질적인 해결은 쉽지않다. 특히 인구감소 문제가 현실화된 상황에서 수도권 문제는 비수도권의 쇠퇴 문제와 밀접하게 연계되어 있다. 따라서 수도권과 비수도권 사이의 상생발전을 위한 논의가 더욱 활발해져야 할 것이다. 이와 같은 논의가 현실적인 해결책을 찾기 위해서는 지방분권과 거버넌스에 대한 논의가 함께 이루어져야 할 것이다.

참고문헌

Florida, R., 이원호외 역(2008), "도시와 창조계급" 서울: 푸른길

Hoover, E. M. and Giarratani, F.(1984) "An Introduction to Regional Economics. New York: Alfred A. Knopf, INC.

Porter, M.(1998), "Cluster and the New Economics fo Competition", Havard Business Review

e-나라지표(2021), "도시지역 인구현황"

강현수 외 (2013), "지역균형발전론의 재구성", 서울: 사회평론

국가균형발전위원회, 산업자원부(2004), "제1차 국가균형발전 5개년 계획"

국토교통부(2012), 정책정보, "제4차 국토동합계획 수정계획"

국토교통부(2014), "지역개발 및 지원에 관한 법률 국무회의 통과" 국토교통부 보도자료 (2014.05.26.)

김예성(2020), "제5차 국토종합계획의 주요 내용과 과제", 이슈와논점, 제1654호, 국회입법조사처

김용웅, 차미숙, 강현숙(2009), "신지역발전론", 파주:한울아카데미

김형국(1996), "국토개발의 이론연구", 서울: 박영사

대한민국정부(2019), "제5차 국토종합계획",

대한민국 정책브리핑(2014), "지역행복생활권 현황",

대한민국 정책브리핑(2019), "국가균형발전 위해 24조 규모 23개 사업 예타면제"

박종화 외(1995), "지역개발론(2개정판), 서울: 박영사

박종화 외(2016), "지역개발론-이론과 정책", 서울: 박영사

한국지역개발학회(2017), "지역개발론", 서울: 박영사

https://www.korea.kr/news/policyNewsView.do?newsId=148858006

https://www.korea.kr/news/visualNewsView.do?newsId=148775526

https://www.molit.go.kr/USR/policyData/m_34681/dtl?id=1775

https://www.index.go.kr/potal/main/EachDtlPageDetail.do?idx_cd=1200

제3장

단지재생

제1절 단지재생의 이해

1. 단지재생의 개념

단지재생(district regeneration)은 단지 규모에서 이루어지는 재생을 의미한다. 여기에서 재생은 단순히 물리적인 노후에 대한 개선이나 활성화뿐만 아니라 사회적, 경제적 측면에서 활성화되는 것을 의미한다. 도시재생(urban regeneration)의 의미와 구분하고 있는 것은 재생 관련 계획과 사례를 공간적 계획 단위에 중점을 두고 살펴볼 필요가 있기 때문이다. 공간적 계획단위는 지역계획, 도시계획과 도시설계, 단지계획과 단지설계, 건축계획과 건축설계로 구분하는 것을 말한다.

단지재생의 물리적 범위는 대지(site), 블록(block)에서 시작하여 나아가 지구·구역(district)을 포함한다. 하나의 대지가 블록이 되는 경우도 있으며 블록이 특정 구역으로 지정되기도 한다. 단지재생의 대상은 주거단지, 상업단지, 복합단지, 산업단지, 공업단지 등 다양하다. 단지재생은 기본적으로 단지계획과 연계하여 살펴볼 수 있는데, 단지계획의 내용을 종합적인 접근방식을 통해 이해하는 것을 전제로 한다.

[그림 3-1] 공간단위 비교

단지재생은 기본적으로 '재생(regeneration)'의 의미에 중점을 두고 있으나 단지재생을 위한 계획의 목표와 전략의 관점에서는 '살기 좋음(livable)', '지속가능한(sustainable)', '회복 탄력성(resilience)'의 의미와도 함께 논의될 수 있다. 이러한 개념은 궁극적으로 현대 도시에서 쇠퇴한 지역의 다양한 문제를 해결하고, 사람들이 생활하는 바탕인 물리적 환경과 공간을 건강하게 관리하는데 목표를 두고 있다. 따라서 단지재생은 도시재생을 구성하는, 도시재생으로 연결되는, 도시재생으로 해석될 수 있는 부분에 대하여 공간계획 단위에서 끊임없는 질문을 통해 재생계획, 재생연구, 재생의 실천과정을 이해하기 위한 개념으로 볼 수 있다.

출처: 저자촬영

[그림 3-2] 하나의 건물이 단지가 되는 사례

〈표 3-1〉 단지재생의 이해

단지재생이란 무엇인가? 단지재생연구는 어떻게 시작할 수 있을까?		
단지재생의 이해	단지재생의 개념	의미, 접근
	단지재생연구	단지재생연구의 기초질문 단지재생연구의 설계 단지재생연구의 자료
단지재생연구는 어떻게 수행할 수 있을까?		
단지재생 연구방법론	기본 도구	프로그램
	주요 연구방법론	사례연구 증거기반연구
단지재생연구는 어떠한 결과물을 도출할 수 있을까?		
단지재생의 실제	도시재생과 단지재생	도시 및 근린 단지
	단지재생과 건축재생	건축재생 건축공간의 운영과 관리
	단지재생과 브랜딩	브랜딩 공간의 브랜딩화

2. 단지재생연구

(1) 단지재생연구의 기초질문

연구문제(research questions)는 단지재생연구 뿐만 아니라 모든 연구에서 요구되는 것으로 연구의 출발점이 되기도 하고, 연구주제를 발전시키기 위한 과정에서 요구되기도 한다. 좋은 연구문제는 연구자가 본인의 연구에서 규명하고자 하는 것을 정확하게 보여주고, 연구의 목적을 명확하게 한다. 좋은 연구문제를 제기하기 위해서는 다음과 같은 사항들을 고려할 필요가 있다.

[그림 3-3] 단지재생연구의 연구문제 조건

첫째, 여러 가지를 포함하지 않고 단일한 문제를 다루어야 한다. 하나의 연구문제가 여러 가지 이슈를 담고 있을 경우, 여러 가지가 얽힌 연구문제를 몇 가지 연구문제로 다시 구분해야 하거나 해당 연구문제의 세부 문제와 같이 위계를 구분해야 할 수 있다. 이러한 경우 연구의 초점이 분산되고 연구목적 달성을 위한 전개에도 영향을 미친다.

둘째, 연구 자료를 통해서 연구가 가능해야 한다. 연구 자료는 기존 공개된 자료를 다시 가공할 수도 있고, 연구자가 직접 생산할 수도 있다. 중요한 것은 이러한 자료들은 분명한 출처가 있고 객관성을 확보할 수 있다. 그러나 자료의 출처가 불분명하거나 자료를 구할 수 없거나 자료를 생산할 수 없는 경우, 연구를 위한 자료의 신뢰성, 객관성을 담보할 수 없기 때문에 연구를 수행하는데 어려움이 있다.

셋째, 연구문제에 대한 답변이 가능해야 한다. 가설로 답변을 할 수 있고, '예', '아니오'로 답변할 수도 있다. 또는, 연구자가 연구진행을 위해 임의로 답변할 수도 있다. 연구문제에 대한 답변은 연구의 절차와 중요한 관련이 있는데, 다음 단계로 넘어가기 위한 기반이 되거나 전체 연구구조에서 결과물을 도출하는 주요 틀 역할을 할 수도 있기 때문이다. 답변할 수 없는 연구문제를 제기하는 것은 도움이 되지 않는다.

그밖에 본인의 연구 분야, 연구주제와 관련된 질문이 요구된다. 연구문제는 연구주제를 구체화하기도 하고 해당 연구 분야에서 선행연구와 함께 논의될 수도 있다. 예를 들면, 연구자가 단지재생연구 수행을 위해 주거단지를 범위로 연구문제를 만들어본다고 가정해보자. 연구자는 도시 주거단지에서 노후 공동주택단지를 연구대상으로 설정하였다. 연구자는 현재 노후 공동주택단지가 단지경계는 닫혀있고, 부대복리시설 활용도가 낮다는 문제를 제기하였다. 해당 연구자가 만들어 볼 수 있는 연구문제는 어떠한 것들이 있을까?

먼저, 주거단지의 재생 관점에서 무엇을 어떻게 논의할 수 있는지를 함께 고민할 필요가 있다. 다음은 연구자가 수행하고자 하는 연구의 성격, 연구의 종류에 따라 설정할 수 있는 연구문제 예시로, 앞서 연구자가 문제를 제기한 내용을 모두 담거나 일부만을 다루고 있다.

(descriptive research)
노후 공동주택단지의 물리적 특성은 무엇인가?

(comparative research)
노후 공동주택단지와 최근 준공된 공동주택단지의 경계 부분(공간) 차이점은 무엇인가?

(correlational research)
노후 공동주택단지의 부대복리시설 활용도는 거주자의 주거만족도와 상관성이 있는가?

(exploratory research)
노후 공동주택단지의 부대복리시설 활용도가 낮은 주요 요인은 무엇인가?

(explanatory research)
노후 공동주택단지의 부대복리시설 활용도는 단지 경계부분의 닫힘(폐쇄) 정도에 영향을 미치는가?

(evaluation research)
노후 공동주택단지의 경계 부분 폐쇄(또는 폐쇄정도)에 따른 장점과 단점은 무엇인가?

이와 같은 연구문제는 연구의 설계를 위한 출발점이 된다. 연구주제를 구체화하는 좋은 방법으로 세부 연구주제와 연구의 주요어(keyword)를 함께 고민해볼 수 있다. 연구자가 해당 연구를 시작하게 된 계기, 연구의 취지, 최종 목표 등 다양한 사항들이 연구문제를 설정하는데 반영될 수 있다.

(2) 단지재생연구의 설계

단지재생연구를 위한 설계(design)는 연구주제, 연구문제와 함께 동시에 진행되기도 하고 이후 단계로 진행되기도 한다. 일반적으로 연구의 설계는 연구 전반의 과정을 그려보면서 연구주제를 구체화하고 연구문제에 대한 답변을 통해 연구의 결과물을 예상하는 것까지 포함한다.

연구의 설계는 연구자가 연구의 타당성과 실현가능성을 자체적으로 검토하면서 자료의 수집, 측정, 분석 등을 고민하게 되고 나아가 연구의 예상 결과까지 생각한다. 예상 결과가 꼭 실제 연구를 수행한 후 도출된 결과와 부합할 필요는 없다. 그러나 예상 결과를 구상하는 것은 연구자가 연구의 전체 흐름을 설계하는데 중요한 바탕이 된다.

이러한 과정은 궁극적으로 연구제안서(research proposal), 학위논문(dissertation), 기타 논문(journal paper, conference paper, etc.)을 준비하기 위한 과정에 해당한다.

단지재생연구는 설계 과정에서 자료에 해당하는 부분을 분명하게 할 필요가 있다. 단지재생연구는 계획, 설계, 이론 등 연구의 분야, 성격, 종류에 따라 연구 자료가 다르게 구축될 수 있기 때문이다.

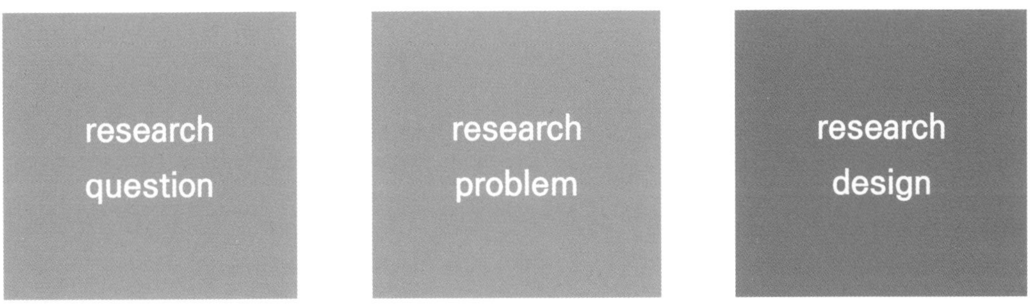

[그림 3-4] 단지재생연구의 설계

(3) 단지재생연구의 자료

최근 다양한 공간 기반 정보들이 공공데이터로 제공되고 있다. 주제별, 공간별 제공되는 자료들은 매우 광범위하고 다양하다. 연구자가 원한다면, 자료의 기초 가공 수준에서 시각화된 자료를 제공하는 서비스도 받을 수도 있으며, 추가 자료의 공개를 요청할 수도 있다.

[그림 3-5] 자료수집

연구자가 필요한 자료의 내용에 따라 추가 가공이 필요할 수 있다. '국가공간정보포털'과 같이 공간 관련 공공데이터가 종합적으로 제공되는 플랫폼에서는 단순히 자료를 제공하는 것에서 나아가 가공한 자료 포함 오픈소스를 공유하기도 한다.

단지재생연구에서 공간 기반의 자료는 위와 같은 오픈소스를 사전에 확인할 필요가 있다. 이미 구득할 수 있는 자료가 있다면 그것을 활용하는 것이 다시 만드는 것 보다는 시간과 노력을 단축할 수 있기 때문이다.

자료의 수집 단계에서는 사전에 어떠한 자료가 필요한지, 왜 필요한지, 어떻게 활용할 것인지에 대하여 구체적으로 설정할 필요가 있다. 자료의 목적과 활용이 명확하지 않다면 자료를 통해 도출할 수 있는 사항들도 명확하지 않기 때문이다.

최근 국토교통부는 정책이나 의사결정 과정에서 공간 자료를 활용하기 위해 공공데이터를 활용한 분석모델을 선정한 바 있다. 선정된 건은 "골목길 정보를 활용한 안전한 골목길 환경 분석(서울특별시), 농업용 미세 기상관측시설 설치를 위한 기상공백지역 입지 분석(경상북도), 코로나19 확산에 따른 지역경제 영향 분석(서울특별시 동작구청), 종합사회복지관 건립을 위한 입지 및 수요 분석(충청남도), 주차난 해결을 위한 민간 주차장 공유 서비스 구축(지자체 공통)"이 있다. 선정된 모델의 주제를 살펴보면, 골목길, 시설 입지, 지역경제, 주차장 공유 등 다양하게 제안되었다. 이 모델들은 공간 자료가 특정 문제를 해결하는 하나의 목적뿐만 아니라 산업, 연구(학계), 행정 등 다양하게 활용될 수 있음을 잘 보여주고 있다(국토교통부, 2021).

단지 규모의 연구 자료는 연구 자료가 연구대상지가 되는 단지 규모로 구축되지 않은 경우가 많다. 일반적으로 공공데이터는 시·군·구, 읍·면·동과 같은 행정구역 단위로 제공되고 있다. 연구대상지와 행정구역이 일치하지 않는 경우 자료 활용에 한계가 있는데, 연구

대상지를 포함하는 해당 지역의 현황이나 특성 설명에 그치는 경우도 있다.

위와 같은 특성으로 인해 연구자가 현장조사를 바탕으로 자료를 구축해야 하는 경우가 있다. 대상지에 따라 주변 여건, 대상지 내 여건을 파악하기 위해 현장조사를 실시하기도 하고, 필요에 따라 같은 대상지를 여러 차례 방문하여 관찰하기도 한다.

[그림 3-6] 공간자료 범위

단지재생연구의 자료는 공간과 장소를 기반으로 하고 있기 때문에 물리적 범위를 설정하는 것이 중요하다. 예를 들면, 지역·지구 기준으로 살펴볼 것인지, 사업대상지를 기준으로 삼을 것인지, 또는 특정 용도의 단지로 한정할 것인지와 같은 실질적인 질문들을 통해서 계획의 단위와 공간의 위계를 결정할 필요가 있다. 연구자가 구체적으로 연구대상지를 결정해야 관련 자료를 수집할 수 있기 때문이다.

연구대상지의 범위는 명확해야 한다. 연구진행 과정에서 연구대상지의 범위를 일부 조정할 수는 있으나 범위가 불분명하거나 변경이 잦으면 관련 자료 수집뿐만 아니라 연구 전반에도 영향을 미치게 된다. 물론, 필요에 따라 물리적 범위를 명확하게 설정하지 않고 특정 지역 일대로 지정하는 경우도 있다. 그러나 이러한 경우 해당 범위가 불분명함에 따라 수반되는 다양한 혼선이 야기될 수 있는 단점이 있다.

예를 들어, 특정 단지의 대지경계선이 경계가 될 수도 있지만 해당 단지를 둘러싸고 있는 간선도로가 경계가 될 수도 있다. 또는, 해당 단지와 인접한 블록, 맞은편 블록까지 포함할 수도 있다. 이러한 차이는 미세한 부분으로 보일 수 있으나 주변 환경의 맥락과 조건을 검토하는데 주된 요소로 작용하기 때문에 신중할 필요가 있다.

출처: 저자촬영

[그림 3-7] 블록 규모의 다양한 대상지 사례_블록형 건물군

출처: 저자촬영

[그림 3-8] 블록 규모의 다양한 대상지 사례_노점상

한편, 연구대상지는 한 곳이 될 수도 있고 여러 곳이 될 수도 있다. 연구자의 관점에 따라 일부 대상지는 중첩될 수도 있다. 단지재생연구에서는 지구단위계획구역이 기본적으로 많이 다루어지고 있다. 법령으로 지정된 구역이나 계획 구역이 겹치는 경우도 있고, 연구자의 필요에 의해 겹쳐서 범위를 설정할 수도 있다. 연구자는 연구대상지가 되는 범위를 설정한 근거를 객관적으로 제시할 수 있어야 한다. 임의 선정이 필요할 때도 있지만 그 상황에 대하여 타당한 설명이 필요하다.

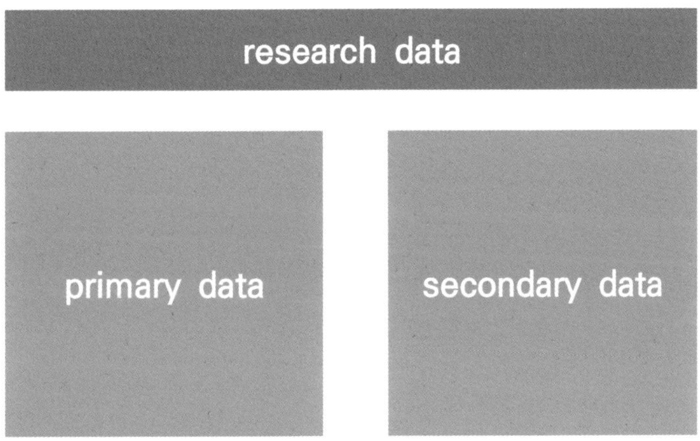

공간과 장소를 기반으로 구축된 자료는 1차 자료와 2차 자료로 구분할 수 있다. 1차 자료는 학술지, 학위논문, 보고서 등과 같이 출판된 문헌자료의 원문, 공공데이터 원본(파일)과 같이 연구자가 직접 자료를 수집하는 과정에서 접할 수 있는 것으로 영상, 이미지 등 다양하다. 2차 자료는 기존 문헌자료를 목록으로 만들거나 요약한 경우, 쉽게 파악하기 위한 통계, 기존 문헌들을 고찰한 리뷰 성격의 문헌 등이 해당된다.

단지재생의 이해

단지재생의 개념

☆ 도시재생, 단지재생, 건축재생 의미를 설명해보자.

단지재생의 연구

☆ 연구문제를 만들어보자.

☆ 단지재생이 필요한 대상지를 찾아보자.

☆ 해당 대상지의 문제점을 설명해보자.

☆ 필요한 연구 자료를 수집해보자 (파일럿).

연구문제 예시

대상지 위치, 주소

문제점 A

문제점 B

자료목록 예시

제2절 단지재생의 연구방법론

1. 기본 도구

연구방법론은 연구자가 연구의 목적, 목표, 절차, 결과 등 종합적으로 고려하여 선택한다. 본 절에서 설명하는 연구방법론의 기본 도구들은 일반적으로 다른 분야에서도 적용 가능한 것으로, 단지재생연구에서는 어떻게 활용될 수 있는지를 중점적으로 다루고자 한다.

단지재생연구에서 방법론을 고민하기에 앞서 연구 자료의 표현에 대한 기본 사항을 이해할 필요가 있다. 연구자가 연구 자료의 분석 과정 또는 결과를 보여주거나 정리된 자료를 효과적으로 표현하고 전달하는 것도 의사소통 측면에서 매우 중요하기 때문이다.

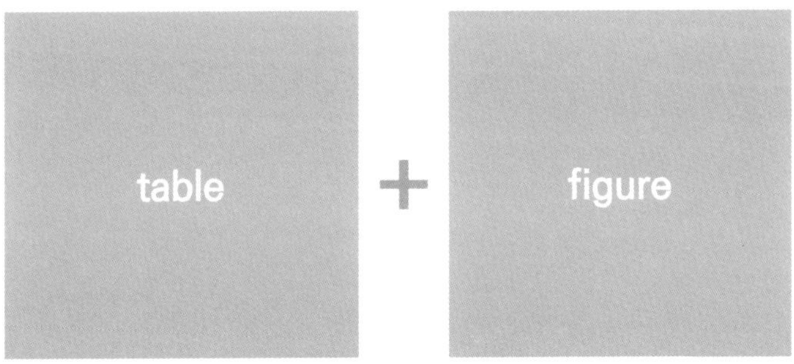

[그림 3-9] 기본 표현 도구

가장 기본적으로는 표와 그림을 들 수 있다. 표는 문자나 숫자의 자료를 행과 열로 구성하여 정리된 형태로 보여주는 것이다. 그림은 사진, 그래프 등 자료의 현황이나 분석 내용을 효과적으로 전달하기 위한 것이다. 표와 그림은 연구 자료를 효율적으로 정리하고 전달할 수 있으며, 때로는 연구자가 강조하고자 하는 바를 보여주기도 한다. 표와 그림은 출판물 종류에 따라 표현 내용을 제외하면, 작성법에 차이가 있을 수 있다.

단지재생연구에서는 자료의 시각화가 중요할 수도 있고 자료의 압축과 요약이 중요할 수도 있다. 특히, 대상지를 중심으로 단지재생 논의가 많이 이루어지는 점을 고려하면 대상지 기본현황, 지도 기반 자료의 표현, 공간 설명 등과 같은 작업이 요구된다. 이와 같은 전달 도구는 연구자가 사용하는 소프트웨어에 따라 차이가 있는데, 연구 수행 과정을 효과적으로 보여주고 전달하는데 목적이 있기 때문에 특정 소프트웨어의 사용이 필수적으로 요구되는 것은 아니다. 필요 시 다수의 소프트웨어를 동시에 또는 단계적으로 사용하기도 한다.

한편, 해당 소프트웨어가 자료의 분석 결과를 보여주는 방법론 수행을 위한 도구의 용도일 경우도 있지만, 소프트웨어 활용 자체가 연구방법론이 되는 경우도 있다. 시뮬레이션과 같은 가상의 실험 연구에서 소프트웨어의 기능이 자료의 처리에만 한정되는 경우도 있지만 특정 모형 자체를 도출하고 조정하기도 한다.

여기에서는 통계 분석과 공간 자료 분석용 소프트웨어 사례를 살펴본다. 자료 분석을 위한 소프트웨어는 활용 목적, 분석 상세도구, 타 소프트웨어 호환성, 유·무료 조건 등 사항들을 확인할 필요가 있다.

가장 많이 사용되는 것은 자료의 통계분석이다. 통계분석을 위한 소프트웨어는 R-Studio에서 제공하는 "R"이나 IBM의 "SPSS"가 많이 사용되고 있다. 장점은 다른 소프트웨어와도 호환이 가능하고, 전문가가 아닌 일반 사용자도 쉽게 습득하고 사용할 수 있다는 것이다.

단지재생연구에서 수집될 수 있는 자료는 인구, 사회, 경제, 산업과 같은 국가나 도시 통계자료, 연구대상지 주변의 교통량, 보행자 통행량, 지가와 같은 자료 등 매우 다양하다. 이러한 자료들은 연구 설계 과정에서 자료에 대한 필요성, 활용 목적과 같은 세부 설계가 이루어진 후 해당 자료가 수집되고 이를 분석하는 과정을 거쳐야 할 필요가 있다. 그렇지 않으면 관련 소프트웨어에서 자료를 다루는 과정에도 영향을 미친다.

공간 자료는 지도를 만들거나 자료를 편집, 분석 등이 가능한 "Arc GIS", 공간적 자기상관성 진단이 가능한 "GeoDa" 등이 있다. 교육용, 개인용으로 구분하여 무료로 배포되는 경우도 있고 유료로 구입해야 하는 경우도 있다. 위 소프트웨어를 사용할 때에는 사용과정과 방법도 중요하지만 연구자가 보여주고자 하는 결과물이 어떤 것인지 사전에 충분히 인지한 다음 사용목적에 부합하게 활용할 필요가 있다. 다른 선행연구들에서 활용한 사례나 시각화하여 보여줄 수 있는 예시들을 다양하게 경험할 필요가 있겠다.

2. 주요 연구방법론

(1) 사례연구

i) 의미

사례연구는 보편적으로 활용되는 연구방법론이다. 많은 연구자들이 연구수행 과정에서 관련 사례(case)를 살펴보게 된다. 단지재생연구에서도 많은 연구자들이 국내외 사례, 기존 사례, 최근 사례, 성공한 사례와 실패한 사례 등 다양한 관점에서 사례를 조사 또는 선정한다.

사례는 연구수행 과정에서 참고하기 위한 목적으로 조사되기도 하지만 사례 자체가 연구에서 매우 중요한 부분을 차지하기도 하는데 이는 사례가 연구에서 어떤 위치를 지니는지에 따라 차이가 있다.

Robert K. Yin 은 그의 저서 "Case Study Research and Applications: Design and Methods"에서 사례연구의 의미와 과정을 제시하였다. 저자는 사례연구에 대한 용어의 차이를 연구에서 사례가 어떠한 역할을 하는지에 따라 "Case study research (the *mode* of inquiry), Case studies (the *method* of inquiry, or research *method* used in doing case study research), Case(s) (the usual *unit* of inquiry in a case study)" 과 같이 정리하였다(Yin, 2017). 보통 사례연구 의미를 연구자에 따라 혼용하고 있는 것이 일반적임을 고려하면, 사례연구에 대한 용어 정의를 비교적 명확하게 제시하였다는 점에서 의미가 있다.

[그림 3-10] 사례연구의 구분

ii) 주요 내용

사례연구의 과정은 계획(plan), 설계(design), 준비(prepare), 사례의 자료 수집(collect), 사례분석(analyze), 분석결과의 공유(share)의 단계로 구성된다(Yin, 2017). 이 과정들은 순차적으로 진행될 수도 있으나 각 단계에서 다시 이전 단계로 돌아가기도 하고 동시에 두 단계가 이루어지기도 한다.

[그림 3-11] 사례연구의 일반적인 과정

만약, 연구자가 사례를 조사하는 과정에서 수집된 사례 자료가 예상한 것 보다 많이 부족하거나 찾을 수 없을 경우는 어떻게 할 것인가? 연구자는 진행된 자료 수집 현황을 진단하여 다시 설계 단계로 이동할 필요가 있다. 자료 수집의 계획을 다시 세우거나 다른 방향을 고민해야 한다.

공동연구의 경우 사례 자료를 수집하기 전 준비 단계에서 준비된 상황을 공동연구진과 공유하고 예상되는 사례 자료의 수집 과정과 결과를 논의할 수 있다. 단지재생은 관련 계획 수립 시 또는 사업 시행 시 주로 다양한 주체의 협업 구조가 만들어지는데, 관련 사례도 다양한 관점에서 검토될 수 있다.

사례의 수는 단일 사례(single case)가 될 수도 있고 몇 가지의 사례가 될 수도 있다. 연구의 취지, 목적, 설계와 해당 분야의 현황에 따라 사례연구에서 활용되는 사례 수는 매우 다르기 때문에 단순히 사례의 수가 중요하다고 볼 수는 없다.

(사례의 중요성)

중소도시 단지재생 성공사례

(사례의 대표성)

국내 단지재생 지원 시범사업 사례

연구 분야에서 연구하고자 하는 사례가 매우 적을 경우 또는 하나인 경우 여건에 따라 해당 사례의 유의미성 대한 연구가 이루어지는 것도 가능하다. 연구해야 할 사례가 극히 드문 경우는 해당 분야의 특수성이 이유가 될 수도 있기 때문이다. 반면, 해당 사례의 수가 많을 경우 그 중에서 대표성을 지니는 사례를 선정하기도 한다. 다만, 사례의 대표성은 연구의 성격에 따라 항상 표본(sample)의 성격을 지니는 것은 아니다. 단지재생연구에서의 사례는 연구의 관점에 따라서 해당 사례의 수가 다를 수 있으나 재생 관련 사례가 부족하거나 찾을 수 없는 경우에 해당하지는 않는다.

iii) 연구 사례

다음의 세 연구는 재생을 주제로 하였고, 연구방법론으로 사례연구를 적용하여 수행되었다.

이 연구들은 국외 사례를 대상으로 하고 있다는 점에서는 공통점을 지니지만, 사례를 조사하는 방법, 사례 분석의 틀 구축, 사례가 연구에서 차지하는 비중 등 차이가 있다.

(사례연구방법)
사례를 살펴보기 위한 방법론은 무엇인가?

(사례연구절차)
사례연구는 어떠한 과정을 거쳐 진행되었는가?

(사례연구함의)
사례연구 결과물이 의미하는 것은 무엇인가?

박인석 외(2009)의 "영국 도시재생사업에서 참여주체별 역할과 협력관계" 연구는 영국의 도시재생사업 체계를 살펴보고 해당 사업에 참여한 주체들 간 협력관계 관련 시사점을 제시하는데 목적이 있다. 도시재생사업에 참여하는 주체 유형을 소속, 활동내용, 활동하는 지역범위를 기준으로 구분하였고, 사업 사례로 티즈밸리(Tees Valley) 통합재생사업, 미들즈브러(Middlesbrough) 마을재생사업을 검토하였다. 앞의 기준들은 사례분석의 틀이 되는데 해당 연구를 통해서 도출된 결과물과도 이어진다. 이 연구는 시사점으로 "지역 자율성과 역량 강화를 지향하는 중앙정부 정책", "거버넌스 실현 장치로서의 지역협력조직", "거버넌스를 이끄는 주체로서의 지방정부", "중앙 및 광역 차원에서의 지원조직 활동"을 제시하였다.

박진경 · 권혁삼(2020)의 "영국의 빈집정비 정책 및 사례 연구"는 2010년대 중반 빈집정비에 성과를 보인 영국의 정책과 정비된 사례 5개를 다루고 있다. 이 연구는 문헌조사와 사례조사의 두 방법론을 활용하였다. 사례 분석은 기존 문헌조사를 통해 파악한 정책 사업 사례를 중심으로 이루어지고 있다. 사업 유형은 '임대주택 공급, 작업공간 활용, 일자리 창출, 빈집밀집구역 정비'로 구분하고 있으며 각 유형별 해당 사례에 대하여 살펴보고 있다.

윤주선 · 변나향(2020)은 "뉴욕시 BID(Business Improvment Districts) 현황과 특성 연구"에서 최근 뉴욕시에서 BID로 지정된 76개 사례의 운영현황, 자산, 규모 등을 공공데이터를 바탕으로 분석하였다. 미국은 BID 제도를 통해 민관협력방식으로 도시 내 지역을 구역 단위로 오랜 기간 관리했었는데 그 중 뉴욕시의 해당 제도가 활성화되어 있었다. BID 제도는 관련 법령으로 지정된 지역 내 상인, 주민, 부동산 소유자 등 다양한 이해관계주체가 협의체를 통해 다양한 이슈에 대응하고 관리한다. 이 연구에서는 76개의 사례 중 3개의 사례를 선정하여 물리적 계획, 운영조직, 현안 등을 살펴보고 시사점을 제시하였다. 연구자료 분석을 보여주는 그래프는 BID 규모 등을 파악하기 위해 사례들의 분포를 연도별로 비교한 것이다.

(2) 증거기반연구

i) 의미

증거기반연구(evidence based research)는 객관적인 증거(evidence)를 바탕으로 이루어지는 연구를 의미한다. 국내에서는 근거중심연구, 근거기반연구 등 번역된 용어로 사용되고 있다. 이 연구는 사회적 가치, 경험, 인식보다는 실증적인 자료에 기반을 두고 수행되는데 주로 정량적으로 제시할 수 있는 증거가 분석 자료로 활용된다.

같은 맥락에서 각 분야에서 증거기반의 방법론(evidence based method)를 활용하고 있는 경우가 많다. 원래 증거기반(evidence based) 개념은 증거기반의학(evidence based medicine) 분야에서 사용되었는데, 객관적인 증거에 기반을 두고 환자를 진료하고 처방하는 것이다.

이와 같은 방식은 시간이 지나면서 사회과학분야에서도 사용되기 시작하였다. 특히, 사회의 복잡한 문제에 대하여 대응하는 방안을 모색하기 위해 증거를 바탕으로 진단하고 대안을 제시하는 증거기반정책(evidence based policy)이 확대되었다. 증거기반정책은 사회적 편견, 이데올로기, 정책결정자의 가치 또는 의견을 바탕으로 결정되는 것과는 반대의 개념이다(한국재정연구원, 2019). 그밖에 증거기반설계(evidence based design), 증거기반실제(evidence based practices) 등을 들 수 있다.

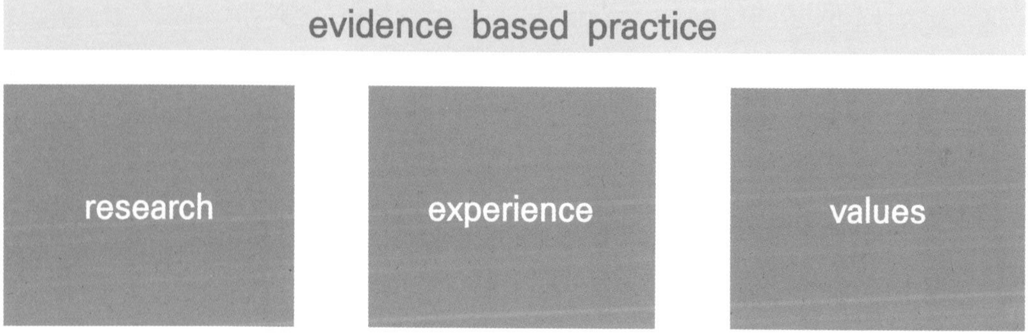

[그림 3-12] 증거기반의 실천

ii) 주요 내용

증거기반연구에서 의미하는 증거의 유형은 매우 다양하다. 증거의 유형은 연구자별로 다르게 분류하고 있는데 일반적으로 기존 연구 결과, 자문 결과, 통계, 평가결과, 관련 분야 모델링 등 객관적으로 확보할 수 있는 것을 모두 포함한다. 증거를 수집하는 방법 또한 연구의 목적에 따라 다르게 제시될 수 있는데, 일반적으로 정책 분야에서 활용하고 있는 것은 다음 표와 같다.

출처: 저자 촬영

[그림 3-13] 주거단지 주변 가로공간에서의 정보 수집 사례

증거기반연구는 일반적으로 자료 구득, 방법론 수립, 자료 분석 및 결과, 해석과 같은 과정이 수반된다. 여기에서 활용되는 자료는 기본적으로 과학적인 연구 수행을 위한 양질의 자료가 확보되어야 한다. 해당 자료는 다른 연구와 마찬가지로 기존 자료를 활용하는 경우, 기존 자료를 다시 가공하는 경우, 새롭게 구축하는 경우 등 자료의 현황을 고려하여 따라 수집해야 한다.

〈표 3-2〉 증거기반정책의 증거수집방법

구분	주요 내용
무작위 통제실험	- 무작위 통제실험은 과학적 · 체계적 연구로 가장 강력한 증거로 활용 - 프로그램이나 서비스 제공집단(처치집단)과 통제집단에의 참여여부가 무작위로 결정되어 두 집단의 결과를 비교할 수 있기 때문 - 미국에서는 무작위통제실험 결과와 행정정보를 공동으로 활용하여 주택 바우처 프로그램의 설계와 운영에 필요한 강력한 정책증거를 제공
마이크로 시뮬레이션 모형	- 시나리오 조건을 변경해가며 광범위한 정책 대안의 결과를 예측할 수 있음 - 영국의 Urban Brookings Tax Policy Center에서 27만 명 납세자 표본에 대한 주택 모기지 이자율 감소의 형평성과 효율성 효과를 분석 - 이 분석결과를 활용하여 세금이 상승하는 또는 감소하는 집단을 구분하고 총세입을 어떻게 변경할 것인지 대한 조건을 변경해 가면서 예측한 후 그 정책을 결정
행정정보 분석	- 공공부문이 수집하는 수혜자 등 다양한 정보는 장기간에 걸쳐(시계열) 수집되기 때문에 정책결정을 위한 기초자료로 활용됨은 물론 분석이 가능 - 영국의 The Urban Institute는 이러한 행정데이터를 활용하여 돌봄법률(Affordable Care Act)의 수혜자등록절차를 설계
프로그램 성과평가	- 프로그램 성과평가는 증거수집 기제중 하나 - 1993년 미국은 연방정부성과평가법(GPRA)에 기초하여 1999년부터 연방정부기관이 매년 성과계획서와 성과보고서를 작성 - 연방정부의 재정수지가 악화됨에 따라 성과평가 결과의 활용을 강조하게 된다(Sanderson, 2002). 또한 PART에 기초하여 프로그램 평가는 실시하지만 서열화(점수화)의 폐단이 있다는 이유로 폐지한 후 2010년 GPRA개정법(GPRAMA)에 기초하여 성과평가를 추진

출처: 정성호 (2019) 재인용; 원출처 Sanderson(2002), Turner,(2013)

단지재생연구에서는 증거를 기반으로 수행될 수 있는 여지가 많다. 증거의 수집 방법은 물리적 환경을 바탕으로 한 시뮬레이션, 정보의 분석, 프로그램 실행과 성과 평가 등 다양하다.

공간을 대상으로 한 무작위 통제실험도 가능한데, 이는 일찍이 얀 겔이 도시 공간을 대상으로 한 보행자 행태 분석 연구결과를 보면 알 수 있다. 다큐멘터리 〈The Human Scale〉은 국내에서 “얀 겔의 위대한 실험”으로 번역되었다. 이 영상은 뉴욕, 멜버른, 다카, 충칭 도시에서 소규모의 공간 실험의 진행과 결과를 명확하게 보여준다.

단지재생연구에서는 연구자가 대상지를 기반으로 새롭게 자료를 수집하고 구축하는 경우도 많다. 예를 들면, 현장답사를 통해 수집된 자료를 활용하거나, 필요에 따라 일정 기간 현장답사를 다수 수행하면서 관찰되는 사항들을 자료화하는 경우도 있다. 연구자가 공간에서의 사람 행태를 관찰하는 경우도 해당된다. 이러한 경우 자료조사의 계획이 사전에 면밀하게 수립될 필요가 있다.

(접근)
대상지 조사가 가능한가?

(계획)
현장조사의 목적, 내용, 방법은 무엇인가?

(검토)
사전조사가 가능한가? 수립된 계획 실행이 가능한가?

(실행)
현장조사 진행

(정리)
수집된 자료는 어떻게 정리할 것인가?

연구자가 자료의 성격, 자료의 구성, 자료의 측정방법을 구체적으로 설계하는 것은 연구자가 조사한 자료의 객관성, 신뢰성과도 긴밀한 관련성이 있다. 단지재생연구에서는 증거기반연구로 수행 시 연구주제, 연구자료, 실현가능성에 중점을 둘 필요가 있다. 단지재생연구는 대상지가 존재하고 해당 대상지의 기본 현황자료가 요구되는 경우가 많다. 대상지의 현장조사를 통해 수집될 수 있는 자료의 종류는 단지재생의 증거기반연구 진행 시 중요한 역할을 하게 된다.

단지재생 연구방법론

▌기본 도구

☆ 제공되는 자료로 표와 그림을 작성해보자

▌연구방법론

☆ 단지재생 관련 선행연구를 조사해보자.

☆ 많이 활용된 연구방법론을 찾아보자.

☆ 연구방법론을 설계해보자.

☆ 수집된 자료 현황을 점검해보자.

선행연구 제목

방법론 예시

설계도 예시

부족한 자료

제3절 단지재생의 실제

1. 도시재생과 단지재생

(1) 도시 및 근린

먼저, 도시계획과 근린계획에서 다루고 있는 단지재생을 살펴본다. 영국 글래스고우 도시계획(Glasgow City Development Plan, 2017)은 도시의 다양한 프로파일을 제공하면서 도시 발전을 위한 접근 전략과 정책을 다루고 있다. 정책의 주요 내용은 "장소 만들기, 지속가능한 공간 조성을 위한 전략, 경제개발, 네트워크 중심지, 운영관리 자원, 그린벨트와 그린네트워크, 자연환경, 수자원 환경, 역사지구, 주택수요, 지속가능한 교통" 등을 포함하고 있다.

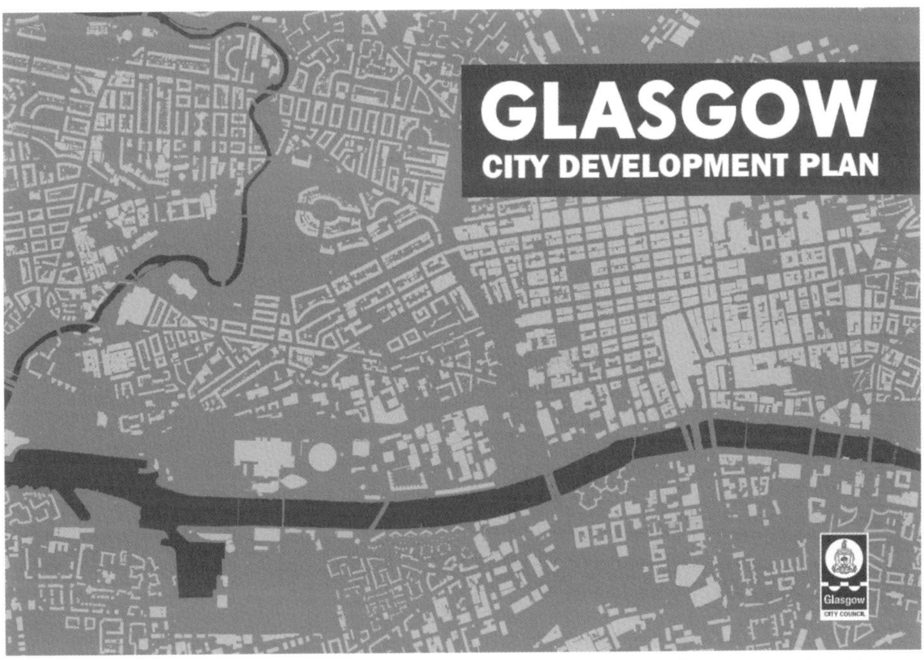

출처: PDF file, www.glasgow.gov.uk/CHttpHandler.ashx?id=35882&p=0 (접속일: 2021.06.12.)

[그림 3-14] 단지재생 중심의 도시계획 사례

여기에서 다루고 있는 정책의 주요 내용은 상위계획으로 근린계획과 단지계획 수립 시 바탕이 된다. 이 도시계획은 추후 도시의 각 구역을 앞서 제시한 계획전략을 반영하는 단지재생(district regeneration)의 계획 체계와 연결된다.

이 계획 체계는 도시를 총 9개의 구역으로 구분하여 각 구역별 특성에 바탕을 두고 수립한 계획(안) 보고서 형식으로 앞서 언급한 도시계획뿐만 아니라 지역계획(Glasgow city region: city deal), 경제전략(Glasgow economic strategy 2016-2023)과 같은 관련 계획 및 정책과의 연계성을 전제로 한다.

이후 단지재생 계획은 구역별로 민간 전문가와 협력하에 수립되었는데, 각 구역별 계획가는 모두 다르다. 각 구역별 현안부터 차이가 있으며 제시된 계획도 구역의 특성을 바탕으로 개선 방안을 도출하는 과정을 담고 있다. 중심구역의 경우, 각 구역과 모두 맞닿아 있고 도시에서 중심기능 역할을 수행하고 있기 때문에 밀도의 문제를 갖고 있다. 또한, 이전에는 사람들이 흥미를 갖고 방문했던 곳이 현재에는 쇠퇴한 곳도 있었다. 다음 두 표는 중심구역의 단지재생 목표와 실행사항 일부를 정리한 것이다. 현존하는 환경과 조화를 이루면서 새롭게 만들어나갈 공간에 대한 고민을 담고 있다는 점에서 주목할 필요가 있다.

〈표 3-3〉 중심구역 계획(안)의 목표

no.	Key objective
①	Shift towards a more efficient, health and sustainable mobility
②	Repurpose the urban grid to create an optimized ‘tartan’ of street types
③	Extend and enhance pedestrian networks. Create loops with River Park
④	Create a diverse building environment with existing buildings
⑤	Create a high density and lively city
⑥	Re-create the attractive and vibrant city centre

출처: PDF file, p.15. 재편집https://www.glasgowconsult.co.uk/UploadedFiles/Central%20DRF%20Full%20Report.pdf (접속일: 2021.06.12.)

〈표 3-4〉 중심구역 계획(안) 세부 실행사항

Vibrant Central
Bigger context: mixed and vibrant city centre
Strong neighbourhood identities
Mixed and repopulated Central
* Re-populated Central
* Experience shopping in Central
Working in Central / Nightlife in Central / Culture in Central
Community infrastructure
* Re-purpose vacant spaces

출처: PDF file, p.32. 재편집https://www.glasgowconsult.co.uk/UploadedFiles/Central%20DRF%20Full%20Report.pdf (접속일: 2021.06.12.)

(2) 단지

도시와 근린에 이어 단지계획에서 다루고 있는 단지재생의 의미를 살펴본다. 단지계획은 계획의 범위에 따라 블록 내 건물에서 지역 내 종합계획까지 포함된다. 블록 내 건물은 단일한 건물 이슈보다는 건물과 건물의 이슈가 해당된다. 지역 내 종합계획은 조금 더 광범위한데 도시환경의 지향점을 제시함과 동시에 시민의 생활 개념도 다루게 된다. 도시에서의 생활 개념은 범위가 분명하지 않을 수 있는데, 시민이 생활하는 공간과 장소가 집에서 출발하여 도시 공간 전체를 아우르기 때문이다.

소프트시티(soft city)는 David Sim(2019)의 저서 "Soft City: Building Density for Everyday Life" 에서 사용된 개념이다. 이 용어는 얀 겔(Jan Gehl)의 도시연구 연장선에서 발전된 도시생활 관련 개념으로 볼 수 있다.

해당 문헌은 도시의 일상생활을 공간의 밀도의 관점에서 바라보고 있는데, 단지 규모의 물리적 범위에서 거리, 건물, 밀도의 문제를 블록 내 건물(building blocks), 지역 내 생활(living locally), 기후변화(living with the weather) 등 주제에 따라 다층적으로 다루고 있다.

단지계획 원리는 단지재생을 위한 계획 수립과도 밀접한 관련이 있다. David Sim은 이러한 이슈들을 다루면서 계획원리로 인해 만들어지는 도시환경의 실체를 사람들이 경험할 수 있는 이야기와 함께 논의하고 있다. 이와 같이 단지재생의 이론적 논의는 도시재생의 맥락과 이어진다.

〈표 3-5〉 블록 계획 시 고려사항

Enclosure	- Building to the outer edge of the property - Different building: joined-up and juxtaposed - Enclosure creates controllable, private outdoor space - Repeated pattern of blocks defines public realm of streets and squares
Join-up	- Firewalls (windowless side walls) allow different buildings to be jointed up and juxtaposed - Each building has independent access from the street, throughout to the courtyard behind, ensuring each plot's independent development over time - The system of joining up and juxtaposing allows diversity in each block - Joining-up can be scaled up to a whole neighborhood, enabling limitless variation
Layering	- Layering new development - A layered building accommodating multiple functions - Accommodating different functions by layering

출처: David Sim (2019)

단지재생의 대상지 범위는 매우 다양하다. 이 범위는 특정 가로, 필지, 구역으로 지정되기도 하며 도시 내 위치한 공공장소를 중심으로 지정되기도 한다. 도시 내 위치한 공공장소는 가로, 광장, 공원, 수변 공간 등을 들 수 있는데, 각 장소 간 연결성도 함께 고려된다. 그밖에 재생사업 목적과 구조에 따라 사업성 검토를 통해 조정되기도 한다.

2. 단지재생과 건축재생

(1) 건축재생

국내에서 건축재생(architectural regeneration) 용어는 널리 사용되고 있는 것은 아니다. 이미 도시재생(urban regeneration)은 보편적으로 사용되고 있고, 단지재생(district regeneration)도 역사문화단지재생, 주거단지재생, 산업단지재생 등과 같이 용도·지역과 함께 사용되고 있다.

건축재생은 개념적으로는 사용되고 있으나 학술적 용어, 정책적 용어로 사용되고 있다고 보기는 어렵다. 건축의 재생, 재생건축 등 사용자의 필요에 의해 정의되고 있다. 이렇게 정의된 개념은 기존 건축의 정체성, 가치, 또는 다른 의미를 갖고 있으면서 새롭게 추가되는 또는 변경되는 기능, 공간 등을 뜻하고 있다. 리모델링(remodeling)의 다른 표현으로 사용되는 경우도 있고, 용도만 변경된 사례에서도 사용되는 경우도 있다. 건물의 보전·보전 이슈와 함께 사용되기도 하고 하나의 자산 가치로 부각되는 경우도 있다.

〈표 3-6〉 건축재생 용어 사용 연구 사례

no.	서지사항
1	최지연·여영호(2020) 메를로 퐁티의 현상학적 접근에 의한, 건축 재생에 관한 연구: 국내 건축재생 사례를 중심으로, 한국공간디자인학회, 15(03)
2	박미선(2018) 도시건축의 유기적 생태재생 공간특성 연구: 페터 춤토르의 콜룸바 뮤지엄 건축재생 사례 중심으로, 한국문화공간건축학회 논문집, 64
3	형형칠(2019) 물질의 지각론에 의한 국내 건축도시 재생 연구, 한국문화공간건축학회, 68

마츠무라슈이치(2009)는 〈건축재생: 리모델링 프로세스〉에서 일본의 "건축재생" 시장을 설명하면서 건물(시설) 단위의 재생을 강조한 바 있다. 저자는 건물의 자산관리, 구조안전성,

외장, 내장, 설비성능, 가로 등 건물 생애주기와 공법 등 관련 사항을 다루고 있다. 저자는 도시재생 이후 건축재생 의 사업이 확대될 것임을 강조하면서 궁극적으로 건축재생을 통해 향상시킬 수 있는 가치를 사업, 건축, 이용 측면에서 논하고 있다.

〈표 3-7〉 건축재생 용어 사용 기타 사례

no.	내용
1	용도를 다하고 세월을 견디다 낡아버린 건축물은 인간이 재현할 수 없는 장소성을 지닌다. 재생된 공간의 미적 원천은 여기서 시작된다. 재생이라는 화두는 포화된 도시의 불가피한 선택이지만 과거 흔적과의 조율로 빚어진 건축물은 호화로운 아우라를 내뿜는다. 재생 건축은 오늘의 시대정신이자 시간과 사연을 품은 존재가 풍기는 마력으로 앞으로 한동안 지속될 패러다임이다.
2	재생 건축이란 과거 건축물의 정체성을 해치지 않으면서 원형, 또는 그 일부를 디자인 요소로 살려 새로운 기능과 용도의 공간으로 활용하는 걸 말한다. 낡은 건물에 숨결을 불어넣고 그 건물이 품었던 유·무형의 사회적, 역사적 의미를 후대에 이어주는 것이다.
3	재생건축이란 기존 건물의 특색은 보존하되 건물의 용도를 전환해 새로운 성격을 가진 공간으로 탈바꿈시키는 건축방식이다. 이는 건물의 성능개선 방법 중 하나로 큰 범위로써의 리모델링의 하위범주로 볼 수 있다.

출처: 1 월간디자인 홈페이지, "세계의 재생 건축 프로젝트", http://mdesign.designhouse.co.kr/article/article_view/106/79653 (접속일: 2021.05.08.)

2 조선일보 보도자료, "새로운 낡음, 너의 이름은 '재생건축'" 2017.07.11. https://www.chosun.com/site/data/html_dir/2017/04/25/2017042502525.html (접속일: 2021.05.08.)

3 한 대신문, "과거와 현재를 잇는 공간, 재생건축" 2019.06.02. http://www.hynews.ac.kr/news/articleView.html?idxno=9843 (접속일: 2021.05.08.)

현재 건축재생과 유사 용어의 사용에 문제가 있는 것은 아니다. 다만, 건축재생이 현재 어떻게 사용되고 있는지 살펴보고 재생, 부활, 활성화 등 의미를 학술적 논의와 함께 진단해볼 필요는 있다. 건축재생 용어의 사용 빈도가 조금씩 증가하고 있기 때문에 앞으로는 개념과 의미에 대한 고찰이 이루어질 것으로 예상된다.

단지재생은 공간적 범위에서 단일 건물의 재생 의미를 포함한다. 단지재생을 위한 계획은 건물, 건물 주변 공간(공개공지 등), 건물과 건물, 건물과 가로 등을 다루게 되는데, 이는 대지계획(site planning) 범위와는 구분된다. 건축재생은 앞서 언급한 단지재생 범위와 마찬가지로 건물, 건물 주변, 건물과 인접한 가로, 건물과 건물 사이와 같이 계획 범위를 구분할 수 있다.

i) 건물

건축재생은 도시 내에서 각 건물이 입지한 곳에 따라서 앞의 그림과 같이 건물이 위치한 대지만을 고려하는 것이 아닌 도시 범위에서 함께 바라볼 필요가 있다. 다만, 복합용도의 건물인 경우, 또는 복합용도단지인 경우는 고려할 사항을 더 확대할 필요가 있다. 건물의 재생 범위는 공간과 계획으로 구분할 수 있다. 공간은 건물 내 공간과 옥상(rooftop)으로 볼 수 있고, 계획은 대지계획, 평면계획, 입면계획, 단면계획의 건축계획을 모두 포함한다.

출처: 저자촬영

[그림 3-15] 건물의 중정배치 사례

ii) 건물 주변

건물 주변은 대지 내 건물이 위치한 부분을 제외한 공간으로 대니 내 공지, 건물 전면 공간, 공개공지, 외부 공간 등이 포함된다. 건물과 가로 범위와 직접적으로 연결된다. 건물 주변은 대지의 경계와 맞닿은 부분(공간)과의 관계가 중요하다.

예를 들면, 건물 전면 공간은 건물의 입면임과 동시에 가로에서 경관의 연속성을 보여주는 요소에 해당한다. 또한, 건물의 출입 공간에서 가로공간으로 연결되는, 즉 실내에서 외부로, 건물에서 거리로 나아가는 전이 공간 성격을 지니고 있다. 이 공간은 단순히 건물 소유자가 자신의 건물 전면 공간만을 관리하는 것이 아닌 가로, 구역, 도시 차원에서 연속성을 위한 관리가 이루어지기도 한다.

최근 뉴욕 브루클린은 건물 저층에 위치한 상점 앞 공간에 대한 프로그램 활동을 시작하였다. 프로그램은 정해진 범위 내에서 상품 진열, 상품 판매, 소비자 대기 공간 등 들 수 있으며 이러한 시도는 보행로에 피해를 주지 않는 범위 내에서 상인의 무분별한 사용을 관리하면서 동시에 거리 활동, 외부 활동을 장려하여 해당 지역의 활성화를 기대하는 목적도 있다.

출처: 저자촬영

[그림 3-16] 건물 앞 공공공간 사례

iii) 건물과 건물, 건물과 가로

건물과 건물의 사이 공간은 건물 배치, 폭 등에 따라 여건이 다르다. 사람의 접근이 가능하여 활용에 충분한 공간이 확보된 경우, 필요에 따라 다양하게 사용될 수 있다. 예를 들면, 조경, 쉼터를 위한 벤치 설치와 같이 소극적인 활용도 있지만 포켓공원과 같이 적극적으로 활용하는 경우도 있다. 그러나 폭이 좁고, 사람의 접근에 어려움이 있는 경우 버려진 공간(dead space)으로 남게 된다. 이 경우 국내에서는 맞벽건축으로 인해 많이 발생하기도 하는데, 방치된 채 오랜 시간이 지나게 되거나, 건물 주변 관리의 사각지대가 될 수도 있다.

최근 국내에서는 가로주택정비사업, 소규모 재건축과 같은 자율주택정비사업 시행되고 있는데, 건축협정이 장려되고 있다. 건축협정은 인접한 토지 간 건축협정을 통해 다양한 건축법 규제에 대한 인센티브를 제공하는 것이다.

출처: 저자촬영

[그림 3-17] 준주거지역 건물과 건물 사이공간 사례

출처: 저자촬영

[그림 3-18] 건물 앞 공간과 도로 하부공간 사례

출처: 저자 촬영

[그림 3-19] 신도시 가로공간 예시

(2) 건축공간의 운영과 관리

도시재생사업에서 단지재생과 건축재생을 모두 확인할 수 있는 경우가 많다. 군산시 영화시장 프로젝트는 단지재생과 건축재생을 잘 보여주는 사례이다. 도심에 위치한 전통시장은 지역에서 오랜 기간 이용되고 있지만 오래된 건물, 노후 지원시설, 빈 점포가 발생 등 문제에 직면하고 있는데, 영화시장도 마찬가지였다(윤주선, 2018).

이 프로젝트는 시와 연구기관에서 프로젝트를 계획하고, 대상지 지역의 활성화를 위한 공간기획을 민간(프로젝트 팀)에서 진행한 사례이다. 또한, 민간운영주체인 지역관리회사 설립을 통해 교육프로그램을 진행한 의미가 있는 사례로 볼 수 있다. 이 사례는 사업기획, 사업구조, 사업수행과정 등 여러 가지 특성이 있으나 여기에서는 공간의 운영 관점에서 살펴보고자 한다.

그 동안 공간은 계획과 설계의 대상으로 고려되었다. 공간을 어떻게 운영할 것인지에 대한 고민은 해당 공간이 전체 사업에서 비중 있게 다루어지지는 못하였다. 이러한 배경에는 복잡한 요인이 있다.

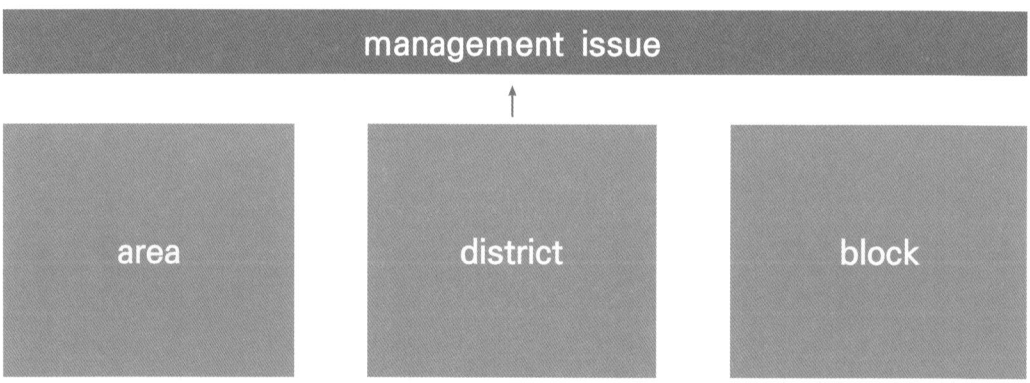

[그림 3-20] 공간범위에 따른 관리의 문제

먼저, 공간의 운영·관리 중요성에 대한 공감대 형성이 부족했다. 지역에서 관련 사업을 통한 지원기간이 종료되어도 해당 지역은 자생하여 유지할 수 있어야 한다. 이를 위해서는 다양한 노력이 필요한데, 하나의 점포 단위 공간도 마찬가지이다. 다음으로, 공간에 대한 기획이 충실해야 한다. 이는 관련 사업구조 내에서 다양한 주체 간 협력구조가 요구될 수도 있고, 그렇지 않을 수도 있다. 또한, 예산, 행정 등의 문제도 중요하다. 물론, 건물의 물리적 조건, 즉 물리적 개선을 통해 양질의 환경을 만든다는 것은 공간을 잘 운영하기 위한 바탕이 된다. 그러나 이러한 부분에 초점이 맞추어 진다면, 해당 공간은 프로그램이 부재한, 즉 역할과 기능이 명확하지 않은 공간으로 남기 쉽다. 실제로 점포(상점)는 건물 단위보다 더 규모가 작은 공간이지만, 주민들과의 접촉이 더 많은, 생활과 밀접한 단위에 해당한다. 빈 공간이 있을 때, 해당 공간을 어떻게 운영해야 하는지, 어떠한 프로그램이 필요한지에 대한 고민은 점점 증가하고 있다.

3. 단지재생과 브랜딩

(1) 브랜딩

브랜드(brand)는 어떤 기업 또는 제품의 상표, 로고, 구호 등을 의미한다. 우리는 브랜드를 통해 해당 회사나 상품의 이미지를 떠올리기도 하고 소비를 통해 경험하기도 한다. 브랜드는 홍보, 디자인, 광고 등에 사용된다. 이러한 브랜드는 로고, 그래픽, 형태, 색 등 다양한 요소를 갖추고 있으며 기업, 제품뿐만 아니라 브랜드 대상의 정체성을 보여주기도 한다. 지역 단위에서도 지역의 상품, 관광, 서비스 등을 통해 지역 경제 활성화를 목적으로 지역브랜드(local brand)를 만들기도 한다.

출처: 저자 촬영

[그림 3-21] 단지규모 재생 사례_군산

(2) 공간의 브랜딩화

공간의 브랜딩은 해당 공간의 개념(concept) 디자인 작업을 통해 사용할 공간에 정체성을 부여하는데 의미를 두고 있다. 마케팅이나 홍보의 수단으로 많이 활용되고 있는데, 우리가 쉽게 접할 수 있는 상품 매장의 경우 공간의 브랜딩을 통해 해당 상품을 생산하는 기업의 이념이나 이미지가 반영되었다고 볼 수 있다. 특정 공간 자체의 상품화 의미보다는 인테리어를 포함한 다양한 작업을 내포하고 있으며 공간 브랜딩 대상에 제한은 없다.

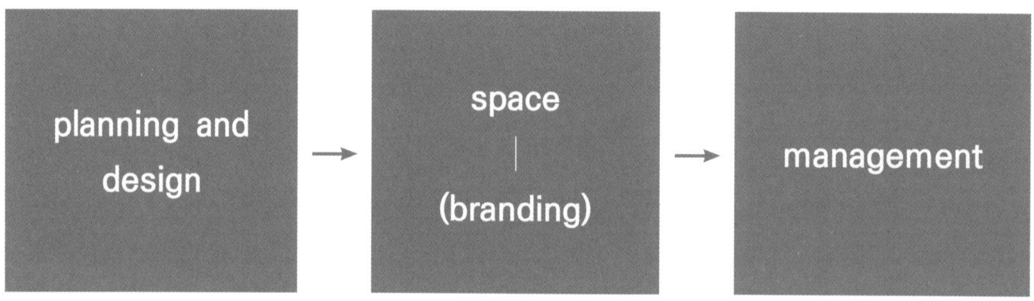

[그림 3-22] 공간의 운영과 관리

공간의 브랜딩은 넓게는 지역 브랜드, 장소마케팅, 관광지 활성화와도 연관성이 있다. 다만, 공간 단위가 소규모일 수도 있고, 밀집되지 못하고 단일한 사례에만 그칠 수도 있다는 점에서 차이가 있다. 또한, 공간의 브랜딩 과정에서 해당 공간 또는 장소가 지니는 사회문화적, 역사적 맥락이 브랜딩에 이어지는 경우도 있으나, 브랜딩 작업 과정에서 설계자에 의해 공간의 성격이 부여되는 경우도 있다. 최근 노후 도심지에서 용도 전환을 통해 개발되고 있는 다양한 시도들은 거리 단위 또는 건물 단위로 브랜딩화 작업을 통해 지역 활성화에 목표를 두고 있다.

출처: 저자 촬영

[그림 3-23] 도시-단지(블록)-건축-공간의 단위별 계획 사례

출처: 저자 촬영

[그림 3-24] 오래된 도시의 거리 활성화를 위한 상점 공간 관리 사례

국내에서는 대전 동구에 위치한 소제동 철도관사촌의 재생 프로젝트를 들 수 있다. 이 사례는 도시재생의 일환으로 진행되었다. 해당 지역은 1920년대 이전 호수가 있었는데 흙으로 메운 곳이다. 1970년대까지는 철도 관련 기술자, 관리자 등이 거주하는 관사촌 지역이었다. 이후 일부 남은 관사가 위치하지만 빈집 비율도 높아지면서 방치된 노후주거지가 되었다.

이 지역은 대전역과 가까이 위치하여 대중교통을 포함한 접근성이 높은 곳이다. 현재는 지역 내 일부는 거주자들이 살고 있다. 도시재생 스타트업(팀)의 기획과 투자건물의 증축 또는 리모델링을 통해 카페, 식당, 전시 등의 공간으로 운영되고 있다. 재생사업이 공공의 주도가 아닌 민간 주도로 먼저 시작된 사례에 해당한다. 다음은 이 지역의 프로젝트를 진행한 담당자의 인터뷰 내용 일부이다.

- "도시가 풍부해지려면 카페와 맛집뿐만 아니라 갤러리 · 만화방 · 게스트하우스 등 다양한 콘텐츠가 들어와야 한다"
- "임대 구조에서는 계속 수익을 낼 수 있는 카페와 식당이 최선의 선택이지만 매매를 통해 프로젝트를 진행했기 때문에 지속 가능한 콘텐츠를 운영할 수 있다"
- "임대 구조에서는 계속 수익을 낼 수 있는 카페와 식당이 최선의 선택이지만 매매를 통해 프로젝트를 진행했기 때문에 지속 가능한 콘텐츠를 운영할 수 있다"

출처: https://news.naver.com/main/read.nhn?mode=LSD&mid=sec&sid1=004&oid=050&aid=0000051817 (접속일: 2021.05.31.)

아직 소제동과 같은 사업진행에 대하여 지역주민, 전문가 등 관련주체의 의견이 다르게 나타나고 있으며 일부에서는 개발에 대한 논란이 있는 것도 사실이다. 그럼에도 불구하고 현재 소제동은 재생의 대상이 되는 지역과 지역 내 건물이 하나의 브랜드가 되어 사람들에게 인식되고 있다는 점을 주목할 필요가 있다.

단지재생연구의 실제

▌ 도시재생과 단지재생

☆ 도시 · 근린, 단지, 건축 단위로 재생사업 내용을 정리해보자.

▌ 단지재생과 건축재생

☆ 건축재생의 의미를 공유해보자.

☆ 현재 살고 있는 지역에서 건축재생이 필요한 곳을 공유해보자.

▌ 단지재생과 브랜딩

☆ 공간의 브랜딩 아이디어를 공유해보자.

건축재생 대상(안) 선정

건축재생 대상(안) 구체화

건축공간 브랜딩 기획 주체

참고문헌

학술지 · 학술발표논문

박인석, 염철호, 차주영 (2009) 영국 도시재생사업에서 참여주체별 역할과 협력관계: 통합재생사업과 마을재생사업 사례를 중심으로, 대한건축학회논문집(계획계), 제25권, 제12호, 349-360

박진경 · 권혁삼 (2020) 영국의 빈집정비 정책 및 사례 연구, 도시설계, 제21권, 제1호, 35-51

변나향 · 상재규 (2020) 지역 주거지 재생을 위한 공간구성 탐구: 청주시 사례, 한국주거학회 학술발표대회논문집 2021 vol.1(춘계), 219-222

서수복 (2014) 지가변동과 토지거래량의 공간적 자기상관에 관한 연구, 국토계획, 제49권, 제8호, 12-34

윤주선 · 변나향 (2020) 뉴욕시 BID 현황과 특성 연구, 대한건축학회논문집, 제36권, 제12호, 171-178

이현복 · 변나향 (2020) 단독주택의 외부공간 조성 현황과 특성: 청주시 복대동 풍산로 사례, 2020년 대한건축학회 추계학술발표대회논문집, 제40권 제2호, 2020.10.26.-10.30, 624-627

정성호 (2019) 한국재정정보원, 증거기반 정책결정과 성과주의 예산에 관한 소고, KPFIS 인사이트 12월호, 한국재정정보원

Robinson KA et al. What Evidence-Based Research is and why is it important?, J Clin Epi. 2020

단행본

마츠무라슈이치 (2009) 건축재생: 리모델링 프로세스, 한국리모델링협회 역, 기문당

윤주선 (2018) "공민연계 도시재생, 지속가능한 지역 살리기를 위한 변화", 건축과 도시공간, 건축도시공간연구소. 42-49

David Sim (2019) Soft City: Building Density for Everyday Life, Island Press

Robert K. Yin (2017) Case Study Research and Applications: Design and Methods (Paperback, 6), Sage Publications, Inc

기타

보도자료

국토교통부, 공간빅데이터 표준분석모델 5건 선정 · 발표, 보도자료, 2021.07.09.

월간디자인 홈페이지, "세계의 재생 건축 프로젝트",
http://mdesign.designhouse.co.kr/article/article_view/106/79653
(접속일: 2021.05.08.)

조선일보 보도자료, "새로운 낡음, 너의 이름은 '재생건축'" 2017.07.11.
https://www.chosun.com/site/data/html_dir/2017/04/25/2017042502525.html
(접속일: 2021.05.08.)

한대신문, "과거와 현재를 잇는 공간, 재생건축" 2019.06.02.
http://www.hynews.ac.kr/news/articleView.html?idxno=9843 (접속일: 2021.05.08.)

한경비지니스, "노잼도시가 핫플레이스로, 대전 소제동을 바꾼 도시재생 스타트업",
https://news.naver.com/main/read.nhn?mode=LSD&mid=sec&sid1=004&oid=050&aid=0000051817

홈페이지

assemblestudio.co.uk

www.data.go.kr

evbres.eu

geodacenter.github.io

www.glasgowconsult.co.uk

www.google.com

www.nsdi.go.kr

www1.nyc.gov

www.parkin.ca

제4장

공동체 주택과 마을 계획

제1절 현대적 공동체의 정의와 중요성

1. 공동체의 정의

현대사회에서 개인주의와 신자본주의의 심화로 사회적 문제가 발생하면서 개인과 사회의 복지를 위해 공동체의식의 회복이 중요한 해법으로 강조되고 있다. 행정적으로 마을공동체 만들기, 공동체활성화 등의 사업을 진행하거나 공간조성의 방법으로 커뮤니티계획, 커뮤니티디자인 등의 방식을 사용하면서 공동체와 커뮤니티라는 용어가 자주 사용되고 있다. 이때 공동체, 커뮤니티의 의미는 사용자의 목적과 의도에 따라 정의가 다양하게 이루어졌다.

공동체의 국어사전적 의미[1]는 "운명이나 생활, 목적 등을 같이하는 두 사람 이상의 조직체" 또는 "혈연, 지연, 우정 등과 같이 인간에게 본래 갖추어져 있는 본질 의사에 따라 이루어진 유기적 통일체로서의 사회"이다. 커뮤니티(community)는 공동체로 번역되며, 국어사전적 의미[2]는 '일정한 지역이나 공간에서 공동체 의식을 가지고 생활하는 사회 조직체'이다. 커뮤니티에는 일정지역에 기반한 의미가 내재되어 있다.

community의 어원은 라틴어 communitas에서 유래했다[3]. communitas는 communis와 tas가 결합된 단어이며 communis는 common, public, general, shared by all or many (공동의, 공공의, 일반적인, 모두 또는 여럿에 의해 공유되어진)의 의미이다. tas는 -ty로 state(상태)를 표현한다. 즉 community는 공동의 상태, 모두에 의해 공유된 상태를 의미한다.

---

1) 고려대 한국어대사전, 온라인 Daum사전 https://dic.daum.net/word/view.do?wordid=kkw000020565&q=%EA%B3%B5%EB%8F%99%EC%B2%B4&supid=kku000028511

2) 고려대 한국어대사전, 온라인 Daum사전 https://dic.daum.net/word/view.do?wordid=kkw000264227&q=%EC%BB%A4%EB%AE%A4%EB%8B%88%ED%8B%B0&supid=kku000337569

3) online etymology dictionary http://www.etymonline.com/index.php?term=community

커뮤니티 개념은 전근대시기에 농촌에서 자연발생적으로 형성된 촌락공동체를 모델로 삼아 구성된 개념이다. 근대사회로 이행과정에서 농촌사회의 자연발생적인 공동체가 와해되고 공동의 관심이나 이해, 목적을 추구하기 위해 인위적으로 모인 결사체(association)가 사회관계의 주축이 되면서, 커뮤니티는 이에 대칭되는 전근대적 사회관계를 통칭하는 사회과학적 개념이 되었다.

공간을 연구대상으로 하는 건축학을 비롯한 도시학, 주거학에서 주거공동체의 개념은 기본적으로 지리적으로 한정되어 있다. 커뮤니티는 '서로 소속감을 느끼며 호혜적 관계로 형성된 사람들의 모임'이며, 주거를 이웃하여 사는 사람들로 한정하여 사용하는 경우에, 지역커뮤니티(regional community) 혹은 주거공동체(residential community)로도 사용한다.

커뮤니티와 공동체 용어는 치환되어 같은 의미로 사용되기도 하지만 용례에서는 차이가 있다. 커뮤니티는 지역에 기반한 (locality-based) 사회로서의 공동체의 의미와, 지역과는 무관하게 관계에 기반한(relational) 사회를 모두 포함한다. 심리학 영역에서 영어 community를 "지역사회"라고 번역하는 경우도 있었으나, 커뮤니티 의미의 포괄적인 용어로 공동체라는 용어를 사용한다. 심리학의 세부분야인 공동체심리학은 개인들 사이의 관계, 개인과 개인이 속한 공동체와의 관계, 공동체들 간의 관계 등에 대해 생태학적으로 연구하여 개인의 삶의 질을 넘어선 공동체의 삶의 질을 향상시키고자 한다(정안숙, 2015).

지역에 기반한(locality-based) 사회로서의 공동체의 의미로 단지계획, 도시계획에서 사용할 때는 커뮤니티라는 용어를 사용하며, 지역과는 무관하게 관계에 기반한(relational) 사회에 대한 의미를 강조할 때는 공동체라는 용어를 사용한다. 이 장에서도 커뮤니티와 공동체의 두 용어가 혼용되어 사용되는 것은 일반적인 용례로서 이러한 의미상의 차이를 표현할 필요가 있기 때문이다.

2. 공동체의 중요성

현대사회에서 공동체가 중요시되는 이유는 특정한 문제를 극복하기 위해 이미 보유하고 있는 자원으로서의 공동체 구성원, 사회관계망, 기관들, 그리고 문화적인 자원 등을 이용하는 것이 가장 효율적이기 때문이다(Maton, Schellenbach, Leadbeater, & Solarz, 2004; 재인용 정안숙, 2015). 행정적으로 마을공동체 활성화사업을 지원하는 것은 문제의식을 갖고 있는 특정 공동체가 이미 갖고 있는 공동체의 자원을 극대화하여 역량을 키워서 문제를 해결해나가고 공동체의 복지에 기여할 수 있기 때문이다.

공동체가 활성화된 지역은 공동체성의 강화로 말미암아 동네효과(community effect)를 창출한다. 공동체의 동네효과를 효용론적 발전의 측면에서 설명한 것이 사회자본이론이다. 인간이 궁극적으로 느끼는 행복에 공동체가 보유하는 동네효과가 기여한다는 시각이 존재한다. 행복은 '주관적으로 느끼는 안녕감(subjective well-being)'을 뜻하는데, 일시적인 기쁨을 넘어 자신의 삶에 만족하고 긍정적인 즐거움을 느끼는 수준으로 측정하게 된다. 공동체는 관계재(relational goods)의 생성을 촉진시켜 구성원의 행복에 영향을 준다. 관계재 개념은 사회학에서 유포된 사회자본보다 개념적 범위를 넓게 설정하고 있다. 사회자본이 신뢰, 규범, 네트워크로 중립적 개념으로 범위를 한정한데 비해 관계재는 집단적 자원봉사, 우정, 축구, 사랑에 이르는 다양한 요소에서 얻는 즐거움과 기쁨, 나눔, 관계의 공유까지 정서적인 측면에 대한 영향까지 넓게 설정하고 있다(이종수, 2018).

지역 공동체 내에서 가까운 이웃들 간의 정서적이고 심리적 교류를 하는 생활구역을 친밀권역으로 부른다. 경제적인 이익이나 특정한 목적에 상관없이, 일상적인 교류와 어울림의 기쁨을 경험하는 단위이기도 하다. 친밀권역의 구성원 사이에 일상적인 삶의 모습이 공유되고, 감정을 교류함으로써 애착과 소속감이 형성되고, 안정감과 장소애착(place attachment), 나아가 심리적이고 신체적인 치유를 경험하게 된다. 이러한 속성 때문에 친밀권역은 보통 일정한 수준의 결속력을 보이기도 하고, 재난 시에는 회복력(resilience)을 발휘하며, 사회적 의견을 나누거나 전통적인 의식(儀式)을 함께 거행하기도 한다(이종수, 2018).

3. 공동체성에 대한 이론적 접근

지역을 기반으로 하여 공동체성을 회복한 마을만들기 사례에 대한 이론적 논거로 사회자본론과 메리 더글라스 (Mary Douglas)의 문화이론을 살펴본다(김수영 외, 2014).

(1) 사회자본론

공동체를 형성하고 지속케 하는 기본적인 속성인 공동체성은 물리적(지리적) 기반을 전제로 하였다. 그러나 사회자본이론에 따르면, 물리적 공간이든 사이버공간이든 그 공간에 사회자본이 구축되면 공동체성이 있다고 본다(송인하, 2010 재인용 김수영 외, 2014). 푸트남(Putnam)은 사회자본을 "사회구성원들 간의 연결(connections), 즉 사회적 네트워크와 그로 인해 생겨나는 호혜성(reciprocity)이나 신뢰성(trustworthiness)의 규범"이라고 정의하였다(Putnam, 2000:19, 재인용 김수영 외, 2014). Putnam의 개념 규정 이후 사회자본의 주요 요소는 네트워크, 신뢰, 규범으로 일반화되었다. 사회자본의 구성요소인 '신뢰', '호혜성', '네트워크'는 현대사회적 특성을 가진 공동체가 가진 공동체성의 구성요소이다(김수영 외, 2014).

신뢰는 공동체 구성원들이 공유하는 가치와 신념에 근거하여 파생되며, 이러한 신뢰를 통해 공동체가 형성되고 강화된다. '네트워크'는 공동체 구성원 간 사회적 관계를 의미하며, 일시적인 관계보다는 지속적인 관계를 의미한다. 이는 지리적 공간을 기반으로 하거나, 특정 신념에 대한 믿음을 전제로 하는 정서적 동질성을 기반으로 할 수 있다. '호혜성'은 공동체의 구성원이 다른 구성원의 도움에 보답해야 한다는 인식과 행동은 도덕적, 윤리적인 의무감에 기반을 두고 있는 것이다. 사회자본은 현대사회에 만연된 개인주의 문화의 병폐를 치유하고 사람들로 하여금 서로 신뢰할 수 있도록 하며, 더 나아가서는 적극적으로 공동체 문제에 관심을 기울이게 한다. 즉 이러한 관점에서 해석되는 사회자본은 공동체 형성과 유지에 반드시 필요한 전제조건인 것이다(김수영 외, 2014).

(2) 문화이론

더글러스(Douglas) 문화이론에 근거한 문화의 개념은 문화를 '삶의 방식(way of life)'으로 규정하고, 삶의 방식을 사회구성원들 간의 사회적 관계와 세계관의 생동적 결합물로 보았다. 문화이론은 사회구성원 상호간의 관계유형을 격자(grid)와 집단(group)의 두 가지 차원에서 접근하는 것이다. 사회적 관계 특성을 결정하는 격자는 고립성, 자율성, 통제와 경쟁성의 4가지로 구분하였으며, 집단은 각각 특성에 대해서 높고 낮음에 따라 운명주의, 위계주의, 개인주의, 평등주의 네 가지 사회적 관계유형으로 분류된다(표 4-1).

이 문화유형 간에 경쟁과 협력을 통해 역동적인 사회변화가 이루어진다고 보았다. 특히 네 가지 문화유형 중 개인주의, 위계주의, 평등주의 문화유형은 능동적인 문화이고 운명주의는 수동적 문화유형으로 구분된다. 이 이론에 따르면, 하나의 사회뿐만 아니라 하나의 사회조직도 다원화된 문화구조를 가지며, 하나의 공동체는 다문화성을 토대로 다원의 세계관을 가진 구성체가 된다. 공동체 내의 다문화적 속성의 구성체들은 경쟁적 관계를 가지기도 하며, 동시에 연대를 통해 공동체의 지배적 가치와 신념체계를 구성해 나가므로 공동체의 역동성을 갖게 되는 것이다(김수영 외, 2014).

〈표 4-1〉 격자와 집단에 의한 사회적 관계유형

	낮은 집단성	높은 집단성
높은 격자성	운명주의	위계주의
낮은 격자성	개인주의	평등주의

출처: 김수영 외(2014).p.103.

4. 커뮤니티의 구성요소

커뮤니티에 대해 많이 인용되는 연구는 힐러리(Hillery: 1955)의 연구이다. 힐러리는 커뮤니티가 '지리적 영역(area)' '사회적 상호작용(social interaction)', '공동의 연대(common ties)'의 3가지 차원으로 구성되어 있고 근접한 '지역성'을 전제로 한다고 하였다. 로스(M.Ross: 1958)는 지역적 특성, 기능적 특성, 커뮤니티 과정(community process)을 제시하였다. 데이빗과 허버트(Davies & Herbert:1993)는 지역적 영역(영역, 환경, 시설 등), 상호작용의 행동(활동과 시설 사용, 비공식적 상호작용, 공식 조직, 경제적 활동, 정치적 참여 등), 인지적 정체성(장소의 상징성, 평가, 감정과 애착, 공통의 가치, 감정이입 등), 역동적 변화 4가지로 구성되는 것으로 보았다(이라영, 2009).

건축·주거분야의 국내 연구로는 대한주택공사(1999)가 커뮤니티를 공간적인 차원에서의 영역을 함께 공유하는 지역성(locality), 사회문화적인 차원에서의 사회적 상호작용을 함께 하면서 집단적 정체성을 형성하는 공동체성(communality), 구조적인 차원에서 독자적인 실제로서 존속하기를 도모하는 유기체성(organism)의 속성이라고 하였다. 지역성의 공간적 범위는 사회, 자연적 여건, 과학기술, 교통통신수단의 발달 등에 따라 상이하며 구성원들이 느끼는 정서적 동질감에 따라서도 가변적이다. 공동체성은 지역적 정체성과 집단적 유대감을 형성하면서 사회적 상호작용이 이루어지며, 유기체성은 주변환경의 변화에 적응하면서 독자성을 유지하는 것이다.

천현숙(2001)은 도시주거환경에서 커뮤니티 구성요소를 지역성, 유기체성, 공동체성으로 설정하면서, 각각의 요소별로 커뮤니티활성화에 중요한 점을 강조하였다. 지역성 측면에서는 지역적 정체성을 확보하기 위한 프로그램, 유기체성 측면에서는 경제적 자족성을 높일 수 있는 시설과 프로그램, 공동체성 측면에서는 거주기간의 장기화가 소속감 및 이웃과의 긍정적 관계형성에 필요하다고 보았다. 여러 시설과 프로그램들이 복합적으로 마련되어야 주민들이 자기가 사는 지역에 대해 애정과 관심이 생겨나서 커뮤니티가 활성화된다.

이라영(2009)은 커뮤니티를 물리적 환경을 기반으로 한 지역성, 공통의 사회·경제적 환경, 일정규모 이상의 심리적 동질성을 갖는 거주자, 거주자들의 사회적 상호작용, 거주자들이 공통으로 갖는 공동체의식 등으로 보았다. 이중 공동체의식의 구성요소를 개인과 공동체와의 관계에 의한 '개인의 귀속의식', 개인과 다른 개인과의 관계에 의한 '타인과의 연대감', 개인의 공동체에 대한 평가에 해당되는 '공동체에 대한 만족감', 개인의 자발성 및 역할 의식에 해당되는 '참여의식', 장소에 대한 애착 및 지속적 정주에 해당하는 '장소 정주성'으로 설정하였다.

공동체의식에 대해서는 맥밀란과 체비스(McMillan & Chavis)의 공동체의식에 대한 연구 및 측정(SCI: Sense of Community Index, 1986)을 가장 중요한 연구로 많이 활용하며, 공동체의식을 '구성원이 소속감을 가지며, 타인이나 그룹의 일부라는 느낌, 그리고 구성원의 요구는 함께이기 위한 그들의 헌신을 통해 충족될 것이라는 공유된 믿음'이라고 정의하였다. 공동체의식을 구성하는 요소로는 〈표 4-2〉와 같이 구성원의식, 영향의식, 욕구의 충족과 통합, 공유된 정서적 친밀감 등의 4가지 구성요소를 제안하였다(이라영, 2009).

〈표 4-2〉 맥밀란과 체비스의 공동체의식의 구성요소

구성요소	의미
구성원의식 (membership)	소속감(sense of belonging), 개인적 관련성 감정의 공유(sharing a sense of personal relatedness)와 관련된다. 구성원 의식은 구성원이 되기 위해서 자신의 일부를 투자한 느낌이며 그래서 소속할 권리를 가진다.
영향의식(influence)	공동체 안에서 영향력은 쌍방향적이며, 구성원이 집단에 매료되고 집단의 활동에 어떤 영향을 준다는 생각과 응집력은 그들의 구성원들에게 영향을 미치는 집단의 능력을 조건으로 하며 이 두 가지 명백히 모순된 힘들이 동시에 작용한다.
욕구의 충족과 통합 (integration and fulfillment of needs)	집단 속에서 그들의 구성원을 통해서 얻어진 자원을 통해 구성원의 욕구가 충족되는 느낌을 의미한다.
공유된 정서적 친밀감 (shared emotional connection)	역사, 공통의 장소, 시간과 비슷한 경험을 함께 공유하고 공유할 것이라는 구성원의 신념이나 약속을 의미한다.

출처: 이라영(2009). pp.34-37.

5. 현대사회의 계획공동체

현대사회에서의 지역공동체의 형성과 활동은 일반적으로 자연발생적 공동체가 아니라는 점에서 의도적(계획적) 공동체(intentional community)적 성격이 강하다. 데이빗 페퍼(David Pepper, 1991)는 계획공동체(intentional community)의 구성요인에 대해 6개 특징으로 다음과 같이 요약하였다(재인용 이은희, 2008).

① 구성원의 자율적인 의지에 따른 가입과 탈퇴가 자유로움

② 직접적인 대면관계가 이루어지는 규모

③ 의 · 식 · 주, 재산, 생산, 교육, 의료 등 생활의 요소 전부 또는 어느 한 가지 이상을 공유하거나 나누는 구체적인 활동을 하는 단위

④ 구성원들이 부부관계를 제외한 다른 관계들에 우선하여 공동체관계를 유지

⑤ 이해할 수 있는 목적이 있고, 도구적이거나 경제적인 이해관계를 넘는 가치와 도덕에 대한 공동의 관심이 있음.

⑥ 구성원들이 대안적 사회를 추구하는 과정을 중시

계획공동체는 자연발생적 공동체나 이익에 따라 모인 근대적 결사체와도 구분되는 후기 근대적 공동체이다.

래쉬(S. Lash)는 공동체를 성찰적인 것으로 개념화하였다. 사회적 속함을 의식적으로 질문하는 성찰성에 기반해 공동체들은 '추상적' 공간을 타고 확장되고 자신을 그 안에 던지는 주체에 의해 만들어지므로 계속 구성, 재구성되는 와중에 있으며 그것들의 '도구들'과 산물들은 물적이지 않고 추상적, 문화적이다(래쉬, 2002: 20-37, 재인용 김미영, 2015). 래쉬에 따르면, 사회는 전통사회에서 단순 근대, 성찰적 근대로 진화한다. 퇴니스(Ferdinand TÖnnies)의 개념과 대응해보면, 전통사회는 공동사회, 단순 근대는 이익사회에 각각 부응하며, 성찰적 근대는 '완전히 성찰화된 이익사회'에 조응한다고 보았다. 전통사회는 공유된 의미를 기반으로 하는 공동체(communal) 구조를 전제하는 반면, 단순 근대는 공유된 이해관계에 기초한 집합체(collective) 구조를, 그리고 성찰적 근대는 공통의 집합적 실천에 근거한 실천적 공동체 구조를 전제한다. 이때 집합적 실천을 공유하기 위해서는 소통이 매우 중요하다. 전통사회의 공동체 구조에서 주체는 존재하지 않으며, 사회구조에 전적으로 종속된다. 이와 달리 성찰적 근대에서는 구조로부터 자유로운 사회적 행위자, 즉 주체의 권능화가 실현된다(이은희, 2008).

제2절 공동체 활성화 정책

1. 마을공동체 지원사업

주민이 마을살이에 익숙해지면 그들의 필요 요구에 따라 마을 공동체활동이 이루어진다. 도시에서 정책적으로 마을공동체를 육성하기 위하여 지원사업을 실시한 것을 계기로 공동체활동이 활발해졌다.

(1) 공동체활동의 지원과 내용

지자체의 공동체활동 지원은 서울시가 선도적이며, 체계적으로 이루어졌으므로 서울시의 사례를 살펴보도록 한다. 서울시는 2012년부터 마을 공동체사업을 지원하였으며, 주민이 스스로 공동체 활동계획을 수립, 제안, 직접 실행한다. 마을공동체가 형성되어가는 단계에 따라 지원하며, 행정지원 없이 마을에서 마을공동체에 의해 삶의 거의 모든 영역이 해결되는 자립기가 목표이다. 마을공동체 씨앗기의 모임형성지원, 새싹기의 활동지원, 성장기의 공간지원으로 나누어진다(표 4-3). 공간지원은 다양한 공동체활동이 마을이라는 지역에서 이루어지므로 물리적 거점인 공동체공간 조성을 지원하는 사업이다. 공간지원은 계획과 실행으로 나누어 지원된다.

구체적인 사업은 공동체의 성숙정도와 지원 내용에 따라 5단계로 구분된다(표 4-4). 1~3단계는 마을공동체 형성단계와 동일하며, 4, 5단계는 성장기의 공동체에 적용된다. 4단계의 모임 간 연계 지원은 마을사업에 참여한 주민과 모임들 간의 교류와 협력 기회를 제공하는 사업이다. 단위사업으로는 우리마을프로젝트(2유형)와 주민연계망이 있으며, 두 사업 모두 지역공동체담당관이 직접 추진하는 사업이다. 5단계인 종합적 마을계획 수립 지원은 성숙한 마을공동체가 중장기적인 관점에서 마을계획을 하여 발생할 수 있는 문제에 대해 해결하고, 마을 내부와 외부에서 필요한 자원을 종합적으로 진단하고 계획을 세워 실행하는 것이다. 단위사업중 에너지자립마을, 안전마을(통합형), 마을과 학교(상생)등은 에너지, 안전, 교육 등 주제형 사업이고, 지역공동체담당관이 추진하는 동네단위 마을계획(수립/실행)은 주제 제한이 없는 통합형 사업이다. 이 사업들은 모두 참여자 규모 50명 내외, 마을조사 수행, 2~3개년 종합계획 수립, 비교적 다양한 항목에 집행 가능한 고액 보조금 제공 등의 공통점이 있다(안현찬 · 구아영, 2017).

〈표 4-3〉 마을공동체 형성단계

마을단계	분류 기준	사업
씨앗기 (모임형성지원, 이웃만들기)	관심사, 취미 등 관심있는 주제로 이웃과 모임을 구성	이웃만들기
새싹기 (실행 및 활동지원, 골목공간지원)	씨앗단계가 발전하여 주민필요와 생활문제 해소로 마을살이의 본격화, 상설화	골목만들기, 공동체공간, 공동육아 등
성장기 (계획 및 실행, 주민자치회, 마을계획)	씨앗과 새싹단계가 발전하여 종합적인 동네계획, 자치계획을 수립 및 실행	서울형 주민자치회사업, 찾동마을계획, 로칼 랩
자립기	행정지원이 필요하지 않고, 마을에서 삶의 거의 모든 영역이 해결되는 단계	

출처: 안현찬 · 구아영(2017). p.10; 서울시 마을공동체 종합지원센터
http://www.seoulmaeul.org/programs/user/support/introduce.asp에서 2021.5.10. 검색 재구성

〈표 4-4〉 마을공동체 단계별 지원 단위사업

1단계: 씨앗기 (모임형성지원)	2단계: 새싹기 (활동지원)	3단계: 성장기 (공간지원)	4단계: 성장기 (모임 간 연계 지원)	5단계: 성장기 (종합적 마을계획)
부모커뮤니티, 공동육아(씨앗단계), 마을과 학교(모임지원), 마을미디어(교육형), 마을미디어(아이템형), 마을미디어(체험형), 지역공동체담당관이 추진한 이웃만들기, 우리마을프로젝트 (1유형)	지역공동체담당관이 추진한 우리마을지원(활동), 다문화마을공동체, 아파트마을공동체, 안전마을(지역맞춤형), 마을미디어(복합형), 마을미디어(매체형), 공동육아(새싹/줄기 단계), 상가마을공동체, 마을기업(행자부)	마을예술창작소, 청소년휴카페, 마을북카페, 우리마을지원(공간)	마을프로젝트(2유형), 마을연계망	동네단위 마을계획(수립), 동네단위 마을계획(실행), 마을과 학교(상생), 에너지자립마을, 안전마을(통합형)

출처: 안현찬 · 구아영(2017). pp.49-54.

(2) 공동체활동의 주민자원

주민들이 제안한 공동체활동(육아, 주거, 문화, 안전 등)에 지자체가 보조금을 지원하는 마을공동체 지원사업은 보조금 지원이 주민들의 자립성을 약화한다는 의견과 주민들이 사업에 투입한 유·무형의 노력이 제대로 평가받지 못한다는 의견이 양존한다. 그러나 주민들이 대가를 받지 않고 자발적으로 마을공동체 활동에 투입한 다양한 재화와 서비스를 주민자원으로 정의하고, 이러한 주민자원의 발굴과 활용은 마을공동체의 활성화와 역량 강화를

대변한다고 볼 수 있다. 서울시 마을공동체사업에서 인정 가능한 주민자원의 유형은 크게 자원활동, 재능, 현물, 현금으로 구분하고, 적정 환산금액을 산출하면, 주민자원 가치환산 총액이 보조금의 2배 이상에 해당하여 보조금 액수를 넘어서는 주민자원이 활용되었다고 평가된다. 주민자원이 합당하게 인정받고 더욱 활발하게 활용되어 마을공동체 역량 강화로 이어질 수 있도록 자원을 제공한 개인이 아닌 단체에게, 현금보다는 마을공동체 활동에 재량적으로 쓸 수 있는 비현금 형태(마일리지나 지역화폐)의 보상을 제공하는 정책개선이 필요하다(안현찬 · 조윤정 · 채혜인, 2019).

2. 공동주택의 공동체 활성화

국내 아파트에 거주하는 가구가 가장 높은 비율을 차지하므로[4], 아파트 단지 거주자의 낮은 공동체의식을 높이는 공동체활성화가 중요한 과제가 되었다. 아파트 주민들이 주도적으로 생활의 필요에 의해 공동육아, 공동구매, 품앗이 과외 등의 활동 등으로 상호부조하는 사례도 나타났지만, 2000년대 후반부터 지자체가 제도적으로 취미, 문화, 친환경 등의 다양한 활동을 지원하는 공동체활성화 지원제도가 확산되었고 공동주택에도 지원되었다.

(1) 법규, 조례

「주택법」(2003.5.29. 전부개정, 시행 2003.11.30.)이 제정되면서 제43조(관리주체 등) ⑧항[5]에 근거하여 공동주택지원조례가 제정되었다. 국토교통부는 2010년 7월에 「주택법 시행령」을 개정하여 시 · 도지사가 공동주택관리규약 준칙을 개정하도록 하고, 그 안에 공동체활성화를 위한 자생단체 및 공동체활성화 단체를 지원할 수 있도록 근거를 마련하였다. 현재는 「공동주택관리법」제85조(관리비용의 지원) ①[6]에 의해 지자체별로 공동주택관리조례로 공동체 활성화를 위한 시설, 프로그램, 공용시설물의 유지관리를 지원하고 있다.

특히 서울시는 2010년부터 '공동주택지원조례'에 공동체활성화 지원에 대한 사항을 추가

---

4) 2020년 11월 기준, 아파트 거주가구는 51.5%임. 통계청 보도자료, "2020 인구주택총조사 결과: 등록센서스 방식", 2021.7.29. 4면.

5) 주택법 제43조(관리주체 등) ⑧지방자치단체의 장은 그 지방자치단체의 조례로 정하는 바에 따라 제7항에 따른 관리주체가 공동주택의 관리업무를 수행하기 위하여 필요한 비용의 일부를 지원할 수 있다.

6) 「공동주택관리법」제85조(관리비용의 지원) ①지방자치단체의 장은 그 지방자치단체의 조례로 정하는 바에 따라 공동주택의 관리에 필요한 비용의 일부를 지원할 수 있다. 〈개정 2015.12.29〉

하였고, 2011년부터 공동주택 공동체활성화 지원사업을 하고 있으며 각 기초 자치구별로 공모사업 및 지원을 통해 각 단지별 주민활동을 유도하고 있다. 이러한 지자체의 공동체활성화 지원정책은 주민 간 공동체 형성에 기여한 것으로 평가된다.

공동체활성화지원 사업의 성과로 서울시는 다양한 사례발굴과 공동체활성화 매뉴얼을 발간하였으며[7], 국토교통부의 공동체활성화 매뉴얼[8]도 제시되었다. 아파트 단지에 공동체활성화의 다양한 사례가 축적되어가면서 지역별, 단지별 특성에 맞는 방법을 적용해볼 수 있는 여건이 형성되었다. 「공동주택관리법」[2015년 8월 11일 제정, 2016년 8월 12일 시행] 제21조(공동체 생활의 활성화)에는 입주자등의 소통 및 화합 증진 등을 위하여 필요한 활동을 자율적으로 실시할 수 있고, 이를 위하여 필요한 조직을 구성할 수 있으며 필요경비를 잡수입에서 지원할 수 있도록 하였다.

(2) 공동체활성화 요소

공동체를 활성화하기 위한 조건은 인적 측면으로 공동체활성화단체와 같은 조직과 주민의 참여, 이용자의 활동특성에 맞는 공간·시설, 주민활동 내용을 포함하는 운영프로그램, 비용 등이 있다. 공동체활동이 체계적이고 지속적으로 진행되기 위해서 이러한 기본적인 요소 이외에도 입주자대표회의, 관리주체, 커뮤니티 플래너(community planner)의 지원이 있어야 한다는 인식이 정착되었다. 지금까지는 아파트단지의 공동체활성화에 치중하였다면 앞으로는 공동체 문화가 아파트단지에 머무르지 않고 인근 아파트단지나 주거지로 확장되어 지역공동체로 나아가는 것이 필요하다(그림 4-1. 참조).

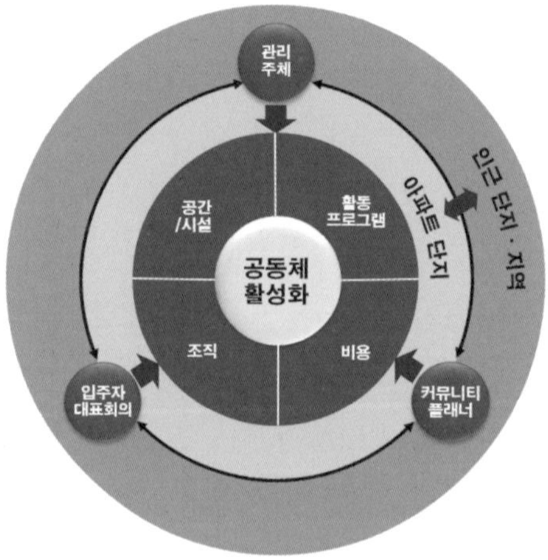

[그림 4-1] 공동체활성화 요소 개념도

커뮤니티 플래너 또는 커뮤니티 코디네이터(community coordinator)는 공동체활동을 전문적으로 계획, 지원하는 커뮤니티 전문가이다. 2011년도에 서울시가 공동체활성화사업

7) 서울주택도시공사 주거복지기획부, 우리아파트에는 이야기가 산다, 2017, 서울주택도시공사.

8) 국토교통부 보도자료, "입주민 통합과 화합의「공동주택 공동체 문화 활성화를 위한 프로그램 운영 매뉴얼」배포". 2015. 11. 27.

을 시작하면서 전문인력으로 육성하여 직업으로 도입되었으며 각 구청에 배치되어 관할 아파트 단지의 활동을 돕는 역할을 한다. 주민활동을 돕는 조력자로 입주자대표회의, 관리주체, 자생단체 등과 협의하여 각 주체간 의견을 조정하고 중재자 역할을 하며, 단지의 현황 및 특성을 파악하여 공동체활동에 필요한 전문적 정보를 제공하고 운영을 지원한다.

입주자대표회의가 커뮤니티 플래니를 코디네이터(지원팀장)라는 직책으로 단지에 고용하여 공동체활성화 활동을 위한 역할을 하도록 한 아파트단지도 있다[9]. 이 단지에서는 코디네이터의 근무 공간을 커뮤니티활동이 활발히 일어나는 커뮤니티센터에 배치하지만 관리사무실에도 코디네이터의 업무공간이 있어서, 관리주체는 시설유지관리에 집중하고 코디네이터는 공동체활성화 업무를 담당하도록 직무를 분리 이원화하여 관리주체가 공동체활성화에 전문적인 지식이 없어서 어려움을 겪는 문제를 해소하였다. 코디네이터의 인건비는 전세대가 관리비 비목으로 설정하여 월 1,000원을 납부하는 비용으로 50%를 충당하고, 나머지 비용은 커뮤니티공간 이용료로 충당하였다. 적은 비용으로 코디네이터를 고용할 수 있는 것은 커뮤니티공간이 주민에 의해 활발하게 사용되기 때문에 가능한 일이다. 코디네이터가 있으므로 다양한 활동을 하는 주민조직이 늘어나고 주민요구를 반영한 프로그램 운영을 위한 공간 용도도 적극적으로 변경하고 있다.

프로그램실은 프로그램 운영뿐 아니라 공적인 모임 등에 사용료를 부과하여 사용하도록 하고 대여도 가능하도록 하였다. 프로그램 운영은 자체 프로그램과 외부로부터 프로그램을 유치하는 방식으로 이원화하였다. 자체 프로그램의 경우 코디네이터를 중심으로 운영이 이루어지며 입주자대표회의 및 관리사무소가 이를 지원하는 형식을 취하고 있다. 외부 유치 프로그램은 단지 인근에 주민자치센터가 없어 단지 및 단지 인근 주민들의 불만 요인을 해소하고자 단지 내 공간을 제공하고 주민자치센터가 프로그램을 운영하는 방식이다. 특히 인근 아파트와 협약을 맺어 주민공동시설과 프로그램을 이용할 수 있도록 하였다. 지자체가 운영하는 공동체활성화사업을 적극적으로 활용하여 재원을 보완하였으며, 잡수입을 사용하여 단지 내 주민공모사업도 하였다. 작은도서관에 관리비로 도서구입을 위한 비용을 확보하며, 운영을 위한 유급인력 4명을 입주민으로 구성한 점은 주민참여가 일자리 창출과 연결된 부분이다. 이러한 주민활동과 프로그램 운영은 코디네이터를 정식으로 고용함으로써 공동체 활동을 적극적인 호순환 구조로 작동시킨 것으로 평가된다.

---

9) 박경옥(2018). 공동체 문화의 새로운 도약. 한국주택관리연구원(엮음), 아파트공동체 상생을 생각하며(pp. 225-262). 박영사.

(3) 주거비스와 결합한 공동체 활성화

'주거서비스'가 저소득층의 주거복지서비스 또는 주거지원서비스의 의미를 넘어서 광의의 의미로 사용하게 된 것은 기업형 임대주택(뉴스테이: New-stay)의 공급과 관련이 높다. 뉴스테이는 정부가 2015년부터 2017년까지 추진한 정책으로 주택시장에서 전세 공급이 줄고 월세가 증가하게 되어 중산층의 주거 안정을 위해 도입되었다. 임차자가 의무 임대기간인 최소 8년 동안 연 5% 이하 상승률로 제한된 임대료를 납부하며 거주할 수 있도록 하였다. 기업형 임대주택은 임대 후 분양으로 전환하는 시기에 기업체의 수익이 높은 점을 보완하여 2017년 12월에 공공지원 민간임대주택으로 변경되어 시행되고 있다.

민간임대주택사업의 특징은, 국토교통부가 임대주택사업자가 민간임대주택에 주거서비스를 지원하도록 유도하여, 주거서비스 품질 향상 및 유지관리를 위해 주거서비스인증제도[10]를 도입한 것이다. 주거서비스의 내용에는 업체연계형(전문업체와 연계하여 입주민 맞춤서비스 제공), 자체지원형(공간 및 편의시설 제공), 지자체연계형(지자체와 연계하여 국공립어린이집, 공동육아나눔터, 노인일자리 창출 교육 및 일터 등의 공간 무상임대), 입주자참여형(입주자의 자발적 참여로 주민공동시설에서 프로그램 운영)이 있다. 주민공동시설을 적극적으로 이용하는 시스템을 만든다는 점에서 자체지원형, 지자체연계형, 입주자참여형이 공동체활성화와 관련이 있으며, 특히 입주자참여형은 입주자의 참여로 이루어진다는 면에서 공동체활성화와 직접적으로 연결되어 있다. 입주자에게 주거서비스를 제공하기 위하여 건설업체는 시행·건설·관리가 분리되는 방식에서 탈피하여 이러한 일련의 과정을 연속적으로 일체화하여 조절하는 방식으로 변화해가고 있다. 국토교통부는 기업이 개발과 분양, 임대, 관리, 중개, 금융 등 모든 부동산서비스를 일괄적으로 제공하는 '부동산종합서비스'인증제도를 만들었으며, 민간기업이 '부동산종합서비스' 예비인증을 받아 운영하는 사례가 늘어나고 있다[11].

---

10) 「기업형임대주택 공급촉진지구 등에 관한 업무처리지침」 제82조의 규정에 따라 주택도시기금 출자지원 및 주택도시보증공사 보증지원을 받는 기업형임대주택 및 일반 기업형임대주택 주거서비스인증에 커뮤니티시설과 커뮤니티센터의 기준을 제시한 것은 환경부 녹색건축 인증 기준 [시행 2014.12.5.] [별표1] 공동주택인증심사기준(제3조 관련) 1.3.1 커뮤니티 센터 및 시설·공간의 조성수준에서 제시한 내용과 동일하다.

11) 국토교통부 보도자료, "메이트플러스·신영에셋 등 5곳 네트워크형 부동산종합서비스 예비인증", 2016.12.29. 메이트플러스, 신영에셋 등 5곳 네트워크형 부동산종합서비스 예비인증을 받았다. 네트워크형 부동산종합서비스는 기존 업역을 유지하면서도 업체간 연계, 자회사 등을 활용하여 소비자가 원하는 부동산종합서비스를 원스톱으로 제공하는 것이다. 인증유형은 핵심기업이 주력으로 제공하는 서비스 기능에 따라 '개발관리형', '임대관리형', '거래관리형'의 3가지로 구분한다.

2018년 3월부터 민간임대주택의 입주가 시작되었고 임대사업체의 주거서비스 지원이 현실화 되면서, 부동산종합서비스 인증을 받아 관리하는 임대사업체의 공동체활성화 방법도 드러났다. 한 사례를 보면, 시설관리, 임대관리의 사무적인 업무와 분리하여 공동체 활동을 위해 커뮤니티플래너로서 마을활동가를 고용하고 기업의 임대관리 담당자가 커뮤니티플래너를 지원하는 역할을 하는 방식을 택하였다[12]. 임차자를 모집할 때부터 공동체활성화를 위한 재능기부자를 특별공급그룹으로 모집하였고 입주 후에 임대비를 일부 할인해주는 혜택을 주면서 공동체활성화단체의 대표 역할을 하거나 재능활동으로 프로그램을 운영할 수 있도록 하였다. 입주자의 요구에 대응하는 방법으로 독자적인 온라인상의 플랫폼을 구축하여 임대관리의 계약, 공과금 관리와 더불어 입주민 설문조사나 시설이용·강좌예약, 재능기부신청 등을 할 수 있도록 하여 관리와 주민소통이 원활하게 한 것도 특징이다.

주민들이 만날 수 있는 기회가 증가하는 것이 서로 얼굴을 알게 되는 기회가 늘어나는 것이므로 주민들의 생활의 편리함을 위한 서비스가 공동체의식 형성에 영향을 줄 수 있다. 더 나아가 주민들이 협동조합이나 마을기업을 조성하여 공동식당을 운영하는 발전적인 방향으로 이어질 수 있도록 지원하는 것도 필요하다. 커뮤니티시설은 주민 입주후 협동조합이 운영을 위임한 공동체지원센터 중심으로 운영하면서 입주자 중 일부가 고용자로 참여하여 임금을 받게 되는 방식이다.

12) 대우건설이 '동탄 행복마을 푸르지오'에 적용한 모델 사례이다. 기업이 민간임대주택에서 주거서비스를 제공하면서 마을공동체 모델을 적용하는 것이다. 기업, 지자체, 입주민이 조직체를 형성하고 운영인력(마을활동가와 재능기부자), 운영예산(공동체기금, 단지 시설수익 및 지자체 지원), 운영프로그램(케어 스터디, 셰어, 플레이, 쿡, 가든), 운영공간(커뮤니티 공간)의 4측면이 순환되도록 하였다.

제3절 공동체주택 계획과 관리

1. 주거공동체

국내에서 공동체주택의 출발은 국외의 주거공동체 중 코하우징의 계획 개념을 받아들인 것이다. 계획공동체협회(Fellowship for Intentional Community')[13]는 주거공동체 유형을 다음과 같이 분류하여 제시하였다.

- 에코빌리지(ecovillages)는 일반적으로 생태학적 초점이 강한 공동체이다.
- 코하우징(cohousing)은 코하우징 계획모델을 사용하고 있으며, 개인 주택과 공유시설을 둘 다 통합하여 이웃간의 연결을 지원한다.
- 코뮌(communes)은 소득 공유를 하는 공동체이다.
- 코업(co-ops)은 협동조합방식이고, 공동공간을 공유하며 청년층이 주로 거주한다.

(1) 코하우징의 정의

코하우징은 주민의 개인적 프라이버시와 공동생활의 이익추구를 혼합한 주택으로, 장소와 이웃에 대한 공동체 의식을 재창조하기 위한 현대적인 모델이다. 코하우징의 공간적인 특징은 생활을 독립적으로 유지할 수 있는 완전한 개별 단위세대(unit)과 공동소유의 공유공간(common space)이 함께 갖추어진 공간구성이다. 공유공간은 코하우징 구성원의 요구에 따라 보육공간, 공동 부엌, 식당, 공동 세탁소, 사무자동화공간 등을 설치한다.

미국 코하우징협회(The Cohousing Association of the United States)는 코하우징의 6가지 원칙을 정의하였다. 계획과정의 주민 참여, 주민교류를 위한 환경 디자인, 개별 단위주택을 보완하는 공유시설, 주민에 의한 관리, 주민간의 비계층적 구조, 의사결정의 합리성, 공동경제 활동을 목표로 하지 않는 것 등이다(주거학연구회, 2000). 코하우징은 종교적 공동체나 경제적 공동체와 구별되며, 주거를 중심에 둔 계획 공동체(intentional community)이다. 현재 미국 코하우징협회는 코하우징의 특성에 대해 지구환경에 미치는 영향을 최소화하는 지속가능한 공동체를 강조하면서, 연결된 인간관계, 환경에 대한 최소 영향, 부엌이

---

13) Foundation for Intentional Community (FIC) https://www.ic.org/directory/community-types/

있는 개인주택, 공유공간, 협동적 참여, 가치의 공유 등으로 이전의 원칙을 수정하여 제시하고 있다[14].

(2) 코하우징의 유형

코하우징의 구분은 공동체주택에 관련된 사회적·관리적 특성, 물리적 특성에 따라 〈표 4-5〉와 같이 분류할 수 있다.

사회적·관리적 특성으로 공급주체에 따라서 민간, 공공, 공공이 최장 40년간 임대한 토지에 민간이 주택을 건설하는 민관협력형이 있다. 공급방식으로 주택협동조합을 구성하여 주택을 공급하기도 한다. 국내에서는 「협동조합기본법」이 2012년 12월부터 시행됨에 따라 5명 이상으로 주택협동조합을 구성할 수 있다. 주택협동조합의 역사가 짧기 때문에 여전히 제약사항이 많은데, 토지구입 등 초기자본의 부담이 큰 데도 불구하고 조합을 대상으로 은행융자가 되지 않는다. 주택협동조합의 장점은 사업적인 개발이익이나 입주자모집에 필요한 마케팅 비용을 없애고 높은 품질의 주택을 합리적인 가격으로 건설할 수 있다는 것이다. 건설과정에 조합원이 참여하므로 수요자의 요구가 반영되고 이 과정에서 형성된 공동체의식이 입주 후에도 친밀한 이웃관계로 이어져 주택에 대한 양호한 관리를 할 수 있다.

입주자 구성에 따라 연령 통합형과 청년층·노인층으로 한정되는 연령 한정형으로 구분하며, 주택소유권에 따라 자가, 차가로 구분한다. 관리방식에 따라서 식사, 청소 등을 외부기관에 위탁하는 서비스모델, 거주자 스스로 모든 관리를 하는 자치관리모델, 필요한 부분만 서비스를 위탁하는 부분 서비스와 자치관리 혼합모델로 구분된다.

코하우징의 물리적 특성에 따라서는 공급지역에 따라 도심형, 교외형, 농촌형이 있고, 건축물 형태에 따라 단독주택, 연립주택, 공동주택으로 건설하며, 건설방식으로 신축 또는 기존 건물 리모델링 방식이 있다. 세대구성도 10세대 이하에서 100세대가 넘는 경우도 있다. 국내에서는 10세대 이하의 소규모형이 대부분이다. 공유공간을 배치하는 방식은 독립건물 또는 코하우징 건물 내에 단위세대와 공유공간이 함께 배치되는 경우로 구분된다(표 4-5).

---

14) The Cohousing Association of the United States.
https://www.cohousing.org/what-cohousing/cohousing/ 2021.5.10. 검색

〈표 4-5〉 공동체주택의 유형

범주		유형
사회적 · 관리적 특성	공급주체	민간(거주자주도형, 업체주도형), 공공기관 주도형
	자금조달방식	협동조합(cooperative)방식, 개인융자
	거주자구성	연령 통합형, 연령 한정형(55세 이상 노인층)
	소유권	자가, 차가, 자가-차가 혼합
	관리	서비스모델, 자치관리모델, 부분 서비스와 자치관리 혼합모델
물리적 특성	입지	도심형, 교외형, 농촌형
	세대구성	10세대 이하 소규모형, 10~30세대 이하의 중규모형, 31세대 이상의 대규모형
	주택유형	단독주택, 연립주택, 공동주택
	건설방식	신축형, 리모델링형
	공유공간 배치방식	독립건물형, 단일 건물 내 단위세대+공유공간형

2. 국외 코하우징의 계획과 생활

(1) 스웨덴, 덴마크, 미국[15)]

스웨덴, 덴마크는 코하우징이 많이 보급된 국가이다(그림 4-2). 특히 덴마크의 자치관리 모델(self-work model)은 현대적 코하우징으로 여러 국가에 보급되었다. 자치관리모델은 직원을 고용하는 대신 주민들이 자치적으로 상호협동을 통하여 공동부엌을 이용하여 공동 식사준비를 하고, 주거관리, 가사노동 등 작업을 분담하며 생활하는 모델이다. 남성과 여성 모두가 참여하므로 남녀간의 성평등 사상이 기본이념이 되며 주로 연령통합형인 경우에 적용된다.

스웨덴에서는 1930년대부터 공동주택에서 식사와 세탁 등을 배달서비스 받는 서비스모델의 코하우징이 있었으며, 1970년대부터 주민들이 참여하여 운영하는 자치관리 모델로 변화하였다. 서비스모델(service model)은 비용을 지불하고 직원을 고용하는 모델이며, 자치관리가 어려운 노인들이 모여 사는 경우나 독신자가구에도 적용 가능하다. 컬렉티브하우스(kollektivhus)라 부르며 소유형태는 대부분이 공영임대주택이다. 임차자들로 구성된 주택조합이 지방정부 소유의 공영주택회사로부터 임차한 주택을 조합원에게 재임대하는 방

15) 최정신 · 홍서정(2017). 코하우징 공동체. 어문학사. 에는 국외의 다양한 코하우징 사례가 제시되어 있다.

식이다. 덴마크에서 공동체생활에 대한 관심은 1960년대 말부터 시작되었고 코하우징이 완공된 것은 1970년대 초반이다. 코하우징을 만든 단체가 노력하여 1981년 협동조합주택법이 제정된 이후 협동조합주택 융자금을 받을 수 있게 된 것이 코하우징 건설에 크게 기여하였다. 덴마크에는 연령통합형 코하우징보다 은퇴후 노인들을 위한 시니어 코하우징 수가 더 많은 것이 특징이다. 미국의 코하우징은 1980년대에 시작되었다. 공영임대주택보다 개인이나 조합소유의 코하우징이 주류를 이루며, 코하우징의 건설을 전문적으로 컨설팅해 주는 컨설턴트와 코디네이터가 있다(최정신 · 홍서정, 2017).

출처: http://www.tinggaarden.nu/

덴마크 팅고든 단지

출처: https://windsong.bc.ca/

캐나다 윈드송 코하우징의 보행자도로

[그림 4-2] 국외의 코하우징

국외의 코하우징은 대도시 이외에는 단독주택 단지로 건설되는 경우가 많으므로 독립적인 건물의 공동체공간(common house)을 배치한다. 공동체공간의 규모는 공동체의 요구에 따라 차이가 있고, 공간 종류는 공동거실, 공동부엌과 식당, 유아놀이방, 취미실, 세탁실, 게스트룸, 작업실 등으로 다양하게 구성된다, 이중 공동부엌과 식당은 공동식사가 이루어지므로 반드시 설치된다. 공동체공간의 위치는 거주자의 접근성을 고려하여 단지 입구나 단지 중심에 배치한다.

입주후 거주자들의 공동체활동은 입주동기, 연령 구성, 거주자 수 등에 따라 달라진다. 대부분의 코하우징에서 거주자들이 당번을 정해 식사준비를 하고 공동식사를 하는 것이 일반적이다. 거주자들은 공동체공간의 청소, 정원 관리, 건물의 유지관리 등에 참여하며 거주자수가 많으면 최소 1개 이상의 위원회에 가입하여 활동을 하여야 한다. 이러한 활동을 하기 위하여 비용이 필요하므로 관리비를 내고 월 1회 정도의 주민회의를 열어 안건을 결정하는데 다수결보다는 만장일치 방식으로 진행한다.

(2) 일본

일본은 코하우징 계획개념의 주택을 컬렉티브하우스로 부르며, 스웨덴의 '컬렉티브하우스'를 모델로 하였다. 1995년 간사이(關西)지역의 한신 · 아와지(阪神 · 淡路)대지진 이후에 피해를 입은 세대, 특히 노인세대를 위한 공영의 복구주택으로 공급되면서 시작되었다. 민간에서는 2003년에 코디네이터 회사인 'NPO법인 컬렉티브하우징사'가 컬렉티브 하우스를 기획하여 주민이 관리하는 자주관리형 1호로 도쿄도(東京都)에 '캉캉모리(かんかん森)' 임대주택의 입주가 이루어졌다. 이후 'NPO컬렉티브하우징사'가 도쿄도에 다수의 건물을 임차하거나 신축하여 임대형식으로 운영하고 있다. 그 외의 지역에서는 개인이 건설한 소수의 사례가 있다.

공간적인 특성 면에서 개별주택과 공동체공간으로 구성되는 것은 서구의 사례와 동일하나 대개 한 개 동의 건물로 되어 있거나 고층건물의 일부 층에 계획되기도 한다. 개별주택은 원룸, 2인이 사용하는 셰어룸, 가족형이 있다. 공동체공간의 구성이나 면적, 설비는 각 컬렉티브하우스에 따라 차이가 있지만 공동식사를 전제로 하여 공동 부엌 · 식당, 공동거실(common room)이 공통적으로 배치되고 공동세탁실, 아동놀이공간, 취미 작업실, 게스트룸, 창고 등이 구성되어 있다. 신축한 '세이세키(聖蹟)' [그림 4-3]은 임대주택이지만 입주전 2년 간 입주자의 공동공간에 대한 요구를 설계에 반영하였고 입주후 거주자조합이 설비를 맡았다.

정면 외관

공동 부엌과 식당

[그림 4-3] 세이세키 컬렉티브하우스

거주가구는 연령혼합형이 많고, 1인가구가 40~60%로 높은 편이지만 20대부터 65세 이상 노인층까지 폭넓은 연령층이 거주한다. 공동식사와 공용공간의 청소는 당번을 정해서 하며 지속적으로 공동체의식을 높이기 위하여 이벤트그룹, 원예그룹 등으로 나누어 활동한다.

1주일에 2~5회 당번제로 공동식사를 하고 공동체공간에서는 다양한 프로그램, 이벤트를 하며 거주자들이 주택을 직접 유지·운영 관리하고 있다. 거주자모임을 통해 공동체생활을 하는데 필요한 생활규정을 정하지만 강한 강제력을 갖고 있지 않다. 임대형식이므로 거주자의 입주·퇴거 관리나 생활상의 문제를 코디네이터 회사가 조정하는 역할을 하며 입주자가 회사에 비용을 지불한다. 코디네이터 회사가 코디네이터를 한 경우는 입주 시 회사의 회원이 되어야 하는 것이 조건이다.

컬렉티브하우스는 처음 의도한 목적대로 청년층과 노인층의 1인가구에게는 공동식사와 공동활동으로 외로움과 가사부담을 덜어주었고, 자녀양육기에 속한 가구는 자녀가 다양한 연령대를 접하고 이웃집 자녀와 친구·형제처럼 지내며 이웃이 스스럼없이 아이를 돌봐주는 환경이어서, 출산요구가 생겨 자녀 출산이 늘었으며 전반적인 만족도가 높았다(고야베 이쿠고 외, 2013). 그러나 자주운영(자치관리)을 하므로 '여러 역할을 맡아 시간내기가 어렵다'거나 만장일치의 의사결정이 대부분이므로 '여러 사람의 의견을 하나로 모으기가 힘들다'고도 하였으며 특히 일에 바쁜 30·40대는 '공동생활공간에서 여유있게 있을 수 없다', '입주자들과 어떤 관계를 갖는 것이 좋을지 생각하게 만든다'와 같은 어려움이 있었다(고야베 이쿠고 외, 2013).

코디네이터 회사인 'NPO법인 컬렉티브하우징사'는 입주희망자를 모집하는 방법으로 2주에 1회 일반인을 위한 컬렉티브하우스에 대한 공개세미나·견학을 기획하고 입주하기를 원하는 컬렉티브하우스의 탐색과 적응 가능성을 알아볼 수 있는 기회를 제공하는 역할을 한다. 입주희망자는 입주하기를 원하는 컬렉티브하우스에서 입주 전에 공동식사를 여러 번 하고 게스트룸에 머물면서 입주할 컬렉티브하우스 거주자와 상호 같이 살아갈 수 있는지를 알아볼 수 있다. 컬렉티브하우스의 월례 정기모임에는 회사의 코디네이터가 참석하여 건물에 관련된 문제를 건축업자나 건물 임대인에게 전달하는 역할과 공동생활에 대해 객관적인 입장에서 조언해준다. 거주자가 공동체공간 및 공용공간의 공동관리를 어려워했던 경험을 통해 리빙 어시스턴트(living assistant)를 상주시켜 월 1회 정도의 거주자 교류를 위한 행사(입주시 환영회, 차모임, 식사모임 등)를 진행한 경우도 있다. 이 사례는 입주자가 주도적인 공동체활동을 하지 않으므로 시간이 지나도 낮은 공동체의식 단계에 머물러 있었다. 공동체의식을 높이기 위해서는 자치관리가 필요한 방법이라는 것을 보여준다.

3. 국내 공동체주택의 특성

(1) 공동체주택의 건설배경과 유형

i) 건설배경

공공과 민간이 코하우징의 계획개념을 적용하여 주택을 건설하기 시작한 것은 2000년대 후반 수도권의 주택가격 상승으로 주거문제가 심각해지면서부터이다. 공공기관은 소규모 임대주택에서 공유공간을 통해 공동체를 강화하기를 원하였고, 민간업체는 중산층의 자가 소유 요구를 이루기 위해 공유공간의 공동사용으로 주택구입비를 줄일 수 있다는 면에서 코하우징 계획개념으로 주택을 건설하기 시작하였다.

이러한 주택을 초기에는 코하우징, 공유주택 등으로 불렀고, 현재는 2017년 서울특별시 조례에서 규정한 '공동체주택' 이라고 부른다. 국외에서는 코하우징과 셰어하우스를 구분하여 사용하는데, 서울시의 공동체주택은 일정한 조건을 갖추면 코하우징과 셰어하우스에 모두 적용되는 명칭으로 정의하였다.

ii) 주거공간 공유의 유형

거주자가 다양한 방식으로 공간을 공유하는 유형을 공간적인 측면에서 도식화하면 3가지로 구분할 수 있다. 공간 공유를 하는 주택에 대해 건축법상으로 정의되지 않는 다양한 명칭이 있으므로, 공간개념을 명확히 하기 위하여 개별세대가 거주하는 공간(unit)의 구성과 공유하는 공간(common space 또는 common facilities)으로 구분하였다(그림 4-4).

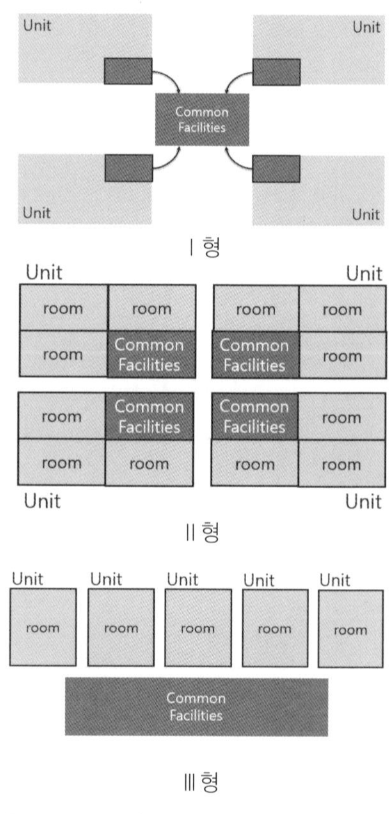

출처: 박경옥 외(2018). 4쪽

[그림 4-4] 주거공간 공유의 유형

Ⅰ유형은 주민참여설계로 건설하며, 공동소유의 공동체공간을 배치하여 부족한 단위세대의 공간을 보완하고 공동체활동을 위한 장소로 사용하는 것이다. 서구의 코하우징, 일본의 컬렉티브하우스, 국내 서울특별시 조례에 정의한 자가소유형 공동체주택 등이 이에 해당한다.

Ⅱ유형은 거주자가 하나의 주택 내에서 거실, 주방

등을 공유하는 것이다. 국내의 지자체 조례의 공유주택이나 셰어하우스, 「민간임대주택에 관한 특별법」의 공유형 민간임대주택, 국내 서울특별시 조례에 정의한 임대 셰어하우스형 공동체주택, 기존주택을 리모델링한 초기 민간 셰어하우스 등에 해당하는 유형이다.

Ⅲ유형은, 단위세대는 최소화하고 공동의 식당, 거실, 코워킹(co-working) 공간, 취미공간 등의 시설을 다양하고 넓게 배치하는 주택이다. 단위세대는 원룸형식으로 기존의 오피스텔에 해당하는 경우가 많지만 건축법 상의 공용공간의 비율이 상당히 높아 코리빙(co-living), 코워킹이라 부른다. 최근 국내 대형 건설회사가 젊은 층의 1인가구를 수요대상으로 하여 주택을 브랜드화하여 대규모로 공급한다.

(2) 국내 관련제도

국내에서는 공간을 공유하는 주택이 사회적 요구에 의해 먼저 건설되었고, 제도적인 정의가 후속적으로 이루어졌다. 제도적인 정의 이전에는 서구에서 사용된 명칭인 코하우징이나 컬렉티브하우스, 공동체성이 강조된 공동체주거(community housing), 공간을 공유한다는 의미의 공유주택 등 다양한 용어를 사용하였다. 공동체주택이라는 용어는 서울시 조례에서 정의되었고, 셰어하우스라는 용어는 1인가구를 지원하기 위한 지자체 조례에서 정의되었으며, 공유형주택으로 정의한 것은 법령에 의해서이다(표 4-6).

서울시는 공동체성을 기반으로 한 주거지원을 위해 2017년 7월 「서울특별시 공동체주택 활성화 지원 등에 관한 조례」(이하 서울시 공동체주택 조례)를 제정 시행하면서 공동체주택을 "입주자들이 공동체공간과 공동체규약을 갖추고, 입주자간 공동 관심사를 상시적으로 해결하여 공동체활동을 생활화하는 주택"으로 정의하였다. 조례에서 공동체주택의 3가지 조건으로 공동체공간, 공동체규약, 공동체활동을 제시한 것이다. 서울시는 공동체주택에 대한 재정적 지원과, 용적율 상향·주차면적 하향에 대한 공간적 지원을 하고 있으며, 2019년부터 공동체주택 인증을 실시하고 있다.

한편 1인가구를 위한 셰어하우스의 공간구성에 대해서는 지자체 조례로 별도로 정의하였다. 「부산광역시 1인 가구 지원에 관한 조례」(시행 2016.12.3.)와, 「서울특별시 금천구 1인 가구 기본 조례」(시행 2017.5.15)에서 셰어하우스와 공유주택을 동일한 의미로 보았고, '공통된 특성이나 관심사를 가진 1인 가구들이 모여 주거지 내 주방, 거실 등 일부 공간을 공유하면서 함께 살아가는 새로운 유형의 주택'으로 정의하였다.

국토교통부는 「민간임대주택에 관한 특별법」개정(2018. 1. 16)을 통해 기업형 임대주택

(뉴스테이)을 '공공지원민간임대주택'으로 제도를 개선하면서, 청년층을 위한 주택을 공급하기 위하여 지자체 조례의 셰어하우스와 같은 의미로 '공유형 민간임대주택'의 개념을 도입하였다. 이 법에서 명시한 공유형주택은 「주택법」[16]상에서 공동주택, 세대구분형 공동주택, 도시형생활주택에 해당되고, 「건축법」상의 공동주택에 해당된다. 즉 국내 관련법이나 제도에서는 공간을 공유하는 거주방식으로 정의하고 있지만, 공동체주택, 공유주택, 셰어하우스 등으로 '주거'가 아닌 '주택'이라는 용어를 사용하고 있다.

〈표 4-6〉 공유공간이 있는 주택의 정의

용어	정의	출처
공동체주택	주택법 제2조에 따른 주택 및 준주택으로서 입주자들이 공동체 공간과 공동체규약을 갖추고, 입주자간 공동 관심사를 상시적으로 해결하여 공동체 활동을 생활화하는 주택을 말한다.	「서울특별시 공동체주택 활성화 지원 등에 관한 조례」 제2조1항
공유주택 (share house)	공통된 특성이나 관심사를 가진 1인 가구들이 모여 주거지 내 주방, 거실 등 일부 공간을 공유하면서 함께 살아가는 새로운 유형의 주택을 말한다.	「부산광역시 1인 가구 지원에 관한 조례」 제2조4항 「서울특별시 금천구 1인 가구 기본 조례」 제2조4항
공유형 민간임대주택	가족관계가 아닌 2명 이상의 임차인이 하나의 주택에서 거실·주방 등 어느 하나 이상의 공간을 공유하여 거주하고, 임차인이 각각 임대차계약을 체결하는 주택	「민간임대주택에 관한 특별법」제4조 2항

(3) 국내 공동체주택의 종류

공동체주택의 유형은 여러 분류기준으로 구분될 수 있으며, 국내에서도 다양한 공동체주택 유형이 있다. 〈표 4-7〉은 국내에 공급된 공동체주택에 대해 거주자 대상, 공유공간 유형, 공급유형, 소유권에 따라 구분한 것이다[17].

16) 「주택법 시행령」 3조 공동주택은 아파트, 연립주택, 다세대주택, 9조 세대구분형 공동주택, 10조 도시형생활주택이 해당되며, 「건축법」의 공동주택은 아파트, 연립주택, 다세대주택, 기숙사가 해당된다.

17) 서울시 공동체주택 플랫폼 (http://soco.seoul.go.kr/info/selectBoardArticle.do)에는 공동체주택에 대한 현황, 자료, 서울형 공동체주택의 인증제 및 금융지원 등이 정리되어 있다.

〈표 4-7〉 국내 공급된 공동체주택의 종류

대상	공간공유 유형	공급유형	소유	명칭	사례
1인가구 청년층	Ⅲ형	공공	임대	행복주택, 협동조합형 공공임대주택, 공유주택, 셰어하우스	서울 가좌 행복주택, 홍은동 이웃기웃, 문정동 공공원룸, 역삼동 공공원룸
	Ⅱ형	공공소유(지원)+ 사회적경제주체 운영	임대	(서울시)리모델링형 사회주택, 사회적주택	안산시 사동 청년주택, 본오동 청년주택, LH달팽이집, 서울 자몽 셰어하우스
1인가구	Ⅱ형	민간 부동산임대 운영	임대	셰어 하우스	다수
		주택협동조합 부동산임대 운영	임대	공유주택	민달팽이주택협동조합
	Ⅲ형	부동산소유 운영	임대	대기업 브랜드	다수
1인가구 노인	Ⅱ형	공공	임대	보린주택	서울시 금천구 보린주택
핵가족 (세대 통합형)	Ⅰ형	민간	자가, 협동조합	협동조합주택, 공동체주택	소행주, 하우징쿱주택협동조합
	Ⅱ형	공공	임대	두레주택	서울 방학동 두레주택
	Ⅰ형	공공	임대	협동조합주택, 공동체주택	서울 만리동 예술인 협동조합주택 막쿱, 서울 가양동 협동조합형 공공주택 이음채
	Ⅰ형	공공토지임대부 + 민간 (사회적경제주체)	지상권 소유	공동체주택	소행주 5호
	Ⅰ형		임대	서울시 토지임대부 사회주택, 서울시 민관 협력형 공동체주택	더불어숲 성산, 녹색친구들 창천, 서울 신내동 소행주

4. 코하우징형 공동체주택의 사례

(1) 자가소유형

i) 건설과정

공동체주택은 국가마다 주거문화적인 특성을 반영하여 건설되고 있으며, 국내 자가소유형 공동체주택은 1980년대 중반에 건설되기 시작한 일본의 코오퍼러티브주택과 유사한 건설 방식으로 공급되고 있다. 계획과정이 주민참여방식으로 진행되고 입주후 지속적인 공동체의식을 높이는 생활과 관리를 한다는 점에서 공동체주택 준비 단계부터 주민들의 커뮤니티를 강화해가는 특징이 있다.

국내 민간에서 건설된 자가소유형 공동체주택은 저금리 기조로 전세가격이 급속히 오르면서, 개별 단위주택의 크기를 줄이는 대신 부족한 공간을 공동체공간(커뮤니티실이라고도 함)으로 보완하여 전세가격으로 자가로 전환할 수 있는 새로운 계획개념의 주택이었다. 민간 공동체주택은 가족생활주기상 유아기나 초등교육기에 속한 가구가 자녀를 안전하고 양호한 환경에서 양육하고 싶어 하는 요구 또는 노후에 이웃과 함께 외롭지 않게 살고 싶은 요구로 건설하는 가구가 다수이다. 현재 민간에서 공동체주택을 100호 이상 공급한 대표적인 건설주체는 소행주 마을기업과 주택협동조합방식으로 공급하는 하우징쿱이 있다.

공동체주택은 주택이라는 결과물 이외에 계획과정이 주민참여방식으로 진행된다는 점에서 커뮤니티 형성 과정이기도 하다. 즉 건축과정과 커뮤니티 형성 과정의 이중구조의 두 방향으로 진행된다(그림 4-5). 시행주체가 대지구입과 기본계획 후 입주자를 모집하거나, 입주자가 모여서 건설업체에 주택 건설을 의뢰하기도 한다. 입주자 모집이 완료되면 건축과정이 진행되면서, 커뮤니티 형성 과정인 입주자모임, 교육모임, 친목모임, 가구별 평면워크숍, 공용공간 워크숍, 건축의례(착공고사, 상량식 등)가 진행된다. 커뮤니티 형성과정은 건설주체에 따라 내용과 모임의 정도 차가 있다. 건축과정에는 거주자참여가 이루어져 기본계획의 평면이 거주자요구로 조정되어 층별, 개별주택별 평면규모가 결정되면 가구별로 주요구에 따른 개별주택의 평면조정과 전체 거주자참여로 실내 공유공간(공동체공간) 및 공동공간(옥상, 계단, 주차장 등)의 평면조정이 이루어진다.

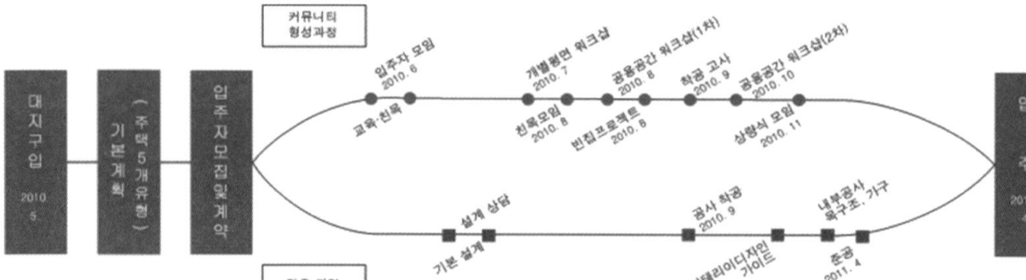

[그림 4-5] 자가소유형 공동체주택의 건축과정 및 커뮤니티 형성과정의 이중구조

소행주 1호 외관

구름정원사람들 외관

[그림 4-6] 자가소유형 공동체주택

ii) 생활과 관리

공동체주택에 따라 공동체공간 이용이나 공동체활동에 편차가 있다. 공동체공간은 월1회 반상회와 정기회의, 그룹 취미활동, 강좌 및 교육활동, 공동육아, 공동식사 및 공동 놀이방의 기능으로 사용한다. 국내 공동체주택에서는 서구의 코하우징과 달리 공동체공간에서 일상적인 아침과 저녁의 공동취사 당번제에 의한 식사를 하지 않는다. 커뮤니티가 높게 형성된 일부 공동체주택의 공동체공간에서 원하는 세대의 주부와 자녀가 모여서 저녁을 먹는 경우가 있다. 주택 내부의 공동체공간이외에도 공동체활동을 촉진하는 공간이 다수 있는 경우도 있다 옥상정원에서 빨래말리기, 텃밭가꾸기, 바비큐를 하고, 주차장은 차량이 없는 낮 시간 동안에 아이들의 놀이공간으로 사용되기도 한다.

공동체주택에서는 입주 후 자치관리를 하는 경우가 대부분이며, 일부 공용공간의 청소를 전문업체에 의뢰하기도 한다. 월 1회 입주자회의를 하고 월 관리비를 납부하여 복도와 계단실의 전기, 엘리베이터 점검비용, 각종 공동 물품구입비로 사용하며 장기수선충당금을 적립한다. 서울시는 2020년형 공동체주택 표준관리규약[18]을 제정하여 입주자들이 활용할 수 있도록 하였다.

---

18) 서울특별시 공동체주택 플랫폼 http://soco.seoul.go.kr/info/selectBoardArticle.do에서 최종 검색일 2021.5.11.
공동체주택은 소규모이며 주민총회에서 결정된 사항을 준수하고, 공동체활동에 참여하는 것이 중요하므로 규약에도 이러한 사항이 포함되어 있다.
[서울특별시 공동체주택 관리규약 표준안]
제5조(주민의 의무) 주민은 다음 각 호에 해당하는 의무를 갖는다.
1. 주민총회 참석
2. 이 규약과 주민총회에서 결정한 사항의 준수
3. 공용공간 등에 대한 유지관리 의무 준수

공동체활동은 느슨한 공동체를 지향하여 개인의 독립된 생활에 지장이 없고 모임에 대한 참석을 거주자 스스로 결정할 수 있는 민주적인 분위기에서 이루어진다. 건설단계에서 커뮤니티 형성 과정에서 입주세대에 대한 공동체프로그램을 어느 정도로 운영하는지가 입주 후 입주세대의 공동체의식 정도에 영향을 미치며, 공동체공간 사용과 공동체활동의 정도 차이로 이어진다. 설계 단계에서 공동체공간의 공간적 특성과 더불어 입주후 운영 및 관리에 대한 부분을 구체적으로 논의하고 합의하는 것이 중요하다. 오랜 기간 공동체주택에 거주하는 동안 세대별로 주거이동이 이루어지므로, 건설과정에 참여하지 않았던 새로 이사오는 세대를 어떻게 공동체주택의 일원으로 받아들일지에 대한 방안을 마련하는 것이 공동체주택을 유지하는데 중요한 요소가 된다.

(2) 공공임대[19)]

i) 가양동 육아가구주택 '이음채'(서울시)

가양동 협동조합형 공공임대주택은 '임대주택의 자율적 관리'와 '공동체 형성'이라는 목표로, 서울시가 2013년 최초 수요자 맞춤형 사업으로 하여 2014년 9월 입주하였다. 공동육아를 목적으로 하는 모델이다. 사업 초반부터 코디네이터 역할을 하는 전문가가 참여하여 입주자 선발부터 교육, 입주자 협동조합 설립, 입주 후 생활안정 등을 지원했다.

건물은 시유지를 활용하여 24세대의 지하 1층, 지상 6층 도시형생활주택으로 신축하였다. 외부에는 주차장(잔디를 심어 아이들 놀이공간으로 활용), 놀이터, 휴게 데크, 지상 1층에 공동주방, 커뮤니티 공간, 어린이 자유 놀이방, 지상 2층~6층에 3개 유형의 개별 주택이 배치되었다(그림 4-7). 최장 20년 임대, 주변시세의 80% 임대료로 만 4세 이하의 육아가정 대상 모집 가구원 수별 가구당 도시근로자 월평균 소득 100% 이하인 세대를 모집하였다.

---

4. 주민총회에서 결정된 공동관리비의 납부
5. 공동체 활동에 자발적인 참여
6. 주민이 정한 공동체 필수 활동에 참여
7. 이웃에게 혐오감을 주거나 미풍양속을 해치는 행위 금지

19) 서울시 공동체주택 플랫폼 http://soco.seoul.go.kr/info/selectBoardArticle.do의 내용을 정리함.

ii) 만리동 예술인주택 '막쿱'(서울시)

대지는 원래 만리배수지였으나 공공임대주택을 건설하기 위하여 용도지역을 변경하고 29세대의 지하 1층, 지상 5층 도시형생활주택으로 신축하였다(그림 4-7). 공유공간을 지상 1층에 공동작업실, 공동주방 등, 지상 3층에 커뮤니티 갤러리를 배치하였고, 주택은 전용면적 60㎡ 이하로 건설되었다. 예술가로 한정하여 예비입주자를 모집하였고, 예비입주자에 대한 교육 및 훈련프로그램을 진행한 후 최종 면접을 거쳐서 입주자를 선정하였다. 이후, 공공건축가와 함께 주택에 대한 설계를 진행하고, 건축허가 및 공사과정을 거쳐서 입주하였다.

입주자들은 공동체 형성을 위해 공사과정에서도 협동조합 교육, 관계증진 프로그램, 시설물 유지보수에 관한 교육을 받았다. 협동조합 설립을 위하여 조합정관 및 운영매뉴얼을 작성하여 협동조합으로 설립·신고하였고, 입주 후, 입주자들은 협동조합의 조합원으로 다양한 커뮤니티 활동을 하고 있다.

공공임대주택이지만 예술가의 주거 안정성 및 주거의 질을 높일 수 있도록 임대료는 낮게 하고, 예술가들의 작업실, 주거공간은 질을 높여 입주자 만족도를 최대한 높였다. 입주자로 수혜받은 예술가들은 자발적으로 지역주민들과 함께하는 막쿱 예술강좌 및 예술인 공동작업실 운영을 통해 지역 공동체성을 높이고 있다.

이음채

막쿱

출처: 서울특별시 공동체주택플랫폼 https://soco.seoul.go.kr/cohousingIntro.do

[그림 4-7] 공공임대 공동체주택

5. 임대 공유형주택의 운영관리

(1) 국외 임대 공유형주택

i) 운영관리 기준

국내에서 지자체 조례의 공유주택 또는 「민간임대주택에 관한 특별법」에서 '공유형 민간임대주택'으로 정의하는 주택은 일본, 영국, 호주에서 주택유형이 아닌 거주형태로 정의하고 있다. 건물의 유형도 주택, 기숙사, 숙박시설 등 다양하다. 일본, 영국, 호주는 모두 신축보다 기존 주택을 개조하거나 빈집을 활용한 셰어형주택이 대부분이기 때문에 최소한의 주거환경을 갖추고 안정성을 확보하기 위한 설계 및 시설의 계획기준을 수립하였다(표 4-8). 일본은 셰어하우스로 사용하기 위해서는 내화성 칸막이 벽, 비상 조명장치, 피난경로 등이 확보되어야 하며, 공동거주형 임대주택에 등록하기 위해서 규모, 구조 등의 일정한 기준을 충족해야 한다.

영국에서는 주택법에 HMO(Houses in Multiple Occupation)를 정의하고 의무적 면허제도를 도입하여 HMO의 위생 및 안전을 확보하였다. 지방의회마다 세부 지침을 제시하여 인원수에 따른 공용공간의 면적 및 시설기준을 제시하고 있다. 호주의 루밍 하우스(Rooming House)는 건축법에 따라 다수가 건축하는 주택을 숙박시설로 규정하고 이를 운영하기 위해서는 건물에 따라 인허가를 취득해야 한다. 호주는 지방의회마다 자체적으로 정한 주택임대 관련법에 따라 최소기준을 제시하고 있으며 최소한의 건강, 건축, 화재안전 기준을 충족해야 한다. 특히 영국과 호주는 셰어형주택의 화재사건으로 인해 화재안전기준에 관한 내용을 구체적으로 제시하고 있다.

영국과 호주는 임대관련법에 의해 관리가 이루어지고, 임차인 및 임대인 협회가 있어 이들의 권리와 의무를 이행하고 수행하는데 다양한 정보를 제공하고 있다. 영국은 HMO관리규정에서 임대인과 임차인의 권리와 의무가 명시되어 있어 이를 기준으로 관리가 이루어진다. 호주는 각 주마다 임대관리법을 제정하여 이를 기준으로 임차인과 임대인 가이드라인을 제시한다. 영국과 호주는 입주 전 주택체크리스트 및 생활규칙 등을 제공하며, 퇴거시 기준 등이 임대차계약서에 명시되어 있다.

일본은 국토교통성에서 2017년 공동거주형주택(셰어하우스) 운영관리에 대한 정보를 제공하기 위해 '셰어하우스 가이드북'을 발표하여 셰어하우스 운영관리의 각 단계 절차와 유의점에 대해 제시하였다. 또한 임대주택 관리업자 등록제도가 시행되었으며, 도쿄도(東京都)에서는 임대주택 분쟁방지 조례를 시행하고 「임대주택 분쟁 방지 가이드라인」을 작성하여 보급하였다.

〈표 4-8〉 일본 · 영국 · 호주의 공동거주 규정

명칭	정의	운영제도	적용법
일본 공동거주형주택 (셰어하우스)	국토교통성(2017): 개인적 공간을 가지고 있으며 타인과 화장실, 샤워실 등의 공간을 공용으로 사용하는 임대주택방식, 입주자 개개인이 운영사업자(건물주 포함)와 개별 방 단위로 계약을 하며, 화장실, 샤워실 등 공용공간은 운영사업자가 정기적으로 청소 등의 관리를 수행하는 방식	공동거주형 등록제도	2013.9.6. 건축기준법 제2조 제2항의 기숙사
영국 HMO(Houses in Multiple Occupation)	주택법(Housing Act 2004): 최소 세입자가 1가구 이상을 구성하고, 화장실, 욕실 또는 주방 시설을 세입자가 공유하는 부동산	HMO 의무면허제, 주택임대의 허가권을 지방정부에 부여	건축물 용도 다양
호주 Rooming House	주택임대법(The Residential Tenancies Act 1997): 하나 이상의 방을 임대할 수 있으며, 총 거주 인원은 4명이고 공용공간을 공유하고 별도의 임대차계약을 진행하는 주택	RH 등록제도, 운영자 면허제도	건축법 1b,3, 숙박시설 건축물 용도 다양

출처: 박경옥 · 최병숙 · 김도연 · 조인숙(2018). 청년민간임대주택 셰어하우스 가이드라인 마련을 위한 연구. 국토교통부 용역연구보고서. 한국주거학회. p.87.

ii) 건물유형

일본에서 공동거주형주택은 소셜레지던스(social residence), 소셜아파트(social apartment), 건물형 또는 단지형 셰어하우스 등 세대 규모에 따라 다양하게 운영된다. 소셜 레지던스, 소셜 아파트는 거주하는 방식에서 공동체생활의 장점을 강조하며 셰어하우스와 주택유형으로 구분한다.

민간기업형의 대규모 사업방식으로는 레지던스형과 고층 아파트 형태로 공급된다. 레지던스형은 1인 1실을 기본으로 각 실은 침실만 제공되며 부엌, 화장실, 거실, 세탁실 등을 거주자가 공유하여 사용할 수 있다. 아파트형도 1인 1실을 기본으로 침실과 부엌, 화장실이 함께 제공되는 경우도 있으며, 부엌, 거실, 세탁실 등을 거주자가 공유하여 사용할 수 있도록 한다. 이 주택유형의 임대료는 일본 원룸 임대료에 비해 높은 편이고 관리자가 상주하는 고급 기숙사형이며 상업적인 마케팅에 중점을 두어 여가 및 지원 공간의 면적과 종류가 다양하다.

영국에서 공유형주택은 대규모 민간기업형으로 라이프스타일을 공유한다는 의미를 두어 공유공간이 매우 다양하게 나타난다. 학생기숙사의 경우도 시설의 고급화뿐만 아니라 다양한 공용시설과 서비스를 제공하여 학생들이 사교문화를 경험할 수 있도록 유도하고 있다. 1인 1실이 기본이나 커플일 경우 2인 거주도 가능하다. 스튜디오형, 2~6인 공유아파트형 등 다양한 평면을 제시하며 입주자의 경제수준에 맞게 선택 가능하다. 개인실은 화장실, 침대, 책상을 갖추었고, 2~6인 공유 아파트형은 거실, 주방, 식당이 공동생활공간으로 사용된다. 운영관리는 전문 관리회사에 위탁하여 운영하며, 커뮤니티 매니저가 상주하여 입주 시 기본사항을 상담 후 비슷한 여가를 가진 사람들의 모임 및 활동을 매칭해주고, 임차인들이 추진하는 커뮤니티 활동을 도와주며 공간 일부를 지역사회에 오픈해서 지역주민과 입주자의 교류 증진을 지원하고 24시간 컨시어지 서비스(concierge service)를 제공한다.

미국은 주택을 공동으로 사용하며 요리와 청소, 세탁 서비스를 제공하는 기숙사형 셰어형 주택 개념으로 함께 사는 것의 가치를 중시하는 공유형주택을 코리빙, 위리빙(we-living)이라 부른다. 단기 또는 장기 거주가 가능하며 공간에 따라 1~4인이 함께 사용하고 있으며, 커뮤니티활동으로 창의적인 일을 찾고 새로운 생각을 가지고 있는 사람들이 만나면서 네트워크를 형성한다. 입주자들에게 공간, 커뮤니티 등 서비스를 온·오프라인 양쪽에서 제공한다.

(2) 국내 사례

i) 청년층 셰어하우스

대도시에서 청년층의 주거유형으로 민간임대 셰어하우스가 2012년 말 도입되었다. 영리를 목적으로 하는 민간임대 셰어하우스는 단독주택, 아파트를 임대하여 전대하는 방식으로 운영되는 경우가 많다. 개인의 공간이 방, 방과 화장실(샤워시설이 있는 경우도 있음)에 한정되므로 공유공간의 사용을 포함한 생활규칙이 더욱 중요하며 낮은 단계의 공동체의식이라도 없으면 함께 거주하기 어렵다.

SH공사와 LH청년주택에서 운영하고 있는 셰어형 주택은 주택협동조합, 공공원룸, 사회적주택 등으로 공급되었으며 대부분은 50세대 이하의 소규모이다. 공유주택에는 일상생활이 가능하도록 싱크대와 가스레인지의 주방설비, 세탁기, 냉장고, 디지털도어락 설비가 구비된다. 주택협동조합형은 운영자가 입주 전 공동생활에 대한 이해와 공유형 주거생활에 대한 교육을 통해 공동참여의 중요성을 알려 주고 처음 설계에서부터 거주자 참여 교육을 통해 공동생활의 어려움을 줄이려고 한다. 또한 입주자의 커뮤니티활동을 위한 교류 및 모임 등의 프로그램을 추진하고 있으며, 온라인을 통한 커뮤니케이션이 이루어진다. 공공원룸은 1인 1실을 기본으로 화장실, 침실, 부엌을 제공하고, 공유공간으로는 공동거실 등이 제공되지만 공유생활을 지원하는 시설로는 부족하며, 거주자 관리 및 생활관리를 하는 운영에 대한 부분이 부족하여 공동생활 활성화에 어려움이 있다. 사회적주택의 공유형주택은 1실에 1, 2인이 함께 거주할 수 있으며 최소 7호에서 38호로 운영된다.

• 민달팽이주택협동조합

청년 주거문제를 공론화하고 제도개선을 요구하기 시작한 것은 민달팽이주택협동조합(이하 민쿱)[20]의 활동으로 본격화되었다. 민쿱은 직접 주거공급을 하고 있으며, 달팽이집은 임차 후 재임대하며 셰어하우스 형식으로 공급된다. 달팽이집의 임대료는 입주한 조합원들의 주거비 부담을 최소화하기 해서 건설원가에 기반을 두어 임대료를 산출하고, 수선과 운영비용을 제외한 일체의 비용을 최소화하여 결정한다. 이를 통해 시세의 80% 수준으로 청년들에게 부담 가능한 수준에서 주거를 제공한다(김기태 · 조현준, 2017).

민간의 영리목적의 셰어하우스와 비교해보면, 민쿱의 셰어하우스 운영방식의 특징은 공동체형성으로 입주자간 갈등을 줄이고 사적인 친밀감과 신뢰를 높이는 공동체활동에 중점을 두고 있다는 것이다. 예비 조합원교육, 입주자 교육 및 워크숍, 조합원 리모델링 참여 프로그램을 운영하고 있다.

• 삼선동 예술인주택 '배우의 집'(서울시)[21]

민관협력임대형으로 연극이나 뮤지컬을 하는 배우들이나 예술 활동을 하는 청년들을 대상으로 한다. 서울시가 빌려준 땅에 건축가가 집을 저렴한 값에 임대를 하며, 시 소유의 토지(148.8㎡,40평)에 대한 월 임대료는 서울시에 지불하며 이 비용은 세입자들의 임대료에 포함된다. 지하1층, 지상2층의 10세대가 거주한다. 2016년 1월에 입주하였다.

1층에는 팟캐스트 방송이나 연극 발성을 연습할 수 있도록 방음시설을 갖춘 커뮤니티 공간이 있으며, 연극과 예술을 하는 입주자들이 창작공간으로 쓰거나 동네주민들과 함께 공유하는 마을극장으로 활용될 수 있다. 옥상에는 배우들을 위한 연습공간도 있다. 방은 3평~7평까지 다양하게 있으며, 각 방에는 화장실과 에어컨, 세탁기가 있다. 지하1층의 거실과 주방은 같이 사용하는 셰어형이다. 배우의 집 입주대상자는 만 39세 미만의 1인 거주 청년으로 「문화예술진흥법」에 따른 문화예술분야에 종사하는 문화예술인, 연극인 등이다.

ii) 공공임대 노인 공동홈

저소득층 독거 노인들을 위해 맞춤형으로 계획된 공공임대형 공동체주택이다. 단순히 사회혼합이라는 기존의 공공임대주택의 방식에서 벗어나 지자체와 사회적기업, SH공사, 지역

20) 민달팽이주택협동조합 https://minsnailcoop.com/ 2021.5.12.검색
21) 서울특별시 공동체주택 플랫폼 https://soco.seoul.go.kr/images/ex05.html의 내용을 정리함.

자활센터 등 다양한 기관의 사회통합적 협력으로 필요한 수요계층을 파악하여 지역에 밀착된 공동체주택을 공급한다.

보린주택, 미소주택, 두레주택이라 칭하며 4~5층의 다세대주택으로 10~19세대가 거주한다. 1~2층에는 커뮤니티실, 관리실, 경로당이 있고, 2~5층에는 거주공간이 있다. 옥상에는 세탁물 건조장이나 텃밭을 배치한다. 공동체 운영계획은 지역자활센터 소속 자활근로자를 배치하여 주택관리 및 입주자 밀착관리, 지자체와 사회적기업이 맞춤형 복지 프로그램 지원으로 입주자 및 지역주민 활용을 도모하여 네트워크 활성화를 한다. 지역보건소, 봉사활동센터 등이 다양한 사회계층을 혼합한 맞춤형 주거복지프로그램을 지원한다.

(3) 임대 공유형주택의 계획 · 관리 가이드라인

임대 공유형주택에는 주택 1호당 다수의 임차인이 거주하므로 기존의 분양주택이나 임대주택의 공급대상 선정과 차이가 있으며 주택 공급 시 임차인의 모집부터 운영의 각 단계별 필요한 사항은 다음과 같다[22].

- 공급 · 기획 단계에서부터 공유형주택의 운영관리 목표, 방향 및 기본 틀을 설정한다.
- 계획 · 설계 단계에서는 공유형주택에 적합한 평면구성 · 구조를 개발하고, 운영관리 측면에서 호당 필요한 설비 및 공용의 커뮤니티 공간 등을 고려한다.
- 시공 및 임차인 후보 형성단계에서는 임차인 후보 명단을 작성하고, 임차인 후보 간의 교류를 시도한다.
- 임차인 모집과 함께 생활하기 준비단계에서는 임차인에게 맞는 주거서비스 운영을 기획해야 한다. 임차인에 대한 사전 생활교육을 하고 개별 면담을 통해 임차인을 선정한다.
- 계약단계에서는 임차인에게 표준계약서의 내용을 설명하고 교육해야 한다. 계약방식, 보증제도를 안내하고 생활규약을 숙지하도록 하고 임차인의 동의서명을 받아야 한다.
- 입주 후 단계에서는 임차인관리, 주거서비스지원, 생활규약 지속 교육을 하고 관리비를 징수해야 한다.

이러한 공유형주택의 공급 · 운영단계 특성을 기반으로 설계 · 시설 가이드라인 16개, 운영가이드라인은 7개 항목으로 필수와 권장항목으로 구분하여 가이드라인을 제시하면, 〈표 4-9〉와 같다.

---

22) 박경옥 · 최병숙 · 김도연 · 조인숙(2018). 청년민간임대주택 셰어하우스 가이드라인 마련을 위한 연구. 국토교통부 용역연구보고서.한국주거학회. pp 210-211.

〈표 4-9〉 임대 공유형주택의 운영단계별 가이드라인

공급·운영단계	항목	가이드라인(안) 키워드		필수	권장
계획·설계 단계	01	1인 1실		●	
	02	개인실의 최소면적	7㎡	●	
			9㎡		●
			10㎡		●
	03	창문(채광과 환기 가능)과 문 설치 및 잠금장치 설치		●	
	04	침실 한 쪽 면 2.1m 확보		●	
	05	창문크기 바닥면적의 1/10, 추락방지 설비 확보		●	
	06	인원수를 고려한 부엌 설비와 장비 마련		●	
	07	공용욕실이 1개인 경우 욕실과 화장실을 분리하고 환기팬 설치		●	
	08	평면 변용 가능성을 고려한 기둥식 구조			●
		별동 배치			●
	09	공동생활공간의 가구 및 가전(냉장고, 세탁기, 에어컨, 식탁과 의자)		●	
		개인공간 가구(침대, 옷장, 책상, 에어컨)			●
	14	주택 내 공동생활 지원을 위한 공간과 시설 마련			●
	11	주택 내 1개 이상의 대피공간은 공동생활공간에 마련			●
		부엌과 각 실에 소화기 배치		●	
	12	개인공간에 피난기구 설치 및 마련			●
	15	50실 이상 공급 시 단지 내 커뮤니티 공간 및 서비스 마련			●
	16	주차대수는 세대(주택) 당 기준에 따라 설치			●
	23	개인공간의 전기사용량과 난방분배기 계측을 위한 설비 마련			●
시공+임차인 후보 형성 단계	17	임차인은 개인정보 제공(입주자 관리 풀 마련)		●	
	20	임차인 관리를 위한 전담인력 배치(생활교육, 생활지원, 생활관리)			●
	21	임차인 특성을 고려한 주거서비스 개발			●
	22	생활규약 마련		●	
임차인모집/생활준비단계	19	운영자는 공동생활특성, 계약내용에 대한 교육 및 활동 프로그램 운영			●
		임차인은 입주 전 교육 및 활동프로그램 참여			●
	22	운영자는 임차인의 생활규약 교육, 임차인은 교육 참여			●
계약단계	10	주택 내 공동생활공간에 설치된 가전과 설비에 대한 사용방법, 사용규칙, 수리 및 배상책임 고지		●	
		가전, 설비품목 상태 체크리스트 제공 및 임차인 확인		●	
	18	입주 전 면담을 통한 실 배정			●
입주 후 단계	10	주택 내 공동생활공간에 설치된 가전과 설비에 대한 사용방법 확인			●
	13	주기적으로 재난 시 대피교육 실시		●	
	23	주택 내 관리비를 인원수로 나눠 부과			●

출처: 박경옥 · 최병숙 · 김도연 · 조인숙(2018). 청년민간임대주택 셰어하우스 가이드라인 마련을 위한 연구. 국토교통부 용역연구보고서. 한국주거학회. p.231.

제5절 공동체마을 계획

1. 단독주택 주거지의 마을공동체

도시의 기존 단독주택 주거지에서 마을공동체로 기능하는 사례를 살펴본다. 이러한 마을공동체에 대해서 조직, 공동체시설, 공동생활, 공동체활동(지역교류, 프로그램 등)등의 차이를 파악하여야 한다. 정책적으로 노후단독주택 밀집주거지에 주거지재생사업이 시행되면서 주거지 내에 마을공동체를 재생하는 것이 중요하게 부각되었다.

(1) 서울 성산동 성미산마을

공동체의 범위가 마을(지역)공동체로 넓혀가는 사례는 25년 이상의 기간에 걸쳐 자리잡은 도심공동체마을로서의 서울 마포구의 성미산마을이 대표적이다. 성미산마을은 지역적으로는 성미산을 중심으로 한 서울시 마포구 성산동, 서교동, 망원동, 연남동 일대이며 행정적으로 명확한 지역구분을 할 수 있는 것은 아니며 공동체 가치를 적용하여 생활하고 일을 하는 사람들이 거주하며 활동하는 곳을 지칭한다.

1994년부터 30대 초중반 20여 가구가 연남동에 공동육아협동조합 어린이집을 설립한 것이 마을의 태동이 되었다. 각 가구들이 지역에 거주하면서 자녀의 성장과 생활의 필요에 따라 시설과 단체를 만들고 프로그램을 운영하면서 생활기반을 마련해왔다. 단독주택 밀집지역의 중심거점인 공동육아어린이집 3~4곳, 성미산마을극장, 성미산학교, 생협 등으로부터 도보 10분 거리정도에 있는 3,000여 세대가 느슨한 지역공동체인 것으로 보고 있다. 각 기관들은 80%이상이 개인출자를 기반으로 한 협동조합방식으로 구성되어 있다.

생활요구를 주민 스스로가 지역 내에서 해결해가면서 장기거주로 이어지는 성미산마을은 도심에서도 공동체가 가능하다는 것을 보여주는 사례이다. 마을의 연중행사로 가장 크게 대대적으로 이루어지는 것은 성미산 마을축제이다(그림 4-8). 그밖에 가을운동회, 마을 성인식, 대보름 지신밟기, 성미산 가족나무심기, 성미산축구 마을리그전, 문화예술동아리 축제 등이 진행된다. 이러한 도심공동체마을 특성의 장점으로 인해 지속적으로 거주하고자 하는 가구가 늘면서 공동체주택이 다수 건설되었다.

출처: 위성남 외(2012).

[그림 4-8] 성미산마을 거리축제

(2) 성남시 단대동 논골마을

경기도 성남시 단대골 논골마을은 성남시 남한산성 아래 첫 동네로 1970년대 무허가 판자촌 철거민으로 이주민들이 정착하여 마을이 형성되었으며 20년 이상된 10평 미만의 다세대주택 밀집지역에 2,500가구, 6,000여명이 거주한다. 마을센터 중심으로 28명의 논골마을만들기 추진위원회가 있으며 논골마을센터장 겸 작은도서관장과 마을국장이 다양한 마을프로그램(홀몸노인과 저소득노인 출장 봉사, 초등학생 목공교육, 어르신 공동 밥상, 마을미용실, 마을 야생화 벽화 등)을 운영한다. 2014년~2017년까지 문화마을로 3년간 문화체육관광부 지원을 받았다.

공동체시설로 3층 규모 마을도서관, 게스트하우스 겸용시설이 있다. 작은도서관은 밤12시까지 아이돌봄 교실 역할과 마을거점 역할을 한다(그림 4-9). 중고등학생 때부터 마을활동가를 양성하며, 논골 페이스북 멤버 3천명, 밴드가입자 1천백여명이 활동한다. 이 마을은 사는 사람들이 떠나고만 싶던 마을에서 논골 마을에 들어오고 싶은 대기자가 줄을 서는 이변이 나타나는 마을이 되었다(조현, 2018).

출처: http://www.mccozi.com/bbs/board.php?bo_table=bbs_w_sixth_case&wr_id=38

[그림 4-9] 성남시 논골마을 작은도서관

2. 신축 아파트 단지의 마을공동체

(1) 건설방식

도시에서는 높은 토지 비용으로 인해 고밀도의 아파트를 건설한다. 불특정 다수의 입주자가 거주하면서 공동체 의식을 형성하기 어렵다. 그러나 공동주택건설단계부터 주민참여방식을 적용하여 공동체의식이 형성된다면, 입주 후의 주민들의 상호적응 시간이 단축되면서 느슨한 마을공동체가 형성될 수 있다. 주택협동조합이 출발점이 될 수 있다.

국내에서 주택협동조합을 구성하여 주택을 건설하거나 입주 후 관리협동조합을 조직하여 관리하는 방식은 2012년 「협동조합기본법」 시행 이후 다양한 사례가 제시되었다. 협동조합주택은 조합이 주택소유권을 갖고 조합원은 거주권을 보장받으면서 영구적으로 거주할 수 있는 주택이다. 독일, 스웨덴, 오스트리아, 캐나다 등에서는 협동조합주택의 비율이 총주택의 5~20% 정도로 높으나 국내에서는 주택협동조합에 대한 금융, 세제 등에 대한 현실적인 법적 적용 미비로 활성화되지 못하였다. 국내에서 협동조합주택은 2013년 이후 민간이 건설형 협동조합주택을 소규모로 건설하거나, 입주 후 관리협동조합으로 운영하는 것을 전제로 공공임대주택을 공급하는 사례가 늘어나고 있다. 이러한 사례는 30가구 이하 소규모로 건설하였으며 아파트 유형으로 건설하는 사례는 소수이다.

주택건설비에서 토지비가 차지하는 비중이 크므로 도시에 협동조합주택을 아파트로 건설하려면 저렴한 토지가 있어야 한다. 공공의 토지를 저렴하게 매입할 수 있는 공공지원 민간임대주택 사업을 이용하는 방식으로 협동조합주택을 아파트로 건설하는 사례가 있다. 사회혁신기업 '더함'(당시는 예비사회적기업)이 입주예정자들로 입주자사회적협동조합을 구성하였고, 거주자참여 방식으로 하여 2018년 491세대 아파트를 착공하고 2020년 8월 입주하였다(그림 4-10 참조).

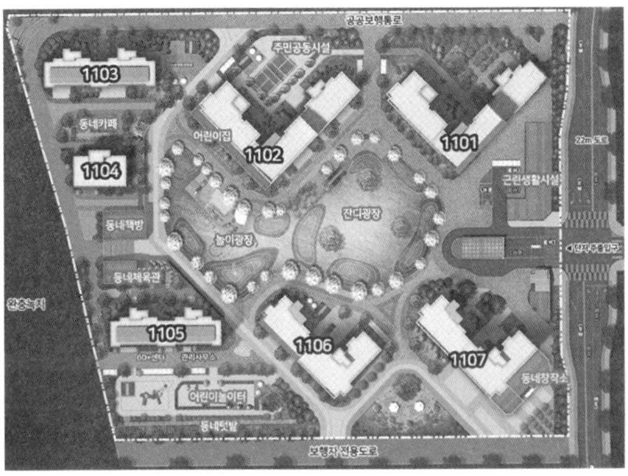

출처: 위스테이별내 http://westay.kr/ByeollaeSiteIntro/SiteInfo

단지 배치도

출처: 위스테이별내 사회적 협동조합 http://westaynamb.net/?p=3001

코로나 펜데믹 시기의 온라인 마을잔치

[그림 4-10] 위스테이 별내 아파트

이 사업방식의 목적은 이익 극대화를 목표로 하는 영리 시공사 중심의 개발·공급 관점에서 탈피하여, 사회적경제주체가 기획, 주도하고 공공이 지원하는 PSPP(Public-Social-Private Partnership) 방식의 거버넌스 구조를 통해, 저렴한 임대료, 장기간 안정적인 거주 등 주거 안정성을 높이고, 조합원의 자율과 자치에 의해 개인과 집단의 영리추구를 하지 않는 주거 공동체를 만드는 것이다. 사회적기업 사업주관사, 시공사, 자산관리회사, 건축설계회사가 함께 컨소시엄을 구성해 아파트를 건설하고, 사회적기업과 협동조합이 협력하여 아파트 단지형 마을공동체를 조성하며 계획 과정에서부터 단지 내 공동체 시설과 공동육아, 공유도서관, 생활협동조합 등의 프로그램 구성에 조합원(입주자)들이 참여하는 방식이다(그림 4-11)[23].

23) 박선하, 박은경, "동네 골목길마다 봄꽃처럼 움트는 도시재생 실험들", 『한겨레』, http://www.hani.co.kr/arti/economy/economy_general/835128.html#csidx68276ef17581d58947c0a24cabbe67b(최종방문일 2018. 5. 10.). 사회적경제법센터 '더함'은 경기 남양주시 별내지구 491세대, 고양시 지축지구에 539세대의 협동조합 공동체아파트를 사회적경제 조직의 특성을 살려 중간 이익을 최소화함으로써 인근 시세 대비 70~80% 수준으로 주거비를 낮추고, 임대료와 보증금 상승률도 연 2.5% 수준으로 제한했다. 유한책임회사 홈페이지 위스테이 http://www.westay.kr/, 위스테이 별내 임차인 모집공고 내용을 정리하였음.

입주자는 사회적협동조합[24]에 가입하여야 하며 주민들로 구성된 조합이 주택을 공동으로 소유하고 아파트를 관리하기 때문에 임대료나 관리비용을 저렴하게 할 수 있다. 입주자사회적협동조합은 아파트를 마을공동체로 유지하기 위하여 다양한 위원회를 구성하여 입주자들이 적극적으로 활동할 수 있도록 하였다. 운영주체인 '더함'은 사회적경제조직 및 비영리기관 경험자 123세대를 총 조합원의 25% 정원으로 우선 선발하였다. 이들은 조합 및 커뮤니티 운영을 먼저 준비하고 이후에 들어온 조합원들을 교육하는 역할을 맡았다.

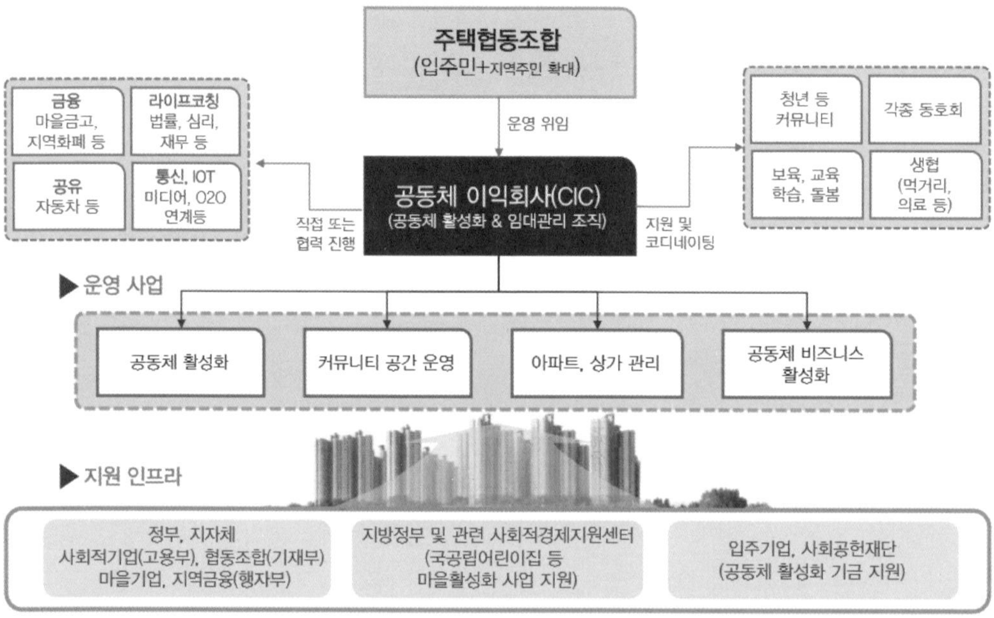

출처: 더함&사회적부동산사업단(2017). 협동조합 뉴스테이 소개 및 주거정책제안. 공유주택협의회 월례 세미나 발표자료

[그림 4-11] 협동조합, 공동체지원센터를 통한 공동체자주관리모델

커뮤니티시설은 공동체활동과 커뮤니티비즈니스를 위하여 법정기준의 2.5배인 약3,000㎡로 넓게 확보한 것이 특징이다. 커뮤니티 카페(공유부엌, 어린이책놀이터 등 포함), 다목적도서관(세미나실, 열람실 포함), 헬스케어센터(다목적체육관, 샤워실 등 포함), 시니어센터(경로당), 어린이집, 어린이놀이터, 크리에이티브 카페(공방, 동호회실, 플레이존 등 포함)을 배치하였다. 이와 같은 커뮤니티 공간은 1차 조합원들이 9개월 동안 46 번의 모임을 통해 기획되었다.

---

24) 위스테이별내 사회적협동조합 http://westaynamb.net/

(2) 생활 및 자체관리

입주자 사회적협동조합의 조직과 위원회의 종류는 [그림 4-12]과 같으며 주택협동조합이 구성해야 할 기본적인 위원회의 종류를 알 수 있다. 입주자의 공동체의식을 높이기 위한 프로그램을 지원하는 공동체활성화 위원회, 경제활동을 지원하는 공동체비지니스위원회, 조합원에게 필요한 교육을 담당하는 교육위원회, 공동생활질서를 유지하기 위한 규정정비를 하는 약속위원회, 지역사회와 연계하는 지역위원회를 구성하여 주민공동체활동과 관리를 한다.

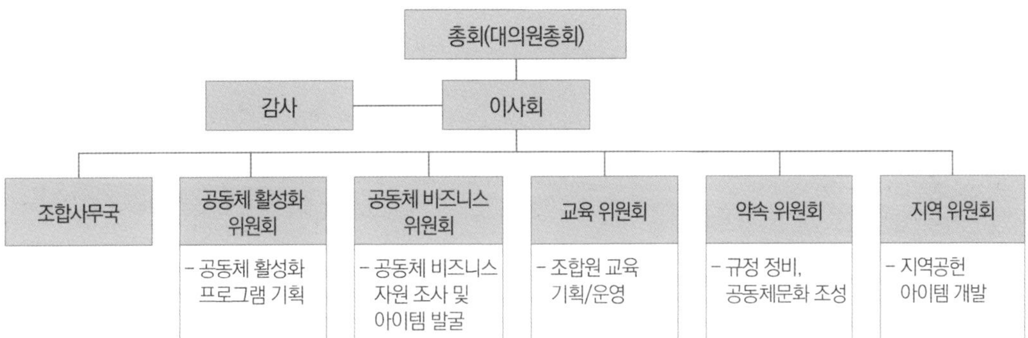

출처: 위스테이 별내 임차인 모집공고

[그림 4-12] 주택협동조합의 조직 사례

2020년에는 '백 개의 학교' 프로그램을 운영하기 시작하였고 주민들이 강좌를 열고, 참여할 수 있는 학습플랫폼을 만들었다. 자율성, 개방성, 공동체성, 공공성, 민주성 등에 위배되지 않는다는 기준을 바탕으로 백 개의 학교소위원회가 신청을 받아 검토 후 강좌가 열리는 구조이다. 예를 들면, 어린이 피아노 레슨, 초등 6학년 함께 읽기, 함께 달리기, 성인 독서 모임 등과 같은 프로그램들이 개설되어 있다(이수연, 2020).

협동조합형 공공지원 민간임대주택이 새로운 건설·운영 방식으로 정착하기 위해서는 정부, 기업, 사회적경제주체가 사회적 목적 달성을 위해 협력적 파트너십모델을 구성해야 한다. 정부는 정책 지원 및 공공사업참여 채널을 제공하고, 기업은 투자와 전문적인 지식을 지원하며, 사회적경제주체는 사업을 기획, 실행, 주관하면서 직접 현장의 문제를 해결해야 한다.

3. 노후 주거지재생과 가로 연계 공동체주택마을

도시재생은 다양한 원인으로 인해 쇠퇴하는 도시의 물리적 측면뿐 아니라 사회적·경제적 측면을 활성화하는 동시에 지역역량을 강화시키는 것을 말한다. 2015년 7월 이후 「도시재생특별법」이 본격적으로 시행되고 도시재생관련조례를 제정하면서 지역공동체가 강조되었다. 2017년부터 진행되고 있는 도시재생 뉴딜사업은 기존의 점적인 개발에서 동네의식이 존재하는 면적인 재생으로 확대되었다. 사업 유형은 대상 면적이 정해져 있으며 그 중 주거지에 적용되는 우리동네살리기(면적 5만㎡ 이하), 주거지지원형(면적 5~10만㎡), 일반근린형(면적 10~15만㎡)은 사업이 규정하는 지역을 범위로 하여 공동체범위가 정해졌다. 주거지재생은 공동체 회복을 하는 사회적 재생과 물리적 재생의 두 축과 더불어, 커뮤니티 비지니스를 통한 경제적 재생, 지역문화를 만들어가는 문화적 재생이 이루어진다. 이러한 재생의 측면은 공동체활성화를 위한 인적, 물리적, 프로그램, 재정적 요소와 유사하게 구성되었다.

2018년 면목동 공동체주택마을 사업은 공공토지의 토지임대부 공동체주택, 사회주택을 신축하고 커뮤니티 활성화 프로그램 운영을 통한 거리를 활성화하는 사업으로 확장되었다. 공동체주택사업을 필지단위사업에서 여러 동의 공동체주택을 건설한 후 서로 연계하여 책과 관련된 상점을 유치하고, 인근 중랑구의 '책읽는 거리'와도 연계하였다. 여러 필지의 공동체주택이 마을을 이루어 각 공동체주택 입주자간에 주거공동체를 형성하고 인근 지역사회 주민들이 참여하여 지역커뮤니티 프로그램을 제공하여 마을공동체를 만들어 가는 것이다.

서울시는 사회적경제주체를 공모하여 마을을 통합관리할 수 있는 운영주체로 선정하여 설계, 시공, 운영을 총괄하도록 하였다. 면목동 가로 연계 마을형 공동체주택마을 '도서당'을 2020년 12월16일에 준공하였다. 거리를 따라 인문학, 디자인, 요리 등 7개 테마의 총 38호 공동체주택(도서당)에 공동육아공간, 코워킹스페이스, 공동세탁실 같은 공동체 공간이 있고 각 건물 1층에는 독립서점, 식당, 카페 등이 입점하였다(그림 4-13). 마을 내에는 '공동체주택 지원허브'도 설치하여 공동체주택의 확산을 지원한다.

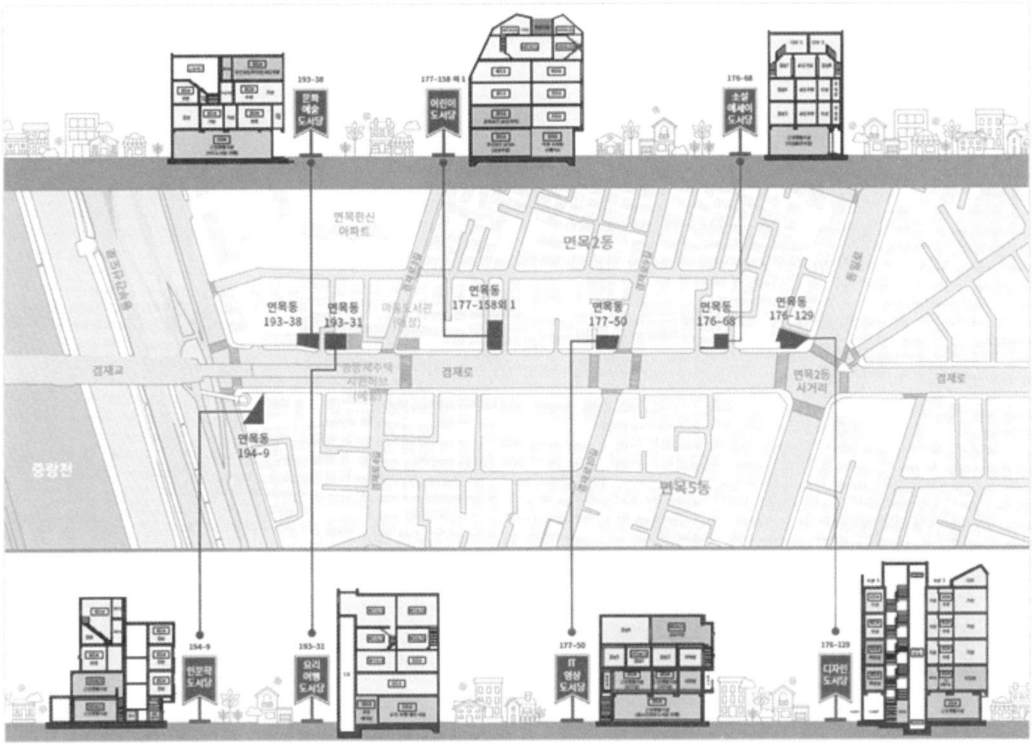

가로에 위치한 공동체주택

가로에 연계된 공동체주택

공동체주택마을 내 '공동체주택 지원허브

출처: 중랑구 면목동에 '마을형 공동체주택' 첫 선(2020.12.16.). 서울특별시 http://mediahub.seoul.go.kr/archives/1305389

[그림 4-13] 면목동 공동체마을 도서당

제6절 공동체 자산화

1. 공동체 자산화의 의미와 필요성

(1) 공동체 자산화의 의미

자산(資産)이란 개인이나 법인이 소유하고 있는 경제적 가치가 있는 유형 또는 무형의 재산이며, 자산화(資産化, assetization)는 무언가를 유형 또는 무형자산으로 변환하는 과정이다. 사회적 자산화는 영세사업주, 사회적경제조직, 지역공동체의 가치를 추구하는 여러 단체 등이 모여 공동의 역량을 결집시켜 부동산자산을 취득하여 자신의 사업을 보호하고 유사 사업주에게 적정 임대차 계약을 제공하는 것이다.

공동체자산화는 공공시설물의 소유권, 운영권, 관리권 중 일부 권한을 지역공동체에 양도하거나 이양하여 지역공동체의 자산으로 전환시키는 일련의 과정이다. 시민자산화, 지역자산화, 사회적 부동산으로도 부른다.

(2) 공동체 자산화의 필요성

사업주의 노력으로 지역이 주목받게 되면 임대료 상승으로 연결되어 그 지역을 발전시킨 소상공인이 다른 지역으로 이전해야 하는 경우가 빈번하다. 지역 상권과 산업 위기를 초래하여 경제주체가 자기지역에서 내몰리는 젠트리피케이션(gentrification)현상이 발생한다. 젠트리피케이션을 방지하기 위하여 사회적 자산화가 시도되었다. 사회적 자산화는 실제 경제주체가 건물의 재산권을 행사한다는 점에서 일반적인 사적 자산 취득과 차이가 있다.

도시재생사업이 진행되면서 국토부를 비롯한 중앙부처가 추진한 도시재생사업을 통해 조성된 공공시설물은 지역 활성화의 긍정적 성과가 있는 반면 주변 지역의 지가 및 임대료 상승으로 인한 부정적 측면의 젠트리피케이션 현상도 발생하였다. 지역공동체 역량 강화와 지속가능한 지역 커뮤니티 활성화를 촉진하기 위해 공적 재원으로 조성된 공공시설물의 소유권, 운영권, 관리권 중 일부 권한을 지역공동체에 양도하거나 이양하여 공공시설물을 지역공동체 자산으로 전환시키는 일련의 과정이 필요하게 되었다. 과거에는 민간 경제주체가 행정 재산에 접근하기 힘들었으나 2019년 6월 정부는 자산화 가능성을 높이기 위해 「공유재산 및 물품관리법 시행령」을 개정하였다. 다양한 공동체자산화를 위한 모형개발이 필요하다.

2. 공동체 자산화 관련 법 · 제도

(1) 민법

「민법」에 따라 사적 영역에서 다수가 '공동으로 소유하는 재산'을 공유 · 합유 · 총유 재산으로 구분한다. 공유(public ownership)재산은 자산의 보유 및 이용을 위해 소유하는 재산으로, 공유재산의 이용 및 수익은 지분 비율에 따라 결정한다. 공유재산은 2인 이상의 소유권자가 소유권 지분을 분할한다. 합유(partnership-ownership)재산은 특정 목적을 달성하기 위해 재산을 공동으로 소유하는 재산으로 자산과 지분의 처분에는 전원 합의가 필요하다. 합유재산은 비법인 모임 구성원이 공동사업, 조합 등 특정 목적을 달성하기 위해 공동으로 소유한다. 총유(collective ownership)재산은 비법인 모임 구성원이 특정 목적을 달성하기 위해 이용하는 재산으로 자산의 처분을 위해서는 총회를 구성해야 하며, 사용 및 수익은 정관이나 규약에 따라 결정한다. 총유재산은 합유재산과 같은 형태이나, 자산의 보유는 불가능하며 이용만 가능하다(전대욱 외, 2016; 재인용 한승욱, 2017).

(2) 공유재산 및 물품관리법, 지방자치단체를 당사자로 하는 계약에 관한 법률

공유재산은 「공유재산 및 물품관리법」, 「지방자치단체를 당사자로 하는 계약에 관한 법률」에 따라 매각과 임대가 가능하다. 지자체가 소유한 공유재산의 매각은 일반재산만 가능하며, 경쟁 입찰을 원칙으로 한다.

지자체가 소유한 공유재산은 행정과 일반재산으로 구분하며, 행정재산은 공공의 목적으로 사용하는 재산으로, 청사, 학교, 시민회관 등이 이에 해당하며, 일반재산은 행정재산을 제외한 나머지 국유재산으로, 나대지, 공장부지 등이 있다. 지자체가 소유한 일반재산의 임대는 대부로 진행한다. 일반재산의 임대는 수의 계약할 수 있고, 재산의 위치, 형태, 용도 및 계약의 목적과 성질 등을 고려하여 지자체장이 지명의 필요가 있다고 판단하면, 지명경쟁으로 대부할 수 있다. 지자체가 소유한 행정재산의 임대는 사용 · 수익 허가로 진행한다.

행정재산은 「공유재산 및 물품관리법」제27조에 따라 지자체 외의 자가 재산의 관리를 할 수 있다. 일반재산은 「공유재산 및 물품관리법」제43조의 2에 따라 한국자산관리공사, 한국토지주택공사, 지방공사가 재산의 관리 · 처분에 대한 사무를 위탁할 수 있다. 일반재산의 관리 · 처분에 대한 행정사무로는 대부, 매각, 변상금 부과, 체납 처분 등이며 수탁기관의 권한과 책임에 따라 수행한다. 공유재산의 위탁 개발은 건물의 노후화, 사용면적 협소 및 타 용도로의 사용 등을 위해 개발이 필요한 경우, 행정재산의 개발(신축, 증축, 개축,

재축 등)이 필요하나 해당 지방자치단체장의 재정 여건 등을 감안해 위탁개발이 필요한 경우에 한해, 행정재산을 용도폐지하고, 일반재산으로써 위탁해야 한다.

3. 공동체 자산화 지원사업

지역사회활동 단체가 지역사회혁신 활동을 안정적으로 진행하여 지역사회 활성화에 기여할 수 있도록 2020년부터 2022년까지 금융 지원을 한다. 행정안전부와 농협, 신용보증기금이 업무협약(MOU)을 체결하고, 지역사회 혁신활동 맞춤형 금융지원으로써 시설자금, 운전자금, 보증·저리대출, 컨설팅 등을 지원한다. 시설자금은 부지·건물매입, 설계·인허가비, 토목·건축비이며, 운전자금은 리모델링비, 가구·설비·물품, 초기 운영 비용이다.

MOU에 의거하여 행정안전부와 농협, 신용보증기금의 역할을 분담한다. 행정안전부는 사업 총괄, 사례 발굴 및 선정 기준 수립, 협력 사항 조정 등, 신용보증기금은 농협 출연재원의 10배(375억 원)를 보증하고, 건당 최대 5억 원 한도 내에서 100% 보증을 제공한다.

지원대상은 주민과 함께 지역자산화를 추진하는 민간단체로, (예비)사회적기업, (사회적)협동조합, 마을기업, 자활기업 등 사회적 경제주체이다.

4. 공동체 자산화 사례

(1) 영국 코인스트리트

영국에서는 '지방정부법'(Local Government Act) 이나 '지역주권법'(Localism Act)을 활용하여 제도적으로 사회적 자산화를 지원한다. 「지역주권법」은 지역사회의 새로운 권리 창출을 위한 규정을 다루고 있다. 지방정부를 위한 새로운 자유와 융통성, 지역 공동체를 위한 새로운 권리와 권한, 명확하고, 민주적이며, 효과적인 계획 체계 개선, 주택은 지역 차원에서 관리하는 것이라는 결정을 보장하는 개혁 등이다.

영국 런던 사우스뱅크에 위치한 코인스트리트는 대규모 개발로 삶의 터전을 잃을 수 있다는 위기감에 주민들이 1984년 비영리마을만들기 사회적 기업인 코인스트리트 커뮤니티 빌더스(CSCB: Coin Street Community Builders)[25]를 결성하였다. 이 단체는 지역 주민

25) Coin Street Community Builders https://coinstreet.org/

들로만 이루어졌으며, 커뮤니티 중심의 도시재생을 추구하여 런던시의 정책적 지원으로 저렴하게 13에이커의 부지를 매입하고 주택협동조합을 설립하여 임대주택 건설, 공원·산책로 등 공공시설 조성, 공장·재래시장 등의 기존건축물을 리모델링하여 수익시설로 운영하였다.

다양한 예술전시 공간 설립, 레저 및 스포츠활동 프로그램 등을 제공하고 있다(그림 4-14). 임대사업, 주차장사업, 커뮤니티 프로젝트 컨설팅의 수익사업으로 이익을 창출하고 이를 다시 공동체활동에 재투자하는 방식이다. 주민대표그룹, 사회적 경제주체, 개발회사, 전문가, 지역의회 의원, 행정을 포괄하는 지역사회네트워크모임과 민관협의체를 구성해서 상호 협의하고 지원을 받았다[26]. 지역재생은 지역에 대한 애착심이 있고 지역을 생활터전으로 생각하는 지역공동체의식이 있어야 성공적일 수 있다는 것을 보여주는 사례이다.

출처 : https://coinstreet.org/index.php/about-us/our-developments

옥소타워(Oxo Tower) : CSCB가 리모델링하였고 디자인 스튜디오, 상가, 음식점, 협동조합주택이 배치되었다.

출처 : https://coinstreet.org/index.php/about-us/who-we-are/what-we-do 동영상 화면 캡쳐

코인스트리트 주민센터(coin street neighbourhood centre): 주민에게 보육, 교육, 기업지원, 여가활동을 지원한다.

[그림 4-14] 영국 코인스트리트

(2) 서울시 광진주민연대

광진 주민연대는 2009년 '안전한 둥지 만들기 프로젝트'로 자산화 논의를 시작해 2017년 말에 자산화를 완료하였다. 2010년 광진주민연대가 서울시 광진구 자양동 일대에서 임

---

26) 영국의 코인스트리트, 주민의 힘으로 도시를 만들다. 도봉구마을사회적경제지원센터 http://dbmasecenter.org/221220230566

차 중인 건물을 매입해 첫 자산화를 이루었으나, 2017년 지역 재개발로 해당 건물을 개발조합에 매도하고 중곡동에 새 건물을 매입해 이전하는 두 번째 자산화를 추진하였다. 현재 중곡동에 있는 지상 4층 규모 건물을 매입해 지역단체와 기업의 활동 및 사업 공간을 마련하였으며 지역조직, 마을기업, 의료시설 등이 입주해 지역 커뮤니티 공간으로 활용하고 있다(오은주 · 오승훈, 2020).

광진 주민연대는 사회적협동조합을 지향하지만 담보 대출, 자산취득 중과세 등 제약으로, 개인이 은행대출을 받는 형식을 취해 건물을 매입하였다. 당초 광진주민연대나 지역 조직이 주체가 되어 건물 담보대출을 받아 자산화를 이루려 했으나, 은행이 신용을 문제 삼아 대출을 거부하였고, 결국 출자자 중 1인이 개인대출로 비용을 마련한 것이다. 현실적 제약에도 불구하고 자산화 목표로 7년간 다져온 공동체 신뢰와 학습효과를 바탕으로 사업추진이 가능하였다(오은주 · 오승훈, 2020).

(3) 서울시 마포구 해빗투게더

해빗투게더 협동조합은 2017년 마포구 일대 3개 협동조합이 연합한 자산화 추진조직이다. 마포구 염리동에서 커뮤니티 공간을 운영하던 ‘우리동네나무그늘’이 2016년 젠트리피케이션으로 활동공간을 잃게 되었고, 이에 안정적인 마을 활동을 보장하기 위한 방식으로 공간을 직접 매입하는 ‘자산화’ 논의를 본격적으로 시작하였다(오은주 · 오승훈, 2020).

2017년 마포구에서 활동하던 ‘홍우주 사회협동조합(예술인 협동조합),’ ‘삼십육쩜육도씨’(의료 협동조합)과 함께 해빗투게더 협동조합을 조직하였다. 2018년 나눔과 미래의 ‘리:커머닝 대회’에 참가해 법무 컨설팅 지원을 받아서 자산화 방식으로 주식회사와 협동조합을 조합한 모델을 추진하였다. 해빗투게더 협동조합의 자회사이자 건물 소유 주체인 주식회사 더커먼즈를 설립해 매입에 필요한 자금을 효율적으로 확보할 계획이다(오은주 · 오승훈, 2020).

건물 소유 주체를 주식회사로 선정한 이유는 주식회사가 크라우드 펀딩이나 기관투자를 받기에 효율적인 구조이기 때문이다. 또한 주식회사에 해빗투게더 협동조합이 지배하는 구조를 도입해 주식회사의 효율성과 협동조합의 민주성 모두 확보 가능하기 때문이다. 해빗투게더 협동조합이 주식회사 더커먼즈의 주식 50% 이상을 확보해 의결원을 확보하였고, 주식회사를 통한 개인투자, 크라우딩펀딩, 사회적 기금, 기관투자 유치 등으로 건물 매입자금을 마련하였다(이유지, 2021.6.19.).

참고문헌

국토교통부 보도자료, “입주민 통합과 화합의「공동주택 공동체 문화 활성화를 위한 프로그램 운영 매뉴얼」배포”. 2015. 11. 27.

고야베 이쿠코 · 주총연 컬렉티브하우징 연구위원회 편저(2013). 컬렉티브하우스, 지비원역, 서울: 퍼블리싱 컴퍼니 클.

김기태 · 조현준(2017). 민달팽이주택동조합의 비영리주거모델 구축 경험. 공간과 사회 27(3), 127-140.

김미영(2015). 현대사회에 존재하는 공동체의 여러 형식. 사회와 이론, 181-218.

김수동(2021). 공동체의 자산화, 공동체의 경제활동에 대하여. 공동체만들어가기 코디 전문가과정 강의자료, SH인재개발원.

김수영 · 장수지 · 문경주(2014). 신공동체의 유형화에 관한 연구. 지역사회연구, 22(1), 95-122.

더함&사회적부동산사업단(2017). 협동조합 뉴스테이 소개 및 주거정책제안. 공유주택협의회 월례세미나 발표자료.

도봉구마을사회적경제지원센터, 영국의 코인스트리트, 주민의 힘으로 도시를 만들다. http://dbmasecenter.org/221220230566

대우건설(2017). 지속 가능한 주거서비스 연구, 대우건설 주택건축사업본부.

박경옥(2018). 공동체 문화의 새로운 도약. 한국주택관리연구원(엮음.), 아파트공동체 상생을 생각하며(pp. 225-262). 박영사.

박경옥 · 최병숙 · 김도연 · 조인숙(2018). 청년민간임대주택 셰어하우스 가이드라인 마련을 위한 연구. 국토교통부 연구용역보고서. 한국주거학회.

박선하, 박은경, “동네 골목길마다 봄꽃처럼 움트는 도시재생 실험들”, 『한겨레』, 2018년 3월 8 일자, http://www.hani.co.kr/arti/economy/economy_general/835128.html#csidx68276ef17581d58947c0a24cabbe67b (최종방문일 2018. 5. 10.).

서울특별시(2017). 함께 살아 좋은 집, 공동체주택 매뉴얼 북(자가소유형).

안현찬 · 구아영(2017). 서울시 마을공동체 지원사업 성과평가와 정책과제. 서울연구원.

안현찬 · 조윤정 · 채혜인(2019). 서울시 마을공동체사업의 주민자원 활용 촉진방안. 서울연구원.

오은주 · 오승훈(2020). 서울시 사회적 자산화 활성화 방향. 정책리포트 310호, 서울연구원.

위성남 외(2012). 마을하기, 성미산마을의 역사와 생각. 국토연구원.

이라영(2009). 공동주택단지의 공동체의식과 외부공간구성. 박사학위논문, 전남대학교.

이수연(2020.10.10). 돌봄위원회, 막걸리학교…'백개의 학교'가 있는 '동네살이'. 한겨레 http://www.hani.co.kr/arti/society/society_general/965225.html

이유지(2021.6.19.) "더는 쫓겨나지 않겠다"… 손 잡고 33억 건물주 된 시민들. https://www.hankookilbo.com/News/Read/A2021061104570001007?did=DA

이종수(2018). 공동체의 형성이 주민의 행복에 미치는 영향. 한국지방자치학회보, 30(2), 201-219.

정안숙(2015). 현대한국사회에서 공동체심리학의 역할. 한국심리학회지: 일반, 34(3), 667-683.

정지인 · 박경옥(2017). 코하우징 구축과정 및 거주자의 생활분석을 통한 공급활성화 방안. 주택도시연구, 7(1), 20-37.

조현(2018). 우린 다르게 살기로 했다. 한겨레 출판.

주거학연구회(2000). 더불어 사는 이웃 세계의 코하우징. 교문사.

중랑구 면목동에 '마을형 공동체주택' 첫 선(2020.12.16.). 서울특별시 http://mediahub.seoul.go.kr/archives/1305389

천현숙(2001). 커뮤니티활성화를 위한 거주자의 특성과 커뮤니티 특성간 상관관계에 관한 연구. 주택연구, 9(1), 143-172.

최정신 · 홍서정(2017). 코하우징 공동체. 어문학사.

한승욱(2017). 도시재생 활성화를 위한 지역자산화 방안. BDI정책 포커스, 325호, 부산발전연구원.

통계청 보도자료, "2016 인구주택총조사: 등록센서스 방식 집계 결과", 2017.8.31. 42면.

통계청 보도자료. "2017 한국의 사회지표", 2018.3.22. 제1면.

국가법령정보센터 https://www.law.go.kr/ 「공동주택관리법 시행령」, 「기업형임대주택 공급촉진지구 등에 관한 업무처리지침」, 「기업형임대주택 공급촉진지구 등에 관한 업무처리지침」, 「도시재생특별법」, 「서울특별시 공동체주택 활성화 지원 등에 관한 조례」, 「주택법」

고려대 한국어대사전 https://search.daum.net/search?w=bookpage&bookId=983714&q=고려대한국어대사전

민달팽이주택협동조합 https://minsnailcoop.com/

서울시 마을공동체 종합지원센터 http://www.seoulmaeul.org/

서울특별시 공동체주택 플랫폼 http://soco.seoul.go.kr/info/selectBoardArticle.do

소통이 있어 행복한 주택 https://cafe.naver.com/cooperativehousing

하우징쿱주택협동조합 http://cafe.daum.net/housecoop

NPOコレクティブハウジング社 http://www.chc.or.jp/.

Coin Street Community Builders https://coinstreet.org/

Tinggården http://www.tinggaarden.nu/

Windsong cohousing community https://windsong.bc.ca/

제5장

도시재생과 리모델링

제1절 도시재생과 리모델링 개요

건축물의 리모델링은 건물의 노후화 억제 및 기능 향상을 위한 행위로, 대수선, 증축, 개축 등을 통해 건물의 연면적, 층수 등의 증가를 수반하기도 한다. 리모델링은 건축물을 안전하고 쾌적한 상태로 비교적 장기간 보전하기 위한 유지(maintenance) 활동, 건축물의 노후, 파손, 고장시 수리, 수선 등으로 건물의 기능을 회복시키는 보수(repair) 활동, 건축물의 사회적 기능 향상을 통해 사용 및 경제적 가치를 제고하기 위한 개수(renovation) 활동으로 분류된다.

리모델링을 추진하는 주된 목적은 물리적, 기능적, 사회적 성능의 개선에 있으며, 리모델링을 통해 얻을 수 있는 효과는 건축물의 에너지 효율성을 제고하는 것으로, 그 외에도 무분별한 재건축 추진 방지, 주택의 장수명화, 주거환경 개선, 자원 낭비 억제, 자원의 최적 활용 등의 정책 목표를 갖는다(표 5-1).

〈표 5-1〉 리모델링의 목적과 필요성

목적	필요성
물리적 성능 개선	구조성능/설비 전기시설/건물 내외장재 등의 노후화가 진행된 경우
기능적 성능 개선	사용환경의 노후화, 에너지 유지관리비/전기용량/LAN 등의 필요성이 증가한 경우
사회적 성능 개선	경제, 사회, 문화적 상황의 관리가 필요하거나, 건물용도의 새로운 요구 증가, 건물의 이미지 가치 하락이 발생한 경우

출처: 김은희 · 염철호(2015). p.15.

건축물 리모델링의 목적은 건축물 준공 후 유지 · 관리 과정에서 건축물의 노후화를 억제하고, 건축물에 부여된 원기능과 외관, 각종 기술적 성능의 회복과 개선에 있다. 이러한 리모델링의 범위에는 준공 후 15년이 경과한 건축물을 대상으로 개수 및 보수, 대수선, 증축, 실내건축 등의 변경행위가 포함된다. 리모델링을 통해 얻을 수 있는 긍정적 효과에는 신축 대비 비용절감, 철거폐기물의 감소, 공사기간의 단축, 법적 제한의 축소 및 특례 적용, 인접건물 및 도로의 피해 최소화 등을 들 수 있다. 반면, 사업계획 단계에서 현장의 상황 파악에 한계가 있어 공사범위를 명확하게 결정하기 어렵고, 건물에 대한 사전조사의 범위와 업무량이 증가할 수 있으며, 공사 진행과정에서 설계 변경이 자주 발생하는 등의 문제가 있다.

도시재생에서 리모델링 활성화구역으로 지정되면, 건축법에 따라 기존 연면적 합계의 30% 범위에서 증축이 가능하도록 각종 건축 규제를 완화받게 되고, 15년 이상 된 노후 건축물이 60% 이상인 지역들이 리모델링 활성화 구역으로 선정될 수 있다. 서울시의 경우 민간의 리모델링을 유도해 소규모 개발을 지향하고, '고쳐 쓰는 도시'를 도모하기 위해 리모델링 활성화를 추구하고 있다(김강래, 2017). 정부는 2013년부터 그린 리모델링 사업을 추진하여 건축물의 에너지 성능 향상과 효율 개선, 온실가스 배출량 감소 등을 위한 노력을 기울이고 있다. 특히, 중앙정부, 지자체, 공공기관 등 공공건축물을 중심으로 우선적인 리모델링 사업을 추진하고 있으며, 뒤를 이어 민간건축물에도 그린 리모델링의 적용을 장려하고 있다(박용석, 2020).

도시재생에서 리모델링은 소유자와 이용자가 이미 존재한다는 점이 신축과 다르다. 여기서 재생을 요구하는 주체의 위치가 소유자인지 이용자인지에 따라 리모델링 계획의 방향성이 달라진다. 그리고 건축의 리모델링을 통한 도시재생을 위해서는 계획적 측면 이외에 사업과 관련된 계획도 필요하다.

도시재생의 주거지 재생사업 과정에서, 주택 개선에 대한 주민들의 요구가 상당히 많고 다양한데, 재생과 리모델링의 연계를 통해 시너지 효과를 낼 수 있다. 그러나, 이미 리모델링 단계를 넘어선 도시재생구역 내 노후 주택 단지의 경우에는 과감하게 재건축 가능성을 열어주는 것도 방법이 될 수 있다.

본 장에서는 도시재생을 위한 리모델링 중 빈집 리모델링과 공공건축물의 리모델링을 중심으로 관련 개념, 법규 및 제도, 주요 국내외 사례 등을 살펴보고자 한다.

제2절 도시재생과 빈집 리모델링

1. 빈집 리모델링의 개념과 종류

인구의 고령화와 감소, 주택의 노후화 및 과잉 공급 등 다양한 원인으로 농어촌, 지방 중·소도시, 대도시 구시가지 등 쇠퇴지역을 중심으로 빈집이 증가하고 있다. 법률상 빈집에 대한 정의는 「빈집 및 소규모주택과 정비에 관한 특례법」, 「농어촌정비법」에서 다루고 있다(표 5-2). 「빈집 및 소규모주택 정비에 관한 특례법」 제2조 1항에서 빈집이란, 시장 등 지자체장이 거주 또는 확인한 날부터 1년 이상 거주 또는 사용하지 않는 주택으로, 2020년 전기·상수도 사용량 등을 통하여 1년 이상 방치된 전국의 빈집은 약 10.9만호로 집계되었다(도시재생종합정보체계, 2020a).

〈표 5-2〉 법률상 빈집에 대한 정의

법령	빈집에 대한 정의
빈집 및 소규모주택 정비에 관한 특례법	특별자치시장·특별자치도지사·시장·군수 또는 자치구의 구청장이 거주 또는 사용 여부를 확인한 날부터 1년 이상 아무도 거주하지 아니하는 주택(미분양 등 대통령령으로 정하는 주택 제외)
농어촌정비법	시장(특별자치시의 경우에는 특별자치시장, 특별자치도의 경우에는 특별자치도지사)·군수·구청장(광역시 자치구의 구청장)이 거주 또는 사용 여부를 확인한 날부터 1년 이상 아무도 거주하지 아니하거나 사용하지 아니하는 농어촌 주택이나 건축물

출처: 국가법령정보센터 홈페이지

이러한 빈집들은 개발 수익성의 부재로 인한 방치 및 슬럼화 등으로 화재 발생, 범죄 위험 등 주거안전을 위협하고 다양한 사회적 문제를 일으키고 있으며, 〈표 5-3〉과 같이 매매·임대·이사, 미분양·미입주, 현재 수리 중, 일시적 이용, 영업용, 폐가(철거 대상 포함), 기타 등 다양한 빈집의 종류가 있다.

〈표 5-3〉 빈집의 종류

빈집의 종류	정의	사용의도
매매 · 임대 · 이사	매매 · 임대 · 이사를 위해 비어있는 주택	있음
미분양 · 미입주	완공된 신축 주택으로 입주 전 비어있는 주택	있음
현재 수리 중	현재 수리중이어서 비어있는 주택	있음
일시적 이용	별장 등으로 관리인 가구가 살지 않는 주택	있음
영업용	주거용으로 사용하지 않는 빈 주택	있음
폐가(철거 대상 포함)	버려진 상태의 방치 주택으로 철거대상을 포함	불명확
기타	상가 이외의 사유로 비어있는 주택	불명확

출처: 유수하(2019). p.9.

빈집 리모델링은 다양한 빈집에서 나타나는 문제점들을 해소하고자 시작되었으며, 정부에서도 2018년에 「빈집 및 소규모 주택 정비에 관한 특례법」('빈집법'이라고도 함)을 재정하고, 빈집정비사업을 실시하고 있다. 각 지자체에서도 자체 재원을 활용하여 위해성이 높은 빈집을 철거하거나 리모델링하여 활용하는 사업을 추가적으로 시행하고 있다(그림 5-1).

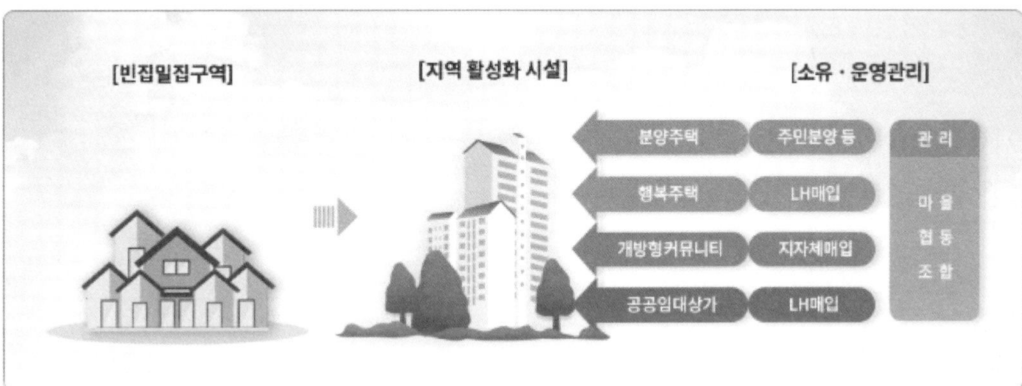

출처: 한국토지주택공사 홈페이지

[그림 5-1] LH 빈집밀집구역 정비사업

빈집을 리모델링함으로써 지역과 공동체 재생을 위한 자원으로 활용하거나 생활환경의 개선과 지역 활성화를 위한 교육 커뮤니티와 문화적 활동을 교류하는 사회적 공간으로도 활용할 수 있다. 또한 주택이나 활동 거점을 필요로 하는 수요가 증가하면서 일자리를 위한 지원대상이 되기도 한다(이홍대, 2018). 특히, 도시 내 빈집이나 공실 건축물을 리모델링하여 저소득층과 대학생, 고령층에게 주거 기능을 제공하는 등 그 활용성이 다양해지고 있는 추세이다.

2. 빈집 리모델링 관련 법규와 제도

1) 빈집 및 소규모주택 정비에 관한 특례법

빈집 리모델링과 관련된 대표적인 법규는 「빈집 및 소규모주택 정비에 관한 특례법」으로, 이는 방치된 빈집을 효율적으로 정비하고 소규모주택 정비를 활성화하기 위하여 필요한 사항 및 특례를 규정함으로써 주거생활의 질을 높이기 위한 목적으로 제정되었다. 주요 내용으로는 빈집에 대한 정의, 빈집정비사업의 기본방향 및 추진계획과 시행방법, 빈집실태조사, 재원조달계획 등이 있으며, 시행령, 시행규칙, 업무지침과 함께 세부적으로 정하고 있다(표 5-4).

또한 '빈집법'에서 2019년 4월 빈집밀집구역 관련규정이 신설되었는데, 이 법규에 따르면, 빈집밀집구역을 지정하면 국토교통부 도시재생사업 공모 신청 시 가산점을 부여받을 수 있다(표 5-5). 빈집정비계획에 따라 빈집을 매입하여 정비기반시설, 공동이용시설 또는 임대주택 등으로 활용할 경우에는, 빈집밀집구역에 있는 빈집을 우선하여 매입할 수 있고, 빈집밀집구역 내 빈집을 개축 또는 용도 변경하는 경우에는 건축규제 등을 완화 받을 수 있는 특례가 규정되어 있다.

〈표 5-4〉 「빈집 및 소규모주택 정비에 관한 특례법」의 주요 내용

관련 조항	내용
제4조 빈집정비계획의 수립	시장·군수등은 빈집을 효율적으로 정비 또는 활용하기 위하여 다음 각 호의 사항을 포함하는 빈집정비에 관한 계획(이하 "빈집정비계획"이라 한다)을 수립·시행할 수 있다. 다만, 국토교통부장관이 요청하거나 시장·군수등이 필요하다고 인정하는 때에는 빈집정비계획 수립 후 1년마다 해당 계획의 타당성을 재검토할 수 있다. 1. 빈집정비의 기본방향 2. 빈집정비사업의 추진계획 및 시행방법 3. 빈집정비사업에 필요한 재원조달계획 4. 빈집의 매입 및 활용에 관한 사항 5. 그 밖에 빈집정비를 위하여 필요한 사항으로서 대통령령으로 정하는 사항
제5조 빈집 등 실태조사	시장·군수등은 빈집이나 빈집으로 추정되는 주택(이하 "빈집등"이라 한다)에 대하여 다음 각 호의 사항에 관한 조사(이하 "실태조사"라 한다)를 실시할 수 있다. 1. 빈집 여부의 확인 2. 빈집의 관리 현황 및 방치기간 3. 빈집 소유권 등의 권리관계 현황 4. 빈집 및 그 대지에 설치된 시설 또는 인공구조물 등의 현황 5. 그 밖에 빈집 발생 사유 등 대통령령으로 정하는 사항
제9조 빈집정비사업 시행방법	빈집정비사업은 다음 각 호의 어느 하나에 해당하는 방법으로 한다. 1. 빈집의 내부 공간을 칸막이로 구획하거나 벽지·천장재·바닥재 등을 설치하는 방법 2. 빈집을 철거하지 아니하고 개축·증축·대수선하거나 용도 변경하는 방법 3. 빈집을 철거하는 방법 4. 빈집을 철거한 후 주택 등 건축물을 건축하거나 정비기반시설 및 공동이용시설 등을 설치하는 방법

〈표 5-4 계속〉「빈집 및 소규모주택 정비에 관한 특례법」의 주요 내용

관련 조항	내용
제11조 빈집의 철거	시장·군수등은 빈집이 다음 각 호의 어느 하나에 해당하면 빈집정비계획에서 정하는 바에 따라 해당 빈집 소유자에게 안전조치, 철거 등(이하 "철거등"이라 한다) 필요한 조치를 명할 수 있다. 다만, 빈집정비계획이 수립되어 있지 아니한 경우에는 「건축법」 제4조에 따른 지방건축위원회(이하 "지방건축위원회"라 한다)의 심의를 거쳐 해당 빈집 소유자에게 철거등 필요한 조치를 명할 수 있다. 이 경우 빈집 소유자는 특별한 사유가 없으면 60일 이내에 조치를 이행하여야 한다. 1. 붕괴·화재 등 안전사고나 범죄발생의 우려가 높은 경우 2. 위생상 유해 우려가 있는 경우 3. 관리가 적절히 되지 아니하여 현저히 경관을 훼손하고 있는 경우 4. 주변 생활환경 보전을 위하여 방치하기에는 부적절한 경우

출처: 국가법령정보센터 홈페이지

〈표 5-5〉「빈집 및 소규모주택 정비에 관한 특례법」의 빈집밀집구역 및 특례

관련 조항	내용
제2조 8항 정의	"빈집밀집구역"이란 빈집이 밀집한 지역을 관리하기 위하여 제4조제5항에 따라 지정·고시된 구역을 말한다.
제46조 빈집정비사업에 대한 특례	빈집정비사업의 사업시행자가 빈집밀집구역 내 빈집을 개축 또는 용도 변경하는 경우 해당 빈집이 법령의 제정·개정이나 그 밖에 대통령령으로 정하는 사유로 대지나 건축물이 법령에 맞지 아니하더라도 다음 각 호의 기준에 대하여 기존 빈집의 범위에서 지방건축위원회의 심의를 거쳐 그 기준을 완화 받을 수 있다. 1. 「건축법」 제42조에 따른 대지의 조경기준 2. 「건축법」 제46조에 따른 건축선의 지정 3. 「건축법」 제55조에 따른 건폐율의 산정기준 4. 「건축법」 제56조에 따른 용적률의 산정기준 5. 「건축법」 제58조에 따른 대지 안의 공지기준 6. 「건축법」 제60조 및 제61조에 따른 건축물의 높이 제한 7. 「민법」 제242조에 따른 건축물과 경계선 간의 거리
제48조 건축규제의 완화 등에 관한 특례	사업시행자는 자율주택정비사업(「도시재생 활성화 및 지원에 관한 특별법」 제2조제1항제6호 나목에 따른 근린재생형 활성화계획에 반영하거나 빈집밀집구역에서 시행하는 경우 또는 시·도조례로 정하는 경우로 한정한다), 가로주택정비사업 또는 취약주택정비사업의 시행으로 건설하는 건축물에 대하여 다음 각 호의 어느 하나에 해당하는 사항은 대통령령으로 정하는 범위에서 지방건축위원회의 심의를 거쳐 그 기준을 완화 받을 수 있다. 1. 「건축법」 제42조에 따른 대지의 조경기준 2. 「건축법」 제55조에 따른 건폐율의 산정기준(경사지에 위치한 가로구역으로 한정한다) 3. 「건축법」 제58조에 따른 대지 안의 공지기준 4. 「건축법」 제60조 및 제61조에 따른 건축물의 높이 제한 5. 「주택법」 제35조제1항제3호 및 제4호에 따른 부대시설 및 복리시설의 설치기준 6. 제1호부터 제5호까지에서 규정한 사항 외에 사업의 원활한 시행을 위하여 대통령령으로 정하는 사항

출처: 국가법령정보센터 홈페이지

2) 농어촌정비법

농어촌정비법의 주요 내용을 살펴보면, 농어촌지역과 준농어촌지역에 있는 빈집이 공익상 현저히 유해하거나 주변 환경을 저해할 우려가 있을 때, 해당 빈집의 소유자에게 철거, 개축, 수리 등 필요한 조치를 명할 수 있으며, 특별한 사유 없이 이행하지 않는 경우 시장·군수·구청장의 직권으로 철거가 가능하다. 직권 철거 후에는 정당한 보상비를 지급해야 하며 건축물대장을 정리하고 말소등기를 촉탁해야 한다. 또한 철거명령을 자진하여 이행한 빈집 소유자가 영농 목적으로 주택 개량을 희망할 경우 농어촌주택개량자금을 우선적으로 지원할 수 있다(이섬결, 2020).

농업촌정비법은 빈집정비계획의 수립, 빈집 실태조사, 특정빈집에 대한 조치 등에 대한 주요 내용을 다루고 있다(표 5-6).

〈표 5-6〉「농어촌정비법」의 주요 내용

관련 조항	내용
第64조 빈집정비계획의 수립	시장 · 군수 · 구청장은 빈집의 효율적 정비를 위하여 다음 각 호의 사항을 포함하는 5년 단위의 빈집정비에 관한 계획(이하 "빈집정비계획"이라 한다)을 수립 · 시행하여야 한다. 1. 빈집의 정비 및 활용의 기본방향 2. 빈집의 현황 및 실태 3. 빈집의 철거 · 개축 · 수리 · 활용 등 빈집정비사업의 추진계획 및 시행방법 4. 빈집의 정비 및 활용을 위한 재원조달계획 5. 빈집의 매입 및 활용에 관한 사항 6. 그 밖에 빈집의 정비를 위하여 필요한 사항으로서 대통령령으로 정하는 사항
第64조의 2 빈집실태조사	시장 · 군수 · 구청장은 빈집정비계획 및 이행계획의 수립 · 시행, 빈집의 관리 · 정비를 위하여 다음 각 호의 사항에 관한 실태조사(이하 "빈집실태조사"라 한다)를 실시하여야 한다. 1. 빈집의 소재 현황 2. 빈집의 관리 상황 및 방치기간 3. 빈집의 소유자 및 권리관계 4. 빈집 및 그 대지에 설치된 시설 또는 인공구조물 등의 현황 5. 그 밖에 빈집 발생 사유 등 대통령령으로 정하는 사항
第65조의 5 특정빈집에 대한 조치	시장 · 군수 · 구청장은 빈집이 특정빈집에 해당하면「건축법」제4조에 따른 건축위원회(시장 · 군수 · 구청장이 설치하는 건축위원회를 말한다)의 심의를 거쳐 해당 특정빈집의 소유자에게 철거 · 개축 · 수리 등 필요한 조치를 명할 수 있으며, 해당 특정빈집의 소유자는 정당한 사유가 없으면 60일 이내에 조치를 이행하여야 한다. 다만, 천재지변, 그 밖의 기술적인 곤란 등 부득이한 사유로 60일 이내에 필요한 조치를 취하는 것이 현저히 곤란한 경우에는 한 차례만 60일의 범위에서 정비기간을 연장할 수 있다.

출처: 국가법령정보센터 홈페이지

3) 빈집정비사업

'빈집정비사업'이란 1년 이상 장기간 방치된 빈집에 대하여 실태조사 후 조사결과에 따라 정비계획을 수립하고 빈집을 정비(개·증축, 철거, 신축 등) 및 활용(임대주택, 공동이용시설 등)하는 사업을 뜻한다(표 5-7).

〈표 5-7〉 빈집정비사업의 절차

빈집실태조사 ⇒	빈집정비계획 수립 ⇒	사업시행계획 인가		⇒ 정비·활용
양호한 빈집 (공가)	빈집 활용대상 등록 (소유자 동의시 공개)	소유자 (+LH등, 건설업자, 사회적기업 등)	경수선, 개축·증축 등, 철거, 신축	일반·임대주택, 공동이용시설 등
안전사고, 범죄 우려 빈집(폐가)	철거명령→신문공고 →직권철거	시장·군수등 (+LH등, 건설업자, 사회적기업 등)	협의매입후 신축	임대주택, 공동이용시설 정비기반시설 등
			직권철거	

출처: 국토교통부 홈페이지

사업유형으로는 자율주택정비사업, 가로주택정비사업, 소규모재건축사업이 있다(표 5-8). 빈집정비사업의 시행방법을 살펴보면, 자율주택정비사업은 사업시행계획인가를 받은 후에 사업시행자가 스스로 주택을 개량 및 건설할 수 있고, 가로주택정비사업은 가로구역의 전부 또는 일부에서 인가받은 사업시행계획에 따라 주택 등을 건설하여 공급하거나 보전·개량하는 방법으로 시행한다.

〈표 5-8〉 빈집정비사업의 유형

유형	내용
자율주택정비사업	단독주택 및 다세대주택 및 연립주택을 스스로 개량·건설하기 위한 사업
가로주택정비사업	가로구역에서 종전의 가로를 유지하면서 소규모로 주거환경을 개선하기 위한 사업
소규모재건축사업	정비기반시설이 양호한 지역에서 소규모로 공동주택을 재건축하기 위한 사업

출처: 「빈집 및 소규모주택 정비에 관한 특례법」 제2조 3항, 국가법령정보센터 홈페이지

소규모재건축사업은 인가받은 사업시행계획에 따라 주택, 부대시설·복리시설 및 오피스텔을 건설하여 공급하는 방법으로 시행한다. 다만, 지형여건이나 주변 환경으로 보아 사업시행 상 불가피하면 주택단지에 위치하지 않은 건축물도 포함하여 사업을 시행할 수 있다. 정부의 지침을 토대로 각 지자체별로 지역 실정에 맞는 빈집과 관련한 정책을 제정하고, 다양한 사업을 시행하고 있다(표 5-9). 대표적인 사례로는 서울시 빈집 살리기 프로젝트,

부산시 햇살둥지 사업 등이 있다.

〈표 5-9〉 지자체별 빈집 관련 정책 및 사업

구분	사업명	내용
서울시	빈집살리기 프로젝트	6개월 이상 빈 주택을 리모델링하여 저소득층에게 임대
	리모델링형 장기안심주택 (노후주택 리모델링 지원 사업)	개 · 보수가 필요한 노후 · 불량주택의 리모델링 비용을 지원하고 6년간 전세금 인상 없이 임대주택으로 제공
부산시	햇살둥지사업	빈집 수리 후 학생, 저소득층에게 시세보다 저렴하게 임대
	폐가철거사업	폐가 철거 후 주차장, 공원, 텃밭, 쉼터, 운동시설 등 설치
	착한텃밭조성사업	폐가 철거 후 민간기업 사회공헌 활동과 연계해 텃밭 등의 주민편의시설 조성
	빈집하우징클린시스템	안전, 미관저해 문제를 유발하는 빈집 청소 및 폐쇄 조치
	산복도로 르네상스 프로젝트	빈집 정비 후 게스트하우스, 카페, 커뮤니티 공간으로 활용
인천시	폐 · 공가관리사업	폐 · 공가를 폐쇄 또는 철거하거나 정비하여 재활용
대구시	폐 · 공가관리사업	빈집 철거 후 주차장, 공원, 텃밭 등 조성(3년 활용 조건으로 지원)
광주시	공가정비사업	빈집 철거 후 주차장, 공원, 텃밭 등 조성(3년 활용 조건으로 지원)
제주도	빈집 프로젝트	빈집을 활용하여 문화공간 조성 및 레지던시 프로그램 연계
	소규모 학교 육성 빈집정비사업	'소규모학교 육성 지원사업'에 선정된 마을에 공동주택건립 비용과 빈집 정비사업비 지원
원주시	도심빈집정비사업	도심 빈집의 위해성이 높은 경우 폐쇄 조치 및 폐기물 수거
군산시	도심빈집정비사업	빈집 정비 후 주민공간 조성 또는 저소득층 임대
전주시	도심빈집정비 주민공간조성사업	빈집 정비 후 임대주택, 주차장, 쉼터, 텃밭 등 조성 (임대주택은 5년, 공공용지 3년 활용)

출처: 이다예(2019). p.8.

3. 빈집 리모델링 계획방법

1) 빈집 활용방안 검토

빈집의 활용방안을 검토하기 위해서는 가장 먼저 빈집의 물리적 상태를 파악해야 한다. 구조상태가 비교적 양호하여 기본 골조를 활용할 수 있다면 리모델링을 우선적으로 검토하되, 붕괴 위험이 있거나 구조 상태가 매우 열악할 경우에는 철거 후 활용 방안을 검토해야 한다(장남종 · 성수연, 2018).

「빈집 및 소규모주택 정비에 관한 특례법」에서는 빈집의 활용방안과 관련하여 네 가지 유형으로 구분하고 있는데, 첫째, 빈집의 내부공간을 칸막이로 구획하거나 벽지·천장재·바닥재 등을 설치하는 방법, 둘째, 빈집을 철거하지 않고 개축·증축·대수선하거나 용도 변경하는 방법, 셋째, 빈집을 철거하는 방법, 넷째, 빈집을 철거한 후 주택 등 건축물을 건축하거나 정비기반시설·공동이용시설 등을 설치하는 방법이다.

빈집을 매입하여 활용할 경우, (시, 구)구 빈집정비계획에 따라 정비기반시설, 공동이용시설, 임대주택 등으로 활용할 수 있으며, 빈집을 철거 또는 개량 후 활용을 위하여 활용기간을 3~5년 이상으로 하되 빈집 소유자와 협의하여 협의기간을 정하여 추진한다(인천광역시 주거재생과, 2019). 철거 후에는 주차장, 텃밭, 공원 및 운동시설 등으로 활용 가능하며, 개량 후에는 마을주택관리소, 주민공동이용시설, 일자리 창출공간, 임대주택 등으로 활용이 가능하다. 또한 대학가 주변(기숙사 등), 역세권 주변(임대주택 등) 등은 지역 특성에 맞는 정비계획 수립이 가능하다(그림 5-2, 그림 5-3).

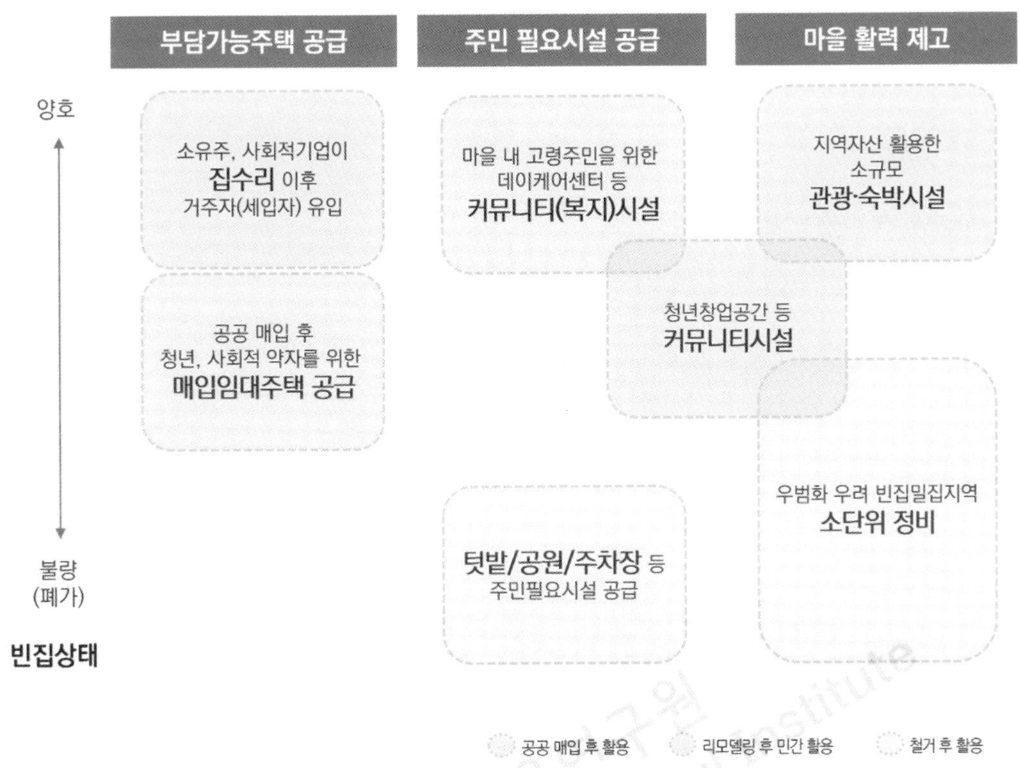

출처: 장남종·성수연(2018). p.105.

[그림 5-2] 빈집의 물리적 상태를 고려한 활용방안 예시

빈집 철거 전 빈집 철거 후 소공원 조성

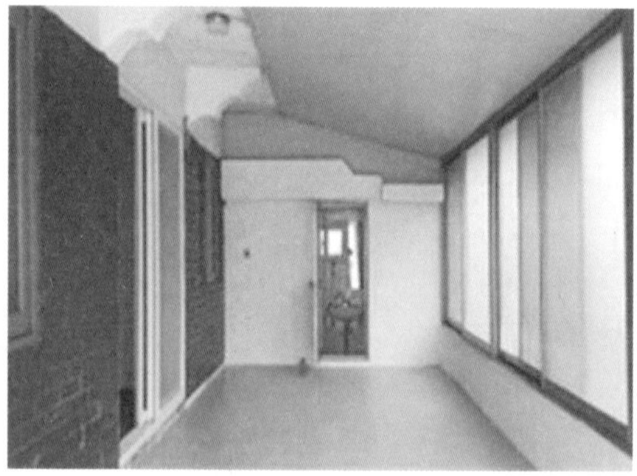

빈집 개량 전 빈집 활용 주거취약계층 임대주택

출처: 인천광역시 주거재생과(2019.12.27). p.10.

[그림 5-3] 빈집 활용사례

2) 빈집 리모델링의 계획절차

빈집 및 노후화 주택의 사용 년 수가 경과 한 후에는 물리적·사회적 열화가 발생하므로 전문가에게 성능 검사 및 진단을 의뢰하고, 내부 구조 변경에 따른 인·허가 사항을 확인한다. 이상이 없는 것을 확인한 후, 본격적인 설계에 들어가고 이에 따른 추정비용을 산정하며, 공정표를 작성하고 공사를 진행하게 된다(그림 5-4).

공사 유형은 그 성격에 따라 기초공사, 바탕공사, 마감공사로 나눌 수 있다. 기초공사는 본격적인 작업을 시작하기 전 원활한 작업을 수행하고 기존 건물의 상태를 최종 점검하기 위해 준비하는 것이고, 바탕공사는 단열·방수 등 기존 건물의 성능을 회복하거나 향상시키는 작업을 말한다. 마감공사는 내장재 및 조명 등을 고르고 설치하는 작업이며 완성도의 높고 낮음에 따라 공사 전체의 품질이 평가된다.

열화, 성능저하	사용년수 경과 후 물리, 사회적 열화발생
집수리 계획	스스로 조사, 진단, 공사범위, 일정계획
조사, 진단	집수리 전문가에게 의뢰(진단, 설계, 시공)
계약	계약주체, 지불조건, 용역범위, 기간결정
설계, 개산견적	설계, 추정비용산정
설계확정	상세설계, 마감자재 결정
비용확정	상세견적
시공계획, 시공	공정표작성, 공사진행
완료	입주

출처: 집수리닷컴 홈페이지

[그림 5-4] 빈집 리모델링 절차

3) 빈집 리모델링 설계 및 시공 시 유의사항

빈집 리모델링 설계 시에는 빈집활용 주택 설계 및 시공시 유의사항을 참고하고, 체크리스트를 활용하여 현장상황을 파악하며, 설계, 착공, 시공과정에서 점검사항을 반드시 확인한다(표 5-10, 표 5-11).

주택 대수선을 할 경우에 층수가 2층(목구조 건축물은 3층) 이상인 건축물이거나 연면적 200㎡(목구조 건축물은 500㎡) 이상인 건축물, 높이가 13m 이상인 건축물, 처마 높이가 9m 이상인 건축물 등은 내진설계 대상 건축물이다. 따라서 노후주택을 대수선하고자 하면, 연면적 200㎡(약 60평) 이상이 되거나 수직 증축으로 2층 이상이면 구조안전진단을 받고 적정한 구조보강 방법을 강구하는 것은 의무이다.

또한 지은 지 20년 이상 된 주택은 단열공사가 제대로 이루어지지 않았거나 아주 얇은 단열재를 시공한 경우가 많으므로 현관문에서 들어오는 외기와 벽체와 천장 사이 틈새를 확인하고 보강하여야 한다. 주택의 경우에는 외단열 공법이 가장 효과적이며, 건물 외피를 기밀하게 단열 할 수 있어 열교를 잡기 좋고 난방 후 구조체가 열을 저장해 난방 효과를 더 오랫동안 지속해 준다.

반면, 외부 마감재 사용에 있어 제한적으로 리모델링이 될 경우, 기존의 벽체와 바닥, 설비 배관 등을 고려해야 하므로 기밀한 시공이 쉽지 않은 단점이 있다. 조적조 주택에 많이 시공되는 중단열은 단열재 위에 마감을 따로 할 필요가 없어 좋지만, 기존 노후주택의 경우 시공된 단열재 두께와 설치 부위를 확인하기 어렵다는 단점이 있다.

〈표 5-10〉 빈집활용주택 설계 및 시공시 점검항목

구분			점검항목
공통사항	1층 (필로티 주차장)	1	필로티 내 주차장 천정마감높이는 2,300㎜ 이상으로 계획한다.(차량통행로: 2,300㎜, 주차공간: 2,100㎜)
		2	쓰레기분리수거 및 자전거보관대는 사용상 지장이 없는 곳에 계획 및 설치한다.
		3	주차장의 주차전면부 회전반경내(진입도로 포함 최소폭 6m 이상 확보)에는 기둥 또는 벽체 등 차량회전시 문제가 되지 않도록 구조물 및 시설물을 계획한다.
	계단	4	계단 통행시 방해가 되지 않도록 계단침의 현관 설치 시 계단과의 이격거리(최소 600m 이상)와 개폐방향(피난방향 90도 이상 열림)을 고려한다.
		5	계단 높이는 2,100㎜이상, 단너비 26㎝ 이상으로 계획 및 기준층 계단 단수는 14단 이상으로, 1층 및 옥상 출입계단은 층고를 고려하여 기준층 계단 단 높이를 유지한 수 단수를 계획하며, 계단참 유효폭은 1,200㎜이상 확보한다.(계단실은 옥상출입이 가능하도록 계획한다.)
	복도	6	중복도의 경우 통행로 유효폭 1,800㎜ 이상 확보하고 현관문을 엇갈리게 배치하여 통행에 지장이 없도록 하고 세대 간의 프라이버시도 향상한다.
		7	공용공간은 환기와 채광이 양호하도록 계획하며, 긴 중복도 등의 경우 복도 양 끝에 창을 설치하여 맞통풍이 가능하게 한다.
	옥상	8	지붕층 방수는 아래와 같이 계획한다. · 평지붕: 제물치장 마감 또는 방수몰탈+우레탄방수(노출) 제물치장 마감+우레탄방수(비노출)+누름콘크리트 80㎜ 이상 · 콘크리트 경사지붕: 방수몰탈+보호몰탈+마감(아스팔트 싱글 또는 금속기와)
	세대	9	외부로 면한 단위세대 단변의 길이는 최소 3m 이상으로 계획한다. [원룸적용사항] 침실최소면적: 주침실(2.7×2.7)㎡ 이상, 일반침실(2.7×2.7)㎡ 이상. 침실 최소폭은 2.4m 이상 확보한다.
		10	다세대의 경우 전용면적 기준 40~60㎡로 계획한다.[권장]
		11	원룸의 경우 전용면적 기준 26~40㎡로 계획한다.[권장]
		12	주거전용면적이 30㎡이상 평면의 경우 두 개의 공간으로 계획한다. [원룸적용사항]
		13	반자높이는 2,200㎜ 이상으로 계획한다.(천정과 벽면은 경사면 계획을 지양하며, 최상층의 경우 단열재의 두께가 고려된 층고계획을 한다.)
		14	단열계획(단열재 및 창호)은 건축법규 및 국토부 고시의 단열성능(열관류율 등)이 만족하도록 계획 및 시공한다.(연면적 500㎡이상의 경우 관련법규에 적합하게 에너지절약계획서를 작성 및 이행해야 한다.)

〈표 5-10 계속〉 빈집활용주택 설계 및 시공시 점검항목

구분			점검항목
공통사항	현관	15	세대 현관문의 폭은 틀 포함 최소너비 1,000㎜ 이상과 최소높이 2,200㎜ 이상으로 계획하고, 완전 개방시 인근 세대의 현관문과의 간섭이 없어야 한다.
	설비	16	세대 내에 설비배관을 위한 PD(Pipe Duct) 및 AD(Air Duct) 공간을 확보하여 계획에 반영한다.(설비급수 및 오배수 배관의 외관시공 및 외기노출이 없도록 계획한다.)
	기타	17	외벽 마감재(필로티 벽체 포함)는 비가연성 재료를 사용하여야 한다.(드라이비트 사용 배제)
		18	실외기 설치공간을 별도로 마련하여야 하며, 다용도실에 설치시는 보일러, 실외기, 세탁기 등의 사용에 불편함이 없도록 계획하여야 한다.
		19	옹벽 또는 흙막이 공사 시 관련구조 도면을 사전에 제출하고 시공한다.
		20	정화조(기성품)와 전기, 통신 맨홀 등 지하구조물이 기초(매트 또는 줄 기초)를 훼손하지 않도록 계획한다.
		21	모든 자재는 KS표시제품 사용을 원칙으로 한다. KS표시 제품이 없는 품목은 단체표준 또는 KS규격과 동등이상의 제품을 사용하여야 한다.
		22	설계도면 작성시 구조일반도면을 첨부토록하며 구조일반도면에 의거 시공한다.
		23	도면 제출 시 우측상단에 표기요령(매매이행협약시: 매매협약, 매매이행약정시: 매매약정, 매매계약시: 매매계약(준공도면))

출처: 서울주택도시공사(2021.5.31.). 제10차 빈집활용 토지임대부 사회주택 공모 공고 중 붙임 6 자료 참조

〈표 5-11〉 빈집 리모델링 체크리스트

구분		점검항목
현장상황 파악	1	도로 경계선이 명확한가
	2	도로가 경사진 경우, 법규상의 지하층이 지상으로 과도하게 돌출되지 않았는가
	3	대지 주변에 옹벽이 있는가
	4	옹벽은 붕괴의 위험이 없으며 구조적으로 양호한가
	5	옹벽에 우수관이 충분히 설치되어 있고 배수가 원활한가
	6	담장은 경계선상에 정확히 위치하는가(민원의 소지는 없는가)
	7	담장에 균열이 있거나 붕괴 위험은 없는가
	8	공사 중 담장을 철거해야 하는 상황인가
	9	공사차량 및 자재 적재 공간이 충분한가
	10	주말에도 시공이 가능한 여건인가
	11	주택의 용도 변경이 필요한 경우, 가능한 상황인가
	12	증축이 필요하다면 가능한 범위가 충분한가
리모델링 설계	13	현황 도면 및 관련 서류를 확보했는가
	14	건축물 관리대장상의 면적과 층수가 실제와 일치하는가
	15	도면과 측량을 통해 얻은 실제 현장이 확보한 서류와 일치하는가

〈표 5-11 계속〉 빈집 리모델링 체크리스트

구분		점검항목	
리모델링 설계		16	현재 법규에 따른 가용 면적을 확인하고 확정했는가
		17	구조 변경 및 증축 여부 등 공사의 범위 및 건물 용도를 확정했는가
		18	구조기술사를 통해 노후 진단, 건물 안전성 및 증축 가능성을 조사했는가
		19	전기설비, 급수배수, 공조환기, 위생설비 진단이 잘 이루어졌는가
		20	주차 대수를 정확하게 산정했는가
		21	어떻게 시공해야 하는지 표시한 '공사 시방서'를 제공받았는가
		22	평면도, 전개도, 전기도면 등이 포함된 '설계도서'를 제공받았는가
착공준비		23	인접대지 소유자 입회 하에 경계측량이 이루어졌는가
		24	기존 건물의 철거 부분은 확정하였는가
		25	석면검사가 필요할 경우, 검사 면적과 일정을 결정하였는가
		26	철거 및 멸실 신고, 건축물 등기 말소가 필요한가
		27	정화조 처리 및 건설폐기물 배출 및 처리가 원활하게 이루어졌는가
		28	매립되어 있는 수도, 가스, 전기, 통신 배관을 확인하였는가
		29	이웃에 공사 관련 공지를 명확히 하고 양해를 구했는가
시공 과정	구조 변경 보강	30	철거 및 신설 벽체가 평면도와 일치하게 이루어졌는가
		31	보강 자재가 계획된 규격에 맞게 반입이 되었는가
		32	구조 보강이 시방서대로 정확하게 시공되었는가
	단열 공사	33	해당 부위에 적절한 종류의 단열재가 적용되었는가
		34	배관 등 단열재 관통부 주변이 기밀하게 시공되었는가
		35	단열재가 끊어지는 곳 없이 엇갈리게 겹쳐 시공되었는가
		36	벽체와 창문틀 사이가 코킹재로 밀실하게 시공되었는가
	조적 공사	37	부속 연결철물의 재료와 크기, 품질 등을 확인하였는가
		38	조적의 방향과 수평이 균일하고 정확한가
		39	줄눈의 폭이 너무 크거나 깊지는 않은가
	미장 공사	40	미장 시공할 표면이 평평하게 처리되었는가
		41	들뜬 부위가 있는지 세밀하게 확인했는가
		42	개구부 주위 균열 방지 대책이 적용되었는가
		43	마무리된 면의 상태가 양호한가
	타일 공사	44	무늬 연결이 올바르게 이루어졌는가
		45	모서리 타일 등 이형타일 시공이 적합하게 이루어졌는가
		46	줄눈의 폭과 색상 등이 계획대로 반영되었는가
		47	타일 접착력이 약하지는 않은가

출처: 전원속의 내집 편집부(2021). pp.32~35.

4. 빈집 리모델링 계획사례

1) 국내사례

① 서울시 빈집활용 도시재생 프로젝트

2019년 2월 서울시에서 시작한 '빈집활용 도시재생 프로젝트'는 장기간 흉물로 방치되어 있던 빈집을 리모델링하여 사회주택으로 공급하는 사업을 말한다(그림 5-5). 서울시가 매입해 확보한 건설 부지를 주거 관련 사회적 경제주체가 장기간 저리로 임차해 임대주택(사회주택)으로 제공하는 '빈집활용 토지임대부 사회주택'을 통해 청년 또는 신혼부부 등 주거 취약계층에게 최장 10년간 시세의 80% 이하로 공급한다.

빈집을 활용한 사회주택 공급사업을 통한 기대효과로는 첫째, 빈집으로 인한 지역슬럼화 문제 해소, 둘째, 청년·신혼부부 등 주거 취약계층의 주거복지 강화, 셋째, 지역재생을 통한 저층주거지 활력 등이 있다(서울시, 2019.8.8.)

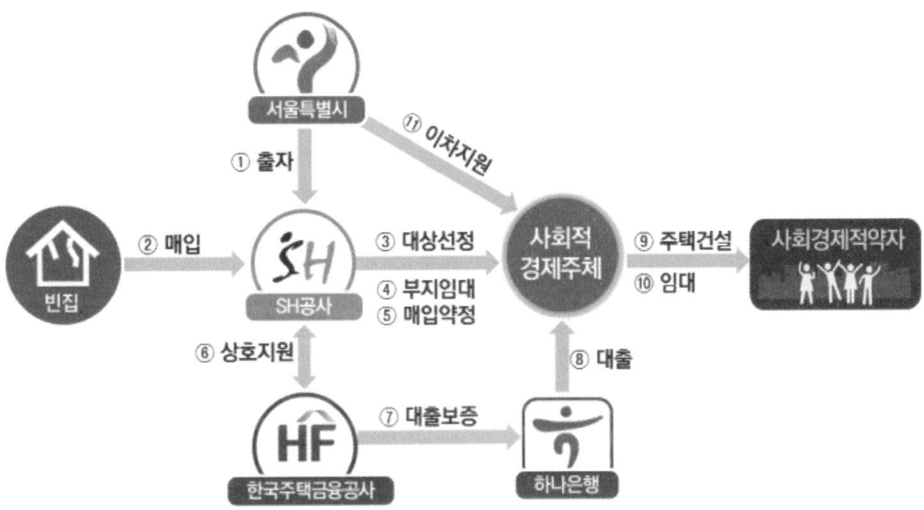

출처: 서울시 홈페이지

[그림 5-5] 빈집활용 토지임대부 사회주택의 사업구조

대표적인 서울시 빈집활용 도시재생 프로젝트 사례로 청년들의 활동을 위한 '삼양청년회관', 청년들을 위한 사회주택인 '터무늬있는 희망아지트'를 살펴보면 다음과 같다. 이 사례들은 청년들의 생활과 지역활동을 지원하기 위한 민관협력형 사업으로, 삼양동 지역사회에 청년들이 정착하여 지역의 기여도를 높이고자 하는 취지로 계획되었다.

■ 삼양청년회관

삼양청년회관은 강북구 삼양동 삼양시장 옆 골목에 위치하며, 1973년도에 지어진 구옥을 활용하여 청년들을 위한 공용이용시설과 주택으로 개조한 사례이다. 지역주민과 청년들을 위해 상시오픈 운영되고 청년회관 매니저들이 상주하며, 여러 가지 비품들을 갖추어 놓고 자유롭게 이용될 수 있도록 하고 있다.

삼양동 주민과 청년들이 함께 만든 공간으로 PC사용, 인쇄, 출력, 보드게임, 지역정보, 공간 대관 등의 서비스를 제공하고, 취향 모임과 취미 수업, 취·창업 특강 등 다양한 프로그램을 운영하고 있으며, 문화플랫폼인 삼양구판장과 삼양기획전 등 다양한 문화행사를 개최하고 있다(표 5-12).

〈표 5-12〉 강북구 삼양동 삼양청년회관의 주요 도면 및 사진

a. 기존 주택이미지

b. 정면도 (변경후)

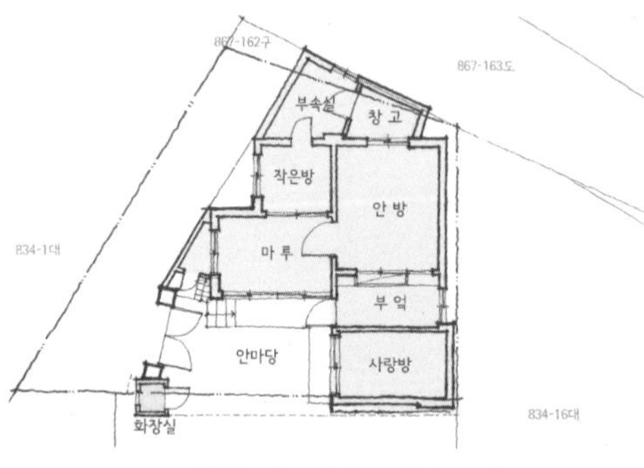

c. 지상1층 평면도 (변경전)

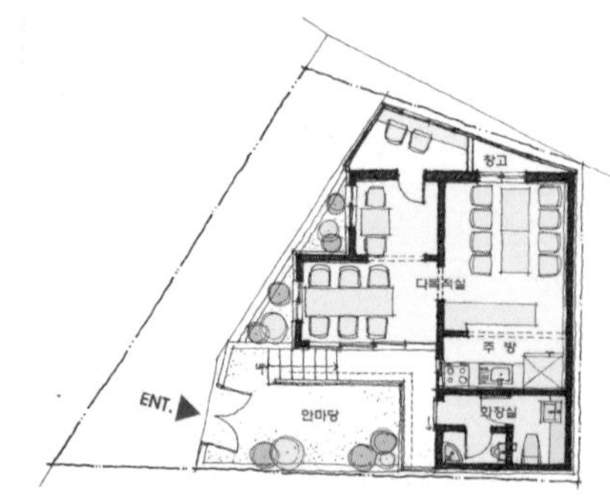

d. 지상 1층평면도 (변경후)

e. 외관

f. 내부

사진제공: ㈜이엔건축사사무소

■ 강북구 삼양동 터무늬 있는 희망아지트

강북구 삼양동 소재에 위치한 기존 주택은 옹벽과 인접지도로가 필지내로 침범해 있고, 주차창 설치가 불가능한 조건 등 여러 가지의 불합리한 지형요소를 가지고 있어 재생이 불가능하였다. 이러한 문제점들을 극복하여 기존의 어둡고 위험해 보이는 골목길에 주변과 어울리는 형태와 재료를 고려하되 밝고 따뜻한 이미지가 부각되도록 신축으로 계획하였다(표 5-13).

청년주거 문제를 풀어가는 새로운 사업모델로, 시민출자자가 무이자로 보증금을 지원하고, '터무늬 타임뱅크'를 통해 청년과 출자자 간 재능을 공유하며, 청년들의 지역 활동을 연계하고 있다. 여러 청년들이 업무와 주거를 겸하여 사용하고 있고, 입주를 신청한 청년들은 공간이 필요한 이유, 입주 후 활동 계획, 지역 주민들과 연계한 마을 사업 등 구체적 사업계획을 제시해야 한다(서울주택도시공사 홈페이지).

〈표 5-13〉 강북구 삼양동 터무늬 있는 희망아지트의 주요 도면 및 사진

a. 기존 주택이미지

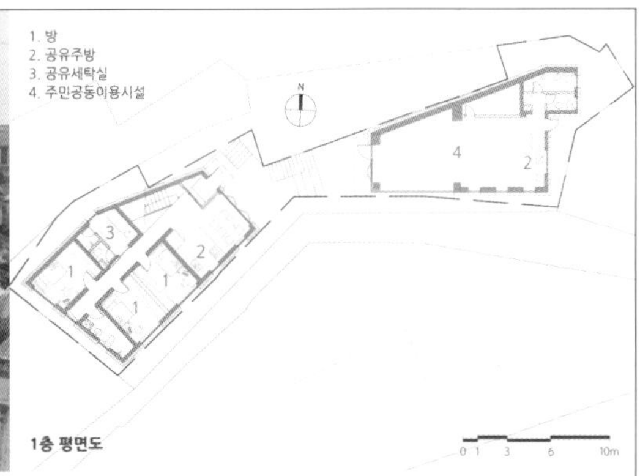

b. 1층 평면도

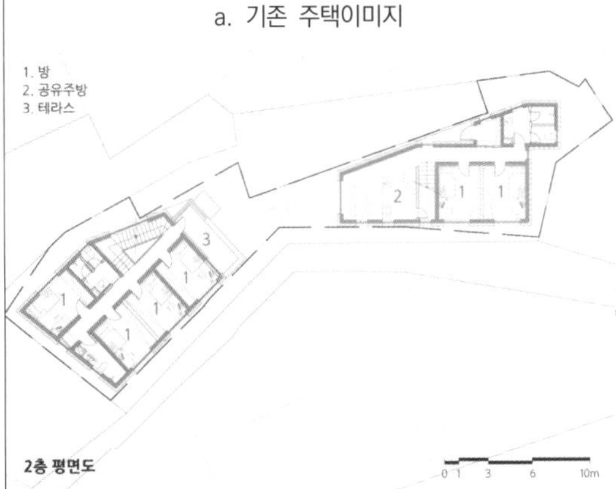

c. 2층 평면도

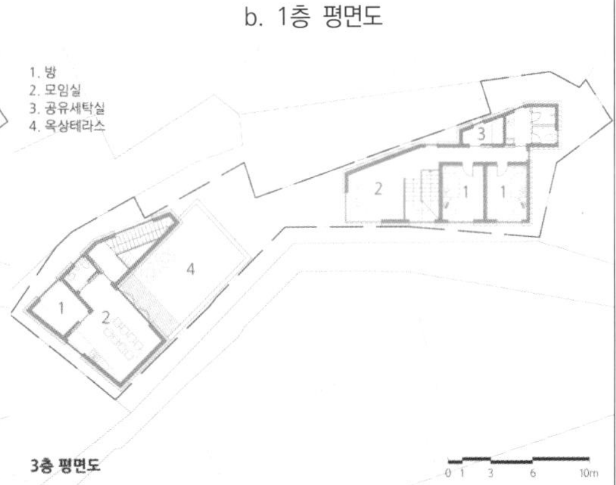

d. 3층 평면도

사진제공: ㈜이엔건축사사무소

〈표 5-13 계속〉 강북구 삼양동 터무늬 있는 희망아지트의 주요 도면 및 사진

e. 외관 1

f. 외관 2

g. 1층 공유공간

h. 2층 공유공간 사무실

i. 계단

j. 개인공간

사진제공(e, f, i): ㈜이엔건축사사무소/ 사진출처(g, h, j): 서울주택도시공사 홈페이지

② 인천 미추홀구 빈집은행

인천 미추홀구 빈집은행은 옛 용현1·4동 주민센터 자리에 위치하며, 2010년대 초반부터 주거와 취업 문제로 고민하던 지역 청년들이 중심이 되어 빈집의 생산적 활용을 시도한 이래, 공공과의 협력을 통해 빈집을 청년공간 및 전시공간으로 활용한 프로젝트이다(표 5-14).

2017년 '빈집은행' 상표권을 획득하여 빈집 사업의 추진 주체가 되면서 2019년 빈집은행 건물을 개소하며 본격적인 활동을 시작하였다. 주요 업무는 빈집을 활용한 아이디어를 생산하고 실현하는 것이며, 현재는 이와 관련하여 빈집활용 청년주택 공급, 도시농장 조성 및 관리, 빈집수리 교육을 시행 중이다(이다예, 2019). 지하 1층에는 청년 활동 공간, 공유 사무실을 만들어 청년 기업이 입주하여 창업 준비를 할 수 있도록 지원하고, 지상 1층 메이커스페이스 조성, 주거 관련 창업 활동을 할 수 있도록 하며, 지상 2층은 교육 및 각종 행사를 진행하는 회의실과 커뮤니티실로 계획되었다.

〈표 5-14〉 인천시 미추홀구 빈집은행의 주요 사진

a. 전경

b. 1층 메이커스페이스

③ 부산 햇살둥지사업

부산 햇살둥지사업은 빈집을 소유자와 부산시가 협력하여 리모델링을 통해 새로운 주거 공간으로 재창출함으로써 방치된 빈집으로 인한 우범화 및 도시 환경저해 요인을 사전에 차단하고 생활환경이 어려운 지방학생, 저소득층 등에게 주변 시세의 반값으로 전·월세로 임대하는 사업이다(표 5-15, 그림 5-6). 이 사업은 민관 협력으로 추진된 것이 핵심으로 2012년 부산시에서 전국 최초로 시행되었으며, 2013년 정부 3.0 우수사례로 선정되었다.

〈표 5-15〉 부산시 햇살둥지사업 개요

구분	내용
① 사업대상	- 단독 공가, 부분 공가, 현재 공가인 다세대 주택 · 다가구세대 · 연립주택 · 아파트 등 ※ 부분공가의 개념 : 단독주택 중 일부거주 일부공실인 경우
② 예산지원	- 총 공사비의 2/3 범위 내에서 동당 최고 1,800만원 지원 ※ 총사업비 2,700만원 이상이면 최대 1,800만원 까지 지원 (초과비용 건물주 개인부담)
③ 입주대상	- 지방대학생, 신혼부부 · 저소득 서민 등 - 1순위: 지방대학생(지방고교생 포함), 신혼부부(예비부부 및 결혼 3년 이내) - 2순위: 수급자, 차상위계층, 한부모가정, 사회초년생, 다문화 · 다자녀 · 조손가정, 독거노인 - 3순위: 최초 입주자가 없거나 장기 미 입주 또는 입주자 변동 시 일반인 입주 가능
④ 지원조건	- 공가를 리모델링하여 주변시세의 반값에 전·월세 임대 ※ 전 · 월세 반값 : 개별 세입자의 전·월세 합계액이 주변 시세의 반값을 넘지 않는 금액 - 노후 공동주택(30년 이상 경과)은 사업비 전액(1,800만원) 지원받을 경우 5년간 반값으로 전 · 월세 임대
⑤ 공급방법	- 협약체결(관할구청장 ↔ 임대자) - 반값계약(임대자 ↔ 입주자) ▷주택임대차계약서
⑥ 임대기간	- 단독주택 3년(최초 임대계약일로부터), 노후 공동주택 5년

출처: 부산시 홈페이지

출처: 부산시 홈페이지

[그림 5-6] 햇살둥지사업의 빈집활용 3개분야

2) 해외사례

① 일본 오노미치시 빈집은행

일본 오노미치시 빈집은행은 오노미치시의 야마테 지역 내에 역사적 가치가 있거나 개성 있는 건축물들이 다수 분포하지만, 고령화와 인구감소로 인해 빈집이 급격히 증가하면서 이에 대한 대응책으로 시작된 사례이다.

2008년에 설립된 NPO법인 '오노미치 빈집재생프로젝트'는 2009년부터 시의 빈집은행(소유자-사용자 연결) 업무를 위탁 운영하고 있으며, 동시에 건축 · 환경 · 커뮤니티 · 관광 · 예술 등 다섯 가지 키워드를 중심으로 주민 및 각 분야 전문가들과 협력하여 빈집을 주민편의시설, 게스트하우스, 도서관, 공방, 카페 등으로 재생·활용하고 있다(표 5-16, 표 5-17). 또한, 주민들과 함께 빈집 문제나 활용법에 대해 논의하는 '빈집 담화'와 '빈터 재생 피크닉', 빈집 수리비 확보를 위한 자선 행사와 벼룩시장을 개최하고, 일반인들을 대상으로 하는 건축 세미나인 '오노미치 건축 학원'을 운영하는 등 다양한 활동을 수행하고 있다(그림 5-7, 그림 5-8).

NPO 단체가 주축이 되어 빈집 문제를 공론화하고 주민들과 함께 빈집 문제에 대해 논의하며, 활용 방안을 결정하면서 살기 좋은 마을을 만들어 가려는 노력을 지속하고 있다(이다예, 2019).

출처 : 오노미치 빈집재생프로젝트 홈페이지

[그림 5-7] 방치된 공터 공간을 어린이들을 위한 공원과 텃밭으로 재생

출처 : 오노미치 빈집재생프로젝트 홈페이지

[그림 5-8] 빈집에 쌓여 있는 낡고 매력적인 가구와 소품을 벼룩시장을 통해 재생

② 영국 리즈(Leeds City) 캐노피 하우징의 캐노피 프로젝트

영국 리즈의 캐노피 프로젝트는 비영리기관인 캐노피 하우징이 주관하는 사업으로, 빈집을 수리하여 주거공간이 필요한 노숙인들에게 저렴한 가격에 제공하며, 지역 자원봉사자들과 해당 주택을 사용할 노숙인이 직접 주택을 수리한다는 특징이 있다.

캐노피 하우징은 자선 단체에서 제공하는 지원 기금과 임대료를 기반으로 운영되고 있으며, 지방정부와 지역 주택공급 업체 등 여러 단체와 협력하여 빈집 임대 계약을 진행하고 자원봉사자들과 노숙인을 대상으로 주택 수리에 대한 교육을 진행하고 있다. 집의 사용자는 주거공간을 확보하고 자신이 직접 그 공간을 수리하는데 참여함으로써 공동체의 소속원이 되고 취업을 위한 기술을 습득할 수 있다. 자원봉사자들은 교육을 통해 건축 기술을 습득하고 새로운 사람들과 교류하며 노숙인 감소에 기여하게 된다(이다예, 2019).

출처: 캐노피하우징 홈페이지

[그림 5-9] 캐노피 하우징 프로젝트

캐노피 프로젝트는 노숙인 스스로가 자신의 주택을 마련하는 자조 모델이고, 사회적 약자를 지원하는 봉사 프로그램인 동시에 빈집을 활용한다는 점에서 다양한 이점을 지닌다(그림 5-9). 프로젝트가 소규모로 진행되어 빈집을 신속하게 활용가능하며, 지역 단체나 주민들이 참여하여 공동체 결속이 강화되고, 더불어 지역재생 효과도 가져온 사례로 평가된다.

제3절 도시재생과 공공건축물 리모델링

1. 공공건축물 리모델링의 개념

도시재생 대상지역에서 공공건축물의 활용가치는 공공성, 효율성(efficiency), 효과성(effectiveness)의 세 가지 관점으로 나누어 살펴볼 수 있다. 먼저, 공공성은 공공의 이용편의와 안전에 대한 요건을 우선적으로 갖추는 것으로 누구나 쉽게 접근하고 이용이 가능하며 지역성과 문화적 가치를 추구하는 것을 말한다. 효율성은 초기에 투입한 비용과 노력이 실제 얼마만큼의 효과를 만들 수 있는가에 대한 것으로 지역사회와 서비스 이용자의 수요에 대해 적절하게 대응하는 것을 뜻한다. 효과성은 공공서비스가 지닌 사회적 가치와 목표를 얼마나 잘 달성하고 있는가에 대한 것으로 해석할 수 있다(김은희 · 염철호, 2015).

공공건축물의 리모델링은 궁극적으로 이러한 공공성, 효율성, 효과성을 높일 수 있는 건축행위를 뜻한다. 공공건축물의 리모델링 유형은 증축, 대수선, 용도변경, 개축, 개보수, (소)수선 등으로 구분될 수 있는데, 가장 많이 진행되는 유형은 증축, 용도변경, 대수선 등이다. 이러한 리모델링을 통해 공공건축물은 건축물의 에너지 성능을 개선하고, 시설면적을 확충하는데 리모델링의 주된 목적을 지닌다. 공공건축물의 대표적 리모델링 사례를 유형별로 나누어 살펴보면 〈표 5-16〉과 같다.

〈표 5-16〉 공공건축물 리모델링의 유형별 사례

구분	은평구청	문경시청	판교어린이도서관
유형	증축	개보수	대수선
규모	지하1층/지상7층 (연면적 15,548㎡)	지하1층/지상5층 (연면적 10,107㎡)	지상3층 (연면적 6,273㎡)
이미지			
사업 내용	- 실내공간 재배치 및 업무환경 개선 - 에너지 절약형 청사 건립 - 주민편의시설 확대	- 외장재 교체 - 건축물 단열보강 · 창호교체 - 옥상 및 지하층 누수문제 해결 및 열에너지 향상을 위한 폐열 회수 환기시스템 도입	- 근린공원과 연계된 자연친화적인 환경 조성 - 특화된 열람실 디자인 구현 - 지역주민을 배려한 일반열람실 계획

출처: 김은희 · 염철호(2015). p.108, p.113, p.129. 참조

2. 공공건출물 리모델링의 정책 현황

국내 공공건축물 수는 총 17만 7천여동으로, 건축물 신축 비율은 감소하는 반면 노후화가 진행중인 기존 건축물의 비중은 증가하고 있다. 15년 이상 경과한 공공건축물의 수가 전체의 74%에 해당하고, 20년 이상 경과된 건축물 수도 대략 11만 동 이상으로 사용자의 안전 및 건축물 이용의 효율성, 유지관리의 경제성 문제가 제기되고 있다.

인구 대비 지자체가 보유한 공공건축물의 비율이 커짐에 따라 정부는 향후 공공건축물의 신축을 지양하고 기존 건축물의 효율적인 활용방안 마련에 중점을 두었다. 행정안전부는 2010년부터 건축물 리모델링 활성화 및 청사 신축 지양을 위한 정책을 시행하였고, 공공건축물의 에너지 효율을 높여 녹색건축물을 활성화하기 위한 그린 리모델링에 관한 연구와 폐교, 도서관, 청사 등 특정시설을 중심으로 활용방안에 대한 연구를 진행하였다. 그러나 공공건축물의 가치향상 측면보다는 에너지 절약을 위한 건축물 성능개선에 비중을 두고 있고, 리모델링을 포괄하는 공공건축물 전반에 대한 연구는 대체로 공공건축물의 관리, 도시의 거점공간으로서 공공건축물의 활용, 디자인 기준 마련에 대한 내용이 주를 이루고 있다(김은희 · 염철호, 2015).

한편, 국토교통부는 2020년 제3차 도시재생뉴딜사업으로 국내 47곳을 대상지로 선정하였다. 이를 통해 생활SOC(사회간접자본), 산업 · 창업지원시설 등을 해당 지역에 공급하고 일자리 창출, 주거환경을 개선하고자 하였다. 신규 사업대상으로 선정된 47곳 중에는 위험건축물 및 공사중단 방치건축물(6곳), 노후 공공청사와 마을회관(9곳), 공공청사 이전부지 등 유휴공공용지(14곳) 등이 포함되어 방치되거나 노후된 공공건축물을 활용하여 지역사회의 활성화 및 쇠퇴한 도시의 재생을 추진하려는 적극적인 움직임을 확인할 수 있다. 또한, 사업대상지로 선정된 47곳 중 45곳이 제로에너지건축(ZEB) 또는 그린 리모델링을 추진하여 도시재생의 방향이 환경친화적으로 이루어지고 있음을 알 수 있다(국토교통부, 2020). 2021년에는 공공건축물 그린 리모델링 사업으로 어린이집(399건), 보건소(384건), 의료시설(58건) 등 총 841건의 건물이 대상지로 선정되어 에너지성능 향상 및 정주환경 개선을 추진하게 되었다.

공공건축물의 리모델링 정책은 건축물 성능의 개선, 국가 자산으로서의 관리 및 행정적 기능변화에 대응한 기능재편, 지역활성화 거점 마련을 위한 도시재생 등의 방향으로 시행되고 있다(표 5-17). 건축물의 성능 개선과 관련해서는 그린 리모델링 사업과 제로에너지빌딩 사업(국토교통부 주관)을 통한 에너지 효율성 제고 정책이 주를 이룬다. 기능재편과 관련된 정책으로는 읍,면,동 기능축소에 따른 기능 전환, 지자체 리모델링 확산 대책, 서울시 통폐합 동주민센터 리모델링 등의 사업이 있으며, 도시재생과 관련해서는 노후 산업단지 리모델링 종합계획, 서울시 리모델링 활성화 사업 등이 대표적이다.

〈표 5-17〉 공공건축물 리모델링의 정책 유형

구분	건축물 성능개선	기능재편	도시재생
정책 (주관)	- 그린 리모델링 사업 (국토교통부) - 제로에너지빌딩사업 (국토교통부)	- 지자체 리모델링 확산대책 (행정안전부) - 읍면동 기능전환 정책 (행정자치부)	- 도시재생 선도사업 (국토교통부) - 산업단지 경쟁력 강화사업 (국토교통부 · 산업통상자원부)
목적	건축물 에너지 효율성 제고	- 신축대비 사업비 절감 - 무분별한 청사 신축의 지양 및 자원재활용 - 사회 여건 변화에 따라 불필요한 시설의 통폐합으로 합리적 기능 재편 - 기능 통폐합에 따른 유휴공간 혹은 노후시설의 주민 공동이용시설로의 전환	- 역사성과 문화가치를 지닌 노후/쇠퇴지역의 활성화(주변 공간의 재구성 및 공폐가 등의 용도 전환) - 노후산업단지 리모델링을 통한 국내 산업경쟁력의 강화
근거	- 녹색건축물 조성지원법 - 에너지이용 합리화법(공공기관 에너지이용 합리화 추진에 관한 규정)	-	- 도시재생 활성화 및 지원에 관한 특별법 - 국가도시재생기본방침 - 도시재생전략/활성화 계획 - 노후거점산업단지의 활력증진 및 경쟁력강화를 위한 특별법

공공건축물 리모델링의 절차는 계획, 설계, 공사, 유지관리의 네 단계로 구분되는데, 계획 단계에서는 사업계획의 수립, 타당성 검토, 예산 확보, 입찰방식 결정, 설계용역 발주 등의 업무가 진행된다. 설계 단계에서는 입찰을 통해 선정된 용역업체가 설계를 수행하게 되며, 실시설계를 완료하는 단계이다. 공사 단계에서는 사업 발주자가 공사를 발주하고 선정된 건설업체가 공사를 실행하게 되며, 유지관리 단계에서는 건축물 준공 이후 건축물의 유지관리, 사업의 효과 및 문제점 분석 등의 사후평가를 진행하게 된다(표 5-18).

〈표 5-18〉 공공건축물 리모델링의 절차

단계		업무 내용	관련 근거
1단계	계획	- 지역 입지, 규모 및 예산에 대한 타당성 조사(예비타당성조사, 타당성 조사 모두 포함), 기본계획 수립 - 소요기간 및 비용 결정 - 기존 건축물의 현황 및 문제점에 대한 사전검토	건설기술진흥법
2단계	설계	- 건축물 및 부지 주변 시설에 대한 현황조사, 측량, 구조안전진단의 실시 및 기존현황도서, 철거도서 작성 - 초기단계의 기본설계 - 실제 공사가 가능한 도서 작성(실시설계)	건축사법 건설기술진흥법
3단계	공사	- 공정 · 비용 · 품질 · 안전 및 하도급 관리 등의 계획 - 시공에 따른 교통 소통 및 환경오염 방지 대책 - 안전사고관리 및 단계별 공사 순서 고려	건설기술진흥법
4단계	유지관리	- 준공 후 공사 상태에 대한 검사 수행 - 지속적인 유지관리를 위한 리모델링 결과 모니터링 - 건설공사의 도면, 서류 등 자료의 유지와 보존(데이터베이스 구축)	건설기술진흥법

3. 공공건축물 리모델링 관련 법규 및 제도

1) 녹색건축물 조성지원법

녹색건축물 조성지원법(시행 2020. 10. 8.)은 「저탄소 녹색성장 기본법」에 따른 녹색건축물의 조성에 필요한 사항을 정하고, 건축물 온실가스 배출량 감축과 녹색건축물의 확대를 통하여 저탄소 녹색성장 실현 및 국민의 복리 향상에 기여함을 목적으로 한다. 이 때 녹색건축물은 「저탄소 녹색성장 기본법」 제54조에 따른 건축물과 환경에 미치는 영향을 최소화하고 동시에 쾌적하고 건강한 거주환경을 제공하는 건축물을 말한다. 이와 유사한 개념의 제로에너지 건축물은 건축물에 필요한 에너지 부하를 최소화하고 신에너지 및 재생에너지를 활용하여 에너지 소요량을 최소화하는 녹색건축물을 말한다. 건축물에너지관리시스템은 건축물의 쾌적한 실내환경 유지와 효율적인 에너지 관리를 위하여 에너지 사용내역을 모니터링하여 최적화된 건축물에너지 관리방안을 제공하는 계측 · 제어 · 관리 · 운영 등이 통합된 시스템을 말한다.

녹색건축물의 조성은 온실가스 배출량 감축, 환경친화 및 지속가능성, 신재생에너지 활용 및 자원절약, 기존 건축물에 대한 에너지효율화 추진, 녹색건축물의 조성에 대한 계층, 지역간 균형성 확보 등의 기본원칙에 따라 추진되어야 한다. 녹색건축물의 기본계획은 국토교통부장관이 녹색건축물 조성을 촉진하기 위하여 5년마다 수립하게 되며, 기본계획의 내용에는 녹색건축물의 현황 및 전망, 온실가스 감축, 에너지 절약 등의 달성목표, 정보체계의 구축 및 운영, 전문인력의 육성·지원 및 관리, 녹색건축물 조성사업의 지원, 조성 시범사업, 건축자재 및 시공 관련 정책방향 등이 포함된다.

국토교통부장관은 에너지성능이 높은 건축물을 확대하고, 건축물의 효과적인 에너지관리를 위하여 건축물 에너지효율등급 인증제 및 제로에너지건축물 인증제를 시행한다. 국토교통부와 환경부가 공동으로 시행하는 녹색건축 인증제도는 건축물을 리모델링하는 건축주가 해당 건축물에 대해 녹색건축의 인증을 받아 그 결과를 표시하고, 「건축법」 제22조에 따라 건축물의 사용승인을 신청하는 과정에서 요구되는 제도이다.

2) 위험건축물 재생사업

위험건축물 재생사업은 국토교통부가 「시설물의 안전 및 유지관리에 관한 특별법 시행령」 별표 8에 따른 안전등급이 미흡(D) 또는 불량(E)에 해당하는 건축물을 도시재생법에 따라 정비하는 사업으로, 도시재생사업 활성화계획이 수립되지 않은 활성화지역 밖에 위치하지만 사업면적 10만㎡ 미만의 소규모 건축물로 시급한 시설 정비가 필요한 경우에 재생사업으로 인정하여 정부의 지원을 받을 수 있다.

국토교통부, 국가도시재생 기본방침에 따른 위험건축물 재생사업의 대상은 활성화지역 이외의 쇠퇴지역 또는 기초생활인프라 국가적 최저기준 미달 도시지역을 포함한다(표 5-19). 해당 사업은 지자체 등이 위험건축물을 직접 매입하여 공동이용시설 등을 조성하는 공공주도의 '공공매입형'과 위험건축물의 소유자가 주민 스스로 정비가 어려운 경우, 지자체가 참여하여 세입자의 이주대책과 재정착 등을 지원하여 정비하는 민간주도의 '공공참여형'으로 나뉜다.

공공매입형 재생사업의 대표적인 사례로는 붕괴위험 축대와 하부에 위치한 주택을 매입 및 철거 후 복합 공동이용시설을 조성하고 주거환경을 정비한 인천 부평구(20년 9월 선정), 안전E등급을 받은 적산가옥을 매입 및 철거하여 도서관, 노인교실, 돌봄, 커뮤니티 복합 공간으로 조성한 전북 전주시(20년 9월 선정), 장기간 방치된 붕괴건축물을 주민공동체 활성화를 위한 복합커뮤니티센터로 정비한 광주 동구(20년 9월 선정) 등이 있다(표 5-20).

공공참여형 재생사업에는 안전 E등급을 받은 노후 주거지를 도심내 임대주택 및 생활체육시설로 탈바꿈하는 서울 영등포구(19년 12월 선정), 노후된 상가아파트의 긴급 정비사업을 통해 도심 내 임대주택, 공공임대상가, 생활체육시설 등을 제공하는 서울 서대문구(20년 10월 선정) 등의 사례가 있다.

〈표 5-19〉 국토교통부, 국가도시재생 기본방침(공고 제2013-1094호)

구분	주요 내용
기본 방침	국가도시재생 기본방침은 도시재생을 종합적 · 계획적 · 효율적으로 추진하기 위하여 국토교통부 장관이 수립하는 국가도시 재생전략을 말함
추진 배경	저성장, 저출산, 고령화 등으로 외곽개발 위주 도시정책이 한계(전국 3,470개 읍 · 면 · 동 중 65%가 도시쇠퇴 징후를 보임)에 도달하고, 생활밀착형 도시재생정책의 중요성이 증대됨
비전	국민이 행복한 경쟁력있는 도시 재창조
목표	① 일자리 창출 및 도시경쟁력 강화 ② 삶의 질 향상 및 생활복지 구현 ③ 쾌적하고 안전한 정주환경 조성 ④ 지역 정체성 기반 문화 가치, 경관 회복 ⑤ 주민역량 강화 및 공동체 활성화
중점 시책	① (도시정책 패러다임 전환) 신규 용지수요는 기성시가지재생을 통해 공급하고, 기존도시 정주여건 · 매력 극대화 ② (재정지원 확대) 각 부처의 도시재생 관련사업 예산을 쇠퇴지역에 집중 지원하고, 추가로 마중물 예산 지원 ③ (금융지원 · 규제완화) 주택기금을 도시재생사업에 지원하고, 다양한 금융기법 도입, 맞춤형 규제특례 및 국 · 공유지 활용 ④ (역량 강화 및 공동체 활성화) 협동조합, 마을기업 등을 도시재생의 주체로 육성, 주민교육 · 전문가 양성 등
지정 기준	사업구상의 적정성, 지역의 쇠퇴도, 지자체의 추진역량, 파급효과, 국정과제 연계성 등을 종합적으로 고려 · 지정
주체별 역할	① 주민의 역할 - 도시재생계획 수립 과정에서 지역 자원을 새롭게 발굴하고, 독창적이고 특색있는 아이디어를 제안하며, 사업 시행과 이후 운영 · 유지관리 단계에서 적극적으로 참여 - 주민협의체를 구성하고, 지방자치단체, 정부, 민간투자자 및 기업 등과 협력체계를 구축 ② 지방자치단체의 역할 - 주민의 아이디어를 바탕으로, 도시재생전략계획과 도시재생활성화계획을 수립하고 도시재생사업을 추진 - 협업을 통해 다양한 사업들이 목표한 효과를 낼 수 있도록 관리하고 도시재생사업의 각 참여 주체간의 이해관계와 갈등을 조정 - 도시재생특별회계를 설치하는 등 재정적으로 지원하고, 건축규제 완화 특례의 부여, 주민교육과 전문가 파견 등을 통해 도시재생사업을 촉진 ③ 국가의 역할 - 관계 법령 정비 및 특례 · 금융지원 등 도시재생을 지원하기 위한 정책과 제도를 마련하고, 유형별 사업모델을 제시하며, 주민 · 지방자치단체가 활용할 수 있는 도시재생기술 · 기법을 개발하고 보급 - 재정 지원을 통해 민간투자를 견인하고, 각 부처의 도시재생 관련 예산을 쇠퇴지역에 집중 지원하는 체계를 마련함으로써 동일한 재원으로 예산지원의 효과를 극대화 ④ 민간투자자 및 기업의 역할 - 다양한 투자 · 개발기법을 발굴하여 지방자치단체와 정부에 제안하고, 저평가된 도시공간의 가치를 증진시키기 위한 도시재생사업을 시행함으로써, 쇠퇴한 도시에 상업, 업무, 첨단산업 등 고용기반을 창출 - 지역의 경제, 복지, 문화 발전을 위한 후원 활동과 기부 등 사회적 공헌을 통해 도시재생에 기여

〈표 5-19 계속〉 국토교통부, 국가도시재생 기본방침(공고 제2013-1094호)

구분	주요 내용
주체별 역할	⑤ 도시재생지원기구/도시재생지원센터의 역할 - 주민교육 프로그램을 개발하고 교육을 시행함으로써, 주민의 도시재생 역량을 증진하고, 도시재생전문가를 양성하고 파견하는 것을 지원 - 주민의 아이디어를 도시재생사업으로 구현하기 위한 계획 수립 등을 지원하고, 마을기업의 창업·운영 등에 대한 컨설팅을 시행

출처: 도시재생종합정보체계 홈페이지

〈표 5-20〉 공공매입형과 공공참여형 사례

공공매입형 사례			
위치	인천 부평구(하하골마을)	전북 전주시	광주 동구
현황			
추진 방향	주민공동이용시설(다목적 커뮤니티시설), 공공복합시설(다함께 돌봄센터, 노인일자리센터), 계단·도로·버스정류장, 생활휴게공간 등 주거환경 정비, 범죄예방환경 조성	아이돌봄센터, 노인교실 및 커뮤니티공간, 공동체 도서관, 스터디룸 등 공동체 기반 플랫폼 공간 조성	마을사랑채, 건강증진센터, 힐링가든 등 주민공동체 거점 공간 조성, 특화상품 개발 및 마을협동조합 운영

공공참여형 사례		
위치	서울 영등포구	서울 서대문구
현황		
추진 방향	주거세입자에게 이주자금 및 임대주택 제공, 상가세입자에게 임시상가 및 공공임대상가 제공, 생활SOC(체육시설) 조성	주거세입자에게 이주 및 재정착 지원, 생활SOC(체육시설) 및 임시 이주상가 조성

출처: 도시재생종합정보체계(2020b). 위험건축물 재생사업 특별공모 설명자료 참조

3) 그린 리모델링 사업

그린 리모델링은 단열 성능 향상, 창호교체 등을 통해 노후 건축물의 에너지 성능을 개선함과 동시에 쾌적하고 건강한 주거환경을 조성하는 리모델링을 말한다.

국토교통부와 한국토지주택공사(LH)는 2020년부터 어린이, 노약자 등 취약계층이 이용하는 어린이집, 보건소, 의료시설 등 노후 공공건축물을 대상으로 에너지 성능의 개선을 위해 그린 리모델링 사업을 추진하고 있다. 지원 대상 건축물에는 지방자치단체와 공공기관이 소유 또는 관리하는 공공건축물 중 준공 후 10년 이상 경과한 국공립 어린이집, 직장어린이집, 보건소, 보건진료소, 의료시설 등이 해당된다(표 5-21).

〈표 5-21〉 한국판 뉴딜 종합계획 중 그린 리모델링 사업 내용(2020)

구분	분류	대상 건축물	사업 내용
그린 리모델링	노후 건축물	15년 이상 공공 임대주택, 어린이집, 보건소, 의료기관 등	- 태양광 설치 - 고성능 단열재 교체
	문화시설	박물관, 미술관, 도서관 등	- 태양광 시스템 설치 - LED 조명 교체
	정부청사	노후 정부청사 및 기존 정부청사	- 단열재 보강 - 에너지관리 효율화 추진
그린 스마트 스쿨	학교	노후 국·공·사립 초·중·고등학교	- 태양광 발전시설 설치 - 친환경 단열재 보강공사

출처: 박용석(2020). p.46 참조

그린 리모델링은 노후 건축물에 고성능창호, 고단열, 고기밀, 열교, 강제환기장치, IT 기술을 적용하여 기밀과 단열성능을 개선하고, 결로와 곰팡이 제거, 미세먼지 저감, 안전사고 방지 등을 강화하여 에너지 소비량을 절감하는 방식이다(그림 5-10).

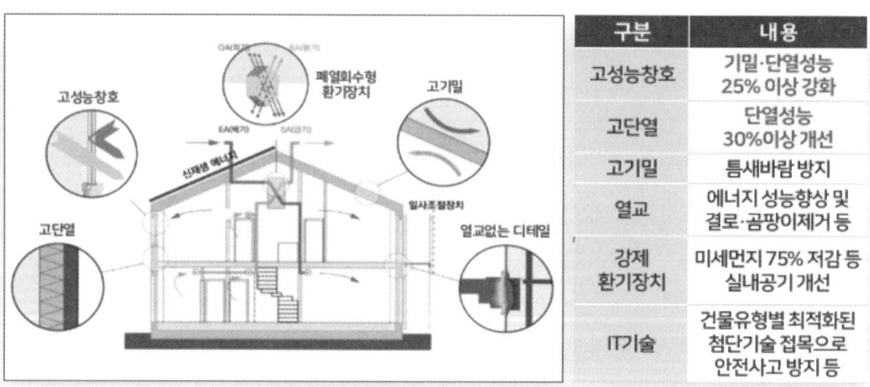

출처: 국토교통부 보도자료(2021.05.24.), p.1

[그림 5-10] 그린 리모델링의 적용 기능

정부는 이와 더불어 제로 에너지 건축의 의무화 방안도 마련하였다. 2020년에는 연면적 1,000㎡ 이상의 공공건축물을 대상으로 제로 에너지 건축을 의무화하고, 2025년에는 500㎡ 이상의 공공건축물, 1,000㎡ 이상의 민간건축물, 30세대 이상의 공동주택으로 그 범위를 확대할 계획이다. 최종적으로 2030년까지 공공건축물과 민간건축물 모두 연면적 500㎡ 이상 해당되는 경우에는 제로 에너지건축을 의무화하는 계획을 수립하였다(박용석, 2020).

공공건축물을 대상으로 진행되는 그린 리모델링 사업은 크게 시공 지원사업, 노후건물 현황평가, 설계 컨설팅, 내진성능평가 및 구조안전진단 실시 등으로 이루어진다. 시공 지원사업은 기존 사업계획의 검토 및 에너지 성능개선 컨설팅을 통해 그린 리모델링 변경 부분에 대한 공사비를 지원하고, 운영단계 모니터링을 실시하는 사업이다. 노후건물 현황평가는 노후건물의 에너지 성능, 재실자 쾌적성, 건강 및 안전요소 측정 및 분석을 통해 건물 사용상의 문제점과 사용자의 요구사항을 파악하여 개선방안을 제시한다. 설계 컨설팅은 그린 리모델링을 통한 에너지 절감량 및 사업비를 산출하여 성능개선을 위한 최적안을 제시하는 일을 말한다. 내진성능평가 및 구조안전진단 실시는 지진대응에 취약한 노후 건물의 내진성능평가를 실시하고, 건물의 구조안전점검을 통해 안전성 및 보수·보강 방안을 제시하는 사업이다.

건축물의 성능을 측정하고 진단하기 위한 평가항목에는 외벽단열, 창호, 기밀, 실내환경, 실내공기질 등이 포함되며, 각 항목별로는 〈표 5-22〉와 같은 세부 측정항목들이 포함된다.

〈표 5-22〉 그린 리모델링을 위한 건축 성능 평가항목

분류	세부 평가항목
외피단열	적외선 열화상, 창호, 벽체 및 창호 열관류율
기밀	기밀성능
실내환경	온도, 습도, 기류, 복사온도, PMV, 조도, 소음
실내공기질	일산화탄소(CO), 총휘발성유기화합물(TVOC(VOCs)), 이산화탄소(CO_2), 포름알데히드(HCHO), 미세먼지, 라돈

출처: 국토교통부 · 한국토지주택공사 그린리모델링 창조센터(2018). p.29

▶ 그린 리모델링 참고사례

경기도 광명에 위치한 시립철산어린이집은 그린 리모델링을 통해 에너지 성능과 정주환경을 개선한 우수 사례로, 단열 보강, 에너지 절약형 복층 이중창호 교체, 태양광 패널 설치, 고효율 LED 조명 설치, 전열교환환기장치[27] 적용, 에너지소비량 분석 및 예측이 가능한 제어시스템의 연동 등을 통해 에너지 절감 및 쾌적한 생활환경을 조성하였다(표 5-23, 그림 5-11).

〈표 5-23〉 그린 리모델링 사례 - 시립철산어린이집(경기도 광명)

개요	1999년 준공, 2020년에 그린 리모델링 적용
연면적	577㎡ (지상 3층, 지하 1층)
용도	노유자 시설 (교사 14명, 원생 79명)
내용	외단열, 고효율창호, 폐열회수형 환기장치, BEMS, 태양광발전 등
효과	에너지 소요량 88% 감소, 냉난방비 78% 감소, 제로에너지건축물 인증 3등급 획득

과거	현재

출처: 국토교통부 보도자료(2021.03.01.), p.6

출처: 국토교통부 보도자료(2021.05.24.), p.3

[그림 5-11] 시립철산어린이집 그린 리모델링 적용 기술

27) 냉난방 중 환기 시 외부로 빼앗기는 열에너지를 다시 회수하여 실내에 공급하는 환기장치

4. 공공건축물 리모델링 사례

1) 도시재생 공동이용시설 사례

ⅰ) 대구 희망공작소

대구 서구에 위치한 희망공작소는 원래 수도의 압력을 높여주기 위한 펌프와 파이프 설비를 갖춘 가압장으로, 1999년에 폐쇄된 이후 지난 20여년간 흉물로 방치되어 있었다. 이 건물을 대구 서구청이 직접 매입하여 지역 주민들을 위한 공동이용시설로 탈바꿈하였다. 새로 지은 건물은 지하 1층, 지상 1층 규모로, 주민들을 대상으로 한 목공교실 및 관련 자격증 과정을 개설하고 마을주민협의체에서 운영하고 있다. 목공기술을 익힌 주민들은 재능기부 방식으로 주변 마을 정원, 독거노인 등을 위한 가구와 안내판 등을 직접 제작하여 전달하였고, 이 과정에서 공동체의 결속을 다지고 주민들 간의 관계를 공고히 하는 계기가 마련되었다(표 5-24, 표 5-25).

〈표 5-24〉 희망공작소(대구) 개요

주소	대구광역시 서구 북비산로 65길 51-17	공간구성	지하 1층-창고 지상 1층-목공교실 운영 공방
규모	지하 1층/지상 1층	준공	2019.12
연면적	71.14㎡	사업유형	공공매입형 (대구 서구청)

〈표 5-25〉 희망공작소(대구) 사례 이미지

과거	현재

1999년에 폐쇄된 채 20여년간 방치된 가압장	2019년 새롭게 조성된 주민 공동이용시설

출처: 국토교통부 · 한국토지주택공사(2021), pp.44~45.

ii) 제주 김영수도서관

제주시는 1990년대 초반까지 제주도 내 최고 번화가로 문화, 행정, 교육의 중심적 역할을 하였다. 그러나, 2000년대 이후 대규모 택지개발이 이루어지면서 인구가 감소하기 시작하였고, 고령인구의 증가, 도서관의 이전, 어린이 문화공간의 부족 등 여러 가지 문제가 나타났다. 김영수도서관은 제주북초등학교에 속한 학교도서관으로, 김영수라는 기업가가 학교에 기증한 도서관이었다(표 5-26, 그림 5-13).

〈표 5-26〉 김영수도서관(제주) 개요

주소	제주도 제주시 중앙로8길 18	공간구성	지상 1층-북카페, 한옥방, 아이쉼터, 아이돌봄방, 독서모임공간 지상 2층-열람실 서가
규모	지상 2층	준공	2018.11
연면적	365.03㎡	사업유형	공공매입형(대구 서구청)

출처: 국토교통부 · 한국토지주택공사(2021), p.69

[그림 5-12] 1967년에 개관하여 50년 넘게 유지되어 온 기존 도서관 건물

제주시 번화가에 위치한 이 도서관은 50년 이상의 오랜 역사와 제주시 옛 번화가에 위치한 지리적 입지, 용이한 접근성, 지역 주민의 기증으로 인한 자부심과 지역성을 지녀 제주시의 대표적인 도서관으로 역할을 하기에 충분하였다. 지상 2층 규모로 리모델링된 이 도서관은 '역사와 미래가 공존하는 공간'이라는 주제 하에 옛 건축자재를 그대로 활용하고 과거 제주도의 전통가옥 형태를 재현한 1평 한옥 방을 꾸며 도서관을 이용하는 주민 및 타 지역 이용객이 제주시의 역사와 문화를 친근하게 접하고 이해할 수 있도록 하였다. 또한, 도서관 2층에 열람실을 배치하고, 접근성이 좋은 1층에는 북카페, 아이쉼터, 아이돌봄방, 한옥방 등 어린이를 위한 공간 및 문화교류, 휴게공간을 적극적으로 조성하였다. 건축가 역시 주민들의 의도와 요구사항을 잘 이해하고 기획 초기 단계부터 의견 수렴 및 도서관의 역사와 특성에 대해 깊이 연구하여 설계 과정에 그 내용들이 잘 반영되도록 노력하였다. 또한, 지자체와 교육청, 주민협의회가 모두 협심하여 도서관의 공간 이용 및 리모델링, 향후 운영 방안 등에 대해 세심하게 계획을 수립한 성공적인 사례이다(그림 5-13).

출처: 국토교통부 · 한국토지주택공사(2021), p.74

[그림 5-13] 2018년에 새롭게 리모델링된 김영수도서관 전경

2) 위험건축물 재생 사례

국토교통부는 제26차 도시재생특별위원회를 개최하여, 경남진주 등 3곳의 사업을 「위험건축물 재생사업」으로 선정하였다. 대표적인 지역으로 경북청도(공용버스터미널), 경기여주(시민회관)에 소재한 위험건축물(안전 D-E등급)이 도시재생사업을 통해 지역에 필요한 생활SOC로 본격 정비될 계획이며, 이에 대한 주요 내용을 살펴보면 다음과 같다(국토교통부, 2021.4.15.).

i) 경남 진주시 도시재생사업

경남 진주시 도시재생사업은 30년간 방치되어온 구 영남백화점 건물(안전등급 D)을 철거하고 진주시의 거점 아동복지센터로 조성하는 사업이다.

구 영남백화점은 '92년 부도로 영업이 중단된 이후 방치되었고 특히 '19년에는 큰 화재를 입고 회생 불가능한 지역의 골칫거리가 되었다. 유독 태풍이 심했던 지난해에는 화재로 깨진 창문의 유리파편이 비바람에 섞여 주변으로 날아들면서 인근 주민의 안전 위험과 불편이 심각해졌고, 적극적인 대응 요구가 커져왔다. 그럼에도 불구하고, 다수의 소유주(127명)간 복잡하게 얽혀온 이해관계 등으로 민간의 자력정비는 사실상 어려워졌고, 이번 도시재생사업을 통해 진주시에서 매입-철거하게 되었다.

진주시는 초등학교(2개)와 청소년 거점복지시설이 위치하고 있는 입지적 이점을 살려, 영유아 및 어린이 돌봄-놀이공간으로 조성하고, 인근 주민 등을 위한 커뮤니티공간 등도 운영 할 예정이다. 2021년 4월 기준 소유주의 91%이상 사업에 동의하였고, 2023년 말 준공, 2024년 운영 착수 일정으로 추진된다.

ii) 경북 청도군 도시재생사업

경북 청도군 도시재생사업은 1972년에 준공된 노후 공용버스터미널(안전등급 D)을 재건축하여 다양한 주민 소통공간과 공용주차장 등 복합 기능을 갖춘 생활SOC 시설로 조성하는 사업이다.

공용버스터미널은 청도역과 청도시장을 연결하는 거점 환승시설로서의 기능을 하여으나, 구도심의 쇠퇴 및 시설의 노후화로 인하여 점차 활기를 잃어갔다. 새롭게 들어설 건축물은 3층 규모, 총 6개소의 건물로 구성될 예정인데, 정류장, 사무실, 음식점, 휴게실, 한의원, 창고 등이 들어서게 된다. 청도군은 지역에 부족한 주민소통공간, 생활체육시설, 공용주차장(185면) 등을 새롭게 조성하고, 기존 버스환승시설로서의 기능도 일부 유지할 계획이다. 또한, 1층은 지역상인을 위해 시세의 80% 수준으로 저렴하고 8~10년 이상 장기 임대를 보장하는 상생협력상가로 제공하게 된다.

iii) 경기 여주시 도시재생사업

경기 여주시 도시재생사업은 1985년에 지어진 시민회관(안전등급 D)을 그린 리모델링하고 생활SOC시설을 증축하여 '시민아올센터'로 탈바꿈하는 사업이다.

여주시민회관은 대중교통 접근성이 우수한 도심 중심에 위치해 여주시민의 문화-여가생활의 중심기능을 해왔으나, 노후화 등으로 '19년 이후 거의 사용되지 못하고 있는 상황이다. 여주시는 시민회관 전체를 그린 리모델링하고, 회관 전면부 공터에 주민 커뮤니티 시설과 청소년 활동공간을 조성하여 복합 문화예술 거점지로 재탄생시키고, 인구유출 및 쇠퇴가 가속화되고 있는 구도심을 활성화할 계획이다.

시민아올센터는 내년 초 리모델링을 착공하여 2023년 상반기부터 운영될 예정이며, 여주시는 도시재생을 위한 주민협의체 및 도시재생대학 등도 운영할 계획이다.

3) 그린 리모델링 사례

ⅰ) 경기 여주시 그린 리모델링 사업

여주 시민회관은 1985년에 지어진 것으로, 대중교통의 접근성이 뛰어난 도심 한가운데 위치하여 여주시민의 문화와 여가활동의 중심기능을 담당해왔다. 그러나, 최근 시설 노후화(안전D등급)로 인해 2019년부터는 대부분의 시설이 제 기능을 하지 못하고 방치되어 있었다. 이에 따라 여주시는 시민회관 전체를 그린 리모델링을 통해 회관 전면부 공터에 주민 커뮤니티 시설과 청소년 활동공간을 조성하여 복합 문화예술 거점지로 재탄생시키고, 인구유출 및 쇠퇴가 가속화되고 있는 구도심을 활성화할 계획이다. '시민아올센터'로 탈바꿈하게 되는 시민회관은 생활SOC시설을 증축하고, 도시재생을 위한 주민협의체 및 도시재생대학 등도 운영할 계획이다(유형수, 2021).

ⅱ) 서울 강남구 어린이실내놀이터

서울시 강남구 도곡로에 위치한 도곡정보문화도서관은 유휴공간을 활용하여 실내용 어린이놀이터를 계획하였다.

연면적 435.7㎡의 지하 2층 규모로 들어선 놀이터는 아이들의 안전을 보장하고 쾌적한 실내환경을 제공하기 위해 대기질 지수를 알려주는 최첨단 공기청정시스템을 설치하였다. 실내 놀이터에는 8m 높이의 공중미로, 정글짐 · 미끄럼틀 · 집라인 등 역동적인 놀이기구와 창의력 발달에 좋은 낚시 놀이터, 블록 놀이방 등의 놀이기구가 설치되어 다양한 아이들의 신체적 활동을 지원하고 있다(그림 5-14).

출처: 강남구 도시관리공단 홈페이지(2021)

[그림 5-14] 쾌적한 실내환경을 고려한 서울 강남구 어린이실내놀이터

4) 국내외 성공사례

i) 하이라인 파크(미국 뉴욕)

미국 뉴욕에 위치한 '하이라인 파크(The High Line)'는 맨하탄 서쪽 허드슨강을 따라 과거 버려진 상업용 철도를 리모델링하여 만든 공원으로, 주변 공장과 창고에 물자를 나르기 위한 철도로 사용되다 주요 운송수단이 화물트럭으로 바뀌게 되면서 버려지게 되었다. 이후 흉물로 변해버린 공간을 도심 공원으로 재탄생시켰으며, 2009년 첫 개장 이래, 뉴욕의 대표적인 관광명소가 되었다. 또한 폐허가 되었던 지역이 바뀌면서 인근으로 부동산 개발이 활발해졌으며, 초호화 럭셔리 콘도들이 들어서는 동네가 되었다.

[그림 5-15] 하이라인 파크(미국 뉴욕)

하이라인 파크는 되도록 기존에 있던 고가 철도의 기본 골격을 유지하는 방향으로 계획되었으며, 주변의 건축물이나 전망과 잘 어울릴 수 있도록 하는 '재생 프로젝트'에 중점을 두었다. 여기에 감각적인 디자인 요소가 가미되어 자연과 인공, 옛 것과 새것이 혼재된 독특한 분위기를 갖추게 되었다. 또한, 1.6km에 이르는 하이라인 파크의 어떤 구간에서는 철도 위에 야생화가 가득 피어 있어 마치 시골 기차역에 온 듯한 느낌을 주기도 하고, 어떤 구간에서는 아예 건물 중앙으로 철도가 통과하기도 한다. 'Vewing Spur'은 철도 위 광고판으로 쓰이던 독특한 철제 구조물을 그대로 살려 빈 액자처럼 생긴 프레임 너머로 뉴욕의 실제 풍경이 보이도록 계획되었다(그림 5-15).

ii) 테이트모던(영국 런던)

영군 런던의 '테이트모던(Tate Modern)'은 템즈강 남부에 20년 동안 방치되어 있던 뱅크사이드 화력발전소를 현대미술을 위한 새로운 공간으로 재생한 세계 최대 규모의 현대미술관이다. 벽돌로 만든 기념비적인 벽면과 세로로 긴 선을 만들어 내는 창문, 그리고 랜드마크인 굴뚝과 같은 예전 외형이 그대로 보존되었다. 7층 높이에 바닥 면적 3,400㎡의 큰 발전실은 입구의 로비로 개조되었으며 동시에 매해 바뀌는 설치미술의 전시 장소로도 활용할 수 있다. 주요 갤러리들은 건물의 정면 건너 세 층에 만들어졌는데, 일부 갤러리는 두 배의 크기로, 또 다른 갤러리는 템즈강을 바라보는 방향에 만들어지는 등 서로 다른 크기와 비율로 개조되었다.

LEVEL 0으로 표기된 지하 1층에는 본관 출입구가 있는 터빈 홀이 있으며, 이 공간은 화력발전소의 터빈이 있던 장소이기에 건물 전체를 관통하는 실내 높이 35m, 길이 155m에 바닥면적 3400㎡의 운동장 같은 거대한 공간이다. 터빈 홀은 특별 전시공간으로 활용되며 큰 작품을 전시하거나 영화상영, 퍼포먼스 등이 이루어진다. LEVEL 1에는 티켓 판매소와 안내 데스크가 있고 2층과 3층, 4층이 전시공간이다. 5층은 멤버십 룸이고 6층에는 레스토랑과 바가 자리하고 있다.

과거 슬럼화 된 공장들이 즐비하고 시끄러운 철도가 관통하며 노동인구가 주로 거주하던 런던의 쇠퇴지역이었던 곳이 이제 수많은 관람객이 찾는 런던의 새로운 명소가 되었다. 테이트모던은 미술품 감상 뿐만 아니라 만남과 사교, 휴식이 이루어지는 소통의 장소이며, 일자리 창출과 관광 수입을 올리고 템즈강 남쪽 낙후 지역을 살리는 핵심역할을 하고 있다(그림 5-16).

[그림 5-16] 테이트 모던 현대미술관(영국 런던)

iii) 다산쯔 798 예술구(중국 베이징)

중국 베이징의 조양구(朝阳区) 다산쯔 지역에 위치한 '798 예술구'는 냉전 당시 구소련과 독일의 기술로 세운 무기 공장들의 밀집 지역이었다. 냉전 이후 무기생산이 활력을 잃고 공장들이 중국 정부에 의해 외부로 옮겨지면서 버려진 공장을 예술가들이 작업실로 사용하면서 시작되었다. 기존 공장의 높은 천장과 탁 트인 넓은 공간은 큰 작품을 만들기에 최상의 조건이었으며, 하루 종일 일정한 자연광이 들어오는 커다란 창문까지 있어 작업하는 미술인들에게는 최고의 조건을 가진 공간이었다.

798이라는 숫자는 공장 구역에 매겨진 번호로 718 연합 공장 중 798단지라는 뜻으로 중국이 개혁개방을 통해 급속한 경제성장을 이룩한 결과이자 예술가들이 모험과 노력을 통해서 얻어낸 결과이기도 하다. 가난한 예술가들의 노력으로 중국 정부가 낙후된 문제 지역이라는 생각을 바꾸고 예술가들의 성과에 주목하기 시작하였다. 현재는 '문화산업', '창의'와 같은 구호를 이용하여 예술가들의 성과를 중국식 사회주의 시장경제 이데올로기 기준에 부합하도록 수정하기 시작하였다. 이러한 관점에서 798은 정치, 경제, 문화와 이데올로기의 다중적인 현실 문제를 상징하고 있다.

798 예술구는 세계에서 가장 문화적 상징성과 발전 가능성이 있는 예술 도시로 선정된 바 있으며, 미술 애호가 뿐 만 아니라 일반 관광객들도 많이 찾는 예술 명소로 자리 잡았다. 또한 지우창 ART 예술원, 차오창디 예술구, 환티에 국제예술성 등 798예술구를 모델로 하는 예술 공간들이 전국으로 확대되고 있다(그림 5-17).

[그림 5-17] 다산쯔 798 예술구(중국 베이징)

iv) 연남동 경의선 숲길

연남동 경의선 숲길은 마포구 연남동 가좌역 인근에서 용산구 효창공원역까지 이어진 약 6.3km 길이의 도심 속 공원이다. 한때 한반도의 남북을 관통하는 가장 많은 노선을 운행하였지만 1950년 남북이 분단되면서 반쪽짜리 철길로 남게 된 오래 방치된 철길을 시민들을 위한 공원으로 조성한 사례이다. 지난 2012년 대흥, 염리동 구간을 시작으로 2016년까지 모든 구간이 차례로 개방되었다. 철길을 따라 도심을 가로지르는 경의선 숲길은 서울의 대표적인 산책로로 도심과 숲, 과거와 현재, 세대와 세대를 잇는 연결고리로 누구나 쉽게 이용할 수 있는 시민 휴식공간이다.

경의선 숲길은 총 4가지 구간으로 나뉘는데 연남사거리에서 홍대입구역까지 이어지는 연남동 구간, 홍대 앞 와우교부터 서강대역까지의 숲길은 와우교구간이다. 또한 마포구 신수동 일대 구인 신수·대흥·염리동 구간과 공덕역에서 효창역까지 이어지는 새창고개·원효로 구간이 있다(경의선숲길 홈페이지, 그림 5-18, 그림 5-19)

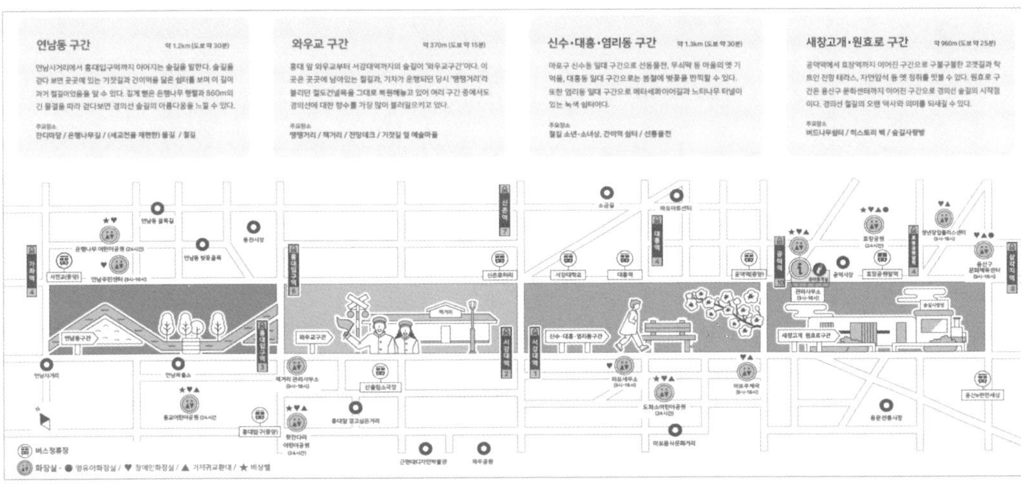

[그림 5-18] 연남동 경의선숲길 리플렛 자료

출처: 경의선 숲길 홈페이지

[그림 5-19] 경의선 숲길 재생사례

v) 감천문화마을

감천문화마을은 1950년대 6.25 피난민의 힘겨운 삶의 터전으로 시작되어 현재에 이르기까지 부산의 역사를 그대로 간직하고 있는 곳으로, 질서정연하게 늘어선 계단식 집단 주거형태와 미로와 같은 골목길 경관이 인상적인 동네이다. 이러한 감천만의 지역 특색과 역사적 가치를 살리기 위해 지역 예술인들과 마을 주민들이 모여 '마을미술 프로젝트'를 시작하게 되었고, 이는 감천문화마을 만들기 사업의 디딤돌이 되었으며, 현재는 수많은 여행객들이 방문하는 지역의 명소가 되었다(그림 5-20. 그림 5-21).

출처: 감천문화마을 홈페이지

[그림 5-20] 감천문화마을 전경

출처: 감천문화마을 홈페이지

[그림 5-21] 감천문화마을 재생사례

도시재생은 인구감소와 고령화, 일자리 감소, 건축물 노후화 등 쇠퇴하는 도시를 활성화시키기 위한 도시정책이다. 과거의 도시정책은 낙후된 지역의 철거, 대규모 신도시 건설 등 도시개발을 중심으로 진행되어 왔으나, 이 과정에서 원주민이 배제되거나 지역고유의 문화는 사라져갔다.

지금까지 살펴본 사례를 보면, 대규모 신도시 위주의 도시개발에서 벗어나 소규모 재정비 위주로 도시재생의 흐름이 바뀌어 가고 있으며, 여기에서 매우 중요한 역할을 하는 것이 빈집과 공공건축물을 중심으로 한 리모델링이다. 주민들이 실질적으로 향상된 주거환경을 체감할 수 있는 건강하고 지속가능한 도시환경의 창출이 도시재생의 핵심이며, 리모델링을 통한 고쳐쓰는 도시 창출로의 패러다임의 전환이 필요하다.

특히 공공건축물 리모델링은 도시재생사업에 있어 주목할 만한 가치이다. 문화예술이 가진 가치와 긍정적인 영향력을 도시재생사업에 도입하여 지역이 가진 문화적 특색과 정체성을 구축해 가고, 주민공동체를 복원하는 성공사례들에서 도시재생의 해답을 찾을 수 있을 것이다.

참고문헌

국토교통부 · 건축공간연구원(2020). 도시재생전략계획 수립 가이드라인.

국토교통부 · 한국토지주택공사 그린 리모델링창조센터(2018). 공공건축물 그린 리모델링 지원사업 백서.

국토교통부 · 한국토지주택공사(2021). 도시재생 공동이용시설 운영사례집.

국토교통부(2021.4.15.). 도심 속 위험건축물, 생활SOC로 재탄생하여 주민 품으로. https://blog.naver.com/mltmkr/222310690729

김강래(2017.7.24), 도시재생, 주택 리모델링 '시동', 매일경제신문, https://www.mbn.co.kr/news/all/3292588

김은희 · 염철호(2015). 공공건축물 활용성 제고를 위한 리모델링 정책지원 및 제도개선 연구. 건축도시공간연구소.

도시재생종합정보체계(2020a). 도시재생브리프 통권, 제50호.

도시재생종합정보체계(2020b). 위험건축물 재생사업 특별공모 설명자료.

박용석(2020). 건축물 리모델링 시장의 전망과 정책 과제. 한국건설산업연구원.

서울시(2019.8.8.). '빈집 도시재생'본격 시동... 8개소 사회주택 공급 사업자 선정 완료. https://www.seoul.go.kr/news/news_report.do#view/295058?tr_code=m_snews

서울주택도시공사(2021.5.31.). 제10차 빈집활용 토지임대부 사회주택 공모 공고. https://www.i-sh.co.kr/city/brd/m_20/list.do?multi_itm_seq=8192

유수하(2019). 도시재생사업지의 빈집 특성 분석 및 활용방안에 관한 연구: 관악구 난곡동을 중심으로. 서울대학교 대학원 석사학위논문.

유형수(2021). 여주시 시민회관 국토부 재생사업 특별공모 선정. 경인매일신문. http://www.kmaeil.com/news/articleView.html?idxno=276036

윤혜숙(2021.4.28). 내 손안에 서울. 빈집이 청년 아지트로! '터무늬 있는' 변신. https://mediahub.seoul.go.kr/archives/2001418?tr_code=snews

이다예(2019.12.19). 민관협력을 통한 빈집 관리 및 활용 사례-인천광역시 미추홀구 '빈집은행'을 중심으로-. 국토연구원.

이섬결(2020). 도시의 빈집 해소 요인 및 정책적 시사점에 관한 연구. 계명대학교 대학원 박사학위논문.

이홍대(2018). 빈집의 발생 원인에 따른 지역별 활용방안에 관한 연구. 공주대학교 대학원 박사학위논문.

인천광역시 주거재생과(2019). 빈집정비 가이드라인 및 지원계획.

장남종 · 성수연(2018). 마을재생 위한 서울시 빈집의 실태와 관리방안. 서울연구원

조수연(2021. 4. 20). 방치된 빈집, 청년회관 · 마을사무소 되었다. https://mediahub.seoul.go.kr/archives/2001345?tr_code=snews

전원속의 내집 편집부(2021). 노후주택 리모델링. ㈜주택문화사

조수연(2021.4.20). 내 손안에 서울. 방치된 빈집, 청년회관 · 마을사무소 되었다. https://mediahub.seoul.go.kr/archives/2001345?tr_code=snews

강남구 도시관리공단 홈페이지 https://www.gncity.or.kr/index.asp#&panel1-1

감천 문화마을 홈페이지 https://www.gamcheon.or.kr

국가법령정보센터 www.law.go.kr

국토교통부 홈페이지 www.molit.go.kr

도시재생종합정보체계 홈페이지 https://www.city.go.kr

부산시 홈페이지 www.busan.go.kr

서울시 홈페이지 www.seoul.go.kr

서울주택도시공사 홈페이지 https://www.i-sh.co.kr

연남동 숲길 홈페이지 https://parks.seoul.go.kr/template/sub/gyeongui.do

오노미치 빈집재생프로젝트 홈페이지 http://www.onomichisaisei.com

온라인 청년센터 홈페이지 www.youthcenter.go.kr

집수리닷컴 홈페이지 http://jibsuri.seoul.go.kr

캐노피하우징 홈페이지 http://canopyhousing.org

한국토지주택공사 홈페이지 http://www.lh.or.kr

제6장
도시유산의 문화가치

제1절 용어의 설명

1. 가치와 가치론

도시를 보는 힘은 어떠한 관점에서 도시를 보는가에 따라 달라질 수 있다. 그러기에 도시를 보는 관점 중에서 가치와 가치론은 중요한 기준이 될 수 있다. 그래서 이 과목의 명칭인 '도시유산의 문화가치' 중에서 가장 마지막에 있는 단어이지만 가장 먼저 언급하여 도시를 보는 관점을 제시하고자 한다.

(1) 가치

가치의 사전적 의미는 '사물 및 일의 중요성이나 의의. 곧, 사람이 사물을 얼마나 좋은 것, 필요한 것, 이로운 것으로 여기는가를 나타내는 말'을 의미하기도 하고 '인간이 마땅히 규범으로서 받아들여야 할, 옳은 것이나 바람직한 것. 개인이 좋아하거나 싫어함과 관계없이 인류가 보편적으로 승인하는 것'을 의미하기도 하며 경제적으로는 '상품이나 재화(財貨)의 효용'을 의미하기도 한다.

가치라는 용어는 폭이 넓지만 도시건축의 측면에서 보면 다음과 같이 좀 더 깊게 이야기할 수 있다. 가치를 역사적인 관점에서 보면 인간이 만들어내는 행위와 결과물 그리고 그에 대한 경험을 통해 형성되는 의식적인 관계가 축적된 결과물이다. 사회적인 관점에서 보면 인간과 대상의 관계를 통해 인간의 사고와 태도에 영향을 미치며 존재조건, 이해관계, 의식구조를 반영하며 도덕, 아름다움, 경제, 정치 문화 등 사회적 여건에 따라 다르게 나타난다.

경제학의 관점에서 보면 크게 사용가치, 교환가치, 상징가치로 구분할 수도 있다. 사용가치란 어떤 재화를 소비함으로서 얻을 수 있는 주관적인 만족이나 효용성을 의미한다. 예를 들면 주택은 거주공간으로서의 사용가치가 있다는 의미를 의미한다. 교환가치란 하나의 재화가 다른 재화와 교환할 수 있는 능력으로서 객관적 상품으로서의 가격이라고 간단하게 말할 수 있다. 상징가치는 상징적인 의미가 있는 것으로서 사용이나 교환이 불가능한 것이다. 즉 결혼 예물과 같이 대체 불가능한 가치를 의미한다. 그 외에도 미학적 가치가 있다. 대상의 외형과 그것이 유발하는 감정적 반응에 근거한 가치라 할 수 있다. 예를 들면 맞춤형으로 디자인한 주택과 대량생산된 콘테이너 박스와 같은 비교를 할 수 있다. 예술적 가치로서 문화의 가치라고 할 수도 있기 때문에 주관적일 수밖에 없지만 보편성을 가지기 위해 다른 사람들도 동의해야한다는 요건이 따라다닌다.

또 다른 측면에서의 가치의 종류는 다음과 같이 분류할 수 있다.

1. 내재적이고 본질적인 가치 / 변화하지 않는 가치

2. 만들어지는 가치/만들 수 있는 가치

가치를 본질적인 것으로 보는가 또는 창조되는 것으로 보는가에 대한 문제는 가치를 어떻게 보는 가에 따라 달라질 수 있는 것이다.

(2) 가치론

가치론은 사전적 의미로는 가치의 본질, 가치와 사실의 관계, 가치 판단의 기준 등을 다루는 철학의 한 부분이다. 통상 윤리학, 미학, 정치철학, 사회철학, 논리학 등을 묶어서 말하기도 한다. 그래서 비교적 서로 관련 없어 보이는 다양한 문제들을 총괄하는 연구로서의 기틀을 만들었다 할 수 있다.

가치론을 두 가지 부분으로 나누어진다고 볼 수 있다. 첫 번째로는 일반적으로 알려져 있는 것처럼 특정 상태의 좋고 나쁨을 평가하는 부분이다. 두 번째로는 '당위성'이라는 부분이다. 즉 주어진 가치론을 바탕으로 '허용됨', ' 해야만 함'과 같은 속성을 따지는 부분이다.[28]

다른 측면으로는 가치는 수단으로 좋은 것과 목적으로 좋은 것으로 구분할 수 있다. 그래서 가치론에 대한 적용도 첫 번째로는 어떤 목적을 위해 좋은 도구적 가치와 어떤 일을 하는데 좋은 기술적 가치로 볼 수 있다. 두 번째로는 전체의 부분으로서 좋은 기여적 가치와 전체로서 좋은 궁극적 가치로 구분하기도 한다[29].

---

28) Selim Berker, "The Rejection of Epistemic Consequentialism"

29) 존 듀이는 〈인간본성과 행위 Human Nature and Conduct〉(1922) 및 〈가치평가론 Theory of Valuation〉(1939)

결국에는 가치론은 '무엇이 본질적으로 좋은가?'라는 질문에 대한 답을 찾는 과정이라고 할 수 있다. 그리고 그 답을 찾는 방법이나 찾은 답도 다를 수 밖에 없다. 쾌락주의자는 '쾌락'이라 답하고 인문주의자들은 '좌화로운 자기실현' 이라 할 수 있고 종교인은 '신의 사랑'이라 답할 수 밖에 없다.

이에 따라서 구분해야하는 것이 있다. '사실'은 객관성을 상징하고 '가치'는 주관성을 시사하기 때문에 가치와 사실의 관계는 가치와 가치판단의 기준과 그 객관성을 수립하는데 아주 중요한 역할을 하게 된다. 그래서 실제로 가치평가된 것을 사실적으로 기술하거나 가치평가들 사이의 유사점과 차이점을 인과적으로 설명하는 것은 비교적 쉽지만 가치평가의 객관적 타당성을 설명하는 부분은 철학적인 부분까지 고려해야하는 어려운 부분이라 할 수 있다. 많은 철학자들은 오래전부터 이에 대한 논의를 활발하게 진행하고 있다.

(3) 서로 다른 부분에서 가치와 가치론을 해석해보기

i) '김춘수의 꽃'을 가치와 가치론의 문제로 해석해보기

'김춘수의 꽃'

내가 그의 이름을 불러주기 전에는
그는 다만
하나의 몸짓에 지나지 않았다.

내가 그의 이름을 불러주었을 때,
그는 나에게로 와서
꽃이 되었다.
내가 그의 이름을 불러준 것처럼
나의 이 빛깔과 향기에 알맞는
누가 나의 이름을 불러다오.

그에게로 가서 나도
그의 꽃이 되고 싶다.

우리들은 모두
무엇이 되고 싶다.
너는 나에게 나는 너에게
잊혀지지 않는 하나의 눈짓이 되고 싶다.

일반적으로 이 시에 대한 해석은 다음과 같다. '존재의 본질과 의미, 그리고 이름이 가지는 상징성을 탐구하는 시로, 동시에 인식되고 싶은 인간의 갈망을 보여주고 있다. 한 마디로 모든 것은 이름을 가짐으로써 그것으로 인식된다는, 어쩌면 당연한 사실을 보여준다.'

ii) 유한준의'석농화원'을 가치와 가치론의 문제로 해석해보기

'知則爲眞愛 愛則爲眞看 看則畜之而非徒畜也

(지즉위진애 애즉위진간 간즉축지이비도축야)

"알면 곧 참으로 사랑하게 되고, 사랑하면 참으로 보게 되고, 볼 줄 알게 되면 모으게 되니 그것은 한갓 모으는 것은 아니다"

두 개의 사례를 가치와 가치론으로 해석한다면 다른 관점에서의 이야기를 만들 수 있을 것이다. 가치라는 것은 어떠한 것에 대하여 인지할 때부터 가치가 생긴다는 것을 알 수 있다. 그리고 사람이 아니라 사물이라도 서로간의 관계에 의하여 가치가 생긴다고 할 수 있다. 그리고 사람과 사물은 가치를 만들고 싶어 한다는 의미이다. 알고 찾고 의미를 부여해야 가치가 높아짐을 알 수 있다. 그리고 가치라는 것은 선택된 것에만 의미가 부여된 것을 알 수 있다.

(4) 가치와 선택

어떠한 것에 대한 가치과 가치론은 선택해야하는 경우에는 그 특성이 크게 드러나게 된다. 그리고 선택이라는 문제는 비교의 문제와 같이 연결될 수 밖에 없다. 모든 것을 선택할 수 있으면 비교할 필요도 없고 그 가치에 대하여 크게 생각할 필요가 없기 때문이다.

물론 비교를 한다고 해서 반드시 좋은 것을 선택하는 것은 아니다. 왜냐하면 가치의 기준이 다르기 때문에 '좋은 것'에 대한 기준도 다르기 때문이다. 가치판단의 기준이 다양한 측면에서 만들어지기 때문이다. 그리고 1개의 요소로만 가치판단의 기준이 만들어지거나 판단하지 않기 때문이다.

선택의 순서를 보면 다음과 같다.

① 비교하려는 것들에 대한 가치를 각각 분석하게 된다.

② 비교하려는 것들에 대한 가치를 서로 비교한다.

③ 가진 가치의 비교를 판단하게 된다.

④ 이에 따라 선택을 하게 된다.

앞에서 언급한 바와 같이 가치의 판단은 사람, 사건, 사물들이 혼합된 네트워크상에 만들어지기 때문에 다양한 사회문화 및 관계 속에서 구축된다.

(5) 건축에 적용

건축도시 또는 도시재생 또한 그 가치기준과 가치에 대한 특징과 설득력은 어떻게 이루어지는가에 대한 고민을 풀어가야 한다.

건축물과 토지는 사용가치, 교환가치, 상징가치를 모두 가진다. 그러기에 한가지의 가치기준으로 건축물과 토지의 가치를 파악할 수 없다. 또한 건축물과 토지의 가치는 역사, 사회, 문화의 혼합체 속에서 만들어지기 때문에 가치판단에 대한 기준을 정하기 어렵다.

특히 도시재생의 문제에 있어서는 선택을 해야만 하는 일련의 과정에서 가치판단의 기준과 가치판단의 객관성과 설득력을 얻어야 할 것이다.

2. 건축과 도시

(1) 건축

건축물의 물질적인 형태에 있어 건축적인 작업은 흔히 문화적인 상징, 사회적 상징, 예술적 작업으로 인지된다. 그래서 건축의 가치는 건축가, 관련전문가, 건축주, 사용자, 직간접적으로 관련된 여러 종류의 사람에게 모두 좋은 건축으로 인정받는 것을 의미한다. 그래서 패러다임의 공유, 맥락과 연속성의 존중, 사람과 환경, 자의식과 자존심 등 다양한 측면 중에서 어떤 측면으로 볼 것인가의 문제가 된다.

일반적으로 오랜기간 비트루비우스가 언급한 건축의 특성인 내구성, 유용성, 아름다움이 건축의 가치판단 기준이 되어왔었다. 20세기 후반에는 새로운 구조와 기능, 지속 가능성에 대한 고려, 이를 기반으로 한 지속 가능한 건축을 포함한 새로운 개념이 이에 포함되었다. 현 시대의 기풍을 만족시키기 위해 건물은 재료의 생산, 주변 지역의 자연 환경과 건축 환경에 끼치는 영향, 건물이 냉난방, 물, 빛, 쓰레기 관리에 있어 지속 가능한 에너지를 생산해야 한다는 요구에 대응하여 친환경적인 방식으로 건축하는 가치의 기준이 된다. 어떻게 보면 건축의 가치판단은 재료/구조/형태/법규/사회/문화/역사/경제/예술 등 모든 부분이 관여됨을 알 수 있다.

(2) 도시

흔히 '도시적'이라고 불리는 총체적인 독특한 문화양식이 내포한 것을 의미한다. 그러기에: 단순한 인구 규모나 면적, 인구밀도의 차이 등은 도시를 특징짓는 충분한 기준이 될 수 없으며, 오히려 사회적 특성 및 연관도(노동의 분화, 비농업적 경제활동, 중심지로서의 기능 등), 문화양식 가 시골 마을과 도시를 구분지어 주는 보다 바람직한 기준이 된다.

즉 도시는 다양한 양상을 가진다.

① 패트릭 게데스는 도시를 도시 자체로서의 존재양식과 변화양태를 가진 하나의 세계로 파악한다.

② 도시는 도시를 구성하는 제 요소의 존재의미를 수용하는 과정 속에서 지속적인 변화를 계속하는 존재이며, 이러한 변화를 주도하는 것은 그곳에 살아가는 사람들의 인식체계를 근간으로 한다.

③ 이러한 인식체계를 바탕으로 형성된 도시의 물리적 형태는 도시민들의 인식체계에 영향을 미친다.

④ 양질의 도시문화가 태동하기 위해서는 정체성을 갖춘 도시가 전제되어야 한다.

⑤ 일반적인 도시공간에서 볼수 없는 독특함을 의미하는 장소성은 지역의 성격을 구성하는 특성과 연결되고 이들이 모여 지역성 또는 도시의 정체성이 된다.

⑥ 건축과 도시를 이해하고 함의된 역사와 문화의 가치를 읽어낸다. 이러한 것을 근간으로 한다.

그렇기 때문에 시간, 공간, 사람이 상호작용을 이루어 문화를 형성하여 정체성을 만든다. 그리고 정체성은 양식과 전통을 만들어 내고 이를 전승시킨다. 이런 전승되는 것들을 구분하여 고유한 문화를 가진 도시로 만들어가게 된다.

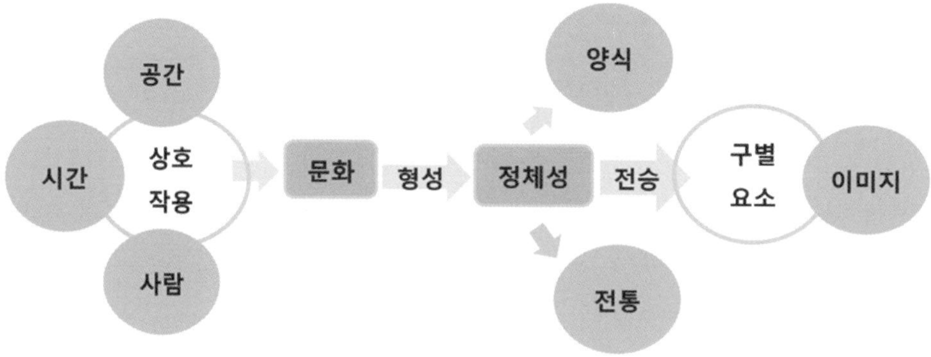

[그림 6-1] 유산과 문화의 개념

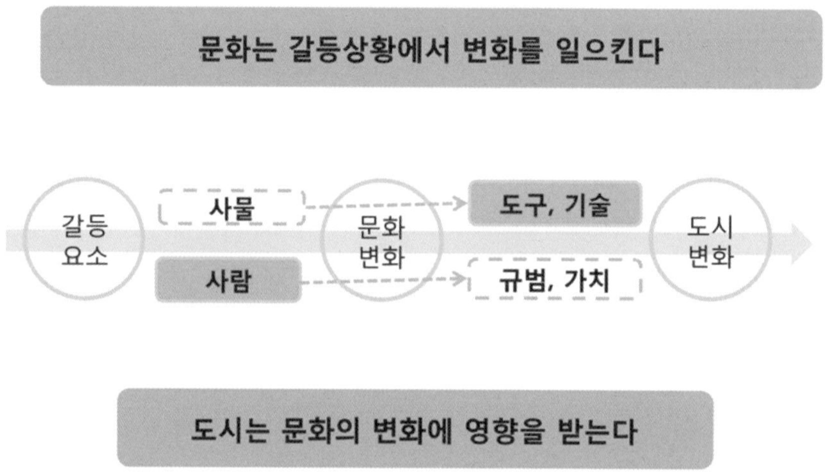

[그림 6-2] 도시유산과 문화가치의 개념

3. 문화와 유산

(1) 문화

사전적인 의미로 보면 문화(文化)는 일반적으로 한 사회의 주요한 행동 양식이나 상징 체계를 의미한다. 그래서 문화는 사상, 의상, 언어, 종교, 의례, 법이나 도덕 등의 규범, 가치관과 같은 것들을 포괄하는 "사회 전반의 생활 양식"을 의미하는 것이다. 그래서 문화를 정의하자면 세계관, 사회사상, 가치관, 행동양식 등의 차이에 따른 다양한 관점의 이론적 기반에 근거하여 여러 가지 정의가 존재한다. 유네스코는 2002년 "문화는 한 사회 또는 사회적 집단에서 나타나는 예술, 문학, 생활양식, 더부살이, 가치관, 전통, 신념 등의 독특한 정신적, 물질적, 지적 특징"으로 정의하기도 한다. 그래서 문화는 다양한 측면에서 고려할 수 있다.

i) 기술과 예술

인간이 자연을 변화시키는 두 가지 행위를 기술과 예술이라 한다. 기술이란 인간이 생존을 위해 자연물을 변화시키는 행위이다. 반면 예술이란 인간이 심미적인 욕구를 만족시키기 위해 행하는 정신적인 활동이다. 문화는 기술과 예술이 어우러진 활동이다.

ii) 상징과 언어

인간이 문화를 전파하고 축적하기 위해 사용하는 수단 두가지가 존재한다. 바로 상징과 언어다. 인간은 사물의 본질과 상관없이 인위적인 의미를 부여한다. 이것을 상징이라 한다. 그리고 언어란 음성을 통해 의미를 전달하는 행위이다. 인간은 음성 신호에 여러 의미를 담아 복잡한 의미를 전달한다.

iii) 가치와 규범

인간은 좋은 문화와 나쁜 문화를 구분하기 위해 도덕, 종교, 예술, 심미, 경제, 물질(생존, 현실, 의식주) 등 다양한 기준을 사용한다. 이때의 기준을 가치라 부른다. 또한 특정 가치가 사회 전반에 퍼져 사회구성원들의 행동을 구속할 때, 그것을 (사회)규범이라 부른다.

여러 자료를 종합하면 문화의 속성을 다음과 같이 이야기할 수 있다.

i) 공유성

한 사회의 구성원들이 그들만의 고유한 문화를 공유하는 것. 그러므로 공통된 행동과 사고방식을 가진다. 예를 들자면 명절에 성묘하러 대규모 이동이 일어나는 것이다. 공유성은 예측할 수 있게 해준다. 프랑스인과 인사할 때는 볼에 뽀뽀할 것이라고 생각하게 되지만 한국인과 인사할 때는 허리를 굽혀서 인사할 것이라고 예측하는 것이 그 예라 보겠다.

ii) 학습성

문화는 선천적인 것이 아니라 후천적으로 습득하는 특징이 있다. 이를 학습성이라고 하는데, 젓가락을 사용하는 법, 연필을 잡는 법 모두 후천적으로 익히는 문화이므로 학습성의 예가 되겠다. 일란성 쌍둥이라도 다른 사회에서 성장하면 서로 다른 생활양식을 갖게 되는 것이 그 예이다.

iii) 축적성

문화는 전 세대로부터 물려받아서 다음 세대로 전달된다. 그 과정에서 새로운 지식, 기술이 축적되며 내용이 풍부해지고 더욱 발전하는 특징을 축적성이라고 한다.

iv) 변동성

문화는 형성되고 안착하더라도 후에 그 문화가 지속될 것이라는 보장을 할 수 없다. 이 특성을 변동성이라고 하는데, 없어지기도 하고 수정되기도 하고 새로운 문화가 탄생되기도 한다. 문화가 변동되는 원인은 새로운 문화 요소의 발명이나 발견, 가치관의 변화, 지식의 축적 등에 의해 변화한다.

v) 전체성

사회의 문화는 물질적 제도적 정신적 요소로 구성되어 있다. 각각의 요소들은 독립적인 성격을 가지고 있지만 밀접한 관련을 맺고 있다. 예를 들어서 인터넷이 발달하니, 쇼핑을 인터넷으로 하고 강의도 인터넷으로 보는 등 생활 양식이 바뀐다.

(2) 문화유산

문화유산의 사전적 의미는 '앞 세대의 사람들이 물려준, 후대에 계승되고상속될 만한 가치를 지닌 문화적 전통' 이다. 문화유산(文化遺産)은 장래의 문화적 발전을 위하여 다음 세대(세기) 또는 젊은 세대에게 계승·상속할 만한 가치를 지닌 사회의 문화적 소산이다. 과학, 기술, 관습, 규범 및 정신적·물질적 각종 문화재, 문화 양식 따위를 모두 포함한다.

문화유산과 문화재는 서로 약간 다르다. 문화재는 문화재보호법이라는 법령에 의하여 정의된다. "문화재"란 인위적이거나 자연적으로 형성된 국가적·민족적 또는 세계적 유산으로서 역사적·예술적·학술적 또는 경관적 가치가 큰 것이라는 정의를 가진다.

현재는 문화유산과 문화재에 대한 커다란 변화가 있는 시점이다.

i) 문화유산과 문화재가 혼용되어 사용되고 있다.

기존에는 문화유산을 보다 폭넓은 영역을 가진 것으로서 보았으며 문화재는 문화재 보호법에 한정하여 고려하였다. 그러나 현재는 문화유산과 문화재가 혼용되고 있다. 문화재라는 개념보다는 문화유산으로서의 폭넓은 개념으로 확장되고 있다고 볼 수 있다. 더 나아가서 '유산'이라는 측면까지 확장되고 있다.

ii) 문화유산과 문화재의 종류가 확장되고 있다.

이에 따라서 많은 영역들에서 유산이라는 개념들이 생겼다. 예를 들면 산업유산이라던가 근대유산이라던가 하는 개념들이다. 국제적으로도 확장된 개념들이 국내에 받아들여져서 확장되어 사용되기도 하였다. 예를 들면 유네스코에 등재된 세계유산과 같은 개념들은 국내에 많은 영향을 미치게 되었다.

물론 도시에서도 도시의 많은 부분들과 영역들이 유산으로서의 성격을 가지게 되었다. 그리고 이러한 개념들이 적용하는 관점에서 도시를 보게 되었다.

iii) 문화유산과 문화재의 개념이 확장되고 있다.

고전적인 관점에서는 문화유산과 문화재는 보존의 개념이 보다 많이 적용되었다. 그러나 이제는 보존의 관점과 함께 활용이 관점까지 모두 적용되는 유형까지 생겨나게 되었다. 그래서 건축자산, 미래유산, 농업유산 등의 다양한 개념들이 생겨나게 되었고 받아들여지게 되었다. 우리나라에서도 최초의 반도체, 최초의 원자로 등이 문화재로 지정될 만큼 개념의 폭이 넓어졌다. 즉 근대산업 유산에 이어서 현대 과학 유산이라는 개념도 생길 수 있게 된 기틀이 된 것이다.

그래서 문화유산은 이미 사라진 것, 사라질 위험에 처한 유산, 다양한 제도에 의하여 지정된 것, 지정되지는 않았지만 보호해야하는 것, 앞으로 문화유산이 될 수 있는 예비적인 것 등 다양하다고 할 수 있다. 어떻게 보면 인류문화를 보여줄 수 있는 모든 인공적인 것과 지구환경의 모든 자연적인 것들을 포함하고 있기에 그 폭이 넓다 할 수 있다.

이제는 도시유산이라는 개념까지도 만들어질 수 있는 시기가 된 것이라 생각한다.

(3) 문화유산의 가치

앞에서 언급한 바와 같이 가치의 종류는 1. 내재적이고 본질적인 가치 / 변화하지 않는 가치와 2. 만들어지는 가치/만들 수 있는 가치로 분류될 수 있다.

예전에는 문화유산의 가치는 내재적이고 본질적이라 이야기 하였다. 근래에는 만들어지는 가치/만들 수 있는 가치라 생각하는 것이다. 세계유산의 등재기준에서도 이러한 부분을 확인 할 수 있다. 세계유산의 등재기준에서도 10여개의 기준을 가진다.

예를 들면 복합문화유산의 개념이 만들어지면서 문화유산의 가치라는 것이 새롭게 만들어질 수 있으며 만들어진 가치에 의해 인식될 수 있게 되었다. 복합문화유산의 개념은 건축물의 형태와 양식뿐 아니라 살았던 사람과 사람이 이루어놓은 또 다른 유산, 그리고 건축물의 주변 환경과 주변의 유적을 모두 포함하는 총체적인 것이라 할 수 있다. 이에 따라 다음과 같은 특징을 가진다.

① 여러 측면에서 가치를 찾고 만들어가며 보존하는 것

② 상대적으로 작다고 여겨지는 가치를 가진 문화유산들을 모아서 커다란 가치로 탄생시키는 것

③ 복합문화유산은 여러 가지 가치와 사람 간의 네트워크로 합쳐진다면 보다 보존과 활용의 관점에서 크고 새롭게 가치를 만들고 성장시키는 것

즉 복합문화유산은 유산의 가치를 사람들이 만들어가는 것을 의미하며 유동적이며 만들어진 가치가 더 중요하다는 의미하고 서로의 가치를 높여주는 시너지효과를 가진다고 할 수 있다.

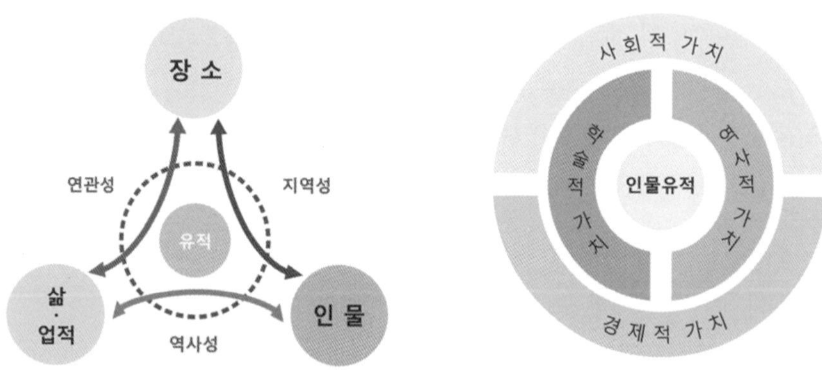

출처 : 인물유적 보존정비 관리방안 연구 보고서

[그림 6-3] 복합문화유산의 개념 - 인물유적 보존정비

이러한 사례는 도시와 도시재생, 도시 속에 사는 사람도 같은 관점에서 적용할 수 있을 것이다.

(4) 도시유산

도시 재생에서도 변하지 않는 커다란 가치를 찾는 것이 아니라 지역과 사회와 문화의 가치는 만드는 것이다. 가치를 찾는 다양한 방법이 만들어질 수 있다.

제2절 도시속에서 도시유산의 존재방식

도시는 인류사에 아주 오랜기간 유지되어왔던 것이다. 이에 따라서 지속과 변화의 성격을 모두 가지고 있다. 도시유산이 도시속에서 만들어지고 유지하는 과정에서 다음과 같은 두가지의 방식으로 대응하게 된다.

① 도시와 도시유산이 원래 그대로 지속되는 방식이다.

② 도시와 도시유산이 원래의 모습과 현대적인 요구를 중첩시키는 방식이다.

1. 도시유산의 가치 - 안정성의 가치

도시는 원래의 성격대로 그대로 지속하는 성격에 의하여 시간의 흐름에 따라 안정성을 가지며 지속하고 있다.

도시유산이라는 것은 기존의 가치를 유지하면서 새로운 가치를 만들어가는 것이다. 이에 따라 도시유산은 안정성을 확보하기 위한 측면으로서의 변화를 만들어간다. 즉 지속성의 가치속에서 변화의 가치를 만들어가는 것이다. 도시의 기본적 속성을 유지하면서 현대 산업의 발전에 맞추어 변경해가고 현대인의 삶에 맞추어 변해가는 것이다. 어떻게 보면 가장 지속적이고 안정적인 방법으로서 도시 유산의 가치를 만들어가는 것이라 할 수 있다. 도시유산은 한편으로는 유지의 가치를 보다 중요하게 고려해야한다는 것을 보여준다. 기존의 문화유산이나 문화재가 가진 성격을 그대로 유지하려 노력하는 것을 의미한다. 그러면서도 최소한의 소극적인 변화를 만들어가는 것이다. 도시유산에서 유지의 가치는 어떤 부분을 유지하고 어떤 부분을 변경할 것인지에 대한 문제에 도달하게 된다. 특히 물리적 환경의 지속 가능성을 고려하게 된다.

2. 도시유산의 가치 - 변화의 가치

도시유산은 변화의 가치 또한 동시에 가지고 있다. 변화의 가치는 기존의 도시가 가지고 있던 성격의 폐기나 변경에 대한 요청에 대응하는 것을 의미한다. 또한 새로운 도시의 방향성에 대한 요청에 부응하는 것을 의미한다. 또한 노후화되거나 쇠락하는 것에 대한 대응으로서의 변화를 요구하게 된다. 변화의 가치는 사회 문화 등의 요구사항에 맞추어 변화하는 것을 의미한다. 그리고 시간의 흐름에 따른 변화에 대한 요구를 맞추어가는 것이다. 근대 도시유산이 가진 가치를 최대한 유지하면서 변화시키는 유형이라 할 수 있다.

이러한 부분은 도시와 도시유산이 유연성을 가지고 있기 때문이다. 도시구성의 유연성을 창조하고 도시속에서 활용도가 높은 공간을 구성하고자 하는 의도를 보이는 것이다. 두 번째로는 도시 속에서 도시유산은 공공성과 문화적 성격을 가지고 있다는 점이다. 그러기에 도시의 문화를 강화시켜줄 수 있는 가능성이 높다.

3. 도시유산의 중복적 의미

i) 시간의 중복성

도시속의 도시유산은 과거의 흔적을 보여준다. 그리고 현재의 도시가 가진 의미를 포함하고 있다. 이렇게 함으로서 도시유산은 과거와 현재라는 두 가지의 시간이 공존하게 된다. 그래서 사람들은 시차에 의한 중복성과 모호함을 도시유산에서 찾을 수 있게 된다.

ii) 가치의 극대화 - 유사성의 가치 / 상이함의 가치

도시유산은 도시속에서 존재하기 때문에 도시라는 특성을 벗어날 수 없다. 그러기에 도시유산들은 유사성을 가지고 있다. 그리고 과거의 흔적으로서의 도시유산은 과거의 흔적이라는 유사성을 가진다. 그렇기에 과거를 돌아보는 현대의 도시에서의 가치는 유사성의 가치라 할 수 있다.

반면에 현재적 관점에서는 도시유산은 상이함을 가지고 있다. 또한 상이함을 만들어야만 하는 필수적인 요건을 가지는 경우도 많다. 도시유산이 가진 독자적인 특성을 가지고 있어야만 존재의 가치를 가질 수 있기 때문이다. 그렇기에 변화하는 도시적 맥락에서 유사성과 상이함의 가치를 같이 가지고 있어야 도시유산이 가진 가치를 극대화 할 수 있다.

iii) 효율성의 극대화 - input과 output의 효율성

도시유산이 가진 과거의 특징과 현대의 특징의 이중적인 요소에서 어느정도를 유지할 것인지 얼마나 변경할 것인지에 대한 기준을 마련해야한다.

또한 도시유산의 유지와 변경을 위해 얼마만큼 투자해야하는지에 대한 고려를 해야할 것이다. 이렇게 함으로서 Input과 Output의 균형을 맞출 수 있을 것이다. 도시유산은 단순한 경제적 이득만을 가치의 기준이라 할 수는 없다. 이렇기 때문에 현대 사회의 급변하는 상황에 대하여 따라가야만하는 요청과 안정된 사회의 유지를 위한 요청이 공존하게 되므로 이에 따른 효율성을 맞추어야 할 것이다. 이에 따라서 과거의 모습에 대한 유지에서부터 철거 및 전체 변경까지의 사이에 어떠한 지점을 선정하여 변화시키고 관리할 지에 대한 기준을 마련할 필요가 있다.

ⅳ) 시간 - 성공과 실패의 판단시간

도시유산에 대하여 시간의 관점에서 고려해야하는 부분이 있다.

① 도시유산이 가진 과거의 모습을 얼마나 오랜 기간 유지해야하고 유지할 것인가?

② 도시유산이 가진 과거의 모습을 변경하기 위해 얼마나 시간을 투자해야할 것인가?

③ 변경된 도시유산이 안정화되는데 얼마나 오랜 시간이 걸리는가?

이렇게 투자해야하는 시간의 중요성이 도시유산의 유지 및 활용에 고려해야하는 시간이라 할 수 있다.

다시 한 번 정리한다면 투자해야하는 시간의 중요성이나 지속되어야하는 시간의 중요성이 필요할 것이다. 그리고 안정된 구조로 만드는 시간과 안정된 구조가 유지되는 시간에 대한 부분을 고려해야할 것이다. 이러한 시간적 관점에서의 고려가 도시유산을 유지하고 활용하는 것에 대한 성공과 실패를 판단하게 될 것이다. 그렇기 때문에 성공과 실패의 판단시간을 적정시점으로 지정해야할 것이다.

ⅴ) 선택 - 지속과 변화

도시유산의 과거 모습을 지속하기 위해서는 소요되는 비용은 점차 증가한다. 결과적으로는 어느 시점에서는 변화를 위한 비용이 들어간다. 작은 초기 비용과 점차 증가하는 유지비용에 대한 검토를 해야한다. 여기에서 비용은 단순한 금전적 비용 뿐 아니라 노동, 시간, 사회적 비용 등 다양한 종류의 비용이 소요된다.

도시유산의 과거 모습을 현재에 요구에 맞추어 변화하기 위해서는 초기에 비용이 많이 소요되고 변화 후 비용이 적게 든다. 그러나 점차 시간이 소요되면서 점차 비용이 증가된다. 이에 따라 커다란 초기 비용의 소요와 일정기간동안 작은 유지비용이 든다.

이러한 것들은 도시유산의 지속과 변화에 대한 선택의 문제를 건드리고 있다. 그리고 도시유산의 가치에 대한 분석이 선행되어야 한다. 그리고 이러한 과정이 도시유산의 지속가능성이 높아진다.

제3절 문화유산의 종류와 가치기준

1. 유네스코 등재유산[30)]

유네스코 등재 유산은 세계유산, 무형문화유산, 세계기록유산으로 나누어진다. 세계유산은 문화유산, 자연유산으로 분류된다. 이러한 유산들의 등재기준은 유산의 가치기준과 동일하다고 할 수 있다.

(1) 세계유산의 정의와 등재기준

i) 세계유산의 정의

세계유산은 '탁월한 보편적 가치'(OUV ; Outstanding Universal Value)를 갖고 있는 부동산 유산을 대상으로 한다

① 문화유산

기념물: 기념물, 건축물, 기념 조각 및 회화, 고고 유물 및 구조물, 금석문, 혈거 유적지 및 혼합 유적지 가운데 역사, 예술, 학문적으로 탁월한 보편적 가치가 있는 유산

건조물군: 독립되었거나 또는 이어져있는 구조물들로서 역사상, 미술상 탁월한 보편적 가치가 있는 유산

유적지: 인공의 소산 또는 인공과 자연의 결합의 소산 및 고고 유적을 포함한 구역에서 역사상, 관상상, 민족학상 또는 인류학상 탁월한 보편적 가치가 있는 유산

② 자연유산

무기적 또는 생물학적 생성물들로부터 이룩된 자연의 기념물로서 관상상 또는 과학상 탁월한 보편적 가치가 있는 것.지질학적 및 지문학(地文學)적 생성물과 이와 함께 위협에 처해 있는 동물 및 생물의 종의 생식지 및 자생지로서 특히 일정구역에서 과학상, 보존상, 미관상 탁월한 보편적 가치가 있는 것과학, 보존, 자연미의 시각에서 볼 때 탁월한 보편적 가치를 주는 정확히 드러난 자연지역이나 자연유적지

30) https://heritage.unesco.or.kr/

③ 복합유산

문화유산과 자연유산의 특징을 동시에 충족하는 유산

ii) 세계유산의 등재기준

〈표 6-1〉 세계유산의 선정 기준

구분	기준	사례
문화유산	Ⅰ 인간의 창의성으로 빚어진 걸작을 대표할 것	호주 오페라 하우스
	Ⅱ 오랜 세월에 걸쳐 또는 세계의 일정 문화권 내에서 건축이나 기술 발전, 기념물 제작, 도시 계획이나 조경 디자인에 있어 인간 가치의 중요한 교환을 반영	러시아 콜로멘스코이 성당
	Ⅲ 현존하거나 이미 사라진 문화적 전통이나 문명의 독보적 또는 적어도 특출한 증거일 것	태국 아유타야 유적
	Ⅳ 인류 역사에 있어 중요 단계를 예증하는 건물, 건축이나 기술의 총체, 경관 유형의 대표적 사례일 것	종묘
	Ⅴ 특히 번복할 수 없는 변화의 영향으로 취약해졌을 때 환경이나 인간의 상호 작용이나 문화를 대변하는 전통적 정주지나 육지*바다의 사용을 예증하는 대표 사례	리비아 가다메스 옛도시
	Ⅵ 사건이나 실존하는 전통, 사상이나 신조, 보편적 중요성이 탁월한 예술 및 문학작품과 직접 또는 가시적으로 연관될 것(다른 기준과 함께 적용 권장)	일본 히로시마 원폭돔
	* 모든 문화유산은 진정성(authenticity; 재질, 기법 등에서 원래 가치 보유) 필요	
자연유산	Ⅶ 최상의 자연 현상이나 뛰어난 자연미와 미학적 중요성을 지닌 지역을 포함할 것	케냐 국립공원, 제주 용암동굴 · 화산섬
	Ⅷ 생명의 기록이나, 지형 발전상의 지질학적 주요 진행과정, 지형학이나 자연 지리학적 측면의 중요 특징을 포함해 지구 역사상 주요단계를 입증하는 대표적 사례	제주 용암동굴 · 화산섬
	Ⅸ 육상, 민물, 해안 및 해양 생태계와 동 · 식물 군락의 진화 및 발전에 있어 생태학적, 생물학적 주요 진행 과정을 입증하는 대표적 사례일 것	케냐 국립공원
	Ⅹ 과학이나 보존 관점에서 볼 때 보편적 가치가 탁월하고 현재 멸종 위기에 처한 종을 포함한 생물학적 다양성의 현장 보존을 위해 가장 중요하고 의미가 큰 자연 서식지를 포괄	중국 쓰촨 자이언트팬더 보호구역
공통	완전성(integrity) : 유산의 가치를 충분히 보여줄 수 있는 충분한 제반 요소 보유	
	보호 및 관리체계 : 법적, 행정적 보호 제도, 완충지역(buffer zone) 설정 등	

세계유산은 '탁월한 보편적 가치'(OUV ; Outstanding Universal Value)를 갖고 있는 부동산 유산을 대상으로 한다. 따라서 세계유산 지역내 소재한 박물관에 보관한 조각상, 공예품, 회화 등 동산 문화재나 식물, 동물 등은 세계유산의 보호 대상에 포함되지 않는다.

어떤 유산이 세계유산으로 등재되기 위해서는 한 나라에 머물지 않고 탁월한 보편적 가치가 있어야 한다. 세계유산 운영지침은 유산의 탁월한 가치를 평가하기 위한 기준으로 다음 10가지 가치 평가 기준을 제시하고 있다.

기준 Ⅰ부터 Ⅵ까지는 문화유산에 해당되며, Ⅶ부터 Ⅹ까지는 자연유산에 해당된다.

이러한 가치평가기준 이외에도 문화유산은 기본적으로 재질이나 기법 등에서 유산이 진정성(authenticity)을 보유하고 있어야 한다. 또한, 문화유산과 자연유산 모두 유산의 가치를 보여줄 수 있는 제반 요소를 포함해야 하며, 법적, 제도적 관리 정책이 수립되어있어야 세계유산으로 등재할 수 있다.

세계유산 등재기준을 표로 정리하면 위와 같다.

(iii) 등재의의와 효과

세계유산에 등재되는 것은 해당 유산이 어느 특정 국가 또는 민족의 유산을 떠나 인류가 공동으로 보호해야 할 가치가 있는 중요한 유산임을 증명하는 것이다.

(2) 무형문화유산 정의와 등재기준

i) 무형문화유산의 정의

공동체, 집단 및 개인이 자신의 문화유산의 일부분으로 인식하는 관습, 표현, 지식 및 기술이다. 그리고 이와 관련된 전달 도구, 사물, 공예품등을 의미한다. 그리고 그들을 포함하는 문화공간까지도 포함할 수 있다.

ii) 무형 유산의 등재기준

- 무형문화유산의 전달체로서 언어를 포함한 구전 전통 및 표현
- 공연 예술(전통음악, 무용 및 연극 등)
- 자연 및 우주에 관한 지식 및 관습

- 전통 기술
- 세대와 세대를 거쳐 전승
- 인간과 주변 환경, 자연의 교류 및 역사 변천 과정에서 공동체 및 집단을 통해 끊임없이 재창조
- 공동체 및 집단에 정체성 및 지속성 부여
- 문화 다양성 및 인류의 창조성 증진
- 공동체간 상호 존중 및 지속가능발전에 부합

2. 세계 주요 농업유산[31] 또는 국가중요 농업유산

(1) 세계 주요 농업유산의 정의

지역사회의 지속가능한 발전에 대한 열망과 환경과의 동반적응을 통해 진화해 온 세계적으로 중요한 생물다양성이 풍부한 토지이용 시스템과 경관이며 지역의 환경에 적응하면서 오랜 동안 형성되고 발달해온 농업적 토지이용, 전통지식, 농업문화, 농업경관, 생물다양성이 풍부한 지역을 세대전승하는 것

(2) 세계 주요 농업유산의 등재기준

- 식량 및 생계의 안정성(Food and livelihood security) : 지역공동체의 식량?생계안정 기여, 공동체 내에서 공급과 교류가 이루어지는 자급자족 농업과 생계유지를 위한 다양한 농업
- 농업생물다양성(Agro-biodiversity) : 농업, 어업, 목축, 임업 등 식량 및 농업에 직간접적으로 이용되는 다양한 동물, 식물, 미생물로 정의된 농업생물다양성과 유전자원농업생물다양성(Agro-biodiversity) : 농업, 어업, 목축, 임업 등 식량 및 농업에 직간접적으로 이용되는 다양한 동물, 식물, 미생물로 정의된 농업생물다양성과 유전자원
- 지역 및 전통적 지식시스템(Local and Traditional Knowledge systems) : 농업, 어업 등 생업활동을 지원하는 생물종, 토지, 수자원과 자연자원에 대한 독창적인 적응기술 및 관리시스템
- 문화, 가치체계 및 사회조직(Culture, value systems and social organizations) : 자원의 이용

31) https://www.nongsaro.go.kr/portal/ps/psz/psza/contentMain.ps?menuId=PS65246
대한민국에서 지정하는 국가 중요 농업유산은 별도로 지정되어 운영하고 있다.
https://www.mafra.go.kr/mafra/1360/subview.do

및 접근에 대한 형평성을 보장하는 규범과 관행, 농업시스템의 역동적 보전에 기여하는 공동체조직

- 육지경관 및 해양경관의 특징(Landscape and Seascape Features) : 인간과 환경의 상호작용을 통해 개발되었거나 안정화되면서 느리게 진화한 것처럼 보이는 육지경관이나 해양경관

(3) 국내 세계 주요 농업유산

① 청산도 구들장 논

② 제주도 밭담 농업시스템

③ 하동 전통차 농업 시스템

④ 금산 전통 인삼 농업시스템

⑤ 담양 대나무밭 농업 시스템

3. 한국 문화재[32)]

문화재 보호법에서 지정하는 '인위적이거나 자연적으로 형성된 국가적 · 민족적 또는 세계적 유산으로서 역사적 · 예술적 · 학술적 또는 경관적 가치가 큰 다음 각 호의 것'으로 정의한다.

등재 기준은 역사적 가치, 예술적 가치, 학술적 가치, 경관적 가치로 볼 수 있다. 이에 따라 한국 문화재의 등재기준의 범위는 폭이 크다 할 수 있다.

이에 따라서 문화재 보호법에 의하여 일련의 번호를 붙여 관리하고 있는 지정문화재 제도를 시행하고 있으며 등록문화재 제도를 겸하여 시행하고 있다. 그리고 비지정 문화재라 하여 문화재보호법 또는 시 · 도의 조례에 의하여 지정되지 아니한 문화재 중 보존할 만한 가치가 있는 문화재를 지칭한다. 그렇기에 문화재로 지정하지 않더라도 지정될 가능성이 있거나 가치가 있는 것들에 대하여 보존해야하는 것을 법적으로 정의하고 있다.

---

32) 문화재 보호법에 의하여 지정된다. 국가법령센터 : https://www.law.go.kr/%EB%B2%95%EB%A0%B9/%EB%AC%B8%ED%99%94%EC%9E%AC%EB%B3%B4%ED%98%B8%EB%B2%95
문화재청 사이트 : https://www.cha.go.kr/main.html

4. 건축자산[33]

한옥 등 건축자산의 진흥에 관한 법률에 의해 만들어진 유산이다. 한옥 등 건축자산을 보전·활용하거나 미래의 건축자산을 조성하기 위하여 필요한 사항을 정함으로써 국가의 건축문화 진흥 및 경쟁력 강화에 기여함을 목적으로 한다. "건축자산"이란 현재와 미래에 유효한 사회적·경제적·경관적 가치를 지닌 것으로서 한옥 등 고유의 역사적·문화적 가치를 지니거나 국가의 건축문화 진흥 및 지역의 정체성 형성에 기여하고 있는 다음 각 목의 어느 하나에 해당하는 것

〈표 6-2〉 우수 건축자산의 가치

구 분	가치 내용
1. 역사적 가치	가. 역사적 사건·인물 등과 관련 있는 것 또는 역사발전의 증거가 되는 것 나. 용도와 외관이 우리나라의 시대적 변화를 보여주는 것
2. 경관적 가치	가. 개별 건축물의 심미적 가치뿐만 아니라 특정 범위 안에 모여 있는 건축물들이 고유의 아름다움을 간직한 것 나. 오래된 도시조직을 유지하여 독특한 경관을 이루는 것 다. 건축물과 공간환경 등이 주변과 어우러져 특색 있는 지역경관을 형성하는 것
3. 예술적 가치	가. 건축미 및 건축기술 등이 조성 당시의 건축적 특징을 대표하는 것 나. 건축적 디자인, 장식 또는 기능이 중요한 의미를 지닌 것 다. 저명한 설계자·기술자 등과 관련 되었거나 공인된 시상 제도 등을 통하여 우수성을 인정받은 것
4. 사회문화적 가치	가. 지역 주민의 자긍심을 높이고 주민 간 교류 활성화에 기여하는 것 나. 지역 특색을 반영하고 있어 해당 지역을 이해하는 데에 도움이 되는 것 다. 지역적 특수성을 갖추거나 집단의 기억을 되살려주어 지역문화 진흥에 도움이 되는 것 라. 가목부터 다목까지의 사항 외에 보전, 활용을 통하여 지역에 경제적 효과를 증대시킬 수 있는 것

이에 따라서 각 시도에서도 조례를 만들었다. 예를 들면 '충청북도 한옥 등 건축자산의 진흥에 관한 조례'에서는 2017년 다음과 같은 부분이 시행되고 있다. 건축자산의 유지보수, 우수건축자산 특례 적용, 한옥 건축 및 한옥마을 조성, 건축문화 진흥을 위한 지원 추진하고 있다.

33) 한옥 등 건축자산의 진흥에 관한 법률에 의해 지정 관리된다.
건축자산 사이트 : http://www.aurum.re.kr/Bits/BuildingMain.aspx
건축자산을 관리하는 주체는 건축공간연구원(https://www.auri.re.kr/) 이다.

용 어

건축자산

- 한옥 등 현재와 미래에 유효한 사회적 · 경제적 · 경관적 가치를 지닌 것으로, 고유의 역사적 · 문화적 가치를 지니거나 국가의 건축문화 진흥 및 지역의 정체성 형성에 기여하고 있는 것 (문화재보호법에 따른 문화재 제외)
- 건축자산은 관련법에서 정의하는 건축물(「건축법」제2조 제1항 제2호), 공간환경(「건축기본법」제3조 제2호), 기반시설(「국토의 계획 및 이용에 관한 법률」제2조 제6호) 이 해당

한옥

- 주요 구조가 기둥 · 보 및 한식지붕틀로 된 목구조로서 한국 전통양식이 반영된 건축물 및 그 부속건축물

한옥 건축양식

- 한옥의 형태와 구조를 갖추거나 또는 이를 현대적인 재료와 기술을 사용하여건축한 양식

건축물

- 토지에 정착(定着)하는 공작물 중 지붕과 기둥 또는 벽이 있는 것과 이에 딸린 시설물, 지하나 고가(高架)의 공작물에 설치하는 사무소 · 공연장 · 점포 · 차고 · 창고, 그밖에 대통령령으로 정하는 것

공간환경

- 건축물이 이루는 공간구조 · 공공공간 및 경관

기반시설

- 도로 · 철도 · 항만 · 공항 · 주차장 등 교통시설
- 광장 · 공원 · 녹지 등 공간시설
- 유통업무설비, 수도 · 전기 · 가스공급설비, 방송 · 통신시설, 공동구 등 유통 · 공급시설
- 학교 공공청사 문화시설 및 공공필요성이 인정되는 체육시설 등 공공 · 문화체육시설
- 하천 · 유수지 · 방화설비 등 방재시설
- 장사시설 등 보건위생시설
- 하수도, 폐기물처리 및 재활용시설, 빗물저장 및 이용시설 등 환경기초시설

5. 서울시 미래유산[34)]

(1) 서울시 미래유산의 정의

미래유산은 문화재로 등록되지 않은 서울의 근현대 문화유산 중에서 미래세대에게 전달할 만한 가치가 있는 유·무형의 모든 것으로, 서울사람들이 근현대를 살아오면서 함께 만들어온 공통의 기억 또는 감성으로 미래세대에게 전할 100년 후의 보물로 정의한다.

문화적 활동을 통하여 산출된 유형의 물건, 문화적 활동을 통하여 산출된 행위·이야기, 문화적 인공물 또는 문화적 행위·이야기가 형성되는 물리적 배경 등으로 유형 무형의 유산을 모두 포함한다.

(2) 서울시 미래유산의 등재기준

- 중요한 인물이나 사건 등을 이해하는데 현저하게 도움이 되는 것
- 서울을 소재 또는 배경으로 하는 작품 또는 서울 사람들에게 널리 알려진 기념물
- 특색있는 장소 또는 경관으로서 서울 사람들에게 널리 알려진 것
- 서울의 생활문화를 이해하는데 있어 현저하게 도움이 되는 것 등

[그림 6-4] 도봉구 미래유산

34) http://futureheritage.seoul.go.kr/web/main/index.do

제4절 도시유산의 개념

1. 도시유산의 정의

도시유산에 대한 학자마다 내리는 정의는 다양하다. 도시유산은 '통합적 인식을 통하여 정의할 수 있는, 역사적 층위가 중첩된 도시지역 또는 도시건축물'이라는 정의를 내리기도 한다. 이 부분은 2011년 제26차 유네스코 총회에서 '역사도시경관에 관한 유네스코 권고(UNESCO Recommendation on Historic Urban Landscape)가 채택되었다. 이 권고안은 역사도시가 시대에 따라 변화하는 사회경제적 실체이며 사람이 거주하는 생활유산이라는 점에 주목한다. 그리고 '다양한 시대의 역사가 중첩된 장소'로 언급하기도 한다.[35] 이러한 개념은 역사적으로 오래된 도시와 도시속의 유산이라는 전제하에 정의 내려지는 것이다. 즉 기존의 개념으로 보면 오래된 것으로서의 문화재나 문화유산이 오래된 도시 속에 있어 도시와 문화유산이 오랜 기간 공존할 수 있도록 만드는 목적을 가지고 있다 할 수 있다. 문화유산은 변함없이 과거를 보고 상징하게 된다. 그러나 도시는 과거와 현재가 공존하게 된다. 또한 현대화하기 위하여 문화유산과 공존하거나 상충하게 된다. 이러한 문화유산이 역사 도시 속에서 하나의 경관으로 자리 잡게 하려는 것을 의미한다. 이렇게 하는 과정에서 도시유산이 도시속의 공공재로서의 역할을 할 수 있도록 하는 것을 의미한다.

강봉진의 연구에서는 도시유산을 '도시에 남아있는 흔적과 기억의 총체'로 보는 개념도 있다.[36] 강봉진의 연구에서는 도시재생을 실현하는 중요한 근거이자 척도로 인식하고 있다. 즉 넓은 개념에서 도시유산을 정의하고 도시재생에 이러한 개념을 투영하는 것이라 할 수 있다. 이러한 시각에서 도시유산은 도시재생의 다양성을 추구할 수 있는 매개체이며 도시재생의 성패가 결정될 수 있다고 한다. 이에 따라 강봉진의 연구에서는 도시유산의 특징을 다음과 같이 논한다.

- 유사한 패턴으로 반복적으로 나타나 쉽게 파괴될 수 있다.
- 일정 지역에 집중적으로 분포할 경우 강한 정체성을 드러내며, 이의 수준과 정도가 공공과 시민에게 인정될 때 보존될 확률이 높다.

35) 송인호, 2015, 도시유산, 건축59(4),

36) 강봉진, 2013, 도시재생 관점에서의 도시유산 개념 정의에 관한 연구, 대한국토도시계획학회지, 제48권제6호

- 과거와 연속되는 연상 작용의 대상이고 향수를 불러일으키는 분위기 보존의 주 대상이 된다
- 독특한 스토리와 기억과 연계된 장소성을 가진 경우가 많다.
- 해당 시대의 단면을 극명하게 보여주는 상징성을 가지고 있다.

2. 도시유산의 기본적 네트워크

도시유산은 사람-도시유산-도시의 기본적인 네트워크로 구성된다. 즉 사람은 주체로서의 역할을 하게 된다. 사람은 도시와 도시유산에 대한 개념을 정의하고 운영하게 된다. 또한 도시와 도시유산에 대하여 가치판단의 주체가 된다. 그러나 인간속의 개인은 어쩌면 짧은 시간안에 도시속에서 머무는 존재일 수 있다. 도시는 사람과 도시유산을 품는 포괄적인 지역적 범위이자 사회문화적 범위이다. 도시는 또한 역사적인 변화를 보여주는 기반이며 현대의 시대에 그 흐름을 맞추어가야만 하는 변화의 상징이라할 수 있다. 도시유산은 도시속에 있는 객체이다. 그러나 도시의 성격과는 다르게 변화하지 않는 것을 보다 선호하는 특성을 가지며 공공성을 가지게 되는 경향이 크다.

이렇게 각각의 특성 속에서 네트워크를 만들고 이를 운영 유지 변화시키는 시스템속에 도시유산이 존재의 가치를 가지게 된다. 좀더 구체적인 이론의 부분은 다음 장에 설명하고자 한다.

제5절 도시유산을 보는 다양한 관점

1. 점 선 면(點線面)

점선면은 칸딘스키가 1922년부터 바우하우스에서 강의한 내용을 정리한 책의 제목이기도 한다. 점선면은 '예술에서의 정신적인 것에 대하여'라는 전작에 이어져 만들어진 책이다. 그래서 칸딘스키의 예술론이라 하기도 한다. 점선면은 디자인의 구성에서 가장 중요한 요소들이라 할 수 있다. 여기에 더하여 근래에는 입체를 더하여 고려하게 된다.

(1) 디자인 요소

① 점

가장 단순한 디자인의 원천적 요소이다. 기하학에서는 위치만 있고 크기가 없어 나눌수 없는 최소의 것이라 본다. 디자인에서는 크기, 형태, 기능이 있기는 하다. 이러한 점은 디자인적으로 위치를 나타내거나 강조하는 기능을 가진다. 도시에서는 개별 시설물, 개별 건물 등이 될 수 있다.

② 선

점이 이동한 자취이다. 기하학에서는 점의 이동이거나 두 개의 점을 잇는 것이라 폭이 없다. 디자인에서는 폭, 길이, 방향, 감정이 있는 하나의 기호로 사용할 수 있다. 이러한 선은 디자인적으로 두께까지도 가지면서 강조하거나 상황의 변화를 보여주거나 사물과 사물의 경계를 보여주는 역할 등을 한다. 그렇기에 다양한 감정과 내용을 함유하고 있다. 도시에서는 도로, 강, 지역 경계선 등이 될 수 있다.

③ 면

면은 선이 이동한 자취이다. 이차원적인 확대로 높이가 없다. 디자인에서는 색 재질, 사물의 외곽을 나타낸다. 이러한 면은 완결성, 속도감, 생명감 등 여러 가지의 다양한 감정과 내용을 함유한다. 도시에서는 행정지역, 지구, 지역 등이 될 수 있다.

④ 입체

면이 이동한 자취이다. 삼차원적인 확대로 완성된 형태이며 인간의 시각 및 감각에 맞춘 것이다. 이러한 입체의 형식은 대부분의 시공간감각을 이어준다. 도시에서는 입체 도로, 고층 건물 고가 도로등 입체적 요소들이 될 수 있다.

도시와 도시재생에서도 점선면입체는 다양한 개념을 적용한다. 특히 캐빈린치는 이러한 부분을 도시와 적용할 수 있는 길을 터주었다 할 수 있다. 캐빈린치의 이론 중에서 이미지어빌리티(imageability)가 강한 도시는 형태가 잘 구성되고 뚜렷하므로 사람들의 눈에 잘 띄기 쉽다. 그는 이러한 도시의 이미지를 도시의 물리적 형태, 도시의 문화적 이미지(사회적 의미, 기능, 역사 등)로 평가하였다. 특히 도시를 이미지화할 수 있도록 만드는 도시의 물리적 구조에 관한 요소를 5가지로 구분하였다.

- 통로(paths): 관찰자가 움직이는 길줄기이다. 사람에게 영향력이 있는 요소라고 할 수 있다. 이동의 경로, 복도, 가로, 보도, 수송로, 운하, 철도, 고속도로 등
- 경계(edges): 관찰자에 의해 통로로 사용되지 않거나 고려되지 않는 선형의 요소를 말한다. 지역 또는 지구를 다른 부분으로부터 구분할 수 있는 선형적 영역들, 해안, 철도 모서리, 개발지 모서리, 벽, 강, 철도, 옹벽, 우거진 숲, 고가도로, 늘어선 빌딩들 등
- 지역(districts): 구역은 도시의 중간과 커다란 크기를 가진 부분으로 이차원적인 넓이를 가진 것이다. 인식 가능한 독자적 특징을 지닌 영역
- 결절(nodes): 접합점이나 교통이 바뀌는 지점 또는 통로의 교차점이나 집합점으로 길 모퉁이와 광장에 사람이 모이는 것처럼 영향력을 미친다. 도시의 핵, 통로의 교차 또는 집중점, 접합점, 광장, 교통시설, 로터리, 도심부
- 랜드마크(landmarks): 시각적으로 쉽게 구별될 수 있기 때문에 관찰자가 외부에서 바라보는 주위 경관 속에서 두드러지는 요소로 통로의 교차점에 위치하면 보다 강한 이미지 요소가 됨. 탑, 오벨리스크, 기념물 등

(2) 도시에의 적용 - 공주 역사도시

공주는 세계유산으로 등재된 역사도시로서 백제의 수도였었다. 그래서 백제의 유적들이 많이 있어 문화유산이 많이 있는 도시이다. 백제의 유적도 있지만 조선시대의 유적도 있어

이에 대한 가치를 높이고자 한다. 조선시대 공주목의 정비를 하고자 한다. 37) 더 나아가서 근대시기의 공주에 대한 문화유산을 가지고 도시 재생을 시도하고자 하였다.

강변에는 백제의 유적들이 많이 존재하는 영역이 있으며 강에서 남쪽으로 근대유산이 모여 있어 이를 연결하여 역사도시로서의 기능을 확장하도록 하고자 도시재생을 시도하고 있다.

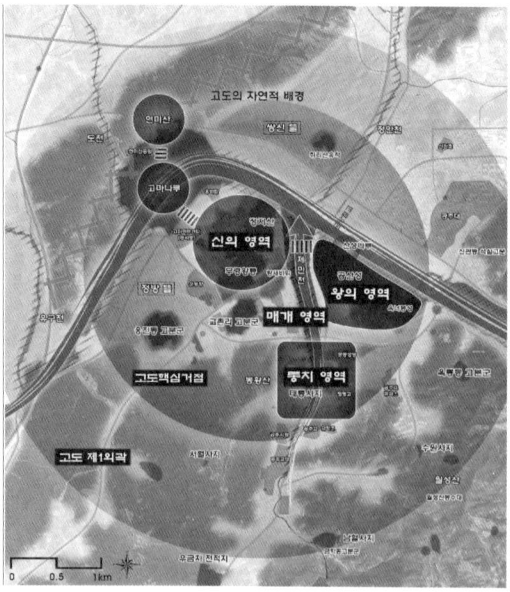

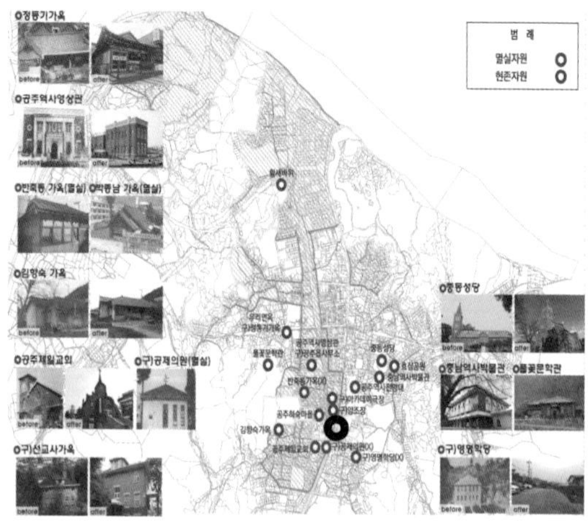

a. 백제 유산 중심의 도시 이미지

b. 근대 유산 중심의 도시 이미지

[그림 6-5] 공주 - 도시를 보는 이미지의 점과 면

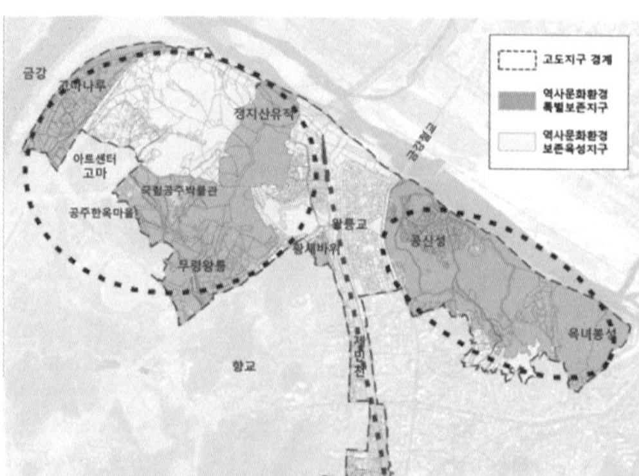

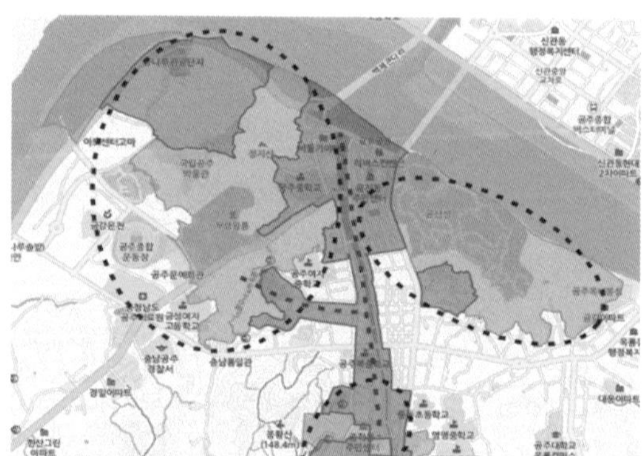

a 백제 유산 중심의 도시 영역

b, 근대 유산까지 포함하여 확장한 도시영역이미지

[그림 6-6] 공주 역사도시 발전을 위한 계획

---

37) 안대환, 2019, 도시재생의 관점으로 본 공주목 복원의 방향, 공주목 복원정비의 체계적 방향설정을 위한 학술세미나의 내용

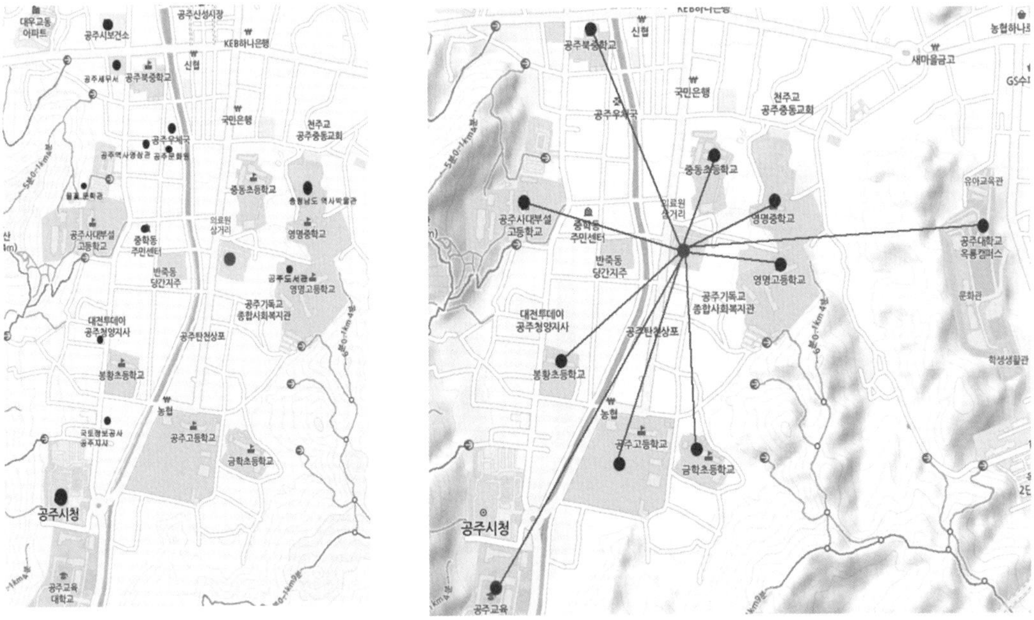

[그림 6-7] 공주-점과 선

점 — 할 수 있는 것이 없음 / 연계된다면 강력한 힘이 만들어짐

개별 도시유산
개별적인 힘이 모여질 수 없으면 의미가 없음

선 — 점들과 연계 / 두께를 가지며 직접적인 영향력을 가짐

도시 유산들이 모임
선의 주변에 위치한 건축과 사람에 직접적인 영향

면 — 도시 자체가 활성화됨

도시 유산이 강한 영향력을 미침
점-선이 없는 장소까지도 전체적으로 활성화 됨

입체 — 도시 자체가 재생됨

도시유산이 다른 영역에까지 강한 영향력을 미침
다른 영역까지 확산된 도시 재생의 완결

점 선 면의 연결은 다층의 구조 — 확장의 시너지 효과

[그림 6-8] 점-선-면의 디자인요소에 대한 도시적 해석

2. 사적공간 - 제3의 공간 - 공적 공간

공간의 프라이버시 및 인간의 행태를 중심으로 공간을 구분하는 이론이라고 할 수 있다.

첫 번째 공간은 사적인 공간으로 대표적인 공간으로서 주거의 공간이라 할 수 있다. 이 공간의 특징은 개인적이며 독립되지만 이공간의 주인은 쉽게 접근할 수 있는 공간이다. 그래서 이 공간의 주인이 소유한 공간으로 인식된다. 관련자는 공간에 대한 책임과 관리를 해야만 하는 공간이 된다.

두 번째 공간은 공적인 공간으로서 공개적이며 공식적이어서 누구나 아무 때나 접근 가능한 공간의 개념을 가진다. 모두의 공간이기에 오히려 아무도 소유하지 않은 공공의 공간이다. 그래서 공간의 관리에 공동의 책임이 지워지는 영역이라는 것이다. 예를 들면 공원, 광장, 박물관 등 공공시설과 직장이나 일터 등의 공간 등이다.

제1의 공간은 사적인 공간으로서, 제2의 공간은 공적인 공간으로서 명확한 구분이 되는 공간적 특성을 가진다. 하지만 실제로는 사적 공간과 공적공간의 경계는 모호하게도 명확하게 정의되지 않는다. 그러나 이 경계는 정의되기 어렵지만 공적공간과 사적공간의 사이에 어디쯤의 성격을 가지게 된다. 그래서 여러 학자들은 사이 공간으로서 다양한 정의를 내린다.

(1) 레이 올든버그 - '제3의 공간 The Third Place'

'제3의 공간'은 1989년 레이 올든버그가 '아주 좋은 공간(The Great Good Place)'에서 처음 사용하였다. 레이 올든버그의 '제3의 공간'은 사적공간인 주거와 공적공간인 일터 이외의 공간에서 공동체를 만들고 소통할 수 있는 목적없는 사교의 장소를 말했다. 또는 자아실현을 할 수 있거나 자아실현이 가능한 공간으로 정의하였다.

그러므로 제3의 공간은 스스럼없이 편안하게 자주 모일 수 있고 갈 수 있는 공간, '집 밖의 또다른 집'이라고 이야기하였다. 올든버그는 대표적인 장소로서 카페, 서점 등을 '제3의 공간' 개념에 해당하는 대표적인 사례라고 언급하였다. 아마도 영국에서는 작은 마을에 있어 마을사람들이 애용하는 펍이나 한국에서는 마실가는 것과 같은 동네 사랑방의 이미지와도 비슷할 것으로 보인다. 이렇게 보면 제3의 공간은 사적공간과 공적 공간의 상이에 있는 유연한 경계로서 모호한 성격의 공간에서 인간의 삶을 풍요롭게 하는 공간으로 설명하였다.

올든버그는 제3의 공간에 대한 특성을 다음과 같이 8개로 정의하였다[38].

① 중립성 (On Neutral Ground)

언제든지 최소한의 부담으로 이용할 수 있는 중립지대를 의미한다.

제3의 공간은 개인에게 편향된 공간이 아닌 모든 사람이 다른 사람을 만났을 때 더 가치가 있고 다양성이 확보된다. 이에 따라서 방문객에게 중립을 지키도록 유도한다.

② 평등성 (The Third Place is a Leveler)

사회적 지위나 신분등에 대한 개입을 받지 않고 모두가 수평적인 상태의 장소이다. 개인은 친구나 모임을 선택할 때 사회적 지위나 신분등을 고려하여 가까운 사람들을 선호하게 된다. 그러나 제 3의 공간은 신분이나 사회적 계층의 사람들이 방문할 수 있는 장소를 말한다.

③ 활동성 (Conversation is the Main Activity)

주요활동으로서 대화나 소통이 되는 장소이다. 이를 통하여 스트레스를 해소하고 사적공간과 공적 공간에서 할 수 없는 위안을 얻는다. 또한 사적공간과 공적 공간에서 할 수 없는 일을 하게 된다.

④ 수용성 (The Regulars)

원하는 때 언제든지 갈수 있는 단골의 공간이다. 따라서 그들의 숫자는 중요치 않으며 기존의 방문객은 새로운 방문객들을 존중하여 새로운 방문객에게도 제3의 공간으로서의 기능을 할 수 있도록 도움을 주는 공간을 의미한다.

⑤ 보편성 (The Low Profile)

일상적인 분위기로 화려하거나 부담스럽지 않은 장소로서 일반적인 사회현상으로서 자본화가 예상되는 위치나 일시적으로 사람들이 모이는 장소가 아니다. 제3의 공간은 평범하고 겸손한 장소로서 특별하지 않은 반복적이고 평범한 일상의 부분이다.

⑥ 유희성 (The Mood is Playful)

즐겁고 편안한 분위기로서 재미있는 장소이다. 이에 따라 심각한 대화를 하는 곳이 아니라할 수 있다.

---

38) 김재학, 이재규, 2018, 코워킹 스페이스의 제3의 공간에 관한 연구, 한국공간디자인학회 논문집 제 13권 2호, pp83-84 의 내용과 김효정, (2019) 어린이 미술관 체험식 전시 콘텐츠 놀이 유형 연구, 이화여자대학교 박사논문, p10의 '표 1. 올든버그(Oldenburg) 제3의 공간의 특성'에서 정리

⑦ 접근성과 적합성(Accessiblity and Accommodation)

접근성이 좋고 안락한 공간이다. 제3의 공간은 거주지와 가까워 지속적인 방문이 가능하며 접근이 용이해야 한다. 그리고 반드시 해당하는 시간에 방문해야한다는 책임감에서 해방되어야 적합한 공간이다.

⑧ (A Home away from home)

집처럼 편한 또 다른 집으로서의 공간이어야 한다. 사적 공간인 주거와는 다르지만 따뜻한 분위기가 있어야 하며 자유를 표현할 수 있으며 강요되지 않는 공간이어야 한다.

'제3의 공간'에서 사람들의 행태는 주변사람들과의 유대감을 원하여 행할 수 도 있다. 그러나 사람들 모두가 동일한 방식으로 제3의 공간을 경험하지는 않는다는 특징을 가진다. 그렇기에 '제3의 공간'은 사적 공간과 공적 공간의 경계선에 위치하여 어떤 유형의 공간에 대한 성격을 가지느냐에 따라 '제3의 공간'에 대한 특징이 다르게 나타날 수밖에 없다. 즉 사적 공간의 특징이 보다 더 많이 드러나는 '제3의 공간'이 있을 수 있고 공적 공간의 특징이 보다 더 많이 드러나는 '제3의 공간'이 있을 수 있다는 것이다. 그렇기 때문에 해당 공간의 물리적인 특성 뿐 만아니라 사용자의 심리적 행태적 특성이 공간의 성격을 드러낼 수밖에 없다. 그리고 나아가서는 지역 사회의 사회적 문화적 성격이 공간에 투영될 수밖에 없으므로 이에 대한 성격도 '제3의 공간'에 대한 특성으로 드러나게 된다.

'제3의 공간'을 좀 더 다른 방향으로 설정하자면 '공공의 공간'이지만 편안하고 익숙하고 소박한 일상의 사적공간의 성격을 가진 공간임을 보여주는 것이다. 사람들에게 이러한 '제3의 공간'이라는 특징을 인지하고 사용하게 만들려면 어떠한 조건들이 필요한가에 대한 부분을 고려해야한다.

① 시간성 : 편안한 일상의 공간이라는 것은 익숙함을 의미한다. 익숙하다는 것은 지속적으로 반복되는 과거의 경험이나 교육받음이 있어야 한다. 즉 경험하지 못한 공간, 알지 못하는 공간을 익숙하게 받아들일 수는 없기 때문이다. 이렇게 '제3의 공간'이라는 장소는 앞으로도 지속적으로 유지되고 반복되어질 것이라는 것을 확신할 수 있어야 한다는 특징이 있다. 이에 따라서 '제3의 공간'은 시간성을 가지고 있다고 할 수 있다.

② 지각의 자동화 : 어떠한 공간이라도 익숙해지고 시간이 지나면서 개별적인 자각이나 의식적인 노력이 점차 사라지면서 조건반사적으로 정보를 처리하는 지각의 자동화가 이루어진다. '제3의 공간'은 이미 지각의 자동화가 된 공간으로서 공간이나 사용자 등의 변화가

없다면 너무도 당연한 공간으로서 쉽게 인지된다. 그렇기 때문에 공간의 특징을 쉽게 알기 어렵다. 예를 들면 학교가는 길은 처음은 어색하고 잘 모르기 때문에 새롭기도 하고 학교가는 시간도 오래 걸리는 듯하다. 그러나 익숙해지면 학교 가는길이 어떤지 인지하기 어렵고 학교가는 시간도 짧게 느껴지는 것과 같다.

③ 변화에 대한 적응 : '제3의 공간'은 변화된 이후에는 다시 익숙해지는데 많은 노력과 시간이 소요된다. 이렇기 때문에 공동체적 성격을 동반하여 모두가 노력해야하는 부분이 필요하기도 하다.

(2) 도시유산의 관점

구분	내용
사적 공간	개인적이며 독립된 쉽게 접근할 수 있는 공간 관련된 사람이 소유한 공간으로 인식된다. 관련자가 공간에 대한 책임과 관리
제3의 공간	공적공간과 사적공간의 유연한 경계 거주민들이 공유하고 있는 공간 협동적이고 개방적이며 자유로운 공동생활이 가능 유연하고 가변적인 변화로서 공간적 불평등을 해소 효용성을 가진 공간
공적 공간	공개적이며 공식적이여서 아무 때나 접근 가능 모두의 공간이기에 아무도 소유하지 않은 공간 공간의 관리에 공동의 책임이 지워지는 영역

도시유산은 사적공간-제3의 공간-공적공간의 역할을 모두 해야 함
우선시 되야 하는 것은 도시민의 사적공간이 되어야 한다.

[그림 6-9] 사적공간-제3의 공간- 공적 공간과 도시유산의 개념도

도시는 사적 공간과 공적인 공간을 모두 포함하고 있다. 도시유산은 대체적으로 공적인 공간이며 공공재로서의 역할을 하게 된다고 인식한다. 그러나 도시민에게 멀리 떨어진 것으로 인식되어 다가갈 수 없는 공공재라는 것은 도시에서는 필요 없는 존재가 되는 것을 의미한다.

그렇기에 도시유산 또는 도시유산이 포함된 지역은 '제3의 공간'에 해당하는 성격을 가지고 있어야 하는 것을 의미한다. 도시유산은 '제3의 공간'의 성격을 가지고 있어야 한다는 것이다. 도시유산이 사적 공간과 공적 공간의 사이의 어디엔가 위치해 있어야 하고 그 위치를

지정하는 것이 도시에서 도시유산이 역할을 어떻게 할지를 계획하는 것이라 할 수 있다.

도시유산은 편안하고 익숙하고 일상의 장소가 되어야 할 것이다.

3. 알로이스 리글의 기념물에 대한 가치[39]

오스트리아의 미술사학자인 알로이스 리글(Alois Riegl : 1858-1905)는 1903년 Der Moderne Denkmalkultus-Sein Wesen und Seine Entstehung-라는 책을 출판한다. 한국에서는 '기념물의 현대적 숭배 - 그 기원과 특질-' 이라는 이름으로 번역되어 2013년에 출간되었다. 이 책에서는 기념물의 가치에 대한 철학적이고 이론적인 체계를 구축하고 있다. 그러나 이 책은 출판된지 오래된 책이지만 유산에 대한 가치의 해석은 현재에도 통용되는 독자적인 체계를 가지고 있다. 특히 도시속에서 도시유산으로 적용하기에 충분히 가치가 있는 개념이라 할 수 있다.

도시속에서 도시유산과 도시의 현대성이 여러 가지 상황에서 서로 중첩되거나 해석이 필요한 상황에서는 더욱 중요한 기준을 제시해주고 있다. 이번 장에서는 이 책에 제시되는 기념물이 가질 수 있는 다양한 유형의 가치에 대하여 정리하고자 한다.

(1) 기억의 가치

① 역사적 가치 : 유산이 생성된 직후에 갖추고 있었던 본래의 완결했던 상태를 높은 순도로 간직하는 것에 대한 가치를 말한다. 제작 당시의 가장 순수한 형상과 내용인 기념물의 원형에 대한 가치를 논하는 것이다.

② 경년의 가치 : 유산이 만들어진 후 시간의 흐름에 따라 변화한 것까지도 가치로서 인정하는 누적의 가치를 말한다. 즉 만들어진 이후에 어떻게 풍화되고 변화하는지에 가치를 두는 것이다. 변화된 것 자체도 가치가 있다는 것을 의미한다. 특히 건축/토목유적은 만들어진 이후 변화하고 사용하는 가치는 훨씬 크다 할 수 있다.

알로이스 리글은 기억의 가치를 논할 때 '경년의 가치'를 가장 먼저 고찰해야 한다고 이야기 한다. 왜냐하면 경년의 가치는 미래에서 가장 새롭게 중요시될 뿐 아니라 대다수의 기념물에서 상대적으로 인정될 수 있는 가치이기 때문이라고 말한다.[40]

39) 이 장은 '알로이스 리글, 기념물의 현대적 숭배 - 그 기원과 특징-, 2013' 의 내용을 정리 요약한 것입니다.

③ 의식적 기억의 가치 : 건립 당초부터 어느 순간을 결코 과거로 취급하지 않고, 후손들의 의식에 항상 생생하게 간직되는 가치를 말한다. 즉 시간적 풍화를 인정하지 않고 오로지 원형상태의 영속성을 요구하는 가치를 말한다. 그러므로 의식적 기억의 가치는 복원을 필요로 요구 하고 있다. 즉 시간의 흐름에 대한 변화를 인정하지 않고 원래의 형태로 돌아가고자 하는 의지를 보이는 것이다.

(2) 현재적 가치

① 사용의 가치 : 유산은 계속 사용해야하고 사용에 필요한 상태로 유지 관리되어야 한다. 이러한 사용의 가치가 새로움의 가치와 공생관계를 맺는 경우가 많다고 할 수 있다. 이렇게 사용의 가치를 지닌 기념물을 현대의 대용품으로 모두 대체하고 사용하지 않는다면 기념물의 가치는 낮아질 것이다.

② 예술적 가치 : 예술적 가치는 현대적 예술의지와 규범에 해당하는 가치로 두가지로 나누어진다. 첫 번째는 새로움의 가치로서 기념물의 풍화 흔적을 즉시 제거하고 형상과 색채를 정리함으로서 다시 완성된 직후의 새로움을 만드는 가치를 말한다. 풍화되지 않는 완결된 작품으로서 자기주장을 해야한다는 의미로서 경년의 가치와는 완전히 상반된 개념이라 할 수 있다.

두 번째로는 상대적인 예술적 가치로서 '각각의 시대에는 그 나름대로의 고유한 예술이 있다'는 의미로서 개별적이고 시대에 상관없는 현대의 예술의지로서 가치를 의미한다.

(3) 도시유산으로의 적용 가능성

이러한 알로이스 리글의 기념물에 대한 가치에 대한 내용은 도시유산에 적용될 수 있는 개념들이 충분히 있다고 보는 것이다. 우리가 지금 현재의 시점에서 도시의 시간성과 도시유산을 바라보는 관점을 설명해주는데 훨씬 도움이 될 수 있다고 보는 것이다. 물론 도시가 유지되어야 하는 이유와 도시가 변화되어야 하는 가치를 동일선상에서 볼 수 없지만 이러한 가치의 중첩속에서 도시유산을 바라보는 관점을 주는 근거가 될 수 있을 것이라 보는 것이다. 특히 이 중에서 '경년의 가치'는 시간의 흐름에 따른 변화를 인정하는 개념을 가지는 가치로서 도시유산이 변화하는 것까지도 가치가 있음을 보여주는 개념이다. 그리고 도

---

40) 알로이스 리글, 기념물의 현대적 숭배, p81

시유산이 있던 자리에 대한 가치까지도 시간의 누적으로서의 가치로 만들어낼 수 있다. 또한 현재적 가치에서도 도시유산에 대한 사용의 가치와 예술적 가치는 우리에게 서로 다른 상황에 대한 파악을 할 수 있도록 해준다.

4. 공간주권空間主權, space sovereignty, Territoriality

(1) 주권(主權 Sovereignty)

법률용어로 보면 주권은 '국가의 의사를 최종적으로 결정하는 권력으로서 대내적으로는 최고의 절대적 힘을 가지고, 대외적으로는 자주적 독립성을 가진다. 우리 헌법은 '모든 권력은 국민으로부터 나온다'고 규정한다. 그렇다고 해서 주권은 더 이상 무제한의 권력과 동의어로 사용되지는 않는다. 주권은 절대적이지만 그에 대한 해석이 다양할 수 있음을 보여준다.

주권은 Peuple 주권과 nation 주권으로 나눌 수 있다. Peuple 주권은 사람 각 개인이 모두 주권을 가진다. 국민주권의 행사는 이론저그로 국민 스스로가 직접하는 것을 의미한다. 반면에 nation 주권은 개별 국민이 각각 주권을 가지기 어려우므로 대안으로서 국민이 자신들의 대표자를 통하여 주권을 행사하는 것을 의미한다. 즉 어찌되었던 국민주권은 한 국가 내에서 국민 스스로가 자신의 의사를 기준으로 국가의 의사를 내외적으로 결정하는 것으로서 이를 포기하거나 분할할 수 없다는 것을 의미한다.

그러나 주권을 행사하기 위해 다음과 같은 요건이 필요하다. 첫 번째로 주권은 자기 가지고 있음을 주장해야한다. 즉 주권에 대하여 스스로 아무 얘기 하지 않는다면 스스로와 다른 국가모두 인정할 수 없기 때문이다. 두 번째로 다른 국가에 인정받아야 한다. 이러한 주장을 다른 국가도 인정받을 수 있도록 노력해야만 한다는 것을 의미한다. 세 번째로 다른 국가가 인정해주어야 한다. 이러한 주권을 다른 국가에서도 인정해야만 하나의 국가로서 주권을 인정받는 것이라 할 수 있다. 공간주권은 당위성을 이야기하는 철학이다.

이러한 공간주권은 도시에서도 적용된다. 첫 번째로 도시라는 공간에 대한 의미가 중요하기 때문이다. 두 번째로 도시를 사용하는 사람에 대한 의미가 중요하기 때문이다. 세 번째로 도시라는 공간에서 일어나는 행위가 중요하기 때문이다. 도시는 도시민들의 삶의 터전이며 모든 생활의 원천지이기 때문이다.

도시는 누구의 것인가에 대한 질문을 해야 한다. 도시는 도시민의 것이기 때문에 도시민이 도시에 대한 주권을 가진다. 도시민의 주권은 모든이가 삶의 장소로서 삶의 질을 높일 수 있도록 해야 하는 것이며 인간으로서 사회에서 살 수 있도록 도와주는 곳이다. 도시는 도시의 장소성에 맞추어 져야 한다. 그리고 도시의 각 지역과 도시의 시설물들 또한 각각에 맞는 장소성에 맞추어져야 한다. 누가 그렇게 장소성에 맞추도록 해야하는가에 대한 문제에서 공간주권은 중요한 역할을 하게 된다.

(2) 공간 주권의 당위성

도시유산은 도시의 장소성을 잘 드러내게 하는 중요한 요소일 수 있다. 도시를 위해 도시유산을 어떠한 관점에서 봐야하는지에 대한 이론적이고 철학적인 답을 가지고 있어야 할 것이다.

이에 따라서 도시유산에 대한 문화적인 가치를 설정하는 것도 도시민이며 도시유산을 보존하거나 활용하는 것에 대한 철학을 가지는 것도 도시민이 해야 하는 일이다. 도시유산에 대한 공간 주권은 도시민에게 있음을 도시민 스스로가 이야기 해야만 한다. 그리고 그러한 도시유산에 대한 공간주권은 스스로 움직이지 않으면 아무도 해주지 않는 것임을 알아야 한다. 주체적으로 도시민이 공유하는 철학에 대한 바탕을 가지고 주체적으로 움직이는 힘을 발휘해야하는 것을 기반으로 한다. 도시, 도시유산, 문화적 가치에 대한 공간주권을 논하는 것은 당위성을 논하는 것이다. 즉 가치론에서의 당위성을 논하는 것이다. 이에 대하여 다양한 선택의 방식을 가지고 운영하게 되는 것을 의미한다.

(3) 미래를 위한 힘 : 공간 주권

너무 당연한 공간주권을 논하는 이유는 대체적으로 현재에서 시작해서 미래를 준비하는 힘을 마련하기 위한 당위성이 있는 논리적 구조를 만들기 위한 것이라 보아야 할 것이다. 특히 미래를 위한 힘을 구축하기 위한 당위성을 만든다.

이렇게 하기 위해서는 다음과 같은 사항이 전제조건으로 따라 붙는다.

① 같이 의견을 모아야하는 한다.

② 작은 것부터 같이 해야 한다.

③ 중요한 것부터 같이 해야 한다.

④ 후세에 대한 생각을 우선시해야한다

⑤ 도시민들은 공간주권을 구축하는 과정이 중요함을 인지해야한다.

⑥ 공동체라는 인식이 만들어져야 한다.

⑦ 기다리기가 익숙해져야 한다.

⑧ 서운해하거나 공동의 일에서 빠지는 부분이 없어야 한다.

⑨ 책임과 의무에 대한 인식을 공유해야한다.

⑩ 도움을 구할 수 있다면 요청해서 얻어야 한다.

이러한 조건은 대체적으로 도시가 가진 불합리성을 극복하기 위한 힘으로도 나타난다. 도시는 대체적으로 인공적인 산물이 훨씬 많다는 점이 특징이다. 현시점에서의 이익인 인공성을 유지하고 확장하기 위해서는 미래세대의 이익과 장점을 지금 끌어다 쓰는 경우가 많을 수밖에 없다. 그래서 미래세대에 위험과 피해를 전가시키는 경우가 많을 수밖에 없다. 예를 들면 쓰레기 처리, 환경오염 등이다. 이러한 미래세대에 대한 피해를 줄이거나 없애는 방향에 대한 당위성을 이야기 한다. 또한 미래에 대한 논의도 이루어져야할 것이다. 미래에 얻어야할 것을 미리 갈취하듯 얻어가는 것은 미래세대의 피해를 줄여야한다 논의한 것이다. 예를 들면 방사능 폐기물 처리, 쓰레기 처리, 산림 보존 등에 대한 것들이다. 구체적인 도시의 역사에서 보면 그린벨트의 역사를 찾아보는 것이 좋다.

이러한 공간주권과 도시민의 선택은 다양성을 만들 수 있으며 미래에 대한 방향을 지정하게 된다.

그래서 공간주권은 특히 공공공간에 대하여 그 입장을 표명하고 나타내기 쉽다. 학교, 청사, 공원, 가로 등등이다. 하지만 이에 대한 것은 '제3의 공간' 개념에 의거하여 사적인 공간과 공적인 공간의 사이에 위치한 공간에 대하여도 공간주권을 논할 수 있게 된 것이다. 이에 대한 검토는 꾸준히 이루어져야 한다.

예를 들면 다수의 가족들이 공유하는 공간인 거실, 아파트 엘리베이터 홀, 사무실에서의 내자리 등등에 대한 여러 논의가 지속될 수밖에 없다.

4. 비판적 지역주의

(1) 지역주의

인터네셔널리즘(국제주의)은 하이테크 건물, 대형 건축물에서 많이 나타나고 있으며 경제성과 효율성을 중요시하고 있다. 그러나 산업혁명이후 현재까지 과학기술의 발전과 그에 대한 적용으로 발전하게 된다. 전 세계에 동일한 과학기술의 적용과 형식 및 양식을 적용하게 되었다. 그리고 도시의 발전이라는 개념에는 도시속에 인터네셔널리즘적인 도시요소들이 많아지는 것을 포함하고 있다. 이러한 인터네셔널지즘은 지금까지도 도시발전에 중요하고 대부분임을 보여주고 있다.

그러나 한편으로는 지역주의가 인터네셔널리즘에 반발적인 개념으로 드러나게 된다. 1960년대 베트남 전쟁과 프랑스 68혁명등에서 국제주의에 대한 변화와 위기의식의 필요성을 나타내고 기존에 있었던 가치와 질서에 저항하며 '모든 가치의 재검토'라는 의제를 남기게 된다. 그리고 건축의 측면에서는 1964년 뉴욕현대미술관(MOMA)에서 열린 'Architecture without architects' 전시회를 기점으로 지역주의의 개념이 확산되었다. 이 전시회에서는 주로 아프리카의 전통 건축물에 대한 사진을 전시하였으며 전통적이고 지역적인 건축에 대한 상징성에 대한 중요성을 각인시켜주었다.

이로써 근대(Modern)이라는 개념을 객관적으로 보게 되었다. 그리고 다원주의(Pluralism) 경향의 현대건축으로 발전을 가속하게 되었다. 그렇게 됨으로서 포스트 모더니즘 건축의 한 측면으로 발전하게 되었다. 건축이념과 디자인사조가 중요한 건축의 형식과 내용이 되었고 건축의 방법론에 대하여 보다 의식적으로 접근하게 되었다. 지역주의 디자인은 문화적 사물에 나타난 그 지역의 민속적 특성을 일컫는 표현이며 그렇기에 시간을 초월해 영원히 남아 있을 수 있는 가능성이 높게 된다.

지역주의 디자인은 비공식적이고 소량의 산물들로 어쩌면 비주류의 성격을 가지고 있어 자연적인 선택과정을 통해 실제적인 필요에 따라 조성된다. 그래서 공동체적 디자인을 인식하는 전구성원의 체험을 바탕으로 하여 자연발생적으로 생산된 공동체적 예술이라 할 수 있다.

(2) 비판적 지역주의(Critical Regionalism)

건축비평가 프램톤(Kenneth Frampton)의 주장에서 시작하였다. 건축과 전반적인 사회의식의 연관성을 어떤 종류의 문화, 경제 그리고 정치적 독립의 열망이 라는 반중용정서로 묘사하고 있다.

비판적 지역주의 건축의 특징은 다음과 같다.

1) 장소성의 표현 - 장소의 특성(identity)을 구체화시킴

2) 보편적, 공통적 건축양식을 거부하고 지역적 성격과 특성을 반영할 수 있는 건축 주장

3) 지역의 전통적, 토속적 요소로부터 디자인의 소재를 차용

4) 지역의 환경, 문화, 경제, 사회 등을 건축을 통하여 총체적으로 표출

5) 획일적, 중앙집중적, 구심적 건축문화(국제주의)를 배격하고 독립적, 지방적, 원심적 건축문화를 옹호함

이에 따라서 '진정으로 지역을 드러내기 위해' 제시한 해법들은 크게 세 가지 범주로 묶어볼 수 있다.

1) '장소-만들기(place-form)'

하이데거의 'spatium'과 'raum'의 개념을 빌려와 공간(space)과의 대비를 통해 장소(place)의 개념을 설명

2) 자연적인 요소들과 텍토닉(tectonic)한 형태

자연적인 요소란 지형, 도시적 맥락, 기후, 빛 등을 말하는데, 그는 창문을 어떻게 낼 것인가, 혹은 자연광을 건물에 어떻게 받아들일 것인가를 고려하면서 건물을 만들어내는 것이 중요함을 설파. 텍토닉한 형태(tectonic form)란 중력의 작용에 저항하는 구조적 형태의 구문론으로, 단순히 건물의 구조적 뼈대를 드러내는 것과는 비교된다. 건물을 지지하는 기술적 수단뿐만 아니라 구조적인 것이 가능하게 되는 감성적이고 예술적인 실제(mythic reality)를 드러내는 것이 텍토닉한 형태이다.

3) 건물을 경험하는 총체적인 감각: 촉각적인 것(tactile) 등

예를 들면 계단을 걷는다는 경험과 마감 재료에 대한 감각, 소리, 냄새, 무늬 등이 합쳐진 통합적 경험, 이런 촉각적인 것이 사람들이 잃어버린 '가까움'에 대한 것을 회복하게 해준다.

비판적 지역주의는 도시 - 도시유산 - 도시민의 관계를 풀어줄 수 있는 개념 중의 하나가 될 수 있다. 도시는 인터네셔널리즘의 확산이 도시의 발전이라는 고정관념에서 벗어날 필요가 있다. 인터네셔널리즘에 대응하는 비판적 지역주의에 대한 확산이 필요하다. 개별 도시만의 특성을 드러내는 중요한 요소로서 도시유산이 문화가치로서 드러날 수 있는 가능성이

높다 할 수 있다. 즉 도시유산과 이에 대한 운영은 비판적 지역주의의 핵심이 될 수 있다.

비판적 지역주의는 도시 - 도시유산 - 도시민의 관계를 풀어줄 수 있는 개념 중의 하나가 될 수 있다. 도시는 인터네셔널리즘의 확산이 도시의 발전이라는 고정관념에서 벗어날 필요가 있다. 인터네셔널리즘에 대응하는 비판적 지역주의에 대한 확산이 필요하다. 개별 도시만의 특성을 드러내는 중요한 요소로서 도시유산이 문화가치로서 드러날 수 있는 가능성이 높다 할 수 있다. 즉 도시유산과 이에 대한 운영은 비판적 지역주의의 핵심이 될 수 있다.

5. 관계 중심 해석 이론

(1) Field Theory

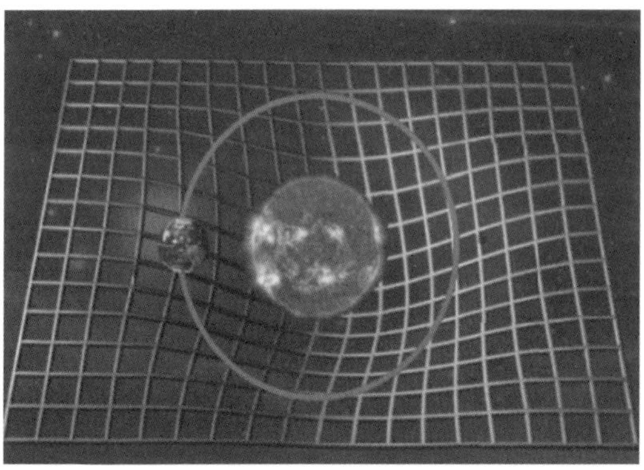

[그림 6-10] 중력장

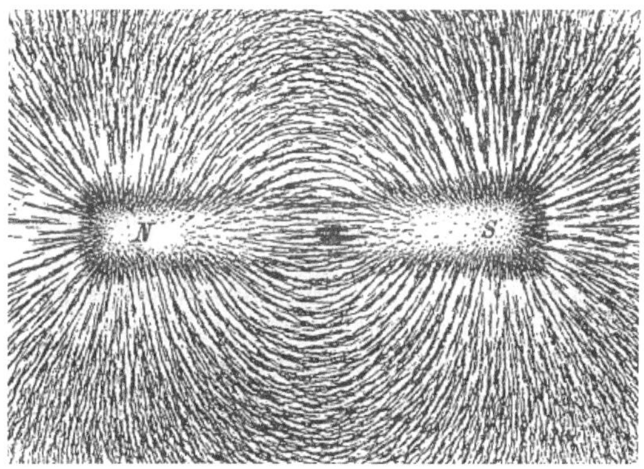

[그림 6-11] 자기장

장(場 ; Field)은 공간상 각 지점마다 다른 값을 갖는 물리량을 말하는 것이다. 즉 외부공간의 영향을 받는 일정공간을 말한다. 대표적인 사례가 지구의 중력이나 자석의 전자기력을 말한다. 예를 들면 중력장은 질량을 가진 두 물체가 서로 끌어당길 때 사이에 작용하는 중력에 대하여 말하는 물리량이다. 그래서 장은 물질이라고 할 수도 에너지라고 할 수도 있는 이중적인 성격을 가진다. 이러한 물리학에서의 장이론은 우주의 모든 것이 연결되어 있으며 관계가 있음을 보여주는 증거가 되었다. 물리학에서의 장이론은 다른 영역까지 확장하여 이론적인 바탕으로 사용하게 되었다.

심리학에서의 장이론은 인간의 행동을 개인의 상황으로 설명하려는 이론이다. 인간의 행동이나 정신현상, 사회현상도 전체가 하나의 장을 구성하고 있다는 것을 전제로 하고 해석하는 것을 의미한다. 그렇기 때문에 서로 상호의존적인 관계를 이루고 있으며 전체적인 맥락에서 이해하려는 것을 의미한다.

이렇게 어떠한 대상에 대하여 대상 자체에 대한 해석을 하는 것과 더불어 대상과 연관된 것들 사이의 관계를 이해하려는 방법을 의미한다. 그래서 맥락이라고 하는 것이 중요한 요소로 작동하게 된다. 건축에서도 컨텍스트(Context,맥락)을 강조하는 이론적 베이스가 활발하게 제기되었다.

도시는 한 두가지의 물리적 요소로 구성되는 것이 아니라 다양한 물리적 요소와 관계들이 모여서 네트워크를 구성하는 방식으로 구성된다. 그래서 도시는 인구의 수가 많거나 도시의 면적이 넓다고 만들어지는 것이 아니라 시간, 공간, 사람이 상호작용을 이루어 문화를 형성하여 정체성을 만든다. 그리고 정체성은 양식과 전통을 만들어 내고 이를 전승시킨다. 이런 전승되는 것들을 구분하여 고유한 문화를 가진 도시로 만들어가게 된다. 이러한 생활공간으로 구성된 장이라는 개념은 사람을 둘러싸고 있는 주위환경과 즉각적인 현실에 대한 인식이며 도시민에게 영향을 주는 모든 관계라 할 수 있다. 도시라는 것은 이미 많은 사람들에 의한 관계에 의해 만들어지는 것이며 이러한 관계를 만들기 위해 사람들이 모인 곳이 도리사로 할 수 있기 때문이다. 그러기에 관계를 해석함으로서 도시를 이해하는 방법이 필수적이라 할 수 있다.

(2) Actor and Network Theory (행위자 연결망 이론)

i) 개요

행위자 연결망 이론(actor-network theory; ANT)은 프랑스 사회학자 브루노 라투르(Bruo Latour, 1947~), 존 로, 미쉘 칼론 등에 의해 고안되었다. 브루노 라투르의 '사회적인 것들을 재조합하기 : 행위자-관계망 이론의 소개(Reassembling the Social: An introduction to Actor-Network Theory, Oxpfrd Universit Press, 2005)'등에서 제시되는 이론이다.

행위자 연결망 이론(actor-network theory; ANT)은 세계의 모든 존재는그것이 사회적이든 자연적이든 막론하고 지속적으로 변화하는 상호 관계 속에 존재한다는 이론적 방법적 접근법을 말한다. ANT의 근본 목적은 이 사회 연결망이 어떻게 건설 또는 조립되고, 특정 목표를 달성하기 위해 유지되는지를 탐구하는 것이다. ANT는 많은 관계들이 유물론적(사물 간 관계)이며 또한 기호학적(개념 간 관계)에서 구축된다고 말하는 것이다. ANT는 사건이나 혁신의 본질주의적 설명을 거부하는 사회구조주의적 접근의 일종이라고 할 수 있다. 즉 관계적 존재론relational ontology을 기반하고 있다. 인간과 기계 또는 기술적 대상들은 서로간의 '관계 맺음'을 거쳐 상호협력적인 사회를 수립하는 것을 말한다. 모든 실재는 다 다양한 인간과 비인간 행위자들이 함께 구축한 이질적 네트워크라는 개념이다.

행위자 연결망이론의 주요 특징이라고 보면 인간 행위자와 비인간 행위자가 모두 동등한 행위능력(agency)을 갖고 있다는 데 주목한 것이다. 즉 기술과 같은 비인간(NONHUMAN)을 행위자(ACTOR)로서 인간과 대칭적으로 볼 것을 제안하는 것이 이 이론의 특징이라 할 수 있다. 그래서 기술도 어느정도 능동성을 가지고 있어 인간의 행위를 바꿀 수 있다. 즉 사회라는 개념이 인간만의 모임이라 하기 보다는 인간과 비인간의 연결 집합체라고 보는 것이다. 결과적으로 보면 인간중심적인 사고에서 탈피하여 관계중심의 이해방식으로 사회를 설명하고자 하는 것을 의미한다.

인간과 비인간의 조합으로 만들어진 불안정하고 언제나 변화하는 관계 속에서 네트워크의 지속성이 필요하게 된다. 그렇게 네트워크를 안정화시킬 수 있는 요소와 관계는 어떠한 것이 있는지에 대한 검토 등 다양한 방식의 이해를 할 수 있다는 것이다.

브루노 라투르(Bruo Latour, 1947~)의 '사회적인 것들을 재조합하기 : 행위자-관계망 이론의 소개(Reassembling the Social: An introduction to Actor-Network Theory, Oxpfrd Universit Press, 2005)'에서 보면 공간이 한정되지 않은 네트워크라 할 때 인간 및 비인간 행위자들은 인과관계에 온전히 종속되지 않고 예측할 수 없는 행위와 사건들의 조합으로 공간을 새롭게 생성한다. 백승한은 이 지점에서 라투르의 ANT는 도시를 유동적인 영역으로 파악하는 관점을 제시한다. 두 번째로는 시회적인 것의 재조합으로서 도시적 확장 가능성을 제시한다. 도시연구에서 계량적인 접근으로 온전히 파악할 수 없는 복합적인 총체가 도시라는 점에서 도시를 이해할 수 있는 방법 중의 하나를 제시하는 것이다.[41]

41) 백승한, 2019, 도시적인 것을 재조합하기 : 브루노 라투르의 ANT와 도시연구, 건축 제63권 제 12호

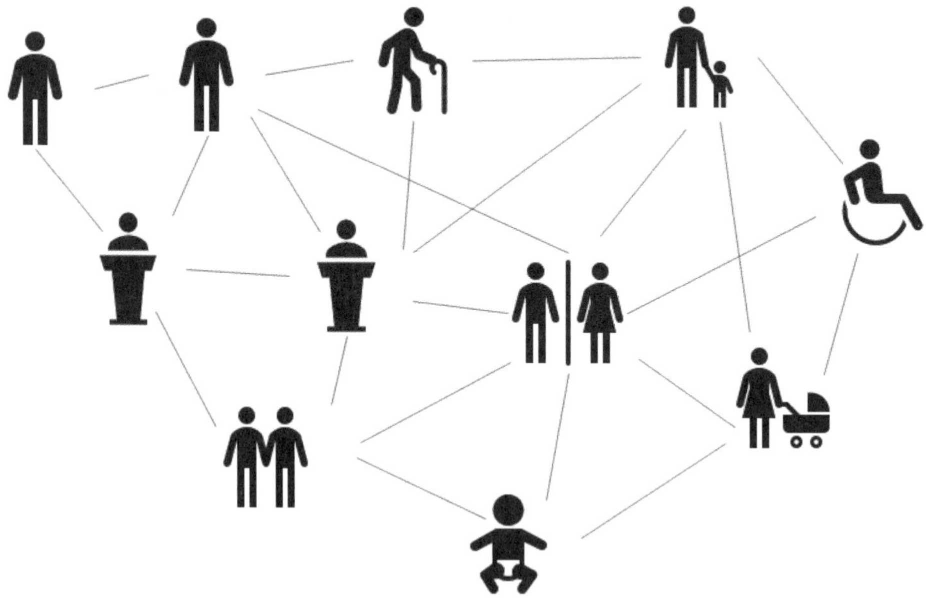

[그림 6-12] 기존의 관계에 대한 해석
(사람 중심)

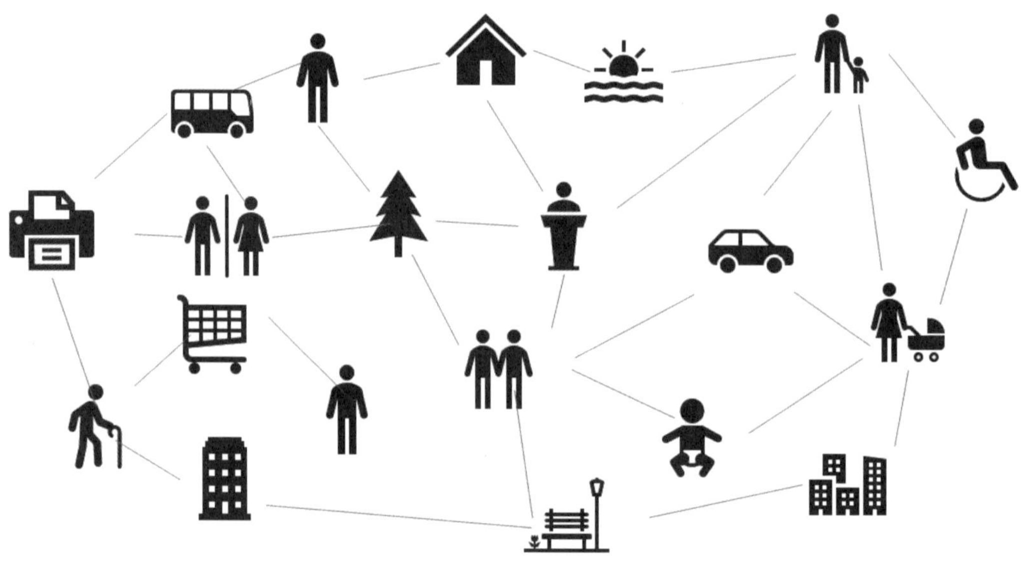

[그림 6-13] ANT 이론에 의한 관계
(인간-비인간의 동등한 관계이며 영향을 주고 받는 관계속의 네트워크)

6. 현상학

에드 문트 후설 등에 의해 시작한 현대 철학의 한 유파이다. 관념적 추정이나 감상적 기억 등을 다루는 것도 아니고 실재가 아니라 우리의 의식에서 드러나는 현상 자체를 기술하고 분석하는 철학이다.

그러기에 기존의 고정관념 등에서 벗어나서 순수한 의식 자체를 기술하고 그 구조를 분석하는 의식이나 심리에 대한 연구로서 어떻게 느끼고 있는가를 연구하는 학문이다. 즉 실재가 아니라 우리의 의식에서 드러나는 현상 자체를 기술하고 분석하는 철학이다. 후설은 이렇듯 순수하게 의식을 탐구하기 위한 방법론과 기본 개념들을 고안하였고, 실재 자체가 아니라 실재가 주관에게 드러나는 의식 현상을 탐구하는 이러한 관점 전환을 '현상학적 환원'에 대한 이야기를 하였다. 그리고 의식에 대한 '지향성(intentionality)'인 무엇을 가리킴 혹은 무엇을 겨냥함을 해명하고 따라가는 관념론에 해당하는 연구라 할 수 있다. 1980년대 이후의 건축에서는 기호나 유형보다는 건축 본래 의미의 측면에 있어서 지각을 통한 공간 체험의 주체로서의 인간이 다시 화두로 떠오르며, 지각이나 심리적인 문제에 더 관심을 가지게 되었다.

이에 따라 건축이나 도시에 연관시킨다면 다음과 같은 사항이 보인다. '현상'은 주객의 대립이 없는 상태에서 일어나는 일종의 선험적 경험이다. 현상학에서는 주관과 객관이 미처 분리되지 않은 지각의 세계로 돌아가고자 한다. 건축공간에서 다루어지는 '현상'은 물체와는 구별되는 것으로, 공간과 시간속에서 변화되어 '드러나는 것'을 의미하며 체험의 대상이 된다. 현상으로 이루어진 세계에 대한 우리의 직접적인 의식은 지각을 통하여 이루어진다. 즉 인간이 공간을 체험해 나가는 근본적인 성격을 규정지어 주는 것은 '신체'에 근거한다.

그렇기에 "나 없이 세계는 존재하지 않는다."라는 개념까지도 나타날 수 있다. 그래서 자연세계 안의 나와 나로 인해 구성되는 자연이라는 대비되는 개념이 생긴다. 즉 스스로 존재하는 세계와 인간에 의해 의미가 부여되는 세계라는 대비도 할 수 있다는 것이다. 즉 앞에서 언급한 김춘수의 시 '꽃'과 유사한 개념을 끌어 올수도 있다는 것이며 가치에 대한 문제를 제기하는 것과 연결시킬 수 있다는 점이다.

생활세계적 현상학의 측면에서 보면 신체적 주관에 의한 '생활세계'를 강조하며 현상학적 태도는 우리의 감각에 최초로 직접 나타나는 세계인 생활세계에 집중하게 된다. 즉 '신체를 지닌 주관'이 된다. 그래서 공간 자체의 객관적 기술이 아니라 공간을 구성하는 바탕이 되는 '체험의 공간성'이 관심의 대상이 되는 것을 의미한다.

(1) 기하학적 공간 VS 체험된 공간

데카르트를 중심으로 한 근대 사상가들은 기하학적 공간이 가장 객관적 실체이며 공간의 본질이라고 보는 관점을 가지고 있었다. 그들에게는 인간의 눈을 인간의 지성적 사유의 눈으로 보고자 하였다. 가장 대표적인 말이 '나는 생각한다 고로 존재한다'와 같은 사고를 중심으로 세상을 보는 관점을 중요시하였던 것이다.

그러나 '생활세계'에서 체험된 공간은 주관적인 공간이아니라 '현상학적인 장'으로서 객관적 공간이라 할 수 있다. 즉 타인과 교감할 수 있는 공감대가 형성된 체험으로서의 객관적 공간이라는 의미이다. 현상학에서 이야기하는 3차원의 공간은 우리가 몸으로 겪는 체험의 공간성으로 구성된 것을 의미한다. 이에 따라서 현상학적 건축은 고정된 공간이 아닌 '의미'있는 공간을 구축하는데 관심을 두는 것이다.

그러기에 현상학적 공간은 체험에 의해 형성된 공간이며 환경과 우리몸이 관계 맺는 장소로서의 공간이다. 그렇기에 현상학적 공간은 기억과 경험의 연속체라고 할 수 있다. 이에 대한 연구를 보면 메를로 퐁티는 공간성의 개념을 제시하였다. 상황의 공간성, 참여와 생성의 공간성, 회고와 예견의 공간성, 예측 불가능의 공간성이라는 개념으로 제시하였다. 그렇게 함으로서 하이데거의 '세계내 존재(In-der-welt-sein)으로부터 세계에의 -존재'라는 정의를 만들어 내었다. 그래서 메를로 퐁티의 현상학을 자연주의적 현상학이라 부르기도 한다. 지각을 자연의 한 부분으로서 인식하며, 어떻게 지각이 구성되는지 또는 자연적인 세계에서 모든 것을 어떠한 방식으로 받아들이는지에 대한 탐구를 하는 것이다.

도시에서는 도시를 어떻게 체험하고 기억하고 '의미'있는 공간으로 구축할 수 있는지에 대한 논의를 현상학이라는 개념으로 해석할 수 있을 것이다. 그렇다면 체험과 기억으로서의 도시라는 개념에서 도시를 새롭게 해석할 수 있을 것이다.

제6절 도시유산 논의에 대한 다양한 사례

1. 숭례문과 주변 지역

숭례문은 국보 1호로서 대한민국의 국민은 누구나 다 알고 있는 대표적 문화유산이다. 주소는 서울시 중구 세종대로 40으로서 서울역과 서울시청을 잇는 대로의 중간에 위치한다. 즉 조선시대에는 한양도성의 성곽 일부였지만 현재는 서울이라는 도시의 중심부에 위치하여 도시유산으로서의 대표적인 사례이다.

숭례문이 도시민에게 커다란 충격을 주게 된 사건은 2008년 2월 방화로 인하여 많은 부분이 소실되었다는 것이다. 소실 후 다시 복원 작업을 거치면서 새로운 면모를 보여주게 되었다. 복원의 과정에서 숭례문에 대하여 국보1호 지정을 해제해야한다는 논의까지 이루어졌기 때문에 도시유산의 가치에 대한 개념을 정리하는 기회가 되었다. 물론 국보1호의 가치를 그대로 유지하는 것으로 일단락되었지만 도시유산이 문화가치로서 어떻게 보존되고 활용되어야 하는지에 대한 논의는 충분히 검토되어야할 것이다.

화재 전 숭례문은 고립된 문화유산으로서 상징성만을 보여주었던데 비하여 복원된 숭례문에는 사람들이 직접 다가갈 수 있으며 역사유적 공원으로서의 가능성을 충분히 만들어 주었기 때문에 도시와의 관계가 달라졌다 할 수 있다.

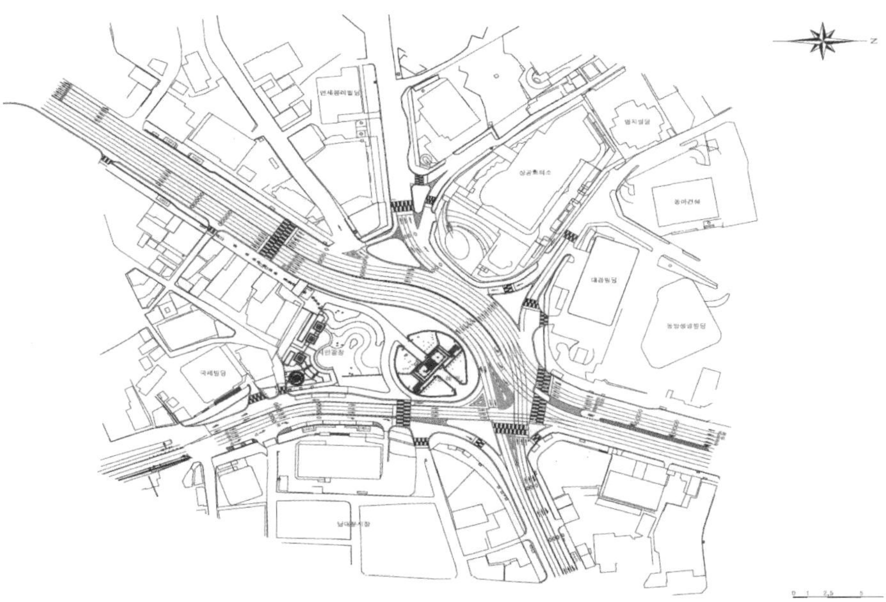

[그림 6-14] 화재전 숭례문 - 도시 속에서 고립되어있지만 상징성있는 도시유산
(숭례문 정밀실측조사보고서, 2006)

[그림 6-15] 화재전 숭례문 - 도시 속에서 고립되어있지만 상징성있는 도시유산
(숭례문 정밀실측조사보고서, 2006)

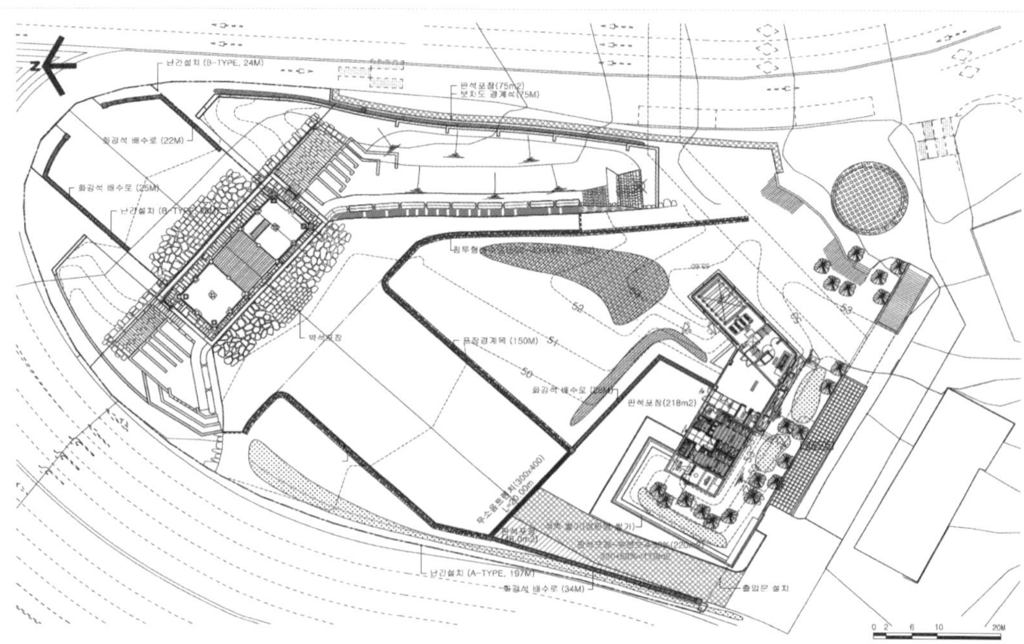

[그림 6-16] 복원된 숭례문 - 도시속에 다가갈 수 있는 역사공원과 같은 역할
(숭례문 복구 및 성곽복원공사 수리보고서, 2013)

[그림 6-17] 복원된 숭례문 - 도시속에 다가갈 수 있는 역사공원과 같은 역할
(숭례문 복구 및 성곽복원공사 수리보고서, 2013)

2. 광화문 광장과 주변 지역[42)]

광화문은 한양 도성내 경복궁의 정문이다. 그리고 광화문 광장은 조선시대 육조거리가 있던 곳에 근현대에 이르러 광장을 만든 것이다. 조선시대에는 행정기관들이 모였고 궁궐 앞인 한양 도성내에 가장 중요한 장소 중 하나였다. 현대에는 정부종합청사, 청와대, 세종문화회관 등이 위치한 행정과 상업, 문화의 중심지이며 사람들이 모일 수 있는 가장 대표적인 광장이다. 그리고 이순신장군 동상과 세종대왕 동상 등이 위치하고 있는 상징적인 장소였다. 그래서 도시민 누구나 알고 있는 장소이며 문화적 장소임을 알고 있는 장소였다. 그럼에도 불구하고 광화문광장은 숭례문과 달리 지정되어 관리되는 문화재가 아니다. 그러나 역사도시의 문화유산으로서 문화적 역사적 가치를 충분히 보여주고 있다. 그리고 도시속에서 핵심광장으로서 중요한 역할을 하고 있다.

42) https://gwanghwamun.seoul.go.kr/main.do

이에 따라서 도시유산으로서 광화문 광장은 중요한 역할을 하는 장소라고 할 수 있다. 도시유산이 도시속에서 적절한 역할을 하기 위하여 많은 변화를 해왔다. 이 변화를 따라간다면 도시유산의 문화적 가치를 충분히 확인할 수 있을 것으로 보인다. 광화문광장은 문화적 가치를 충분히 가지고 있으면서도 숭례문과는 다른 측면에서 도시유산이라 할 수 있다.

3. 둔촌아파트 기록 43)

둔촌주공아파트는 서울시 강동구에 위치한 6000세대에 가까운 대규모 단지로서 1979년 준공되었다. 그리고 2019년 철거되었다. 규모가 컸기에 상업시설, 공공시설, 학교, 상가 등 다양한 요소들이 다층적으로 존재해있었다. 그리고 주거의 공간이었기에 아늑함, 편안함이라는 삶의 기록이 생채기처럼 남아 있었던 곳이다. 그래서 이 아파트가 철거되기 전에 아파트를 기록하고 여기서 수집된 기록을 해석해나가는 작업을 '마을에숨어'라는 단체가 수행하였다.

출처 : 서울기록원

[그림 6-18] 둔산 주공아파트에 대한 기록을 서울기록원에서 전시

43) https://archives.seoul.go.kr/authority/ORG-31360

이 아파트에서 삶을 살아왔던 사람들은 많은 기억을 가지고 있었으며 다양한 영역에서 다양한 체험이 중첩되어 있었다. 이러한 것들을 기록하고 책을 만들고 전시회를 하기 위해 많은 사람들이 자발적으로 모였고 작업을 수행하였다. 비록 철거되었기는 하지만 둔촌주공아파트에 대한 기억과 체험은 고스란히 기록으로 남아 도시민과 공유하게 되었다. 이렇게 함으로서 둔촌주공아파트는 도시유산으로서 문화적인 가치를 더욱 많이 가지게 되었다고 할 수 있다.

일상의 도시는 도시유산으로서의 가치를 가질 수 있음을 보여주었다. 그리고 도시민의 일상은 체험과 기억으로서 문화의 축척이 만들어질 수 있다는 것을 보여준 것이다.

4. 지속과 변화 : 선택

(1) 도시의 지속성과 도시의 변화성 사이에 어떠한 가치를 유지하고 변화시켜야 할지에 대한 문제를 고민할 필요가 있다. 어떤 것을 유지하고 어떤 것을 바꾸어야하는지에 대한 선택의 문제를 고려해야한다.

(2) 선택의 문제는 도시유산에서 어떻게 만들어지는지 확인할 필요가 있다. 철학의 문제에서부터 실제 도시의 문제까지 이어질 수 있다.

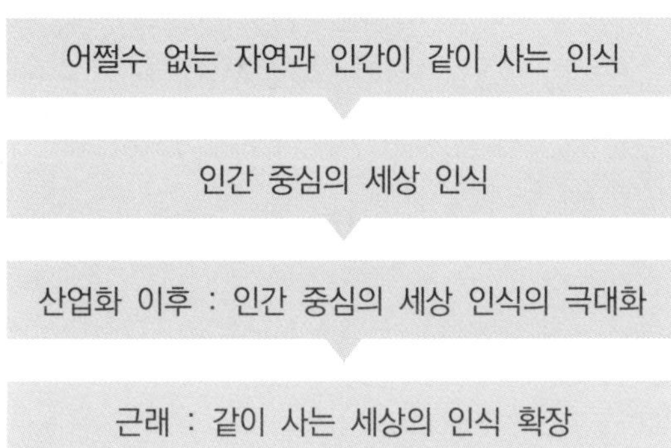

[그림 6-19] 인간과 자연에 대한 인식의 변화 양상

(3) 같이 사는 도시의 장기적 발전적 함의

i) 단기

- 미래를 끌어당겨 빚으로 쓴 대가를 치루어야 함

- 사회적 합의

- 누군가의 단기적 작은 손해

- 누군가의 자발적 희생

ii) 장기

- 같이 살 수 있음

- 모두의 장기적 이익

- 모두의 큰 이익

5. 기 타

1) 탄광의 기억과 풍경[44]

2) 서촌 화가 김미경[45]

3) 느리게 걷기[46]

4) 문화도시 청주[47]

5) 서울 각종 문화재 안내판

6) 역사공원[48]

7) 군산 근대문화도시조성사업[49]

[그림 6-20] 삼군부 터

---

44) 홍금수,(2014)탄광의 기역과 풍경, 푸른 길
철암 탄광 역사촌 / 정선 카지노 /
도계읍 탄광촌 (http://archive.much.go.kr/data/01/folderView.do?jobdirSeq=998)

45) http://rooftopartist.com/

46) https://opengov.seoul.go.kr/issue/8312934

47) https://www.cjculture42.org/index.php

48) 길지혜, 박희성, 박재민, (2016) 국내 역사공원의 지정 및 조성 경향 분석, 한국조경학회지
"한국 도시공원에 역사공원이 등장한 것은 2005년 '도시공원 및 녹지 등에 관한 법률'이 시행되면서 부터이다. 역사공원이 처음 지정된 것은 2007년으로, 전국에 모두 8개소가 지정되었고 이후 매년 증가하여 2014년에는 총 169개소가 된다. 면적은 2007년에는 452,435㎡이었던 것이 2014년에는17,698,726㎡로 이는 처음보다 약 39배 늘어난 수치다."라고 하였으며 역사공원은 '도시의 역사적 장소나 시설물, 유적·유물 등을 활용하여 설치하는 공원' 이다.

49) https://museum.gunsan.go.kr/content/sub03/03_03.jsp

제7절 도시유산의 문화적 가치의 해석과 설명

도시유산은 변화하는 도시 속에서 지속성을 가지고 도시의 특성을 드러나게 하는 특성을 가진다. 도시유산은 도시 속에서 문화적 가치를 가지고 있기에 도시속에 유지될 수 있다. 도시유산이 도시 속에서 어떻게 작동하고 있는지 어떤 위치에서 어떤 관계를 만들고 있는지 확인할 필요가 있다.

도시유산이 되기 위한 조건과 도시유산으로서 유지될 수 있는 조건이 어떤 것들이 있는지 확인해야한다. 도시민에게 어떤 영향력을 미치는지 어떤 기억과 체험 속에 남아 있는지 확인해야 한다.

정량적인 연구와 정성적인 연구 속에서 가치를 파악할 수 있는 체계를 만들어야 한다.

근래 세계 유산에서는 해석과 설명(Interpretation and Presentation) 이라는 개념이 중요한 요소로서 언급된다. 이에 대한 논의는 지속되어야 한다.

참고문헌

도시유산에 관련된 참고 문헌

가)김하영, 2017, 서울시 초등학교의 유산가치해석과 보존관리 방안에 관한 연구, 서울대학교 석사논문

나)박미선, 2021, 도시재생사업이 세계유산지역 주민의 유산보호인식에 미치는 영향연구, 서울시립대 석사논문

다)이지현, 2008, 산업유산의 활용을 통한 도시문화경관 형성에 관한 연구 : 인천항 경관요소 적용을 중심으로, 인하대 석사논문

라)이광수, 2016, 산업유산의 도시재생공원화 설계 전략 연구 : 당인리발전소 공원화 사업을 대상으로, 한양대 석사논문

마)정윤재, 2016, 도시문화유산으로서 2층 한옥의 보호방안 연구, 경기대 석사논문

QIN ZHIYAN, 2021, 산업유산공간의 문화적 도시재생에 따른 효과성 연구, 한세대 박사논문

문영숙, 2015, 공공재를 활용한 도시유산의 경관 보전 및 관리 개선방안 : 서울시 사적을 중심으로, 성균관대 박사논문

김백영, 2011, 식민지 유산과 현대 한국 도시 변동, 도시사학회 V5

최재한, 남영우, 2014,용산 미군기지의 문화유산 가치와 도시발전 방향, 한국도시지리학회지, V17N2

이상해, 2013, 국토 · 도시 유산의 보호와 관리를 위해 세계유산제도를 적극 활용하자, 도시정보, N374

강동진, 2013, 도시재생 관점에서의 도시유산 개념정의에 관한 연구, 국토계획, V48, N6

송인호, 2015, 도시유산, 건축 V59N4

서울특별시 한양도성도감, 2016, 도시유산의 지속적관리와 시민참여, 한양도성 학술총서

Berker, Selim. 2013. "The Rejection of Epistemic Consequentialism." Philosophical Issues 23: 363-87.

존 듀이, 2020 인간본성과 행위, 봄

HYPERLINK "https//heritage.unesco.or.kr/"https://heritage.unesco.or.kr/

HYPERLINK "https//www.nongsaro.go.kr/portal/ps/psz/psza/contentMain.ps\?menuId=PS65246"https://www.nongsaro.go.kr/portal/ps/psz/psza/contentMain.ps?menuId=PS65246

HYPERLINK "https//www.mafra.go.kr/mafra/1360/subview.do"https://www.mafra.go.kr/mafra/1360/subview.do

HYPERLINK "https//www.cha.go.kr/main.html"https://www.cha.go.kr/main.html

HYPERLINK "https//www.auri.re.kr/"https://www.auri.re.kr/

HYPERLINK "http//www.aurum.re.kr/Bits/BuildingMain.aspx"http://www.aurum.re.kr/Bits/BuildingMain.aspx

HYPERLINK "http//futureheritage.seoul.go.kr/web/main/index.do"http://futureheritage.seoul.go.kr/web/main/index.do

칸딘스키, 1924, 점선면

안대환, 2019, 도시재생의 관점으로 본 공주목 복원의 방향, 공주목 복원정비의 체계적 방향설정을 위한 학술세미나

김재학, 이재규, 2018, 코워킹 스페이스의 제3의 공간에 관한 연구, 한국공간디자인학회 논문집 제 13권 2호

레이 올든버그, 2019, 제3의 장소, 풀빛

일리어스 리글, 2013, 기념물의 현대적 숭배 -그 기원과 특질-, 기문당

Bernard Rudofsky, 2006, Architecture without architects, 스페이스타임

케네스 프램튼, 2017, 현대건축: 비판적 역사, 마티

브루노 라투르, 2010, 인간사물동맹, 이음

브루노 라투르, 2009, 우리는 결코 근대인이었던 적이 없다. 갈무리

모리스 메를로 퐁티, 2002, 지각의 현상학, 문학과 지성사

피에르 테브나츠, 2011, 현상학이란 무엇인가, 그린비

이남인, 2013, 후설과 메를로퐁티 지각의 현상학, 한길사

제7장

도시녹화

제1절 환경녹지의 필요성

1. 서론

경제성장과 더불어 국민들의 생활수준이 향상되고 정신적인 안정과 여유가 생기게 됨에 따라 보다 질 높은 주변 환경을 요구하게 되었다. 특히 국토면적이 좁은 우리나라에서는 인구밀도가 다른 나라에 비해 상대적으로 높으며 1960년대 이후 국가주도의 경제성장계획을 통해 산업개발 속도가 극도로 빠르게 진행되었기 때문에 상대적으로 자연환경 파괴도 극심하게 나타났다. 특히 우리나라의 산업화 과정은 고부가 가치성인 중화학공업 위주로 진행되었기 때문에 기초적인 원자재 및 에너지를 다량으로 소비하며 각종 오염물질 배출이 심한 특성을 지닌다.

또한 국토의 효율적인 이용이라는 미명아래 산지 및 농경지를 공업단지로 전용하였고 무분별하게 해안을 매립하고 간척공사 등이 대규모로 이루어졌다. 이와 같이 우리나라의 공업화 과정은 심각한 자연생태계 파괴를 가져왔다.

지금까지 훼손된 자연을 최대한으로 복구하고 국토의 자연성을 높여 자연과 인간이 조화롭게 어루러져 살아갈 수 있도록 배려하는 것이 우리들의 삶도 가장 쾌적하고 자연스럽게 영위될 것이다. 국토이 자연성을 높일 수 있는 방안은 다양하게 모색될 수 있으나 무엇보다도 녹지공간을 풍부하게 확보함으로써 각종 생물들이 상호 공생적으로 보호하며 살아갈 수 있는 자연친화적인 환경공동체가 이루어지는 것이 가장 이상적이다.

우선 환경 〉 인간의 관계는 자연환경에 인간이 굴복하여 생활하는 형태로서 주로 원시시대에 해당한다. 이때 인간은 자연을 두려워하고 훼손을 철저히 금지하며 자연법칙에 순응하여 살았었다.

환경 〈 인간의 관계는 자연을 정복하여 목적에 따라 다양하게 개발하고 이용하는 경우이다. 그러나 그 정도를 지나치면 자연환경을 파괴하고 복원 불가능한 상태에까지 이르게 한다. 이와 같은 경우에 이르게 되면 인간의 삶은 콘크리트 더미 위에 황폐한 환경에 파묻히고 말 것이다.

한편 과학문명이 크게 발달하지 못했던 예전에는 큰 수목을 두려워하고 경우에 따라서는 신앙으로까지 숭배되던 식물 〉 인간의 관계도 있었지만 최근에는 식물을 전혀 두려워하거나 배려하지 않고 무시하며 파괴하는 경우가 더 흔하다.

그러므로 환경≒식물≒인간의 관계 이른바, 환경과 식물과 인간은 별개로 떨어져 있는 것이 아니라 자연을 구성하는 한 부분이며 서로 간에 원만한 조화가 필요하다는 것을 빨리 깨달아야 한다. 이와 같은 관계가 정상적으로 이루어질 때 바야흐로 행복한 미래가 약속될 것이다. 때늦은 감이 있지만 녹색식물에 대한 중요성을 깨닫는 것이 오늘날 현대문명이 낳고 있는 많은 환경에 관련한 문제점들을 해결할 수 있는 유일한 열쇠라고 생각한다.

그러나 현대사회는 급격한 경제발전에 따라 산이나 농업용지를 비롯한 광범위한 자연녹지가 점차로 감소하고 도시화로 인한 대규모 건설 및 토목사업에 의해 심각한 오염이 발생하고 개인이 영위할 수 있는 녹지공간은 줄어들고 있다.

우리들 주변에 널려있는 다양한 형태의 녹지공간이 축소된다는 것은 생태적인 사슬을 함께 하고 있는 각종 생물들에게도 위기를 더해주며 이것은 곧 생활환경의 생태적인 건전성을 잃어버린다는 것이다. 생활환경이 생태적인 건전성을 잃어버리게 되면 생물의 생활도 점차로 회색화되고 윤택을 읽게 되며 개체수의 감소 및 멸종으로 인해 종의 다양성을 잃어버리게 된다.

그러나 환경파괴 및 도시화 현상이 심화됨에 따라 인간과 자연이 별개의 존재가 아니라 인간도 자연의 한 부분에 속하는 것이 가장 이상적인 삶이 될 수 있다는 것을 일깨워 주었다.

2. 녹지의 개념

(1) 녹지의 정의

지구상의 인류가 야생상태의 식물을 농업이라는 행위를 통해 인위적으로 지배할 수 있게 된 것은 인류역사에 있어 새로운 차원을 이룩한 것이라 생각된다. 농업을 위해 새로운 농경지를 조성하게 되고 마을을 형성하기 위해 자연환경을 활발히 변보시켜온 인류는 어느 순간 그들이 과거에 몸담고 있던 자연환경을 동경하게 되었다. 푸른 식물들이 무성하고 곤충이나 새를 비롯한 각종 동물들이 자유롭게 뛰어다니는 공간 그곳이 바로 녹지공간일 것이다.

녹지라 함은 인위적인 수단에 의하거나 또는 자연적으로 각종 식물에 의해 녹화된 공간을 일컫는다. 따라서 녹지는 정원과 같이 소규모로 조성된 개인적인 녹지공간을 비롯하여 가로수, 공원, 광장, 운동장, 묘지 등과 같은 공공녹지 공간 및 농경지와 같은 생산녹지, 산림 또는 숲과 같은 자연상태로 존재하는 일반적으로 대규모 자연녹지 공간 등으로 다양하게 존재한다. 이와 같은 형태의 녹지공간들은 도시 내에서 공해물질의 완화, 각종 재배방지 등의 완충기능을 비롯하여 훌륭한 경관을 조성하고 대두분이 영속성을 지닌다. 또한 대규모 면적으로 존재하는 국립공원, 자연보호구역, 수변녹화지역, 산림, 레크레이션지역, 농경지 등은 농산물 생산 기능이나 정서순화 기능 또는 자연환경 구성, 자연환경 보호 및 개선 등의 독특한 기능을 지닌다.

녹지는 어느 경우에 있어서나 다양한 종류의 식물들에 의해 녹화된다. 즉 형태적인 특성은 물론 나름대로 독특한 생리, 생태적인 특성을 지니는 교목류들에 의해 상부 식생층이 어우러지고 하부 식생층으로 관목류 및 초본류들로 구성되는 것이 일반적이다. 그러나 공원광장, 운동장 또는 목초지와 같은 개활지에서는 키가 낮은 지피식물을 비롯하여 잔디류 또는 목초류 등에 의해 조성되는 평면적인 공간도 존재한다. 그러므로 식물은 지구 어느 곳에서나 다양하게 존재하는 자연환경의 일부이며 인간이 생존하는데 필요한 생활 유지체계이다.

(2) 녹지의 종류와 특성

녹지는 식물로 덮여진 공간이면서 경관을 구성하는 생물적 공간이다. 녹지를 국토의 계획 대상으로 분류하면 산림이나 국립공원 등의 자연공원과 같은 자연녹지, 농촌계획에 있어서의 농촌녹지, 도시계획에 있어서의 도시녹지 등으로 크게 구분할 수 있다. 또한 녹지를 생태계로서의 자연의 질에 의해 분류하면 다음과 같이 자연녹지, 반자연녹지, 인공녹지 등으로 구분된다.

i) 자연녹지

국립공원 등의 자연공원 및 인간의 간섭이 미치지 않는 원시림으로 이루어진 산림과 같은 자연환경 보전지역 등의 환경 보전지역에는 자연도가 높은 생태계가 보전되어 있다. 이와 같은 자연녹지는 인공적인 영향을 가능한한 적게 받기 위한 적절한 보호조치를 취함으로써 지속적으로 건전한 상태를 유지할 수 있다. 또한 인위적인 영향에 의해 변형될 수 있는 부분에는 적절한 자연복원 방법을 실시하는 것도 중요하다. 특히 이와 같은 자연녹지는 생육지의 특성을 나타내는 다양한 자연자원을 지니고 있는 자연의 핵으로서 자연환경 회복에 매우 중요한 정보를 제공한다. 그러므로 대부분의 자연녹지는 녹지자연도 9에 해당하는 지역으로 우선적으로 보호되어야 한다. 그러나 우리나라에서 자연녹지가 차지하는 피복면적은 매우 제한적이며 그 육성방안을 모색해야만 한다.

ii) 반자연녹지

2차림, 완충림 등으로 유지되고 있는 산림지역이나 조림지, 목초지, 또는 논이나 밭 등의 대상식재지는 육림 및 초지 관리, 경작 등과 같은 인위적인 요인에 의해 유지되고 있다. 이와 같은 반자연녹지는 그것을 유지하는 사람들의 기술적인 발전에 동반하여 내용이 바뀔 수도 있다. 그러나 생태계의 질서를 파괴하지 않는 범위 내에서 지속적으로 변형되고 존재되어야 한다. 그러므로 반자연녹지는 그것을 유지하고 있는 기술과의 관계를 기초로 다루어질 필요가 있다. 어떤 상태에 있어서 반자연녹지를 유지시키기 위해서는 거기에 대응한 보전적 방법이 필요하고 그렇게 하기 위해 생태적인 식생관리의 기술적 지원이 반드시 요구된다.

① 2차림

2차림 혹은 2차식생은 자연적 혹은 인위적 간섭에 의해 파괴된 자연식생이 2차적으로 회복되어가는 천이과정에 있는 식생을 말한다. 오늘날 우리 한반도의 산림군락에서 흔히 볼 수 있는 식물군락이기도 하다. 2차 식생은 많은 종의 선구식물(pioneer plants), 호광성 식물(heliophyte)들로 주로 구성되어 있다. 잘 발달된 2차림은 수관부층에 참나무속, 관목층에 진달래속, 임상층에 그늘사초 등이 대표적으로 생육한다.

② 대상식생

대상식생(subsitute vegetation)은 논, 밭, 과수원, 조림지, 마을림 등으로 인간의 경제적 활동에 의해 지속적으로 유지되고 있는 경관의 주요 요소이다. 이와 같은 대상식생으로 이루어져 있는 녹지지역은 택지개발, 산업용지 개발 등의 명목으로 광대한 면적에서 토지의 용도변경이 일어나고 있다. 대부분의 대상식생에서의 녹지자연도 등급은 2, 3, 6에 해당하는 경우가 많다.

iii) 인공녹지

도시 내의 가로수를 비롯하여 동·식물원, 개인의 정원, 공원 등의 녹지는 인공적으로 식재된 것이 대부분이며 그 대부분은 인위적으로 유지, 관리되고 있다. 이와 같이 인공적인 영향을 기초로 성립된 생태계는 자연생태계에 비교하여 상당히 교란되어 있을 수 있다. 그 중의 하나인 도시생태계는 도시지역에 있어서의 교란상태를 나타내는 예라 할 수 있다. 그러나 이와 같은 인공녹지도 생태계를 보다 건전하고 보다 자연에 가깝게 변화시키고자 하는 능력이 있으므로 사람들은 그것을 이해하고 녹화 및 수경, 관리를 지속적으로 행하여야 한다.

녹지는 이와 같은 면 상태인 경우 뿐만 아니라 선 상태, 점 상태 등으로 여러 형태가 존재한다. 하천이나 녹도, 가로수 등은 선 상태의 녹지로서 존재하며 생태계에 있어 회랑(corrdor)으로서의 역할을 지닌다. 또한 이와 같은 녹지대는 띠 형태의 생태계를 이루고 있으며 주변에 존재하는 다양한 생태계들을 연결하는 연락통로의 역할을 다하고 있다. 이와 같은 회랑형 녹지대에 의한 생태계의 네트워크(network) 형성은 앞으로 녹지계획에 있어 중요한 부분이 될 것이다.

도시 내에서 공원 등과 같은 각지에 남아있는 자연림은 주변의 토지이용에서 점상으로 고립되어 존재하는 녹지이다. 이와 같은 점상의 녹지는 섬 생태계의 역할을 하고 있다. 점상의 녹지는 지역 생태계를 보존하기 위해 핵(core)이 될 것이며 녹지의 배치계획에 있어서 중요한 위치를 차지하고 있다.

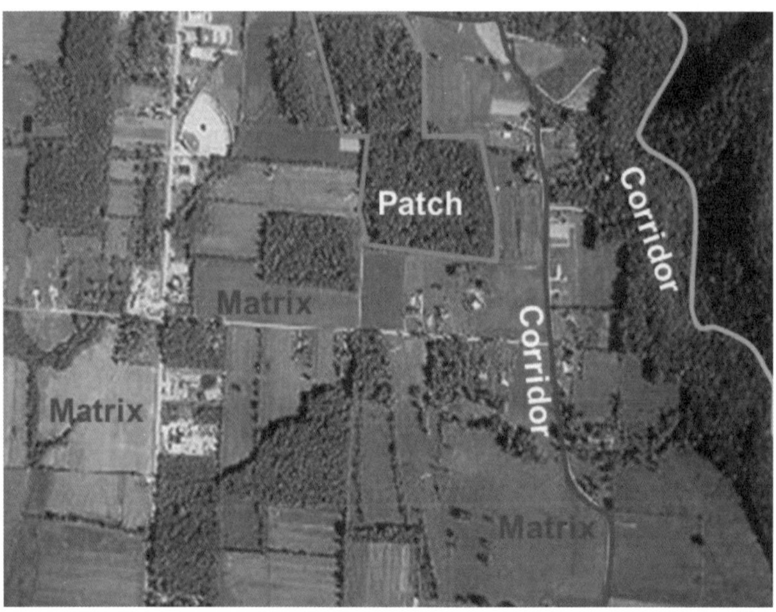

[그림 7-1] 경관구성(농촌지역)

[그림 7-2] 경관구성(도시지역)

3. 녹지의 기능

(1) 녹지의 다양한 기능

녹지를 구성하는 식물의 기능은 시대에 따라 변화해 왔다. 예전에는 식물은 단순히 식량을 공급해주고 목재로 이용되는 직접적 효용이 대부분이었다. 경우에 따라 종교나 신앙의 대상이 되어 가꾸고 숭배되기도 하였다. 그러나 시대가 흘러 인간의 인지능력이 향상되고 활동영역이 확대됨에 따라 수자원 함양을 비롯하여 토양침식 방지, 산사태 방지와 같은 재해경감과 같은 식물의 간접적 기능이 생겨나기 시작하였다. 고도로 발달된 오늘날의 산업사회에서는 기본적인 공익적 간접기능은 물론 공해방지 및 대기정화와 같은 환경개선 효용을 비롯하여 정서함양 등과 같은 새로운 환경재로서의 기능을 지니게 되었다.

다양한 종류의 수목류를 비롯하여 초본류들로 이루어진 녹지공간은 단순히 아름다운 경관을 조성하는 미적인 기능뿐만 아니라 각종 기능적인 면을 복합적으로 지닌다. 따라서 시물이 지니는 다양한 기능은 현대생활에서 발생하는 많은 환경문제를 적극적으로 해결할 수 있는 열쇠가 되고 있다. 예를 들어, 우리 생활 주변의 오염된 대기를 정화하거나 미기후를 조절하고 토양침식을 막아주는 등 쾌적한 생활환경을 이룩하는데 크게 기여한다. 또한 식물에 의해 조절 가능한 적절한 차폐기능은 복잡한 도시에서도 개인의 사생활을 효과적으로 보장해 줄 수 있다. 또한 각박한 도시생활에서 메마른 정서를 순화시켜주는 각종 질병의 간접적인 치료효과는 물론 생활주변에 풍부한 자연을 제공해 줄 수도 있다. 또한 인간이 파괴한 환경을 가장 자연스럽게 복구하는데 도움을 줄 수 있다. 이와 같은 식물의 기능적 효용은 우리들 주변에 반드시 녹지공간을 확보하여야 하는 당위성이 될 것이다.

〈표 7-1〉은 인간과 식물과의 관계를 나타낸 것이다. 제1차 효용(생산재)은 식물의 광합성에 의해 생산된 식물체 및 생성물(산소)을 이용함으로써 인간의 생존과 필연적 관계가 있다. 예를 들어 식량, 각종 생활용재, 연료 등으로 이용된다. 제2차 효용(기능재)은 인류의 생존에 직접 관여하는 효용이 아니라 생활환경을 형성하는 기능적인 역할을 담당하는 것으로 생존을 보다 쾌적하게 하기 위한 효용 또는 이와 같은 효용에 보완적으로 관여하는 것이다. 또한 제3차 효용(서비스재)은 인간의 생존에 반드시 필요한 필수조건은 아니지만 생활의 여유를 줄 수 있고 보다 적극적인 즐거움을 제공할 수 있는 것이다. 예를 들어 식물을 관상용 또는 애완용으로 재배하는 것을 일컫는다.

〈표 7-1〉 인간과 녹지와의 관계

제1차 효용(생산재)	O_2의 공급, CO_2의 흡수 식량, 목재, 연료, 약재 가축사료, 토지의 비옥화	생존
		↓
제2차 효용(기능재)	건축적 기능 공학적 기능 기상조절 기능 환경지표 기능	보완
		↓
제3차 효용(서비스재)	종교적 기능 심미적 기능 지적 기능 레크리에이션 기능 감각적 기능	향상

제2차 효용으로서의 기능재는 〈표 7-2〉에서와 같이 4가지로 분류할 수 있다. 건축적 기능(공간조절)은 녹지를 바닥, 천정, 담 등과 같은 구조물과 같은 부류로 취급하여 무기적인 건축 재료와 동일하게 보는 것이다. 이들을 적절히 조합하여 녹지를 건축적으로 이용하고자 하는 것이다. 예를들어 옥외공간을 살아있는 녹색식물에 의해 구획지우거나 담장을 두를 수 있고 적당히 가려줌으로써 인간의 생존을 보다 안정적으로 도모할 수 있다. 더 구체적으로는 구획의 명료화, 차폐 등을 목적으로 한 벽 또는 담장으로서의 생울타리 또는 수림 등이 있는데 생울타리를 이용한 조경수법, 다양한 대상지의 경관연출 및 연속된 자연경

관의 개량과 창조가 이루어질 수 있다.

공학적 기능(환경보전 기능)은 녹지가 지니는 질을 비롯하여 양 및 생리적 특성을 효과적으로 이용하여 시끄러운 소음을 비롯하여 대기오염, 도시화재, 토양침식 등에 대한 방지 및 완화를 공학적인 측면으로 도모하고자 하는 것이다. 또한 사람과 자동차의 교통을 조절하는 수단을 비롯하여 각종 불쾌한 섬광의 방지 기능 등과 같은 역할을 수행하는 것이다.

기상조절 기능(미기후 조절)은 식물의 존재에 의해 태양반사, 기온, 바람, 비, 눈, 안개 등을 조절하여 쾌적한 자연환경을 조성하는 것을 일컫는다.

끝으로 환경지표 기능(환경의 지표성)은 대기오염, 수질오염 등의 환경오염 정도를 식물에 의해 종합적으로 지표화될 수 있는 효용을 일컫는다. 또한 이와 같은 기능은 오래 전부터 경험적으로 이용해 온 식생과 토지에서의 생산력 관계, 이른바 토지 포텐셜에 의한 지표성을 가지는 것으로의 효용도 포함된다.

〈표 7-2〉 녹지의 기능재로서의 효용

공간조절	구획 명료화 차폐 프라이버시 확보 경관연출
환경보전기능	방음 대기정화 방재 오염방지 섬광방지
미기후조절	바람조절 태양광조절 눈조절 기온조절
환경의 지표성	토지 포텐셜 지표 환경악화에 대한 지표

제2절 도시건축공간의 녹화

1. 도시건축공간 녹화의 효과

(1) 도시열섬현상 완화

도시열섬현상은 도시 주변 녹지지역에 비하여 온도가 높아지는 현상으로 그 원인은 냉·난방 에너지 사용, 건물 자재에 의한 축열 등이다. 건축물녹화는 건축물의 옥상 및 벽면을 피복함으로써 식물의 광합성 작용을 통하여 태양의 광에너지를 화학에너지로 변환시켜 광에너지가 도시 건축물에 열에너지로 축열되는 것을 막는다. 이러한 작용을 통하여 도시 열섬현상을 완화시킨다.

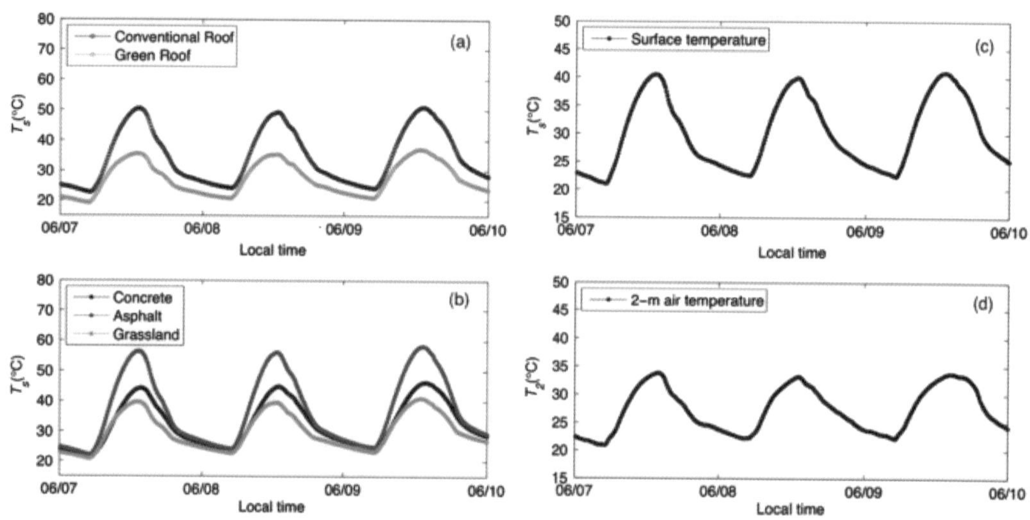

[그림 7-3] 옥상녹화에 의한 온도저감 효과(Li et al., 2014)

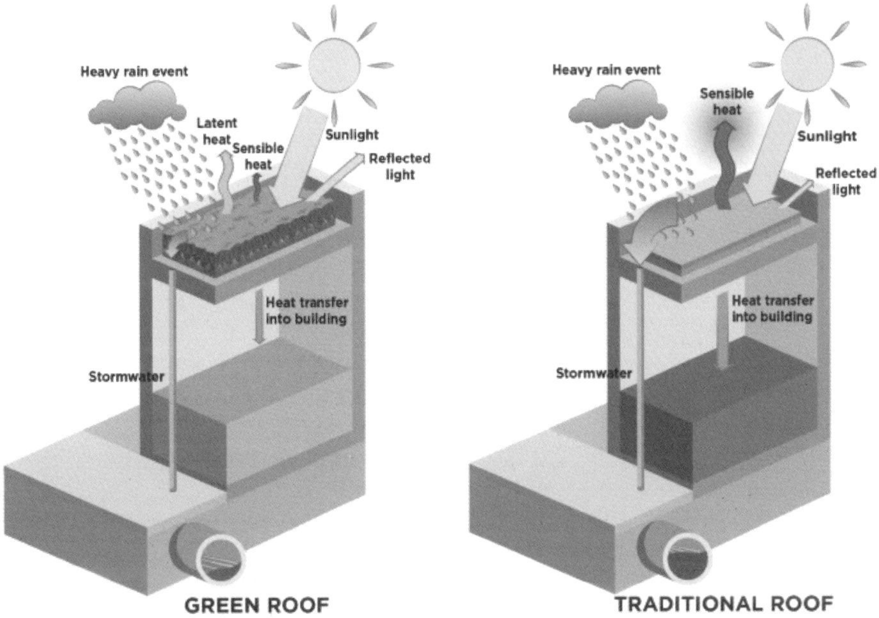

[그림 7-4] 옥상녹화와 일반옥상의 열수지와 수수지 비교(EPA, 2018)

(2) 도시미관 개선

도시 건축물의 콘크리트 외벽은 회색빛 경관을 유지하여 도시민들에게 계절감을 잊게 하며 그와 동시에 시각적 스트레스를 유발한다. 하지만 콘크리트 벽면을 식물로 피복한다면 벽면을 푸르게 녹화하고 계절에 따라 아름다운 꽃과 단풍을 보여줌으로써 도시민들에게 계절의 변화를 느끼게 함과 동시에 도시의 미관을 개선할 수 있다.

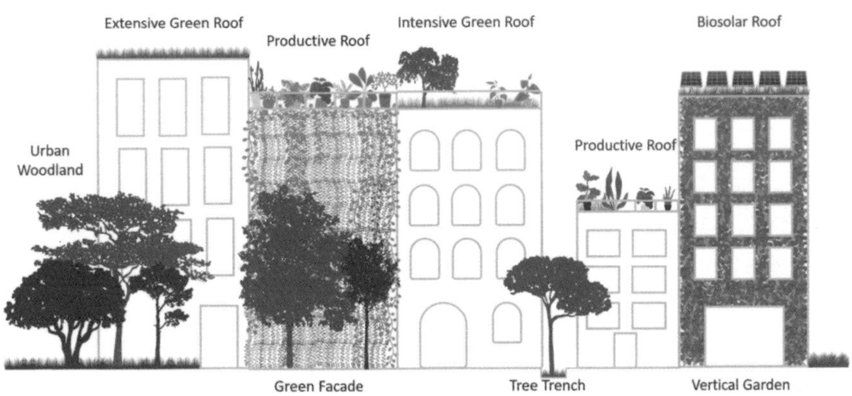

[그림 7-5] 건축환경에 자연기반 솔루션의 통합(Calheiros and Stefankis, 2021)

(3) 도시에 경제적 녹지공급

도시는 고밀도 개발로 인하여 도시 내 녹지면적이 계속해서 감소하고 있는 추세이나 도시민의 녹지에 대한 사회적 요구도는 빠르게 증가하고 있다. 이러한 사회적 요구도에 부흥하기 위하여 도시내 녹지공급은 필수적이나 높은 지가로 인하여 녹지공급은 어려운 실정이다. 이러한 상황에서 건축물의 벽면, 거리의 담장, 수직면을 이용한 벽면녹화는 경제적인 녹지공급 대안이 될 수 있다.

(4) 대기정화효과

건축물녹화에 식재된 식물은 대기오염물질을 흡수한다. 대부분의 대기오염물질은 화석연료에 의하여 발생하며 대표적인 오염물질은 이산화질소(NO_2), 이산화황(SO_2), 일산화탄소(CO) 등이 있다. 이러한 오염물질은 식물의 광합성 과정 중 기공을 통하여 흡수되어 무해한 유기물로 전환된다.

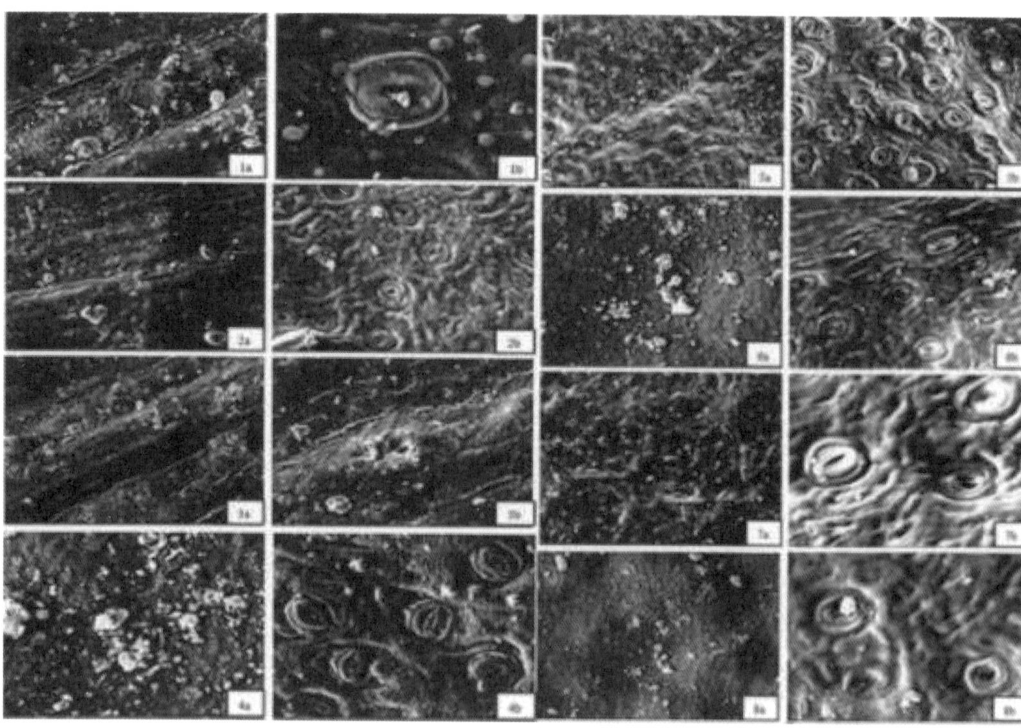

[그림 7-6] 식물 잎을 통한 미세먼지 제거(Zha et al., 2018)

(5) 소음감소효과

나무와 식물들은 소리에너지를 반사하거나 흡수하여 소음을 감소시키는 주요한 역할을 한다. 한 연구결과에 따르면 7db 소음이 33평방미터의 숲에 의해 감소된다(Coder, 1996). 한편 다른 연구결과에 의하면 넓은 숲 벨트 지대가 소음을 50% 가량 감소시켰다(Dwyer et al., 1992).

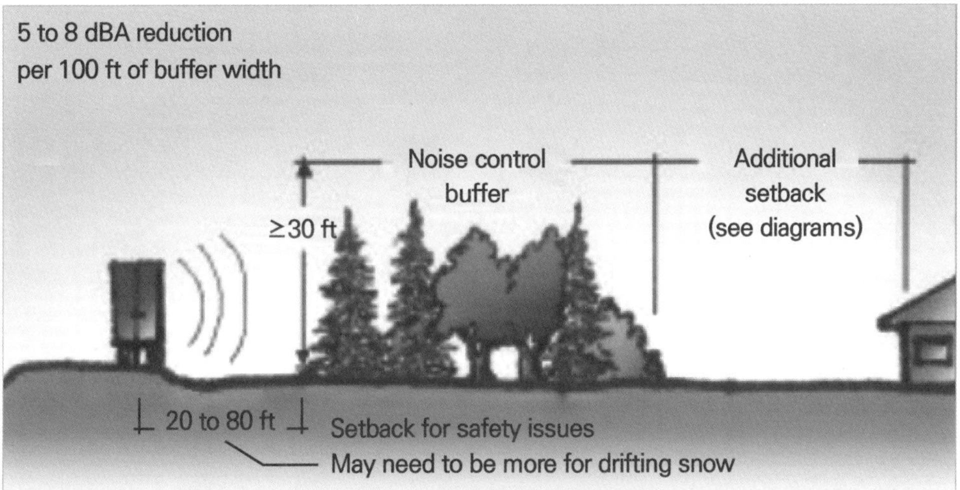

[그림 7-7] 식생에 의한 소음 저감효과

2. 도시건축공간 녹화유형

(1) 옥상녹화

i) 옥상녹화 유형

대도시의 경우 생활권 공원면적 1㎡/1인 확보를 위하여 막대한 예산이 소요된다. 이처럼 지상에서 불가능한 녹지량을 확보할 수 있는 대안이 옥상이다. 건축물의 옥상을 정원으로 조성하여 얻어지는 효과로는 건축물의 가치상승, 지상의무 조경면적 대체, 에너지 비용의 절감 및 건축물의 보호효과 등이 있다. 이러한 옥상녹화 시스템 유형으로는 저관리경량형(extensive green roof), 관리중량형(intensive green roof), 그리고 혼합형으로 구분할 수 있다.

ii) 유형별 설치기준

옥상녹화의 유형은 일반적으로 허용하중이 저관리경량형 220㎏f/㎡(녹화하중 120, 사람하중 100), 혼합형 400㎏f/㎡(녹화하중 200, 사람하중 200), 그리고 관리중량형 500㎏f/㎡(녹화하중 300, 사람하중 200) 이상 이어야 한다. 이 허용하중을 기준으로 식생의 종류와 녹화시스템을 구성하여 설치하여야 한다.

〈표 7-3〉 옥상녹화 유형별 식재수종 및 녹화방식 비교

구분	저관리경량형	관리중량형
식재수목	소관목, 지피식물	아교목, 관목, 지피식물
토심깊이	20㎝ 이하	20㎝ 이상(60~90cm)
대상건물	기존건물	신축건물
토양하중	경량(인공경량토)	중량(일반토양)
녹화방식	전면녹화	부분녹화
유지관리	관리요구 최소화	관수, 시비관리 필요

▶ 저관리경량형

이용개념이 배재된 유형으로 최소 관리로 최초 식재한 식물이 이입종에 영향을 받지 않고 10~15년 지속할 수 있는 방향으로 시공되어야 하는 유형이다. 오래된 건축물이나 허용하중이 낮은 건축물에 주로 시공되며 토심은 20㎝이하(2~12㎝정도)로 낮다. 이용되는 용토는 가벼운 원예용상토나 펄라이트와 같은 경량토양이 주로 이용된다. 식재는 지피식물 위주로 주로 자생 세덤류(돌나물, 땅채송화, 애기기린초 등), 외래 세덤류 등이 주를 이루었으나 최근에는 건조에 강한 자생식물들이 많이 활용되고 있다.

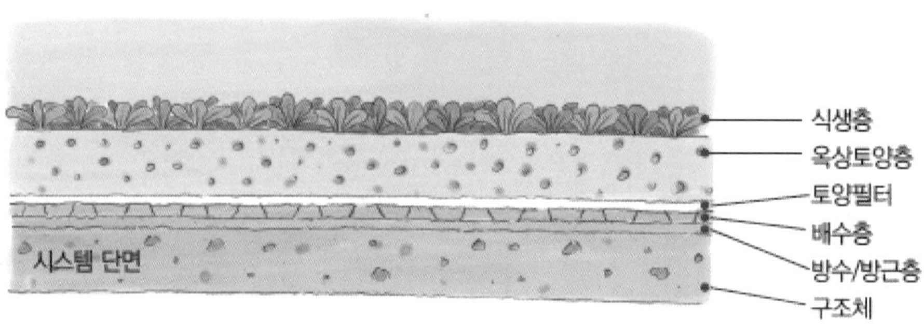

[그림 7-8] 저관리 경량형 옥상녹화

▶ 관리중량형

이용을 전제로 시공하는 유형으로 관수, 시비, 예초, 전정 등 관리가 요구된다. 구조적 안전성이 충분한 신축건물에 적용이 가능한 유형으로 토심 20㎝ 이상으로 60~90㎝에 이르기도 한다. 식재는 지피식물과 관목류는 물론 아교목까지 식재가 가능하다. 이용자의 편의를 위하여 파골라, 벤치 등 휴게시설과 소규모 연못을 조성하기도 한다.

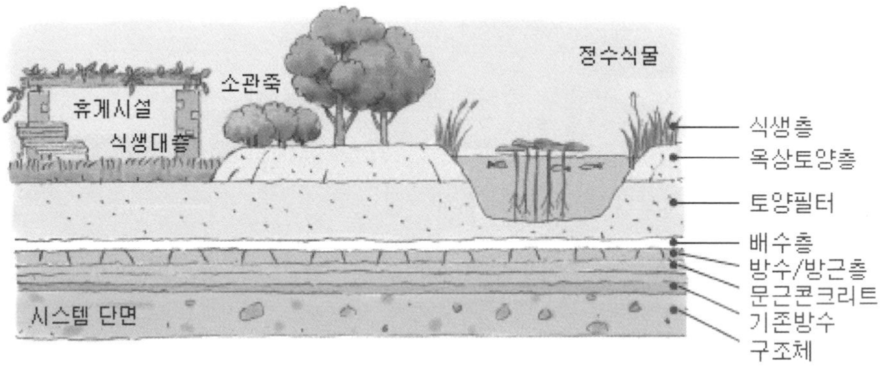

[그림 7-9] 관리중량형 옥상녹화

▶ 혼합형

경량형과 중량형을 혼합한 유형으로 어느 정도 이용의 개념이 포함되어 있다. 따라서 이용을 목적으로 한 관수, 시비, 예초, 전정 등의 관리가 필요하다. 구조적 안정성이 충분하지 못한 신축건물이나 기존건축물에 이용 개념을 도입한 옥상정원을 만드는데 이용이 가능한 유형이다. 적용 토심은 10~30㎝ 내외로 원예용상토나 펄라이트와 같은 경량토양을 이용한다. 식재는 부분적으로 토심을 높여 지피식물뿐만 아니라 관목류의 식재도 가능하다. 이용자의 편의를 위하여 벤치와 같은 간이 휴게시설을 조성하기도 한다.

[그림 7-10] 혼합형 옥상녹화

iii) 옥상녹화의 구성요소

옥상녹화는 건축물의 외피인 옥상이나 지붕을 식물이 살아갈 수 있는 공간으로 구성하는 작업이다. 옥상녹화는 파괴된 자연지반과 이에 수반되는 자연생태계를 복원하기 위해 건물 옥상에 생물서식기반을 제공하고 원예적인 활동을 유도하는 것이다.

옥상녹화의 설치를 결정할 때에는 적용대상 건물이 기존 구조물인지 신축구조물인지 먼저 고려하여야 한다. 기존 건축물인 경우는 가능한 허용 적재하중 범위 내에서 시스템의 적용이 이루어져야 하며 신축건물은 사전에 설계에 반영하여야 한다. 기존 구조물의 경우 설계된 허용중량이 얼마인지 먼저 파악하고 반드시 현장에서 구조안전진단을 통해 설치 가능여부를 판단하고 필요시에는 구조를 보강해야 한다. 기존 방수에 문제가 있는 경우에도 적합한 방수층을 새로 시공한 후 설치해야 한다.

〈표 7-4〉 옥상녹화의 시스템 구성 및 기능

구분	구성요소	기능 및 내용
건축물 외피	구조 안전진단	• 옥상녹화 시스템을 지지하는 구조전체 검토 • 설계시 허용하중 및 구조적 보강가능성 등 검토 • 반드시 구조물의 허용하중 현장조사 부분 필요
	방수진단	• 옥상녹화 시스템으로 인한 건물 누수차단 역할 • 옥상녹화 시스템의 내구성에 가장 영향을 주는 부분임 • 구조진단과 함께 검토해야 할 전제조건임
식재기반	방근층	• 식물의 뿌리로부터 방수층과 건물을 보호 • 시공시 기계적, 물리적 충격으로부터 방수층을 보호하는 역할
	배수층	• 옥상녹화시스템이 침수되어 식물의 뿌리가 죽는 것을 예방 • 하자발생이 가장 많은 부분이므로 신중하게 설계해야 함
	여과층	• 토양이 빗물에 씻겨내려 하부로 유출되지 않도록 여과하는 기능
	토양층	• 식물이 지속적으로 생장하는 기반 • 옥상녹화시스템 중량의 대부분을 차지하므로 경량화 노력 필요
식생층	식생층	• 옥상녹화 시스템의 최상부 구성요소 • 유지관리를 위한 토양층의 깊이, 토양의 특성 고려 필요 • 유형에 맞는 식생의 종류 및 관리방법 선택

(2) 벽면녹화

벽면녹화 유형은 등반형, 하수형, 기반조성형, 에스페리아 4종으로 구분된다. 등반형은 덩굴식물이 벽면 또는 메쉬를 타고 올라가면서 벽면을 피복하고 하수형은 벽위에 식물의 줄기를 늘어뜨려 벽을 피복한다. 기반조성형은 컨테이너를 벽면에 부착하여 피복한다. 그리고 에스페리아형은 목본류를 벽면에 따라 2차원으로 유인하여 벽면을 피복한다.

〈표 7-5〉 벽면녹화 유형 및 특징

벽면녹화 유형		특징
등반형	등반재 미사용	• 설치비용이 낮고 유지관리가 쉽다. • 피복에 시간이 걸린다. • 흡반형 덩굴식물의 종류가 제한된다. • 피복도중 고사하는 경우가 발생한다. • 강풍에 의해 식물체가 떨어지는 경우가 발생한다.
	등반재 사용	• 등반재 사용으로 비용이 증가하고 비교적 유지관리가 쉽다. • 메쉬, 와이어 등 등반재를 벽면에 부착시켜야 한다. • 감기형 덩굴식물을 사용하여 비교적 다양한 종 사용이 가능하다.
하수형		• 피복에 시간이 걸린다. • 설치비용이 낮고 유지관리가 쉽다. • 피복 도중 식물체 고사시 녹화가 어렵다.
기반조성형		• 초본 · 목본류 등 다양한 식물의 사용이 가능하다. • 일시에 녹화가 가능하다. • 대면적을 녹화할 수 없다. • 컨테이너 등의 설치비용 및 유지관리 비용이 비싸다.
에스페리아		• 녹화가 완성되는데 많은 시간이 필요하다. • 보편적이지 않은 녹화기법이다.

i) 등반형 벽면녹화

- 부착형 덩굴식물에 의한 벽면등반

담쟁이덩굴, 능소화 등은 벽면에 스스로 부착할 수 있는 부착형 덩굴식물이며 이러한 식물을 벽면의 하부에 식재하여 벽면을 피복하는 방식이다. 저비용으로 설치가 가능하며, 시공이 간편하여 우리 주변에서도 흔히 볼 수 있다. 피복 속도는 덩굴식물의 생육속도와 생육습성에 달려 있으나 녹화에 3~5년 정도 소요된다. 비교적 식물의 생육이 강건하여 관리가 쉽다.

덩굴식물의 부착력은 벽면의 재질과 표면상태에 따라 달라진다. 때문에 벽면 재질을 고려하여 부착형 덩굴식물을 선정하여 사용해야 되며 식물의 성장 컨트롤이 어려워 원하는 디자인 형태로 유인하기에 한계가 있다. 특히 사용 될 수 있는 부착형 덩굴식물 종이 제한되어 있다.

〈표 7-6〉 부착형 덩굴식물

구분	벽면재질				
	목재	적벽돌	흙벽돌	콘크리트	방음벽
담쟁이덩굴	○	○	○	○	○
능소화	○	○	○	○	
금줄사철	○		○		
은줄사철	○	○	○		
바위수국	○				
송악	○				

[그림 7-11] 담쟁이덩굴의 흡착근(빨판부리)

[그림 7-12] 능소화 공기뿌리

[그림 7-13] 벽면녹화 사례(왼쪽: 능소화, 오른쪽: 담쟁이덩굴)

- 감기형 덩굴식물에 의한 벽면녹화

인동덩굴, 으름덩굴 등 감기형 덩굴식물을 사용하여 메쉬 등의 등반보조재를 이용하여 녹화하는 방법이다. 감기형 덩굴식물을 사용하기 위해서는 메쉬, 와이어 등의 등반보조재가 필요하다. 부착형 덩굴식물에 비하여 그 종이 다양하고 비교적 고가이다. 감기형 덩굴식물은 새롭게 자란 줄기가 선회운동을 하면서 지지물을 찾으며 지지물에 닿으면 휘감아 위쪽으로 생장을 지속한다. 지지물과의 접촉이 적으면 피복율도 떨어지게 된다.

〈표 7-7〉 감기형 덩굴식물

구분	감기형 덩굴식물
덩굴식물	인동덩굴, 마삭줄, 으름덩굴, 노박덩굴, 다래, 으아리류, 클레마티스류

[그림 7-14] 벽면녹화 사례(와이어 공법)

[그림 7-15] 벽면녹화 사례(메쉬 공법)

ii) 하수형 벽면녹화

벽면의 위쪽으로부터 덩굴식물이나 포복성 식물의 줄기를 늘어뜨려 피복할 수 있다. 주로 덩굴식물이나 포복성 식물이 활용되며 부착형 덩굴식물도 하수형으로 적용시 기근을 뻗어 부착하는 일이 없다. 하수에 의해 피복할 수 있는 거리(높이)와 면적은 대략 등반에 의한 것보다 적다.

벽면이나 옥상에서의 하수는 수직방향으로 줄기를 늘어뜨린다. 때문에 바람에 흔들림으로서 생육이 저하되거나 손상을 초래할 수 있다.

식물체의 흔들림을 막는 지지물의 설치가 필요하다. 건축물 전체를 피복하기에는 한계가 있고 식재부분이 플랜터나 옥상 등 인공지반이 주를 이루므로 관수관리가 필요하다. 식물이 지나치게 늘어지는 것을 막기 위하여 전지나 전정 등의 관리가 필요하다.

〈표 7-8〉 하수형 벽면녹화 식물

구분	하수형 식물소재
초본류	패랭이꽃류, 사철채송화, 스킨답서스
목본류	섬향나무류
덩굴식물	으름덩굴, 노박덩굴, 인동덩굴, 마삭줄, 아이비류, 줄사철나무, 능소화, 헤데라, 담쟁이덩굴, 오미자, 부겐빌레아

[그림 7-16] 벽면녹화 사례(하수형)

iii) 기반조성형 벽면녹화

기반조성형 벽면녹화란 식재기반을 컨테이너, 매트, 패널 등으로 유지하며, 관수를 포함한 식재 시스템을 일체화한 방법이다. 다양한 도시 건축물에 대한 녹화에 대한 요구도가 높아지면서 건축물, 도로옹벽, 도로 구조체, 고가교각, 울타리 등도 녹화의 대상이 되었다. 이러한 대상지 중 하부에 식재기반이 없는 경우 인공적인 식재기반이 필요해졌고 이에 따라 패널, 매트 등 다양한 벽면녹화용 자재들이 개발되어 왔다. 이러한 기반조서성형 자재 활용시 미리 재배한 후 벽면에 설치함으로써 조기 피복효과가 높다.

설치와 철거, 보수가 용이하며 덩굴식물, 잔디, 지피식물, 원예용 초화류, 다육식물 등 식재 면적에 따라 다양한 식물의 식재가 가능하다. 하지만 수직형태에서 토양의 유실과 증발량이 많아 관수관리가 필요한 시스템이며 특히 우리나라의 경우 겨울철 관수관리 등에 어려움이 많다.

〈표 7-9〉 기반조성형 벽면녹화 식물

구분	로즈마리, 비비추, 꽃창포, 부처꽃, 석창포, 양치식물류, 연꽃, 백합류, 기린초, 세덤류, 바위취, 맥문동, 털머위, 사철채송화, 리시마키아, 제라늄, 베고니아, 백묘국, 팬지 등
초본류	조릿대, 꽃치자, 남천류, 우묵사스레피나무, 양매자나무, 삼지닥나무, 자금우, 풀명자나무, 줄사철나무, 섬향나무류, 빈도리류, 대상화, 설유화, 개모밀덩굴, 황매화, 수국, 철쭉류, 산나리, 장미류
덩굴식물	담쟁이덩굴, 능소화, 아이비류, 으아리류

[그림 7-17] 벽면녹화 사례(기반조성형)

ⅳ) 에스페리형 벽면녹화

에스페리어(espalier)는 어깨를 나타내는 프랑스어 epaule와 지탱하다를 나타내는 고대 이탈리어 spalliera가 어원으로 알려져 있다. 에스페리어는 과수재배 기술로서 로마시대부터 이용되었지만 최근 유럽에서는 3차원인 목본식물을 벽면에서 2차원으로 유인 및 재배하여 경관조성 및 과일을 수확할 수 있는 정원기법이다.

가지가 중첩되지 않아서 경관조성 효과가 높으며 모든 잎에 빛이 닿아 식물의 생육이 양호하다. 또한 가지 사이 통풍이 잘 되어 병해의 발생이 억제되며, 해충이 발생해도 확인하기 쉬우므로 방제도 용이하다.

에스페리어용 식물은 맹아력이 우수하고 가지가 왕성하게 뻗어나가며 강전정 · 강전지에 견딜 수 있는 수종이 바람직하다.

에스페리어 패턴은 하나의 줄기가 늘어져 있는 패턴인 codon, 세로 줄기와 가지가 직각으로 된 패턴을 T자형, T자의 가로 가지를 직각으로 굽혀 오르게 하는 패턴인 촛대형 등이 있다.

〈표 7-10〉 에스페리어용 식물

구분	식물명
유실수	배나무, 사과나무, 꽃사과, 무화과나무, 금귤 등의 감귤류, 앵두나무, 포도나무, 복분자딸기 등의 나무딸기, 보리수나무
화목류	별목련, 태산목, 등나무, 동백나무류, 피라칸타, 박태기나무, 무궁화, 덜꿩나무, 산당화, 꽝꽝나무

[그림 7-18] 에스펠리어

제3절 도시녹화공간의 녹화 방법

1. 건축면에서의 녹화수법 · 기술

옥상 · 베란다 등의 인공지반 위에 녹화를 실시하는 경우, 토양 · 식재 · 설비 등의 적재하중이 발생하는 등 옥상부속시설의 배치 및 피난로 확보 등과의 조정을 도모하고, 식재장소를 적절하게 선정함과 동시에 하중이 골고루 분산되도록 유의한다.

옥상 및 베란다 등의 녹화 문제 중 가장 많은 것은 누수이다. 이 때문에 건물내부에의 누수를 방지하는 방수공법, 잉여수를 빠르게 흘러 내보내는 배수설비와 배수구배, 식물 뿌리의 신장으로부터 방수층을 보호하는 방근대책 등 적절한 녹화공법 · 녹화기술을 정비한다.

〈표 7-11〉 건축면에서의 녹화수법 · 기술

녹화수법 · 기술	개 요
식재장소	생육환경, 옥상부속설비, 피난경로, 적재하중 등을 고려하여 선정
적재하중대책	토양, 배수층, 식재수목 등의 적재하중 제한 해결, 하중의 평균분산
방수공법	미세한 부분까지 빠놓지 않고 방수
배수설비	배수층, 암거배수관, 배수구배, 배수구막힘 방지
방근대책	방추승을 뿌리의 신장으로부터 견딜수 있는 구조로 정비, 방근용 시트 병용

(1) 식재장소

건축공간은 일조, 강수, 바람, 토양 등의 생육환경 조건이 혹독하기 때문에 수종선정 및 수종구성에 있어서는 이러한 점들을 충분하게 고려할 필요가 있다.

특히, 바람은 건축물의 높이 및 기타 건물과의 위치관계에 의해 상당히 강도가 달라지기 때문에 식재목의 바람에 의한 넘어짐 및 건조에 의한 생육장해 등이 발생하지 않도록 바람이 약한 장소에 식재장소를 설치하거나 방풍울타리의 설치 등 식재 배치도 고려할 필요가 있다.

일조조건에 대해서도 하루종일 그늘이 지는 장소는 피함과 동시에 그늘에는 내음성이 강한 수종을 도입한다. 식재배치에 있어서도 적재하중이 치우치지 않도록 균등한 하중분포가 되도록 배치한다.

또한 엘리베이터, 급수전, 환기탑 등 옥상부속설비의 배치 및 피난경로에 지장이 없도록 다른 옥상이용의 목적과의 조정을 도모하는 것도 중요하다.

(2) 적재하중대책

건축공간의 녹화시에는 식재에 맞춰 식재기반의 정비가 중요하며, 식재장소에는 식재기반의 중량과 식재목의 중량의 총량이 하중이 된다. 생육기반에 대해서는 강수 및 관수에 의해 습윤시에는 건조시와 비교해 수분량이 증가한다. 식재목에 대해서는 식재시에는 그렇게 무겁지 않아도 시간의 경과에 따라 성장하면서 기하급수적으로 중량이 증가하기 때문에 계획설계 단계의 하중검토 시, 식재시 뿐만 아니라 성장 후의 수목 중량의 증가분을 눈여겨 볼 필요가 있다.

신축의 경우에는 적재하중에 견딜 수 있는 구조를 계산하며, 하중의 증대는 건설비용의 증가와 연결되기 때문에 인공경량토양 등으로 대응한다. 한편 기존 건축물의 경우에는 설계 적재하중의 범위 내에서 가능한 식재를 실시할 필요가 있으며, 가벼운 녹화기반으로 조성하면 다양한 식재가 가능하다.

(3) 방수대책

옥상 등의 인공지반의 방수는 건축물 내부로의 누수를 방지하기 위해 충분하게 할 필요가 있다. 기본적으로는 아스팔트 방수공법 및 아스팔트시트 방수 등의 적절한 방수공법에 의한 철저한 방수를 도모한다.

방수층의 열화는 온도변화 및 자외선에 의하기 때문에 식재장소 하부의 방수층은 일반적으로 열화되기 어렵지만 식재장소와 비식재장소와의 경계부분 등에서 특히 열화되기 쉽다. 때문에 옥상 전면에 인공경량토양을 채우고 통행하는 장소만 포장하는 방법도 있다.

특히, 토양과 접하는 부분 및 배수구 부근에 주의해 설계하는 것이 중요하다.

[그림 7-19] 옥상방수

(4) 배수대책

옥상 등의 건축공간에서 가장 많은 것은 누수문제이다. 누수 원인은 방수층 그 자체로부터의 누수는 극히 드물며, 원인의 대부분은 옥상 배수구 및 배수관의 막힘에 의한 경우가 많다.

이 때문에 적절한 배수구배(최저 1/100 이상, 가능하면 1/75 이상)를 한다. 옥상 배수구는 최소 2개소 이상 설치하는 것을 원칙으로 하며, 토양입자 및 낙엽에 의한 막힘을 방지함과 동시에 막힘의 점검확인이 가능할 수 있도록 공간을 설치해 두는 것이 중요하며, 일상적인 점검관리를 소홀히 하지 않는다.

[그림 7-20] 옥상 배수관리 부실

(5) 방근대책

식재목의 뿌리가 방수층의 틈새에 침입하면 누수의 위험성은 크게 증가한다. 이 때문에 방수층을 뿌리의 침입 · 신장에 견딜 수 있는 구조로 시공함과 동시에 방근용 시트의 병용 등도 고려할 필요가 있다.

방근용 시트에는 불투수계 시트와 투수계 시트로 구분할 수 있다. 전자는 불투수성의 폴리에틸렌필름 등으로 식재기반의 배수층 아래에 깔지만 배수층까지 뿌리가 침입 · 신장하여 배수기능을 저하시킬 우려가 있다. 후자는 화학섬유를 조밀하게 짠 것으로 미세한 뿌리도 통과하지 못하도록 하는 것과 화학물질로 뿌리의 생육을 억제하는 것이 있으며, 어떤것이라도 배수층의 위에 깔기 때문에 배수층의 배수기능을 저하시키지 않는 장점이 있다.

방근용 시트의 설치시에는 토양표면보다도 적어도 15cm 이상 두어 여유를 가지게 할 것, 시트가 뜨지 않도록 주의할 것, 배수구의 주위에도 반드시 방근용 시트를 설치하여야 한다.

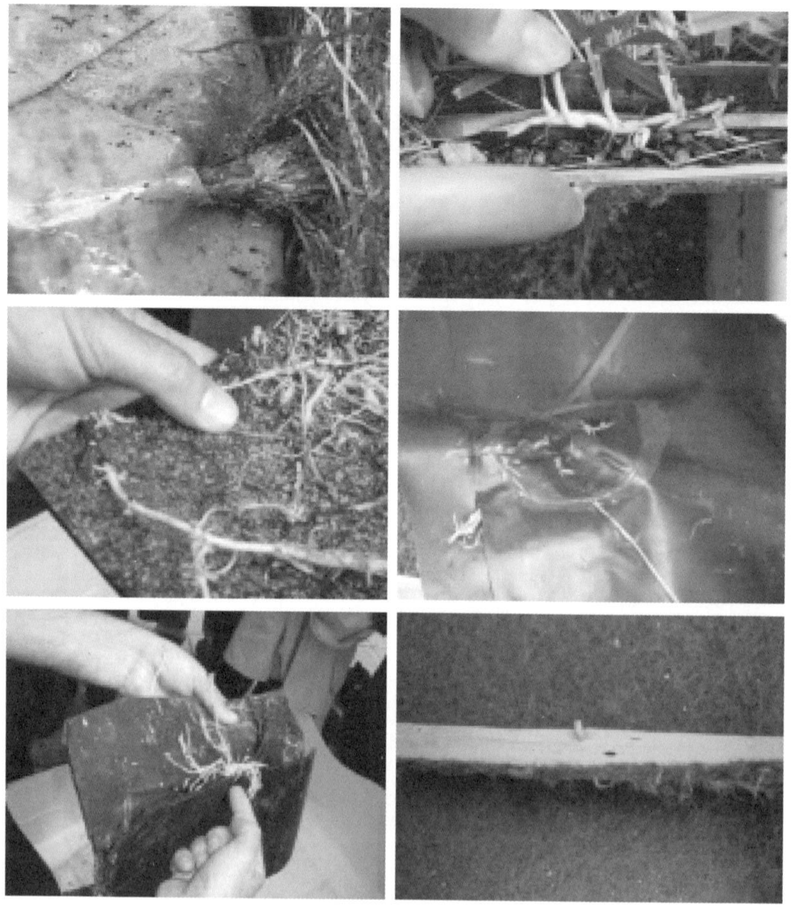

[그림 7-21] 단일 방근 시트재의 뿌리 뚫림 사례

2. 식재면에서의 녹화수법 · 기술

옥상 · 베란다 등의 인공지반 위에 녹화를 실시하는 경우, 식재기반이 되는 토양조건이 일반적인 자연지반의 식재지와는 크게 다르며, 강수 · 일조 · 바람 등의 환경조건이 식재목의 생육에 있어서는 매우 혹독한 환경이 된다. 이 때문에 이들 환경압을 가능한 한 완화시킬 수 있도록 식재기반의 충실을 도모할 필요가 있다.

그러나 적재하중 제한 등의 건축구조상의 제약 및 이용상의 제약 등으로부터 충실한 정비가 곤란한 경우가 많아, 이것들과의 조정에 의한 현실적인 대응책을 검토할 필요가 있다. 식재면에서 특히 중요한 것은 건축물의 적재하중 제한 및 대상 공간의 환경조건에 적합한 토양의 선택, 건조를 방지하기 위한 인공적인 관수설비, 멀칭 등에 의한 증산 및 토양비산의 억제, 지주 등에 의한 방풍대책, 환경압 및 주변환경에 배려한 식재구성과 배치 등이 있다.

〈표 7-12〉 식재면에서의 녹화수법 · 기술

녹화수법 · 기술	개요
토양	경량토양 등 채용, 유효토양의 확보
관수설비	스프링클러, 미스트, 점적파이프, 침출파이프 등의 관수설비
보수대책	보수 · 건조방지를 위한 멀칭에 의한 증발방지, 토양비산 방지
방풍대책	종래형지주, 와이어지주, 지하지주 등에 의한 방풍대책, 내풍성 수종
식재구성 · 배치	바람 등 생육환경 및 주변환경에의 영향을 고려한 식재구성 · 배치

(1) 토양

건축공간의 녹화에서는 일반적인 자연지반의 식재에 비해 생육환경 조건이 혹독하기 때문에 사전에 식재기반의 충실을 도모하거나, 식재 후의 세밀한 유지관리로 그것을 보완해 나갈 필요가 있다.

수목의 크기가 커지면 커질수록 필요한 토심도 두꺼워진다. 또한 관수 등의 관리 유무 및 빈도와 관계되며, 관리가 집약적이면 그 만큼 필요한 토양두께도 두꺼워진다.

식물체를 유지하고 정상적인 생육을 도모하고 그 수종 본래의 기능을 발휘시키기 위해서는 충분한 토양두께를 확보할 필요가 있지만 적재하중의 문제를 피할 수 없다면 가벼운 토양개량제를 혼합해 경량화를 도모한다든지 인공경량토양을 활용한다.

최근에는 인공지반 등의 하중제한 및 식재기반의 박층화에 대응하여 뿌리분이 얇고 경량인 식물재료도(경량박층으로 뿌리분을 양생한 수목. 종래의 수목에 비해 중량비가 30~50% 정도로 가벼움) 시판되고 있어 이러한 수목을 이용하는 것도 하나의 방법이지만 처음부터 너무 크지 않은 수목을 도입하는 것이 좋다.

〈표 7-13〉 식물의 생육토심

식물의 종류	생존 최소 토심(cm)			생육 최소 토심(cm)		배수층의 두께
	인공토	자연토	혼합토 (인공토 50% 기준)	토양등급 중급이상	토양등급 상급이상	
잔디, 초화류	10	15	13	30	25	10
소관목	20	30	25	45	40	15
대관목	30	45	38	60	50	20
천근성 교목	40	60	50	90	70	30
심근성 교목	60	90	75	150	100	30

[그림 7-22] 공경량토양 사용에 의한 옥상녹화 시공 사례

(2) 관수대책

강수가 있지만 지하로부터 물이 공급되지 않는 옥상 및 베란다의 인공지반 식재지에 있어서는 무강우 날이 지속되면 건조해가 발생하기 쉽다. 이 때문에 식물의 생육에 필요한 수분을 보급하기 위한 급수시설, 관수시설의 설치가 필요하다. 또한 자연지반일지라도 강수가 거의 없는 고속도로 고가도로 하부 등에도 상황은 비슷하다.

급수설비에 대해서는 식물의 생육 유지에 필요한 수분의 공급을 위해 식재규모에 맞는 급수관을 설치한다. 우수저류수 등의 활용을 도모하는 것도 좋다.

관수장치에는 스프링클러 및 드랍식 점적파이프 등이 있으며, 최근에는 벽면녹화에 미스트식 관수장치 등도 도입되고 있다. 시공면적이 넓은 경우에는 효율성을 생각하면 자동관수장치 등이 효과적이지만 인력에 의해 관수하는 경우도 많다. 강우의 상황 및 계절에 의해 필요로 하는 물의 양도 변하기 때문에 자동관수장치라도 계절에 의해 관수량 및 관수간격을 조정할 필요가 있다. 토양수분센서는 설치장소에 의해 수분의 변동량이 크다는 점에 유의해 여러장소에 설치하는 것이 바람직하다.

[그림 7-23] 스프링클러

[그림 7-24] 자동관수설비

[그림 7-25] 점적식 관수

[그림 7-26] 벽면녹화 관수시스템

(3) 보습대책

토양의 보수 및 건조방지를 위해 토양표면을 멀칭재로 피복한다. 멀칭재료에는 바크칩, 우드칩, 나무껍질 등이 있지만 미관 및 시공성 면에서는 바크칩 및 나무껍질이 우수하다.

멀칭의 효과에 대해서는 수분증발의 억제에 의한 토양의 보수 및 건조방지 효과 이외에 잡초발생 억제, 토양침식 및 비산 방지, 답압 억제 등을 들 수 있다.

[그림 7-27] 바크칩에 의한 멀칭

[그림 7-28] 답압방지를 위한 수목보호판

(4) 방풍대책

건축공간의 식재지는 자연지반의 식재지와 비교하여 일반적으로 바람이 강함에도 불구하고 그것을 지지하는 토양기반은 얕은 경우가 많다. 이 때문에 수목의 넘어짐 방지 대책으로서 자연지반보다도 한층더 확실한 수목의 지지가 필요하다.

그러나 인공지반에서는 토양두께가 얇고 토양이 경량이기 때문에 기존의 지주대 등을 적용이 어려운 경우가 많다. 이를 위해 와이어지주 및 뿌리분 고정형 지하지주 등이 개발되어 많이 이용되고 있다.

[그림 7-29] 수목지주(왼쪽: 와이어형 지주, 오른쪽: 지하지주)

(5) 식재구성과 배치

식재구성으로서는 건축공간 특유의 다양한 환경압을 경감시키기 위해 가능하면 상록수와 낙엽수, 교목·중저목, 지피식물 등을 조합시켜 다층림 구조의 복합식재로 하는 것이 바람직하다.

토양두께가 얇은 경우 및 바람이 강한 장소에서는 교목 수종의 생육이 어렵기 때문에 무리하게 교목을 식재하지 말고, 중저목 및 지피식물을 도입한다. 또한 교목을 식재하는 경우도 풍상측에 내건성 및 내풍성이 강한 상록수의 교목을 군식하고, 중저목을 밀식하는 등 식재지 내부에 바람이 들어가지 않도록 하여 환경압이 완화된 풍하측에 환경압에 비교적 약한 수종을 식재하는 등 배치에도 고려할 필요가 있다.

또한 교목 등을 옥상에 식재함으로써 주변에 일조장해가 발생하거나 낙엽 및 토양 등의 비산, 나무 넘어짐 등의 낙하 피해 등의 악영향이 발생하지 않도록 주변환경에 배려한 식재배치가 요구된다.

제4절 도시녹화공간 녹화 식물재료 선정

1. 옥상녹화

옥상녹화에 있어 가장 문제가 되는 것은 건축물의 적재하중과 누수이다. 적재하중 제한에 의해 식재기반의 무게, 구조 및 내용이 규정되어지기 때문에 도입되는 토양의 특성 및 두께에 따라 교목, 아교목, 관목, 지피식물 등 식물의 종류 및 수종이 한정되어진다.

광조건에 대해서는 옥상이기 때문에 일반적으로 일사를 차폐하는 것이 없어 충분한 일조조건을 확보할 수 있다. 그러나 반대로 반사광이 강해 혹독한 일사를 차폐할만한 것이 없기 때문에 그늘 및 반그늘을 선호하는 식물에 있어서는 햇볕이 너무 강해 잎이 타버리는 등 피해가 발생하기 쉽다. 기본적으로 호광성 식물을 선정하며, 반사되는 햇볕을 방지하기 위해서 콘크리트 및 아스팔트 포장의 면적을 가능한한 적게하도록 한다. 그늘 및 반그늘을 선호하는 식물의 경우에는 교목과 아교목의 아래, 울타리의 그늘에 식재하는 등 식재장소에 유의한다.

수분조건에 대해서는 옥상은 빗물이 직접 내리기 때문에 누수를 방지하기 위한 배수를 철저히할 필요가 있다. 또한 적재하중 제한 때문에 충분한 토양층을 확보할 수 없기 때문에 강우가 적고 일사가 강한 여름철에는 건조되기 쉽다. 한편 통기성·배수성이 충분하지 않은 경우에는 과습에 의한 식물 뿌리가 썩기 쉽기 때문에 옥상의 수분조건에 대해서는 양면성을 가지고 있다는 점에 유의할 필요가 있다. 수종선정 시에는 기본적으로는 건조에 강한 식물을 선정하지만 충분한 관수설비가 설치되어 일상적인 관수관리가 가능할 경우에는 수분환경에 대한 식물의 특성은 제한요인이 되지 않는다.

강풍에 대해서는 옥상은 차폐되지 않아 일반적으로 바람이 강하다. 여기에 덧붙여 토양층이 얇기 때문에 깊은 곳 까지 충분하게 뿌리가 내리기 어렵다. 이런 조건 때문에 바람에 의해 넘어지는 것을 주의할 필요가 있으며, 옥상에서는 뿌리가 얕고 넓게 뻗는 천근성의 수종이 어울린다. 업무빌딩 및 대형상업시설에서는 생육공간이 어느 정도 확보되기 때문에 건조에 강한 수종일 경우에는 지주 등 강풍대책을 충분하게 함으로써 볼륨감 있는 교목수종을 선정하는 것도 가능하다. 단독주택 등 생육공간이 제한될 경우에는 중저목을 위주로 교목이라 할지라도 수고에 비교해 가지 뻗음이 적은 수종을 선정한다.

〈표 7-14〉 옥상녹화에 많이 이용되는 식물

분류	식물종류
초본	벌개미취, 범부채, 기린초, 두메부추, 매발톱꽃, 구절초, 패랭이, 붓꽃, 수호초, 원추리, 비비추, 상록패랭이, 부처꽃, 큰꿩의비름, 맥문동, 바위취, 백리향, 금낭화, 애기기린초, 무늬둥굴레, 세덤 등
목본	가막살나무, 가이즈까향나무, 감나무, 공작단풍, 까마귀밥나무, 꽃사과, 꽃싸리, 낙상홍, 남천, 노랑말채나무, 눈향나무, 능소화, 단풍나무, 대추나무, 마가목, 모과나무, 반송, 배나무, 배롱나무, 백리향, 복자기, 사과나무, 사철나무, 산딸나무, 산사나무, 산수유, 산철쭉, 소나무, 신나무, 실화백, 아로니아, 영산홍, 영춘화, 옥매, 이팝나무, 자작나무, 작살나무, 주목, 팥배나무, 화살나무, 회양목, 흰말채나무
허브	타임, 레몬밤, 백리향, 애플민트 등
습지식물	애기부들, 부처꽃, 꽃창포, 붓꽃, 갯버들, 노랑꽃창포, 질경이택사, 흰갈풀 등
채소	상추, 콩, 토마토, 고추, 딸기, 무, 배추, 호박 등

[그림 7-30] 옥상녹화용 식물(예)

2. 벽면녹화

벽면의 일조조건은 식재장소 벽면의 방향에 의해 결정되지만, 최근에는 전면에 걸쳐 열선반사유리로 된 빌딩도 많아 그 주변은 석양이 서쪽 방향에만 국한되지 않을 수도 있다. 일반적으로 남쪽면과 서쪽면에서는 상당히 강한 일사가 장시간 비추기 때문에 호광성의 종류를 선택한다. 동쪽면에는 비교적 문제가 적지만 북쪽면과 고가도로 하부 등 일사가 거의 없는 장소에는 내음성이 강한 수종을 선정할 필요가 있다.

수분조건에 대해서는 벽면 자체는 일반적으로 보수력이 없기 때문에 벽면의 상부 및 하부에 식재하는 경우가 많으며, 상부는 건조하기 쉽고 하부는 과습하기 쉬운 경우가 많다. 고가도로 하부 등 강우가 없는 장소에서는 지하로부터 수분의 공급도 어렵기 때문에 급수설비 및 관수를 위한 관수설비가 필수적이다. 이를 위해 수종선정에 있어서는 건조에 강한 수종을 선정한다.

덩굴성식물은 보기보다도 길게 신장하는 경우가 많기 때문에 양질의 토양을 확보할 필요가 있다. 일반적으로 벽면녹화를 실시한 식재장소에는 토양의 질, 깊이, 양분, 수분 등이 충분하지 않은 경우가 많기 때문에 내건성이 강한 수종을 선정한다. 또한, 관수, 시비 등의 일상적인 관리를 충분히 실시할 필요가 있다.

벽면녹화에 있어서는 일반적으로 덩굴성식물이 많이 사용되어 왔지만 최근에는 입체형 콘테이너 및 식재기반과 관수장치를 일체화한 카세트형의 녹화 패널 및 입체화단이 보급되고 있기 때문에 화단에 식재할 수 있는 초화 및 관엽식물, 양치식물 등 화분식물도 도입되고 있다.

[그림 7-31] 실내벽면화용 식물(예)

3. 베란다녹화

(1) 베란다녹화의 구조적 제약

베란다 및 발코니는 일반적으로 공간이 협소하고 제한되어 넓은 식재공간을 확보하기 어렵다. 또한 적재하중 제한 등의 이유 때문에 충분한 식재기반을 확보하는 것도 어려우며, 토양두께도 제한되어진다. 이 때문에 수종선정에 있어서도 플랜터, 콘테이너, 화분 등을 이용하여 그다지 크게 지엽 및 뿌리가 퍼지지 않은 중저목과 덩굴성식물이 주를 이룬다. 이것조차도 곤란한 경우에는 초화 및 채소 등을 선정할 수밖에 없다. 또한 최근에는 녹의 커튼 만들기가 시도되기도 하여, 수세미오이, 여주, 포도나무 등 덩굴성식물에 의한 녹의 커튼도 유효한 방법이다.

(2) 그 밖의 선정시 유의사항

베란다 및 발코니는 옥외와 실내를 연결하는 중요한 장소로 주택단지 등에 있어서는 사람들의 시선을 끄는 경우가 많다. 이러한 의미에서 중고층주택 및 단독주택에서 차폐효과를 얻기 위해 중저목을 식재하거나 관목 및 초화류를 중심으로 한 관상성이 높은 식물을 선정하면 경관효과도 기대할 수 있다.

비교적 규모가 큰 경우를 제외하고는 업무용 빌딩 및 대형상업시설에 있어서도 생육장소의 협소 때문에 유지관리작업이 곤란한 경우도 많기 때문에 유지관리의 난이도 측면에서 수종선정을 하는 경우가 많다.

[그림 7-32] 녹의 커튼

제5절 도시건축공간 녹화의 유지관리

1. 관수

여름철 인공지반 식재지에 관수 유무와 상관없이 자연지반 식재지와 비교해서 인공지반에서는 포화광합성속도 즉, 광합성 능력이 저하된다. 이는 인공지반은 자연지반과 비교해서 토양층이 얕고 지면과 분리되어 있기 때문에 지하로부터 수분의 공급이 일어나지 않는다는 점, 주변이 포장되어 있고 통행인 등의 답압이 일어난다는 점 등 다양한 요인을 생각할 수 있다. 여름철 인공지반에서 관수 유무를 비교하면 관수를 실시하지 않았을 경우의 광합성속도는 자연지반의 약 1/4로 저하하지만, 관수를 실시할 경우에는 자연지반의 1.4배 높아지는 경향을 보여 인공지반이라도 관수에 의해 수분상태가 호전되었음을 알 수 있다.

광합성속도가 높아진다는 것은 광합성능력이 높아진다는 것을 의미하기 때문에 이것은 오염물질의 흡수량을 높일 수 있을 것이다. 이러한 결과는 인공지반을 시작으로 수분조건이 열악한 건축공간에 관수 등의 적절한 수분관리를 빼놓을 수 없다는 점이다.

비가 내린다고 하여도 지하로부터 수분이 공급되지 않아 여름철 가뭄상태 등이 발생하기 쉬운 인공지반의 식재지 및 자연지반이라 할지라도 빗물을 기대할 수 없는 고가도로 하부 등의 식재지에는 관수가 필요하다. 이를 위해 일상적인 감시, 관찰을 게을리 하지 말고 필요에 맞게 관수하는 것이 중요하며, 물의 확보에 있어서도 가능한한 빗물저류수 및 중수 등 순환수의 이용을 도모하는 것이 바람직하다.

〈표 7-15〉 건축공간 식재지의 관수 방법

항목	내용
관수빈도	식재지의 토양특성(주로 보수성), 뿌리공간의 넓이, 무강우일수 등에 따라 다르지만 기본적으로는 여름철에는 3일에 1회, 봄철·가을철에는 1주일에 1회, 겨울철에는 2주일에 1회를 기준으로 한다.
관수량	1회 관수량은 배수층과 토양특성에 따라 다르지만 너무 많으면 뿌리가 부패하는 원인이 되기 때문에 토양의 투수 가능한 수분량의 1/3~1/5정도를 표준으로 한다.
관수방법	소규모 식재지는 호스를 이용한 인력으로 관수하는 방법이 안전하다. 대규모 식재 및 관리가 어려운 식재지는 스프링클러, 점적파이프, 산수파이프 등에 의한 지표관수방법, 또는 토양수분의 상황에 따라 관수하는 자동관수장치 등이 있다.

[그림 7-33] 관수장치

2. 전정

풍부한 녹지량을 확보하는 것이 중요하기 때문에 전정 · 정지는 최소한으로 하며, 가지와 잎이 과밀해졌을 경우에 실시한다. 그러나 적재하중의 문제 및 도시미관 유지를 위해서는 어느 정도 수관을 정리할 필요가 있기 때문에 필요에 따라 전정한다.

3. 지주대

옥상 및 베란다의 식재 식물은 적재하중의 문제로 식재 토양층이 얇고, 인공경량토양을 이용하기 때문에 강풍에 의해 넘어지기 쉽다. 이를 방지하기 위해 식재목에 대해서는 지주에 의해 충분히 지지할 필요가 있으며, 플랜터나 화분도 단단히 고정해 둘 필요가 있다.

지주 방법에는 단각지주, 이각지주, 삼각지주, 사각지주, 연계형, 매몰형, 당김줄형 등 다양한 방법이 있다.

[그림 7-34] 지주설치

4. 낙엽, 전정물 처리

건축공간 식재지에는 적재하중의 문제 및 건축용도의 본래 기능과의 관계에서 일반적인 식재지보다 전정 및 정지의 빈도가 많아질 수 있다. 이를 위해 비교적 대규모적인 식재지에서는 이때 발생하는 대량의 전정물과 낙엽을 쓰레기로 처리하지 말고 칩과 퇴비화에 의해 재이용을 도모하는 등 유지관리 면에서도 세밀한 배려가 요구된다.

[그림 7-35] 전정지엽의 우드칩화 및 우두칩 사용

제6절 도로녹화

1. 도로녹화의 목적과 효과

도로녹화의 목적 및 기대하는 기능은 안전운전, 경관형성, 환경보전 등 다양하다. 이러한 기능은 식물 이외의 인공 기구로 쉽게 대체할 수 없는 것들이다. 대기정화에 한정해서 살펴보면 도로변에 공기청정기 등을 설치해도 좋겠지만 하나의 목적이라면 오히려 인공 기구 쪽이 효과적인 경우도 적지 않다.

그럼에도 불구하고 식물을 이용하는 이유는 도로라는 딱딱한 인공구조물에 대해서 식물이라는 부드러운 자연물에 의한 기능이 인공적인 기구 등에 비교하여 다른 어떤것과도 바꿀 수 없다는 점, 또한 녹지에 의한 편안함 및 안락함 등의 심리적인 기능도 포함해 다양한 기능을 기대할 수 있기 때문이다.

도로녹화의 목적과 기능은 [그림 7-36]과 같다. 크게 안전운전에 기여하는 기능, 경관형성 기능, 환경보전 기능으로 구분할 수 있다. 각각의 기능에 대해서는 교통안내판, 가드레일, 차음벽 등의 인공주조물이 효과가 더 크지만 특히 이용자 및 도로변 주민 등에 주는 풍요로움 및 안락람, 안심감이라는 녹지의 심리적인 효과는 다른 어떤 것과도 바꿀 수 없는 특징적인 기능이다.

[그림 7-36] 도로녹화(경관향상 기능)

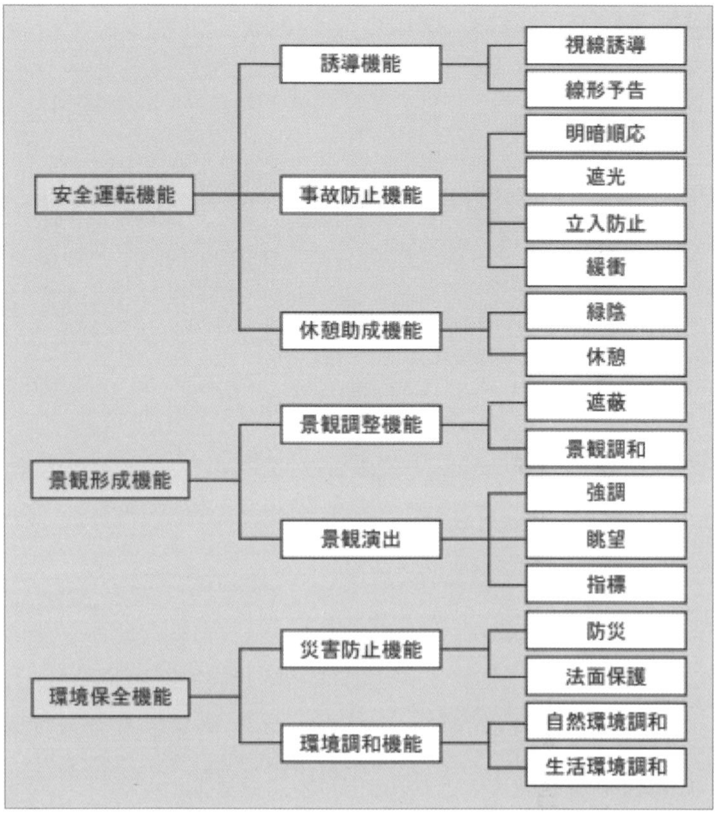

[그림 7-37] 도로녹화 기능

2. 도로녹화의 대기정화 효과

(1) 도로녹지의 대기정화 효과 매커니즘

도로녹지에 의한 대기오염물질의 저감효과 메커니즘에 대해서는 지엽에 의한 오염물질의 차폐·차단하는 차폐효과, 오염물질을 상공으로 확산하는 확산효과, 오염물질을 기공을 통해 식물체내로 빨아들이는 흡수기능, 오염물질을 엽면 등에 부착·고정시키는 흡착(침착)효과 등을 들 수 있으며, 이들의 작용은 복잡하게 이루어지며, 서로 영향을 미치면서 결과적으로 오염물질을 저감시킨다.

도로녹지의 대기오염물질의 저감효과는 차폐, 확산, 흡수, 흡착(침착)의 4가지로 나눌 수 있다. 이 중 차폐는 밀생한 지엽의 존재에 의해 녹지내로 대기의 흐름이 저해·차폐됨으로써 녹지의 반대측에 오염물질이 흘러들어가 않도록 하는 효과이다.

확산은 무성한 지엽에 의해 수관을 따라 수관위로 올라가서 위쪽으로 확산하는 효과이다. 흡수는 식물이 광합성 등의 생리작용을 통해 기공을 통해 공기 중의 오염물질이 식물 체내로 흡수되는 효과이다. 또한 흡착은 엽면 등에 오염물질이 부착되어 물리적으로 포획되는 효과이다.

여기서 주의해야 할 것은 흡수 및 흡착은 오염물질의 엽내에의 흡수 및 엽면 등에의 흡착에 의해, 대기중의 오염물질 농도가 그 만큼 저하하는 것에 비하여 차폐 및 확산은 보전대상인 장소의 오염물질농도는 저하하지만 대기중의 오염물질 총량 자체에는 변화가 없다는 점이다.

흡수에 대해서는 이전에는 기공의 개폐와 관련하여 광합성 등의 생리활성이 활발한 식물일수록 효과가 큰 것으로 알려져 왔다. 그러나 야외에서 실제 조사해 보면 흡수 및 흡착보다도 물리적인 차폐 및 확산의 효과가 보다 크다는 것이 확인되고 있다. 또한 최근 연구를 살펴보면 기공의 개폐 이외의 오염물질에 대한 해독작용 및 식물체내의 대사작용의 차이 등 저감효과의 메커니즘은 보다 복잡하다는 점이 밝혀지고 있다. 아직 연구단계로 불명확한 점이 많지만 이들 작용이 복합적으로 작용하여 서로 복잡하게 영향을 미치면서 결과적으로 녹지에 의한 오염물질 저감효과를 주는 것으로 판단된다.

[그림 7-38] 식물에 의한 미세먼지 저감 메커니즘

(2) 대기오염물질의 저감효과에 영향을 미치는 요인

도로의 녹지정비에 의해 대기오염물질의 저감효과를 높이기 위해서는 이들 효과에 영향을 미치는 각종 요인을 고려하여 식재수종의 선정, 식재배치, 식재구성 및 식재 후의 유지관리 등을 검토할 필요가 있다.

녹지의 대기오염물질 저감효과에 미치는 요인은 도로교통량, 대형차 혼입율 등 발생원에 관계되는 요인, 풍향·풍속, 대기안전도 등의 기상에 관련된 요인, 고가, 마운드 등의 도로구조에 관련된 요인, 녹지대의 배치, 식재구성 등의 녹지구조와 관련된 요인, 수종, 형상 등 식물의 특성에 관련된 요인 등 다양한 요인을 들 수 있다.

이 중 기상과 관련된 요인에 대해서는 대기오염물질의 일변동, 대기오염물질의 계절변동과 같이 도로녹지의 식물에 의한 영향보다는 바람 및 대기의 안정도에 도로의 대기오물질 농도에 미치는 영향을 크게 받는 것으로 알려져 있다. 따라서 도로녹화에 의한 오염물질의 저감효과에 관한 야외조사를 어렵게 만들고 있다.

3. 도로녹화 고려사항

(1) 국지적 대기오염대책으로서 도로녹화 조건

도로녹화의 대기정화효과 중 흡수효과 및 흡착효과는 식물체내로 흡수 및 식물체 표면 흡착에 의해 대기 중의 오염물질이 그 만큼 저감하는데 비하여 차폐효과 및 확산효과는 보전대상인 거주공간 등의 농도는 저하하지만 대기중 오염물질의 총량은 변함이 없다.

그러나 국지오염의 저감을 목적으로 한다면 차폐효과 및 확산효과를 포함해 보다 폭넓은 의미에서의 대기정화효과가 기대되어진다.

대기오염 정도 및 거주공간과의 위치관계에 의해서도 달라지지만 국지오염 등이 심한 간선도로변 거주공간에서는 녹지대를 가능한한 넓게 함과 동시에 연속된 밀도가 높은 식재에 의해 차폐효과·확산효과를 높이는 것이 중요하며, 겨울철에도 효과가 발휘될 수 있도록 상록수가 바람직하다. 이에 대해서 거주공간이 충분히 떨어져 있는 장소에서는 오염된 대기의 녹지내로 유입되기 쉬운 듬성듬성한 식재구조로 오염물질의 흡수효과·흡착효과를 높여 대기 중의 오염물질의 총량을 저감시킬 수 있는 식재를 실시하는 것이 중요하다.

(2) 대기정화에 주안점을 둔 도로녹지 정비의 기본적인 사고 및 정비 포인트

i) 대기정화에 주안점을 둔 도로녹지 정비 포인트

- 가능한한 발생원인 도로에 근접시킨다.
- 가능한한 녹지대의 폭을 넓게 한다.
- 가능한한 입체적인 녹지로 한다.
- 가능한한 연속적인 녹지로 한다.
- 가능한한 건전한 생육을 유지한다.

ii) 기본적인 사고방법

- 양호한 식재기반의 정비
- 충분한 생육공간의 확보
- 대기정화 및 공간특성에 적합한 녹지의 배치
- 대기정화 및 공간특성에 적합한 식재구조
- 대기정화 및 공간특성에 적합한 식물의 선정(수종선정)
- 적절한 유지관리

(3) 식재기반의 정비

도로녹지 정비의 대상지는 보도식재대에서 볼 수 있듯이 일반적으로 생육기반이 협소하고 주변이 아스팔트 포장이나 콘크리트 구조물로 피복되어져 건조하기 쉽고 수분 및 양분이 부족한 열악한 토양인 경우가 많다. 또한 보행하는 자동차 배출 가스에 의한 대기오염과 더불어 통행하는 사람 등에 의한 답압, 고결 등 도시 특유의 혹독한 환경으로 식재된 식물의 생육 및 성장도 저해받기 쉽다.

이 때문에 식재된 수목이 무엇보다도 건전한 생육을 유지하고 그 수종이 본래 가지고 있는 대기정화 능력을 충분히 발휘할 수 있도록 차선의 대책으로서 충분한 식재기반정비에 의한 양호한 생유환경을 확보하는 것이 중요하다.

식재기반과 관련된 주요 환경압과 그에 대응한 식재기반의 정비 내용은 〈표 7-16〉과 같다.

〈표 7-16〉 식재기반에 관련된 주요 환경압과 식재기반정비 내용

	주요 환경압	식재기반 내용
생육지반	협소한 생육지반에 의한 뿌리 신장 저해	유효토층(필요 토양두께)의 확보 토양 중 대수층, 자갈층, 고결층의 제거
토양의 이화학성	토양의 고결, 보수성의 저하	양질 토양의 객토 경운, 토양개량재 사용에 의한 물리성 개선
	건조화	저목 및 지피류에 의한 지표면의 피복, 바크칩, 우드칩 등의 멀칭에 의한 지표면으로부터 증발 억제 급수설비, 관수설비의 정비
	투수성 저하	투수성포장 등에 의한 투수성 개선
	영양분 결핍	시비, 토양개량제에 의한 보비성 개선
	배수성 저하 (수공급 과다)	포장에 의해 지하로의 강수 침투가 방해받으면 식재목의 근원 등에 물리 집중되게 되어 배수설비 정비
인위적 영향	통행인 등에 의한 답압	칩입방지

(4) 생육공간의 확보

도시지역의 가로공간은 일반적으로 좁아 가로수 등의 수목도 제한되지만 도로녹지에 의한 대기오염물질의 저감효과를 최대한 높이기 위해서는 가능한한 크게 생육하는 것이 바람직하다.

가로수에 대해서는 종래부터 전정·정지를 전제로 한 관리가 일반적이었지만 가로경관의 보전측면에서 일본의 일부 도시에서는 수형을 다듬은 최소한의 전정만을 실시해 자연상태로 가능한한 가로수를 크게 키우는 방법을 시도한 적도 있었다. 그러나 대량의 낙엽 문제 및 수관이 퍼지면서 어둡게 된다는 점 등 인접 주민들로부터 고충 및 벌채의 민원도 많아 정착되지 못한 사례도 있다.

도로공간에 있어 생육공간의 문제점과 대응책은 〈표 7-17〉과 같다. 다양한 문제가 있으나 고민해가면서 생육공간을 작게라도 넓게 확보해 나가는 것이 중요하다.

〈표 7-17〉 도시의 가로공간에 있어 수목 생육공간의 문제점과 그 대응방안

문제점	대응방안
• 빌딩 및 주택 등의 건물에 의한 생육공간(상방, 측방 혹은 지하)이 제한되어진다. • 전선, 통신선 등의 고가선의 지장이 된다. • 신호 등의 사인의 지장이 된다. • 낙엽 및 일조권의 문제 등 주변 주민에의 영향이 크다.	• 중앙분리대를 넓게 하고, 거기에 식재를 충실하게 한다. • 도로의 양측이 아닌 한쪽에 넓게 확보하여 식재를 충실하게 한다. • 건물을 셋백하여 전면을 식재한다. • 전선, 통신선 등을 지하의 공동구로 정리한다. • 신호 및 교통표식의 설치장소에 대해서 고민한다.

(5) 식재배치

도로녹화의 대기오염물질 저감효과 중 흡수효과는 식물에 생육장애를 미치지 않는 통상의 오염농도의 범위 내에서는 일반적으로 농도에 비례하여 효과가 증가한다. 이 때문에 보행하는 자동차로부터 배출되는 오염가스가 상공으로 확산해 버리기 전에 가능한한 오염물질의 발생원인 도로근방에서 흡수하는 것이 효과적이다.

이를 위해 도로의 중앙분리대 및 도로식재대의 차도 쪽을 적극적으로 녹화함과 동시에 도로의 부지내 뿐만 아니라 인접한 공유지 및 사유지의 접도부를 생울타리리 등에 의해 적극적으로 녹화하는 것이 중요하다.

그럼으로써 식재에 의한 흡수·흡착효과 뿐만 아니라 대기오염물질의 차폐·확산효과를 기대할 수 있으며 특히 국지오염이 심한 주거공간 등에서는 효과적이다.

(6) 식재구성

한정된 녹지 중에서 최대한의 대기정화효과를 얻기 위해서는 낙엽수와 상록수, 교목과 중저목을 적절하게 혼합하여 다층구조의 입체적인 복합식재로 하는 것이 좋다.

수평적인 식재구성으로서는 자동차배출가스의 발생원에 가까운 차도 쪽에 식재하는 것이 효과적이기 때문에 차도 측에 복합식재 및 생울타리 형태의 식재를 한다. 또한 인접한 공유지 및 사유지의 부지 주위의 접도부 등에 생울타리 형태의 식재를 실시하는 것도 효과적이며 특히, 차폐효과 및 확산효과를 기대할 수 있다.

주택지역 등 특히 생활환경의 안전이 요구되어지는 장소에서는 제방(성토에 의한 마운딩 조성) 등을 포함한 식재가 오염물질의 흡수·확산에도 효과적이며, 경관적으로 우수하기 때문에 환경시설대로서 정비되는 장소가 많다.

(7) 식물선정

대기정화에 주안점을 둔 도로녹지 정비시에는 잠재적인 대기정화능력이 높은 수종, 대기오염에 대한 내성이 있는 수종, 환경변화에 의해 대기정화능력에 영향을 덜 받는 수종이라는 점이 중요하다.

그러나 도시의 도로환경 특유의 혹독한 생육조건을 고려하면 그것에도 한계가 있어 식재시에 충분한 생육기반의 정비를 실시해 식물의 생육저해 요인을 조금이라도 완화시킴과 동시에 식재 후의 유지관리도 중요하다.

〈표 7-18〉 도로녹화의 주요조건, 공간특성과 선정시 고려해야할 수종 특성

식지지	환경조건	공간특성	고려해야할 수종특성
보도	협소한 식재구역, 토양의 건조화, 대기오염, 포장의 반사	생육공간의 제약, 가로경관, 보행자에 친밀한 공간	차폐효과, 방음효과, 대기오염내성, 내전정성, 감상성
중앙분리대	협소한 식재구역, 토양의 건조화, 대기오염, 포장의 반사	생육공간의 제약이 비교적 적음, 가로경관	대기오염내성, 감상성
교차점, 교통섬	협소한 식재구역, 토양의 건조화, 대기오염, 포장의 반사	시선 확보를 최우선, 가로경관상 중요한 포인트	대기오염내성, 저목 · 지피, 내전정성, 감상성
차음벽 등 옹벽	일조부족, 고온과 건조, 강풍, 대기오염, 수분조건의 불안정	생육공간은 수직방향으로 넓어짐, 도로보행 방향에 연속	내음성, 내풍성, 내건성, 내등반성(덩굴식물)
환경시설대	대기오염, 넓은 폭원	생활환경의 보전, 완충대의 역할, 차도와 보도의 분리	대기오염내성, 내전정성, 감상성
보도교	협소한 식재구역, 인공지반, 고온과 건조, 강풍, 대기오염	다리 위는 인공지반, 다리 하부는 일음, 가로경관상 중요한 포인트	내건성, 내풍성, 내음성, 내전정성, 감상성
육교	협소한 식재구역, 인공지반, 고온과 건조, 강풍	인공지반, 사람의 왕래가 많음, 가로경관상 중요한 포인트	내건성, 내풍성, 내음성, 내전정성, 감상성
다리밑	토양불량, 그늘로 일조부족, 무강우, 지하수 차단	도로보행 방향에 연속적인 공간, 압박감이 있는 공간	내음성, 내건성, 대기오염내성
녹도	넓은 폭원	생육공간의 제약이 비교적 적음, 식재지와 원로를 주체로 한 녹지	내전정성, 감상성
연도부지의 접도부	대기오염	생활공간의 일부, 가로경간상 중요한 포인트	대기오염내성, 차폐효과, 방음효과, 내전정성, 감상성

참고문헌

국립산림과학원, 2019, 2019년 신규사업(미세먼지 저감) 도시숲 조성 관리 지침

농촌진흥청, 2017, 정원과 도시녹화

独立行政法人 環境再生保全機構, 2014, 大気浄化植樹マニュアル

地盤工学会 自然環境の保全と緑化編集委員会, 2004, 自然環境の保全と緑化, 地盤工学会

Calheiros, CSC, Stefanakis, A.I., 2021. Green roofs towards circular and resilient cities, Circular Economy and Sustainability 1:395-411.

Coder, K.D., 1996, Identified benefits of community trees and forests, Athens: University of Georgia School of Forest Resources.

Li, D., Boud-Zeid, E., Oppenheimer, M., 2014. The effectiveness of cool and green roof as urban heat mitigation strategies, Environmental Research Letters 9: 055002.

Dwyer, J., Mcpherson, E., Schroeder, H., Rowntree, R., 1992, Assessing the benefits and costs of the urban forest, Journal of Arboriculture 18: 227-234.

US EPA, 2018, Estimating the environmental effects of green roofs: A case study in Kansan city, Missouri. 26

Zha, Y., Shi, Y., Tang, J., Liu, X., Feng, C., Zhang, Y., 2018, Spatial-temporal variability and dust-capture capability of 8 plants in urban China, Polish Journal of Environmental Studies, 28: 453-462.

제8장
사회적경제 정책론

제1절 사회적경제의 이해

1. 사회적경제의 의의

(1) 사회적경제의 대두배경

사회적경제(social economy)는 당면한 사회 문제를 자본주의 방식으로 해결 가능한 것인가? 라는 질문에서 출발한다. 현대 사회는 시장실패로 인한 노동시장에서의 실업의 문제, 노동유연화, 복지후퇴, 정부실패로 인한 부의 분배 문제, 사회적 배제의 문제가 발생하고 있다. 한 국가의 성장과 발전이 단순히 GDP만을 증가시키는 것이 아니며, 환경, 경제, 형평을 고려한 지속가능성이 추구되어야 된다는 의미에서 우리사회가 당면한 사회적 배제, 공동체 붕괴, 일자리 상실, 빈곤의 세습화, 소득의 불평등 등을 새로운 관점에서 접근이 필요하다. 이러한 상황은 1970년대부터 유럽에서 직면한 문제들로 사회적 혁신을 통한 사회문제 해결에 대한 접근이 시도되었고, 사회적 혁신의 일환으로써 중요하게 대두된 것이 사회적경제이다.

'사회적경제(economie sociale)'라는 용어는 19세기 프랑스의 자유주의 경제학자인 샤를 뒤느와이에(Charels Dunoter)에 의해 사용되었다. 그러나 본격적인 사용은 샤를 지드(Charels Gide)가 19세기 후반 프랑스 협동조합운동에서 협동을 비인간적인 자본주의 시장경제에 대한 대안이며, 사적 이윤을 폐지하고 이윤을 공유할 수 있는 방안이라고 제시한 이후부터라고 할 수 있다. 지드는 협동조합이나 다양한 형태의 공제조직들과 같은 사회적경제가 자본주의 문제 특히 분배의 불평등을 점진적으로 개선해 나갈 수 있다고 보았다.

19세기 이후 세계대전으로 인한 시민 삶의 황폐화로 인해 기본적인 삶의 질을 보장받지 못한 상황에서 그동안 교회나 지역사회, 봉건 영주들에 의해 제공되었던 상호부조와 지원이 정부의 간여로 전환되었다. 지역사회의 역할이 축소되고 그 자리에 정부의 역할이 증대되어, 복지 차원에서 정부의 지원과 역할이 확대되었다. 그러나 1970년대에 경제성장이 둔화되고 실업률이 상승됨에 따라 새로운 형태의 경제위기, 사회위기 등 신사회위기가 도래하고, 공공재정의 적자가 증대되었으며, 시민들의 사회서비스 욕구가 증가하는 상황에서 전통적 경제정책이나 복지정책만으로 해결이 어렵다는 인식이 확산되었다. 사회의 발전이 자본주의 시장경제로 인한 '시장의 실패'와 '보이지 않는 손'이 항상 조화로운 균형을 만들어내지 못하는 상황에 처할 수 있으며, 정부에 의한 사회보장 시스템은 서비스의 표준화와 획일화를 초래하여 다양한 삶의 방식과 질을 추구하는 시민들의 삶의 욕구에 적절하게 대응할 수 없는 상황에 이르게 된다.

정부의 재정위기와 시장의 실패, 시민의 서비스 다원화에 대한 욕구 분출로 인해 새로운 해결 방안으로, 1970년대 말 유럽사회는 다시 사회적경제에 주목하게 된다. 1970년대 이후 등장한 사회적경제는 기존의 사회적경제(구 사회적경제)와는 다른 의미의 접근과 유형을 포함함으로써 신 사회적경제라고 지칭한다. 신사회적경제는 복지국가 실패에 대한 대안으로, 다른 한편으로는 자본주의 시장실패에 대한 대안으로 협동조합 · 공제회 · 재단 · 자조집단(self-help) 등 전통적인 조직들을 포함하여 다양한 비영리, 시민사회 결사체들을 포용하는 '제3섹터(third sector)'로 발전하게 된다.

(2) 사회적경제의 의미

사회적경제는 경제와 사회의 발전, 법제화 정도에 따라 국가마다 다양하게 정의되고 있다. 샤를 지드(Charles Gide, 1847~1932)는 '사회적 경제'를 협동조합이나 공제조합과 같이 이타적 협력과 상호부조 정신에 의해 운영되는 기업으로 개념화하면서, 사회적 경제조직들이 산업자본주의의 시장실패를 극복할 수 있는 사회적 개혁의 도구임을 제시하고 있다. Defourny(1990)는 사회적경제를 광의적으로 해석하면서, '협동기업, 공제회, 결사체들이 수행하는 모든 경제적 활동'을 추구하는 조직으로 이윤창출보다 구성원이나 공공에 대한 공헌을 목적으로 경영의 자율성, 민주적 의사결정, 수익 배분에 있어서 자본보다 사람과 노동을 중시하는 4가지 원칙을 따르는 이해관계 경제의 일부를 의미하는 것으로 본다. OECD는 '국가와 시장 사이에 존재하는 모든 조직으로, 사회적 요소와 경제적 요소를 가진 조직들'로 정의한다.

사회적경제에 대한 정의는 탐욕 대신 이타심, 상호성, 협동, 사회적 목적, 명예와 헌신 같은 동기가 사회적 경제를 움직인다고 보는 입장과 사회적기업, 협동조합, 커뮤니티 비즈니스처럼 경제주체들이 이윤 극대화 이외의 다른 동기(공동체, 자율, 연대, 호혜를 목적)로 의사결정을 내리는 경제 로 보는 입장 등이 있다. 또한, 사회적경제를 '제3부문(the Third Sector)', '비영리조직(non-profit organization)', 혹은 '자원 활용 조직(voluntary organizations)'으로 이해하기도 한다. 국가에 따라서는 미국의 경우 주로 '비영리조직' 혹은 '독립부문(independent sector)'으로, 영국은 '자원 활동 조직', 프랑스 등은 자원 활동 조직들과 협동조합, 그리고 공제조합 등의 조직들을 포괄하는 개념으로 '사회적 경제' 혹은 '연대의 경제'등 다양한 용어가 혼재되어 사용하거나, 정부와 시장에 대한 다른 영역으로써 제3섹터의 개념으로 이해되기도 한다. 이러한 정의의 혼돈은 국가가 처한 환경이나 사회의 발전 요인, 추구하는 정책 등에 의해 모든 국가에 공통적인 정의를 내리기 어렵기 때문으로, 사회적경제를 포함하는 유형을 통해서 접근하거나, 혹은 사회적경제의 특징을 중심으로 접근하는 방법을 취하기 때문이다.

유럽사회적경제(Social Economy Europe)는 사회적경제의 원리를 다음과 같이 제시함으로써 사회적경제에 대한 공통된 특성을 도출하여 사회적경제를 개념화하고자 하였다.

① 사람과 사회적 목적이 자본보다 우선한다.

② 구성원 자격은 자발적이고 개방적이어야 한다.

③ 조직은 구성원에 의해 민주적으로 운영되어야 한다.

④ 구성원 및 이용자의 이익, 기타 보편적 이익 등을 고루 안배하여야 한다.

⑤ 연대와 책임의 원칙은 반드시 적용되고 준수되어야 한다.

⑥ 공공기관으로부터 자율성과 독립성을 유지해야 한다.

⑦ 잉여의 대부분은 지속가능한 발전의 목표, 구성원의 이익과 보편적 이익을 위해서 사용되어야 한다.

2. 제3섹터로서 사회적경제

(1) 제3섹터의 의미

제3섹터는 국가의 공공서비스가 확대되는 과정과 밀접히 연관되어 있다. 제3섹터에 대한 의미는 구체적 상황과 정도에 따라 차이가 있지만, 정부와 시장 부문에 위치하지 않는 조직으로 이해한다. Pearce는 제1섹터는 시장 영역(거래), 제2섹터는 공적 영역(정부: 비거래), 제3섹터(거래와 비거래 모두 포함)는 공동체 기반, 사회적 소유, 자조의 원리, 상호 의무, 사회적 적실성으로 정의되는 영역으로 제시한다. UNDP(2005)도 이와 유사하게 정의하고 있는데 "시민사회는 국가와 사부문과 별도로 존재하며 이들과 상호작용하는 제3섹터"라고 함으로써 제3섹터를 국가와 시장 외의 것을 모두 포함한다.

제3섹터는 정부에 의해 일방적으로 공급되는 서비스의 관료적 경직성과 시장에서 제공되지 못하는 풀뿌리 조직 강화, 빈곤층의 역량강화 등을 보완하기 위해 등장하였고, 중간적(intermediary)이고 다원적(pluralistic)인 특성이 강조된다. 제3섹터에 대한 이해는 유럽과 미국의 전통에 의해 개념의 차이가 나타난다. 유럽에서 제3섹터는 '복지혼합'(welfare mix) 내지 '복지의 혼합경제'(mixed economy of welfare)의 일부분으로 이해되는 경향이 강한 반면(Evers & Laville, 2004), 미국은 시장과 국가의 실패로 인해서 제3섹터가 존재하게 된다고 본다. 또한 제3섹터는 영리를 추구하는 시장과 구별된다는 점에서 자연스럽게 '비영리(non-profit) 부문'과 등치되는 개념으로 이해한다.

〈표 8-1〉 유럽과 미국에서의 제3섹터에 대한 정의

유럽의 제3섹터 정의	미국의 제3섹터 정의
• 역사적 · 사회적 접근 중시	• 보편적 · 수량적 접근 중시
• 사회적 경제 개념	• 비영리영역 개념
• 재화 및 서비스 생산 중시	• 공익역할 중시
• 분석적(analytical) 관점	• 분류적(classificatory) 관점
• 매개적(intermediary) 역할	• 독립적(independent) 역할
• 수익배분 가능	• 수익배분 원칙적 불가
• 협동조합, 공제단체 포함	• 협동조합, 공제(mutual aids) 단체 제외

(2) 비영리조직

19세기 미국에서 등장한 비영리조직은 '이윤을 배분하지 않는 조직'으로 사회적 경제는 '민주적' 의사결정과정을 중시하지만, 비영리조직은 이런 원칙이 없고, 사회적 경제는 비영리적이지만 협동조합 등 일부는 수익의 일부를 회원에게 배분하기 때문에 철저히 '비영리' 원칙에 기초하지 않는다(Salamon and Anheier, 1996). 비영리조직에 대한 범위와 규정이 국가마다 다양하여 통일된 통계를 측정하기 어려운 상황에서, 1990년대 존스홉킨스대학은 비영리조직에 대한 기준을 마련하였다. 비영리조직은 공식성(제도화), 독립성(정부 부문과 제도적으로 구분되는 민간영역), 자율성(고유한 규율과 의사결정체), 공익성(분배의 제한), 자발성(자원봉사자, 기부자의 참여)을 특징으로 한다.

이에 따라 비영리조직은 성격상 기부금이나 정부 보조금으로 활동하는 단체나 자원봉사활동 조직처럼 비시장적, 비화폐적 활동을 하는 조직으로 빈곤 문제에 대항하는 조직, 환경운동 단체처럼 보다 넓은 공동체의 이익을 구현하려는 보편적 이익을 위한 조직이라고 할 수 있다.

(3) 사회적경제, 비영리조직, 제3섹터

사회적경제는 시장과 정부와 동일한 가치와 원리에 의해 운영되지 않는 다는 점에서 제3섹터 영역으로 구분될 수 있다. 캐나다와 영국과 같은 국가는 사회적경제 영역을 제3섹터로 간주하여 정책과 제도를 운영한다. 사실상 사회적 경제를 다른 경제적 영역과 관련하여 어떻게 개념화하느냐의 문제는 사회적경제가 시장과 국가를 초월한 혹은 시장과 국가 사이에서 분명한 하나의 역할을 하는지와 관련된다. 이런 의미에서 사회적경제는 국가복지와 사적 시장의 실패나 한계가 분명한 가운데, 돌봄과 욕구 기반, 그리고 전체적인 협력적인 형태로의 서로 다른 경제유형이라고 할 수 있다.

'사회적 경제'는 비국가, 비시장의 영역이며 활동이자 조직이다. '영역'으로서 사회적 경제는 국가의 공적 영역이 아닌 '사적' 영역이며, 시장의 영리 영역이 아닌 '비영리' 영역이다. 또 '활동'과 '조직'으로서 사회적 경제는 국가와 같은 공적 활동을 수행하지는 않지만, 시민들의 일자리나 서비스 욕구를 충족시켜주는 '사회적' 목적을 달성하기 위해 사회적기업이나 협동조합 등을 통해 '영리' 활동을 하는 조직이라고 볼 수 있다. 따라서 국가와 시장으로부터 엄밀히 구분되는 '사회적 경제'는 일차적으로 비정부, 비영리 특성을 갖고 있다. 또 사회적 경제는 일반기업과는 달리 영리를 추구하기 위해 조직되지 않고 일자리 창출이나 서비스 제공 또는 시민적 유대 등 사회적 목적을 위해 영리활동을 하는 원칙상 '비영리'조직이라는 특징을 가진다. 영리활동을 하지만 수익이 조직의 사회적 목적 사업에 재투자되는 비영리적 순환 구조를 갖는다.

사회적 경제는 원칙상 국가와 시장으로부터 독립적이지만 실제로는 완전 독립적이라 볼 수 없고 국가와 시장의 영역과 중첩된 영역으로 나타난다. 사회적 경제의 모태가 되는 영역은 '시민사회' 또는 '제3섹터'(third sector)이다. 영국은 사회적경제를 관장하는 조직으로 제3섹터부가 정부부처에 있으며, 여기에서 "제3섹터의 조직들은 자신들의 가치에서 발생한 비정부조직이며 또 사회적, 환경적 또는 문화적 목표를 추진함에 있어 원칙적으로 재정적 잉여금을 재투자하는 특성을 공유하며, 자원조직과 공동체 조직, 자선조직, 사회적기업, 협동조합과 크고 작은 공제조직을 포용한다."는 점을 명확히 하고 있다. 사회적경제는 재화와 서비스의 생산에 주안점을 두는 반면 국가의 행정부처와 공공정책과의 관계의 지속적 증대시키는 역할 수행하기 때문에 제3섹터는 중간적이며 다원적 특징을 지닌다. 한편 영국을 제외한 다른 유럽 지역에서는 사회적경제를 '복지혼합(welfare mix) 또는 복지의 혼합경제(mixed economy of welfare)'의 일부로 이해하기도 한다.

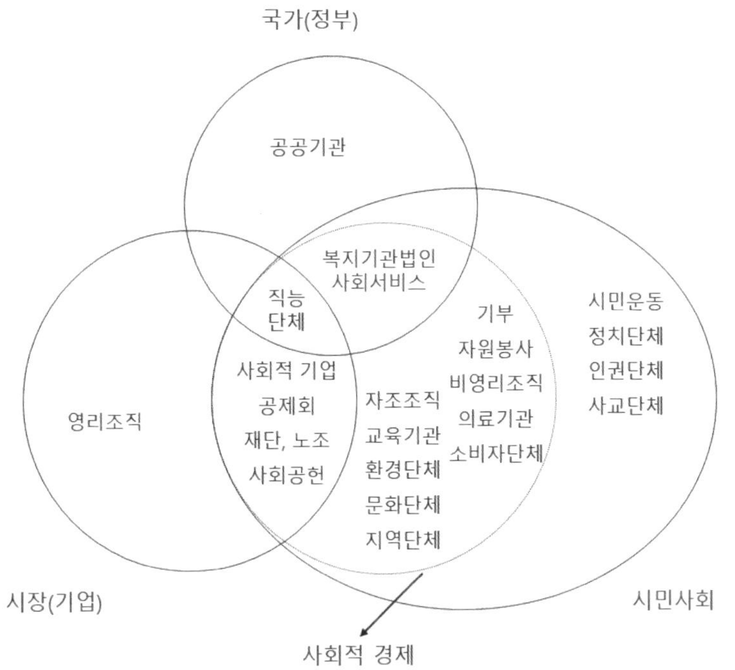

출처: 주성수 (2010)

[그림 8-1] 국가, 시장, 사회적경제 영역

사회적경제 조직에 대한 모델을 제시하고 있는 쿼터 등(Quarter et al. 2003)은 사회적경제 조직이 제3섹터를 모태로 하면서도 정부의 공공영역과 시장의 영리 영역에 기반을 두는 특성을 설명하며, 다음과 같이 각각의 재원과 서비스 대상에 따라 일곱 유형으로 분류하고 있다.

〈표 8-2〉 사회적 경제 조직: 공공 비영리조직, 시장기반조직, 시민사회조직

유형구분		재원	대상	예시
공공 비영리조직	정부재정지원 의존형	대부분 정부 일부 기부금	일반 시민 특정 집단	병원, 대학 박물관
	정부재정 일부 지원형	일부 정부 일부 기부금	일반 시민 특정집단	적십자사
시장기반 결사체	비영리조직	회원회비 등	일반 시민	보이스카웃
	협동조합	회원 이용료	회원	생활협동조합
시민사회 조직	공제회	회원 이용료	회원	사교클럽
	자원봉사조직	대부분 기부금	일반 시민	자원봉사단체

자료: Quarter et al. 2003: 17

제2절 사회적경제의 관점과 유형

1. 사회적경제의 관점

(1) 대안적 관점

사회적경제는 빈곤과 사회적 배제의 문제를 지속적으로 야기할 수밖에 없는 자본주의 시장경제체제로부터 해방의 가능성을 제시한다는 시각이다(리피에츠, 2002; Favreau, 2000; Everling, 1997). 사회적 경제가 국가를 대신해서 취약층에게 경제적 지원뿐 아니라 나아가 분배정의 등 사회적 목표를 추구하며 지금의 위기를 극복할 수 있을 것이라고 본다.

(2) 보완적 관점

고용의 불안정성과 복지후퇴로 인해 야기되는 사회적 문제를 개선하기 위해서는 국가와 시장실패에 대한 보완자로서 사회적 경제를 활용해야 한다는 시각(Defourny Favreau and Lavile, 2001; Borzaga and Santauri, 1998)으로 이들은 시민사회가 자율적으로 형성하고 있는 사회자본을 토대로 새로운 방식의 고용과 사회서비스를 활성화 하는 데 사회적 경제가 크게 기여할 것이라 주장한다. 국가와 시장이 공급하지 않고 또 그런 의지가 없는 일자리 창출에 기여하고 있으며, 필요한 사회서비스 제공을 위해 비영리조직의 역량을 활용, 지역사회 자원 동원이 가능한 이점이 있다고 본다. 보완적 관점은 사회적 배제를 극복하고 시민권을 강화하기 위한 대안이라고 한다.

(3) 비판적 관점

사회적경제에 대해 비판적인 시각 (Ascoli and Rancei, 2002; Browne, 2000)으로 사회적 경제가 결국 신자유주의 경제 전략에 의해 동원되어 정부의 대리인으로 전락하게 될 것이라고 본다. 사회적 경제의 역할은 복지국가가 제공하지 못하는 사회서비스를 제공하며 국가를 대신해서 취약층의 '관리자' 역할을 하는데 불과하여, 결국 신자유주의의 구조적 모순은 해결하지 못할 것이라는 관점이다.

〈표 8-3〉 사회적경제는 보는 시각

자본주의 체제의 대안적 시각	국가와 시장에 대한 보완적 시각	사회적 경제에 대해 비판적인 시각
- 경제-사회-정치를 철저히 분리한 시장경제론자들을 비판 - 세 영역을 긴밀히 연결시키려 했던 초기 급진적 사회적 경제의 전통과 맥을 같이 함	- 회적 경제는 하나의 경제영역이지만 국가와 시장 부문의 한계를 보완하는 제3의 완충지대로 인식	- 유럽의 민영화의 결과로 사회적 경제가 등장했다고 인식 '복지혼합'의 딜레마에 주목 - 제3섹터가 기업가 정신과 전문가 정신을 너무 중시하게 되어 자원 활동 영역이 주변화 됨 - 제3섹터의 자율영역이 훼손된다고 인식

2. 사회적경제 유형화

(1) 조직형태 및 범위에 대한 법적, 제도적 접근

법적, 제도적 접근에 의한 사회적경제 유형은 Defourney & Develtere, (1999)에 의해 제시되었다. 여기에는 협동조합 뿐 아니라 현대 사회에서 사회보장(social security)제도의 하나로 정립된 공제회나 비영리조직으로 운영되는 결사체등을 포함한 광의의 범위를 포함한다.

〈표 8-4〉 사회적 경제조직

구분	결사체	공제회	협동조합
역할	회원 또는 공동체에 서비스를 제공	회원과 가족에게 서비스를 제공	회원 및 공동체에 재화와 서비스 제공
생산형태와 혜택	일반적 비시장형, 최근 시장형 재화와 서비스 생산; 회원, 공동체에 혜택	원칙상 비시장형 재화와 서비스를 회원 욕구에 따라 수혜	시장형 재화와 서비스, 회원에게 우선 혜택
멤버십	개인 또는 단체	개인 회원만	개인 또는 단체
권력 분할	1인 1표 원칙	1인 1표 원칙	1인 1표 원칙
수익 배분	회원에게 배분 안됨: 조직 활동에 재투자	회원에게 배분 안됨: 기금축적, 회비감면, 혜택확대	회원에게 부분적 혜택 제공: 서비스 개선 기금 조성, 조합 활동 개발

(2) 사회적, 경제적 목적에 의한 분류

사회적, 경제적 목적에 의한 사회적경제의 분류는 신사회적 위기인 복지(보육, 일자리, 노인 등)의 문제 해결을 위해 새로운 사회적 경제 유형이 나타남에 따라 새롭게 분류하고 있는 유형이다. 예를 들어 스웨덴은 사회서비스 욕구 증가(수요증가)가 이루어져, 기존의 노동시장통합전략으로 사회적기업이 등장하게 되었다. 이러한 분류에 따르면 사회적경제 영역에는 협동조합, 사회적기업, 사회적협동조합 등이 포함된다.

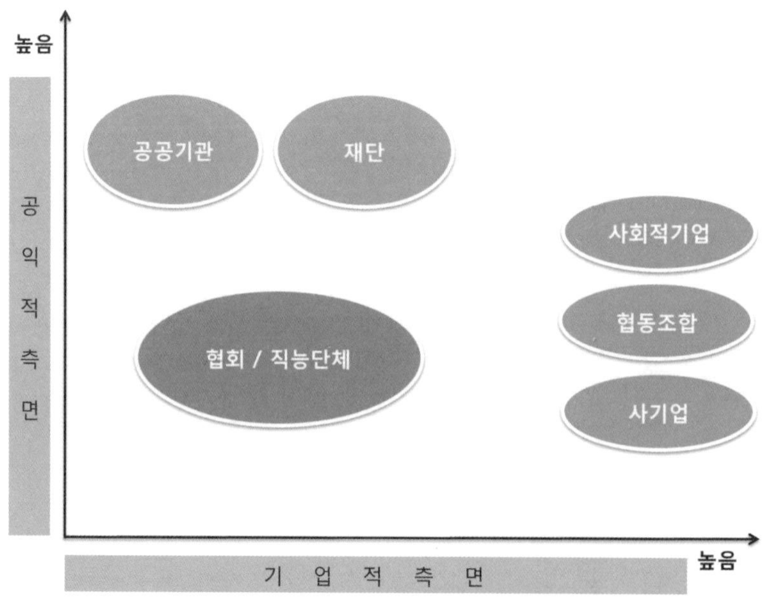

[그림 8-2] 목적에 의한 사회적경제 분류

3. 사회적경제 유형

(1) 협동조합

i) 의미

국제협동조합 조직인 ICA(International Cooperative Alliance)는 협동조합이란 “공동으로 소유하고 민주적으로 통제되는 기업을 통해 공통의 경제적, 사회적, 문화적 욕구와 바람을 충족시키기 위해 자발적으로 결합된 사람들의 자치적인 결사체”로 정의한다.

협동조합(cooperation)은 산업혁명이 시작되던 1700년대 중반부터 등장하였다. 그러나 현대사회에 적용되는 협동조합은 1844년 영국 로치데일에서 직조공들이 결성한 소비조합에서 출발한다. 이후 19세기 중 후반에 걸쳐 협동조합들은 유럽 전역에 확산되었고, 특히 프랑스와 이탈리아에서는 다양한 영역에서 활동을 전개하면서 소비자협동조합에서 노동자 협동조합으로 활성화되었다. 1, 2차 세계대전 전까지 협동조합은 산업화에 따른 도시빈민이나 소외된 사회적 배제계층을 위해 정부를 대신하여 상호부조의 역할을 수행하였으나 종전 후에 사회적경제의 역할은 빠르게 약화되었다. 그러나 1970년대부터 세계 경제가 직면한 고용불안, 실업문제, 고령화, 만성적 경기불안, 양극화 등의 사회경제적 문제가 발생하고, 정부나 영리기업 위주의 시장의 힘에 의존한 해결의 어려움에 봉착하게 된다. 이에 따라 UN은 2012년을 '세계협동조합의 해'로 선정하고, 각 나라에 협동조합 제도개선을 권고하였다. 우리나라는 2012년 세계협동조합의 해를 맞이하여 국제사회의 흐름과 요구에 발맞추어 '협동조합기본법'을 제정 (2012.1.26.)하였다.

ii) 협동조합의 원칙

협동조합의 운영은 로치데일부터 발전한 사상에서 출발한다. 협동조합의 운명방식과 원칙은 사기업이나 비영리조직과는 차이가 있는데, 사기업과의 차별성은 ① 1인 1표를 포함한 민주적 운영, ② 출자금으로 조성되는 자본의 사회적 성격, ③ 제한적인 잉여배당, ④ 분배할 수 없는 내부적립금, ⑤ 조합원으로서의 지위와 이용자로서의 지위라는 이중적 지위 등 과 연동된다. 또한 협동조합의 운영원칙은 ① 자발적이고 개발적인 조합원 제도, ② 조합원에 의한 민주적 관리, ③ 조합원의 경제적 참여, ④ 자율과 독립, ⑤ 교육훈련 및 정보 제공, ⑥ 협동조합 간 협동, ⑦ 지역사회에 대한 기여(1995년 맨체스터에서 개최된 ICA 총회에서 추가)이다.

이러한 원칙에 의거한 협동조합의 장점은 현재 발생하는 사회 · 경제적 문제를 극복하기 위한 하나의 대안으로, 민주적 운영과 지역사회의 신뢰관계 형성에 기여할 뿐 아니라 대안적 일자리 창출에 기여한다는 점이다.

(2) 사회적 기업

i) 의미

사회적기업(Social Enterprise)은 당면한 사회문제를 사회적 가치를 추구하면서, 기업적 방식으로 해결하는 기업이라고 할 수 있다. 사회적기업은 본질적으로 '사회적'의 의미와

‘기업’의 의미를 동시에 포함하고 있는 것으로 가치상충적이라고 할 수 있다. 일반적으로 ‘기업’은 이윤획득을 목적으로 합리적으로 운영되는 경제조직이라고 할 수 있다. 반면 ‘사회적’이라는 의미는 사회의 구성요소에 대한 관심과 이들의 이익을 위해 노력하는 것으로 경제적이라는 의미와 한 스펙트럼에 놓일 수 있으나 관심과 목적에 따라 양극단에 위치할 수 있다. 따라서 사회적기업이란 일반 영리기업과 전통적 비영리기관의 중간에 위치하는 것으로 사회의 공동이익을 위해 일하는 조직체이면서 동시에 경제적 가치도 도외시할 수 없는 조직체라고 할 수 있다. 사회적기업에 대한 이러한 정의는 사회적기업을 운영하는데 이중딜레마에 처하게 하는 요인이 되기도 한다.

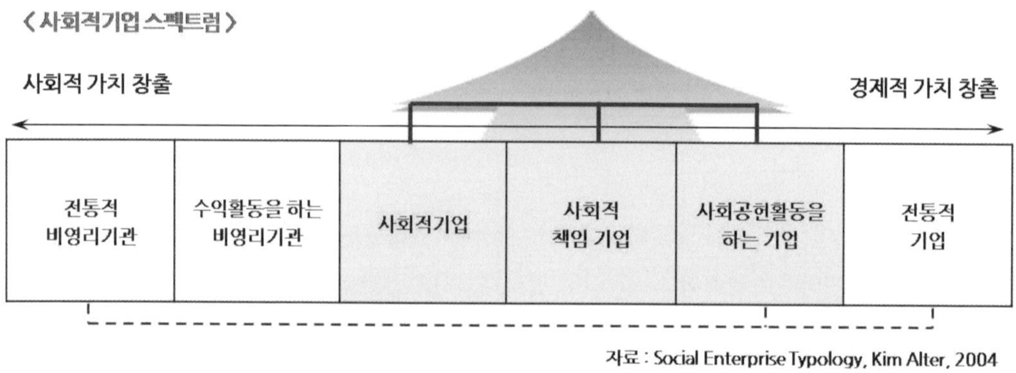

[그림 8-3] 사회적기업의 스펙트럼

사회적기업은 각 국가마다 다양하게 정의하고 있으나, 유럽사회적기업 연구 네트워크(EMES)는 사회적기업을 경제적 기준과 사회적 기준으로 구분하여 이러한 요소들을 동시에 가지고 있는 기업으로 정의 내리고 있다. EMES에서 제시하고 있는 경제적 기준은 지속적인 재화와 서비스의 생산 및 판매활동 수행, 높은 수준의 자율성, 상당한 경제적 위험 감수, 최소한의 유급근로자를 포함하는 것을 의미한다. 사회적 기준은 지역사회 이익추구의 명시화, 자발적 시민참여, 자본소유를 기반으로 하지 않은 의사결정, 참여적 의사결정, 제한적 이익분배를 제시하고 있다.

우리나라에서는 2007년 7월 제정된 「사회적기업육성법」제2조에서 사회적기업에 대해 “취약계층에게 사회서비스 또는 일자리를 제공하거나 지역사회에 공헌함으로써 지역주민의 삶의 질을 높이는 등의 사회적 목적을 추구하면서 재화 및 서비스의 생산·판매 등 영업활동을 하는 기업” 으로 정의하고 있다.

ii) 특징

사회적기업은 취약계층에게 일자리나 사회서비스를 제공하고, 지역사회발전 및 공익 증진, 민주적 의사결정 구조(서비스 수혜자, 근로자, 지역주민 등 이해관계자 참여), 수익 및 이윤 발생 시 사회적 목적 실현을 위한 재투자를 목적으로 하는 특징이 있다. 여기서 취약계층은 저소득자, 고령자, 장애인, 성매매피해자, 장기실업자, 경력단절 여성 등을 포함한다. 사회적으로 상대적인 인적자본 특성의 미흡으로 인해 고용이 어려운 계층에 대한 고용창출(직업훈련, 일자리 제공)하고, 교육·보건·사회복지·환경 및 문화 분야의 서비스 등을 제공한다. 사회적기업의 이익은 지역사회로 환원되거나 지속가능한 이익인 삶의 질, 환경문제 대안 등을 제시해야 한다.

〈표 8-5〉 유럽과 미국의 사회적기업의 차이

구분	유럽형	미국형
1.강조점	사회적 기여(수혜)	수익창출
2. 정부지원 여부	세제 감면 등 지원	없음
3. 조직유형(형태)	협회/협동조합/연대결사체	상법상 회사
4. 활동상 초점	대인(휴먼) 서비스	모든 비영리활동
5. 사회적 기업 유형 수	적음	많음
6. 환경	사회적 경제	시장경제
7. 이윤배분 구조	제한적 이윤배분 인정	이윤배분 원칙적 배제
8. 의사결정	이해관계자 참여	제한적 인정과 참여
9. 전략적 육성 주도	정부/유럽연합(EU)	민간재단
10. 법률적 틀(프레임워크)	미약하지만 개선 중	부족(취약)

(3) 마을기업

마을기업은 1970년대 영국 스코틀랜드 지방의 '커뮤니티비즈니스 스코틀랜드'라는 중간지원조직에서 기원을 찾을 수 있다(김선기, 2011). 일본에서는 1990년대 중반부터 지역재활성화를 위한 방안에서 커뮤니티비즈니스라는 용어가 사용되기 시작되었다.

우리나라에서 마을기업의 도입은 급속한 경제성장에 따른 대도시 집중과 지방중소도시 축소 문제, 지속된 고용 없는 성장과 관련이 있으며, 주로 경제적인 효과에 초점이 맞추어져 있다는 특성이 있다. 우리나라의 행정안전부(2021) '마을기업육성사업시행지침'에 따르면 마을기업이란 '지역주민이 각종 지역자원을 활용한 수익사업을 통해 공동의 지역문제를 해결하고, 소득 및 일자리를 창출하여 지역공동체 이익을 효과적으로 실현하기 위해 설립·운영하는 마을단위의 기업'을 의미한다.

〈표 8-6〉 우리나라 사회적경제 조직 유형과 특성

구분	자활기업	(사회적)협동조합	사회적 기업	마을기업
주관	보건복지부	기획재정부	고용노동부	행정안전부
근거	국민기초생활보장법	협동조합기본법	사회적 기업육성법	행정자치부 지침
조직형태	조합 또는 「부가가치세법」상의 사업자	일반협동조합(법인) 사회적협동조합 (비영리법인)	민법상 법인 · 조합, 상법상회사, 비영리단체, 협동조합	민법상 법인, 상법상 회사 등 법인체, 마을공동체 등 지역단위 소규모 공동체
사업목표	기초생활수급자의 일자리 창출 및 탈빈곤 유도	조합원의 권익향상, 지역사회 공헌, 지역주민의 권리 · 복리증진, 취약계층 사회서비스 제공, 일자리창출	취약계층을 위한 사회서비스 및 일자리 제공, 기타 지역사회 공헌	마을단위의 안정적 일자리 창출, 지역공동체 활성화 및 지역발전
중간지원 조직	중앙자활센터, 지방자활센터	사회적 기업진흥원	사회적 기업진흥원	공동체지원센터

출처: 김학실(2017). 사회서비스의 사회적 경제 전략

제3절 사회적경제 제도화 과정

1. 외국의 사회적경제

(1) 영국의 사회적경제와 제도

i) 사회적경제 발전

영국의 사회적경제 전통은 17세기 '로치데일 공평 개척자조합(Rochdale Equitable Pioneers)'에서 찾을 수 있다. 소비자협동조합으로 출발한 영국의 협동조합 전통은 1917년에는 '협동조합 정당(Co-operative Party)'의 설립으로 연결되었으나, 전쟁을 통해 전통적인 자선단체들이나 우애조합들은 모두 국가의 사회적 서비스 부문의 하위 파트너로 변모하게 된다. 세계대전으로 인해 민간영역에서 이루어진 자선활동들과 사회적경제 활동은 약화되고, 국가의 역할이 증대되었다. 복지국가로 가는 상황에서 1960년대 말 빈곤, 홈리스, 평화, 환경 등의 사회적 요구와 시민권 운동 등의 새로운 사회운동이 나타나게 되었다. 1970년대 경제위기 상황은 사회복지에 대한 위기를 야기하고 기존의 사회경제적 합의가 약화 되었다. 지방정부는 실업자들과 취약계층들에게 유용한 새로운 기회를 만드는데 협동조합의 가능성을 인식하여, 1976년 ICOM(산업공동소유운동)과 ICOF(산업공동소유자금)를 위한 공공자금을 제공하고, 처음으로 노동자협동조합을 승인한 후 '협동조합개발기관(CDA: Co-operative Development Agencies)'을 설치하였다. 협동조합개발기관 초기에는 주로 노동자협동조합을 지원하고 증가하는 실업에 대한 대책을 위해 '지역사회기업(community business)'의 형태로 스코틀랜드와 웨일즈를 중심으로 새로운 사회적기업들을 위한 양성소로 활동하였다.

1979년에 신자유주의에 의한 사회정책들이 추진되면서, 사회서비스에 대한 개인과 가족의 책임이 강조되고, 사회서비스 공급에 대한 민영화,시장화가 이루어졌다. 1997년 신노동당(New Labour) 정부는 시장과 국가 사이의 '제3의 길'을 추구하여, 파트너십을 통해 사회적 배제에 대한 대처, 기업을 위한 긍정적인 환경, 권리와 책임의 기치 아래 시민들과 지역사회와의 협력이 이루어진다. 정부는 신용조합, 지역사회기업, 지역사회발전센터, 사회적 협동조합 등의 사회적기업들을 촉진하여, 노인요양, 보육, 성인교육, 주택과 지역개선, 지역 가게, 문화와 여가 활동, 시청각 서비스, 새로운 정보기술, 쓰레기 처리와 재활용 활동과 같은 영역에서 활발한 사회적기업들의 활동을 추진하였다.

ii) 사회적경제의 제도화

영국은 전통적으로 사회복지의 체계화가 오랫동안 이루어진 국가로 사회복지 서비스의 국가 책임을 강조하였다. 그러나 1980년대 이후 보수당 정권이 등장하면서 신자유주의적인 경제 정책을 기조로, 사회복지에 대한 재편과정이 시작되어 사회복지 제공의 외부화(externalization)가 자리하게 된다. 사회복지 제공의 외부화의 주요 특성은 민영화(privatization)와 자유 시장화로 지역사회 보호(community care)가 강조되면서 지방정부의 역할이 강화되었다. 민간기관의 역할 분담을 통한 사회복지 서비스의 민영화는 소비자의 선택권을 중요하게 다루고, 수요 중심의 접근으로 정부는 독립적인 복지서비스의 공급자들과 계약문화를 발전하게 된다.

영국의 고용전략의 주요 내용은 미국의 근로연계복지(work fare)적인 성격과 유사한 뉴딜정책으로 이루어진다. 사회 보장 급여의 수급을 조건으로 노동시장 통합 프로그램에 참여하도록 강제하는 프로그램들에 의존하여, 생계지원, 직업상담, 직업훈련, 고용보조금, 창업지원 및 사회적응훈련 등을 포함한다. 뉴딜사업의 중심은 미숙련 노동자들이 숙련 노동으로 이전할 수 있도록 하는 지원 프로그램의 증가와 지속적인 노동시장에서의 경쟁력과 생산적인 고용을 개발하고, 'One-Stop Shop'을 통해서 제공되도록 각 프로그램들 간의 연계를 촉진하는 단일진입체계(single gateway scheme)가 구축되었다. 고용보조금의 지급과 고용지원 프로그램, 보육 상담 등이 연쇄적으로 제공하여 해당 프로그램 대상자들의 참여를 촉진한다.

사회적경제 정책을 관장하는 제3섹터부의 핵심 내용은 크게 3가지로 요약된다. 첫째, 사회적 기여(philanthropy)로, 기업과 제3섹터가 기부와 자원봉사에 기여하도록 유도하는 정책이고, 둘째는 종합적인 제3섹터 진흥정책으로, 제3섹터가 스스로 조직들의 발전을 진흥하고, 제3섹터 발전에 긴요한 인프라 구축을 정부가 지원하며, 그밖에 제3섹터 발전을 위한 정부의 종합적인 지원방안을 모색하는 것이며, 셋째는 '사회적 경제'에 초점을 맞춰, 사회적 기업, 협동조합, 공제회 등 비즈니스와 같은 수익사업을 하는 기업들의 창업을 정부가 지원하는 정책이다. 사회적경제와 관련하여 영국은 지역사회이익회사법(CICs: Community Interest Companies)을 제정하여 사회적기업 육성을 장려하고 있다. 영국의 사회적기업의 주요 서비스 영역은 보건의료 서비스, 개인 및 사회 서비스, 주택, 교육, 사회복지 등을 추진한다.

(2) 스웨덴의 사회적경제와 제도

i) 사회적경제의 태동과 발전

스웨덴에서 1800년대 중반까지는 사회복지라는 관념이 생성된 시기로 과거에는 조직된 자선사업과 빈민구제는 교회의 일로 간주하였다. 그러나 종교개혁 이후에 교회와 국가가 결합되면서 간접적으로 복지에 대한 공공행정의 관념이 등장하고, 이후 1870년대에서 1930년대에 이르는 산업화와 대중운동의 시기를 겪으면서 복지국가의 기틀을 마련하게 된다. 1870년부터 자유로운 교회, 노동조합과 사회민주당을 포함하는 노동운동, 소비자협동조합, 스포츠 운동, 주택 및 임차인 협동조합, 농민협동조합, 그리고 성인교육기관 등의 대중운동을 형성하였고, 이들은 자선사업에 의존하기보다는 이후에 질병과 생명보험, 실업보험 등과 같은 보편적인 복지국가로 전환된다. 1880년대 초반에 사회민주당이 창당되고 약 10년 후에 스웨덴 노동조합연합이 설립, 권력을 장악하여 노동조합연합은 농민당과의 연합을 시도하고, 노동조합운동과 농업협동조합의 조합원들이 그들의 기반으로 작용한다. 노동조합운동과 농업협동조합의 두 가지 대중운동은 근본적인 방식으로 스웨덴 사회를 변화시켰고, 주도적 복지국가로서 정부가 시민권에 기반을 둔 보편적인 사회적 서비스와 사회보험을 제공하는 데 조력하게 된다. 1940년대에서 1970년대를 거치면서 스웨덴은 유럽 사회에서도 가장 성공적인 복지국가모델을 제공하였는데, 이 시기는 또한 스웨덴 노동운동이 영향력이나 조합원수에 있어서 가장 절정기를 맞은 기간으로 이 시기의 스웨덴 모델은 경제적으로 물가안정, 경제성장, 완전고용, 그리고 적극적인 노동시장정책을 통한 산업구조재편이 토대 가되었고, 정치사회적으로 노 · 사 · 정의 사회적 협약에 기초한다.

1970년대 이후 경제 발전과 완전 고용을 기초로 한 스웨덴 모델의 쇠퇴되고, 사회복지체계에 대한 자율성과 개인적 책임을 강조 및 공공예산의 급격한 삭감과 공적 서비스의 질을 훼손하게 된다. 이 과정에서 제3부문과 사회적 경제에 대한 관심은 초기에 공적 공급을 지지하는 사람들과 조속한 민영화의 추진을 바라는 반대자들 사이에서 주변화 되어간다. 많은 사회정책들이 개인적 책임을 강조하는 시장지향적인 탈규제화, 탈중앙화, 민영화 등으로 방향 전환되고, '복지혼합(welfare mix)' 영역에서 제3부문이 공공부문 내의 활동들에 대한 대안적인 역할 수행에 대한 가능성 검토한다. 정부 정책이 사회복지, 건강, 그리고 교육 등의 서비스를 제공하는 데 있어서 사회적 경제조직들의 영역과 공유되는 새로운 영역들을 개발하였다.

ii) 사회적경제의 제도화

스웨덴 노동시장 정책의 기본 방향은 '적극적인 노동시장정책'으로 공공고용 서비스 영역의 공공지출 비용은 직업훈련과 보조금 지원고용의 공공지출 비중이 높은 편이다. 이는 실업자들로 하여금 직업훈련을 통해서 노동시장에서의 경쟁력과 취업가능성을 높이면서 적극적인 취업알선과 고용보조금 지급 등의 고용지원프로그램을 통해서 노동시장으로의 진입이 가능하도록 하는 전략이다. 완전고용과 높은 노동시장 참가율은 일반적인 스웨덴 복지국가의 두 가지 중요한 구성요소로 완전고용은 전후 노동운동의 중심적인 정책 대상이었으며, 실제로 스웨덴 복지국가를 뒷받침하였다.

그러나 1990년대 경제위기가 발생하여 1991년에 집권한 보수당 정권은 경제위기를 반영해서 사회복지, 연금, 건강보험, 실업급여, 가구보조, 아동수당 등의 예산을 삭감하는 일련의 조치들을 단행하였다. 변화된 사회복지 개혁의 방향은 사회복지 부문에 복지다원주의(welfare pluralism)를 도입하는 것으로 대부분의 복지서비스에 대한 정부 독점으로부터 차츰 공공부문의 역할을 줄여나가고, 사회복지 관련 기관들을 구조조정 및 지방으로 이전하는 것이다. 보건, 교육, 사회복지 등의 서비스 제공의 책임을 중앙정부에서 주(country)와 시(municipality) 등 두 층의 지방정부로 많은 부분을 이전, 지역의 새로운 사회적 서비스 공급자들이 등장하고, 이와 같은 환경은 지역사회의 사회적 경제 조직들이 지역의 새로운 서비스 공급자로 참여하게 하는 계기로 작용하였다. 그러나 스웨덴의 사회적 서비스 영역은 국가의 역할이 주도적인 상황이라고 할 수 있다.

스웨덴은 1998년에 사회서비스법(social service act)을 개정하여 자활지원 프로그램의 기초를 만들었다. 장기실업자나 청년실업자들에게 전일제 근로활동과 개인의 특성에 맞는 고용지원을 제공하고, 시에서 운영하며, 이들은 공공근로 형태의 고용지원 프로그램을 제공한 경험을 통해서 청년실업자나 사회부조 수급자들에 대한 자활지원 프로그램을 운영하여, 고용보증 활동(activity guarantee), 직장체험 프로그램(work experience), 구제사업(relief work), 공공고용보호 등을 추진하였다. 또한 지역협동조합 발전센터(LKU)를 설립하여 지방도시의 문제를 치유하려는 노력과 1980년대 초반에 실질적인 지역발전에 대한 고려가 이루어지게 된다. 협동조합의 지원을 위한 스웨덴 모델은 지난 10여 년간 상당히 성공적이어서 스웨덴 LKU는 요양, 보육, 교육 및 장애인들에 대한 개인 서비스 제공의 영역에서 많은 수의 소규모 협동조합들의 생성을 촉진하는데 기여하였다.

특히 사회적 경제는 2001년 스톡홀름(Stockholm)의 시 행정위원회에서 사회적 경제를 촉진하기 위한 법안프로그램을 채택하여 주민들에게 서비스를 제공하는 데 있어서 사회적

경제의 역할을 촉진하였다. 전체적으로 시의 경제발전을 증진시키기 위한 몇 가지 조치들과 함께, 특히 노인요양 서비스를 발전시키고 있다.

스웨덴의 보편주의 제도적 복지국가는 정부, 기업, 시민사회 사이의 '노동의 분업'에 기초한 조합주의의 산물로 '사회적 협동조합'이 활발하다. 사회적 협동조합(social cooperatives)의 법적 지위는 '경제적 결사체'이다. 스웨덴의 '결사체 법'에 의하면 경제적 결사체는 회원들의 노동에 의해 생산활동을 해서 상업적 수익을 창출해 회원의 경제적 이해를 충족시켜주는 조직으로 '자원적' 결사체. '경제적 결사체'보다 법적 규제를 받지 않고 자율적인 조직으로 민주적 거버넌스 구조도 강하다.

(3) 독일의 사회적경제와 제도

독일의 사회적 기업은 실업 극복을 일차적 목표로 하지만 정부지원의 감소 때문에 지자체의 경우에는 사회서비스 비용 절감을 위해, 복지기관의 경우에는 사회문제 해결의 부수적인 효과를 위해 추진되고 있다. 국가, 시장, 시민사회 등 삼대 섹터 사이에 존재하는 독일의 사회적 기업 유형은 전체가 국가의 재정지원에 의존하는 특징이 있다.

i) 배경과 특징

독일은 근대 자유주의적 사고를 기반으로 교회와 노동운동을 통한 자발적인 복지의 제공으로 연합체들의 생성이 촉진되었다. 1862년에 집권한 비스마르크는 노동자들의 연합체를 합법화했고, 1869년에 노동조합이 최종 합법화됨에 따라 노동운동은 건강보험에 대한 자주적 관리를 통해 노동자들의 생존과 지속적인 활동을 보장하고자 하였다. 자조적 연합체로 시작해서 시민사회를 형성하는 연합체의 일부로 발전해 온 건강공제조합(health mutuals)과 같은 상호보험 회사들(mutual insurance companies)은 공적인 사회보장체계에 포함되고, 교회는 사회적 도움을 위해서 복지연합체들을 형성하고, 노동운동은 아래로부터의 사회경제적 개혁을 도모하게 된다. 1920년대 후반에 '노동자복지연합(workers welfare association)'이 설립되고, 1930년대에 소비자 협동조합 등이 활성화되며, 주택협동조합을 비롯하여 협동조합의 '공공재(public good)'적 성격이 확장되었다.

이후 1980년대 초기에 실업률과 복지국가의 위기 상황에서 신자유주의적 사조에 기반한 경제적 자유주의 복귀를 주도하게 된다. 당시에 복지연합체들은 심각한 위기에 직면하여 새로운 자조그룹들은 '공동생산자(co-producer)'로서 지역주민들의 참여와 역할분담을 통해서 서비스 영역과 정부, 사회적경제 영역들이 혼합하기 시작하였다. 또한 독일통일에 따라 독일 사회 전체에 급격한 경제적 변화 초래되어 실업률 문제가 대두되면서 BQG(고용과 훈련을 위한 기업)는 적극적인 노동시장정책과 사회정책의 수단으로써 공식적으로 인정되었다. BQG는 지역의 노동시장과 지역발전 전략의 수단으로써 실업자들의 노동시장으로의 통합을 돕는 '고용촉진기업(employment promotion enterprises)'과 사회적기업들로 발전된다.

ii) 사회적경제 제도화

독일의 복지체제는 전통적으로 금전적 이전에 집중하여 사회적 서비스는 우선 사회보험, 지방정부, 연방정부에 의해 제공되는 지역서비스 체제 등의 공공기관들에 의해 제공되며 거대한 복지연합체들에 의해 제공되었다. 특히 정부의 사회적 책임이 강조됨에 따라서 사회보험에 의해서 재정적 지원이 제도적으로 보장되기 때문에 이러한 민간영역의 서비스 공급은 공공영역으로 자연스럽게 포괄되었다.

독일의 사회적 서비스 체제는 공급차원에서 적극적인 복지다원주의를 추구하여 사회적 서비스 공급의 다원화는 시장화(marketization)의 과정이기보다는 기존의 조합주의 모델과 거대한 복지연합체들의 카르텔(cartel)적인 지위가 이루어졌다. 독일은 고용촉진법(AFG)과 연방사회복지법(BSHG)에 연계한 '고용지원프로그램(HzA: Hife zur Arbeit)'과 소극적인 연금지급 대신에 적극적인 고용창출 계획을 추진한다. 독일 사회적 경제는 '보조금의 원칙' 이라는 중요한 복지서비스 영역에서 찾을 수 있다. 독일의 복지연합체들은 제3부문 총 고용의 80%에 해당하는 고용비율을 보인다(1995, 1996년). 시민사회는 다양한 지역사회의 시도들을 통해서 새로운 사회적 서비스 공급자로서 등장하였고, 상업적 기업과는 다른 경영구조를 가지고 있는 대략 350여 개의 상호건강보험회사들이 존재한다. 독일의 협동조합은 주로 공공주택(public goods) 영역에만 국한된다.

(4) 미국의 사회적경제

미국의 사회적경제 전통은 비영리기관과 연계하여 살펴 볼 수 있다. 18세기부터 교육기관에 대한 면세와 각종 재정지원을 시작으로 19세기에는 병원 등 의료기관에 대한 지원으로 제도화되는 등 정부의 역할은 최소화된 상황에서 민간영역이 활동을 대신했다. 그러나 1929년 대공황 이후 비영리기관 중심의 서비스 제공의 역할이 약화되고 정부의 개입이 강화되는 상황을 맞이하게 된다. 1980년대는 레이거노믹스가 추진되면서 정부의 역할이 약화되면서 비영리기관의 역할이 증대되는 시기를 맞이하게 된다. 1990년대 이후 취약계층의 증가로 인한 사회문제 대두로 시장친화적이고 지속가능한 취약계층을 위한 지원으로서 사회적기업이 대두되고 있다. 취약계층을 자활할 수 있도록 도움을 주어 사회에 복귀시키는 동시에 재정에도 도움을 줄 수 있는 사회적 기업에 대한 관심이 확대되는 것이다.

미국에서 비영리조직은 사회적 경제 영역이 혼합되는 성격을 가지고 있고, 신자유주의 복지제도와 기업가 정신을 장려하는 문화를 바탕으로 사회문제를 사적 영역에서 해결하는 것을 옹호하며, 시장이 자본을 (심지어 자선 관련 자본(philanthropic capital)도 가장 유망한 분야에 효율적으로 할당하고 고성과적 해결책을 제시해야 한다는 신념하에 운영되고 있다.

3. 한국의 사회적경제 발전과 제도화 과정

(1) 사회적경제 발전

i) 1945년 이전 상황

우리나라의 사회적경제는 1919년 이후 협동조합 운동에서 기원한다고 본다. 일제 강점기 시대에 선교사에 의해 양로원, 민간 구호, 학교 등이 만들어지면서 민간영역이 등장하기 시작하였다. 자본가의 무리한 횡포와 일본제국주의의 횡포로부터 조선의 경제를 구해내는 것이 중요한 사회적 목적으로 대두되어, 자립적인 소비자협동조합과 생산조합의 조직을 통해서 민중에게 경제적 이익을 제공하고자 하였다. 한국 최초의 협동조합은 소비자협동조합으로 경성소비조합, 목포소비조합이 1920년에 지식인들을 중심으로 조선인의 경제적 자립을 위한 목적으로 시작하였다. 1932년 동아일보의 조사에 따르면 협동조합 97개(소비자협동조합), 조합원 4만명에 이르렀음을 보고하고 있다. 이들에 대한 기록은 동경유학생 협동조합운동사, 천도교의 조선농민사, 기독교 YMCA 농촌협동조합등에서 확인할 수 있으며, 이러한 활동들이 모태가 되어 민간협동조합운동으로 확산되었다.

ii) 1945년 이후-2000년대 이전

1945년 해방과 6 · 25 전쟁은 국민들의 생활고를 가속화시키는 계기가 되었다. 빈곤가정이 증가하였으나, 사회적 배제 계층에 대한 국가적 관심이 소홀하였고, 절대적 빈곤상황에서 경제발전이 최고의 가치가 되었다. 이 시기의 사회적경제 활동 상황은 농촌과 도시로 양분되었다. 우선 농민관련 협동조합은 1945년 이후 좌우익 농업협동조합 구성하였다. 자율적으로 운영되던 농업협동조합이 1961년 농업협동조합법과 농업은행법을 폐지하고 농협법 제정되어 종합농협 발족되었다. 농협은 구매, 판매, 이용, 가공과 같은 경제사업과 함께 신용사업을 하게 되었고, 특히 경영 관리층에 대한 인사에 대한 정부의 간여가 확대되어 관제화의 길을 걷게 된다. 반면 도시에서는 1960년에 우리나라 최초의 신용협동조합인 성가신용협동조합이 설립되어 운영되었고, 1972년에는 신용협동조합법 통과되었다. 1968년에는 부산에 안남동 청십자의료협동조합이 개설되어 이후 전국민의료보험제도가 도입되기까지 지역사회에서 가난한 자들의 건강을 제공하게 된다.

1980년대는 소비자 협동조합이 대두되기 시작했는데, 1988년 한살림 공동체 소비자협동조합 창립, 여성민우회 설립, 1994년 소비자협동조합중앙회와 대학생활협동조합운동 시작되었다. 이 시기에 생활협동조합은 여성들을 중심으로 활동이 전개되었으며, 우기농산물직거래, 공동구매, 보육, 의료, 보건 등의 생활협동조합 이루어졌다. 1999년에는 소비자생활협동조합법이 통과되었다. 또한, 1970년대 수도권특수선교위원회의 빈민선교, 산업선교 등을 중심으로 한 노동자협동조합의 설립은 이후 1990년대 초반 K 건설, 봉제업종의 생산공동체 운동을 통한 노동자협동조합운동 활동으로 연계되었으며, 빈민지역의 경제적 불이익 극복, 민주적 대안 공동체 활동으로 전개되었다. 특히 1995년 김영삼 정부의 국민복지기획단에 생산자협동조합의 방식이 검토되면서 자활지원센터 운영과 관련된 시범사업 실시되었다. 이런 활동은 1990년대 말 IMF 위기 상황에서 한국의 사회적 경제활동의 제도적 편입과정에 서게 된다.

iii) 2000년대 이후

IMF 구제 금융은 사회적경제가 우리사회의 복지와 노동, 생산 정책에 빠르게 흡수되는 계기가 되었다. 실업자 증가와 빈곤층 확대, 이로 인한 일자리의 보급이 국가의 과제가 되면서, 그동안 사회적 배제계층을 위한 사업을 추진하던 민간영역과 협력이 이루어졌으며, 당시 영국의 블레어 총리가 추진하던 제3의 길을 도입하여 근로연계복지정책을 설계한다. 이것은 김대중 정부의 생산적 복지로써 모든 국민이 인간적 존엄성과 자긍심을 유지할 수 있도록 기초적인 생활을 보장함과 동시에 자립적이고 주체적으로 경제 사회활동에 참여할 수 있는 기회를 확대하고 분배의 형평성을 제고함으로써 삶의 질을 향상시키고 사회발전을 추구하는 국정이념과 연동된다.

IMF를 극복하기 위한 여러 활동 중에 실업극복국민위원회는 실직가정에 대한 생계비 지원과 취업알선, 각종 상담사업 전개하고, 공공 근로사업을 통해 실업자들에게 한시적으로 공익성이 높은 사업의 일자리를 제공하여 최소한의 생계를 보장하게 된다. 공공 근로사업은 민간에 위탁하여 운영된 사업인데(무료간병사업, 음식물재활용사업, 빈곤가정집수리사업, 재활용사업, 숲 가꾸기 사업), 향후 사업의 안정성을 위하 사회적 일자리로의 전환을 요구하게 되고 이후 사회적기업으로 전개된다.

(2) 제도화 과정

i) 자활사업

1990년대 말 IMF로 인해 실직자와 빈곤이 확산됨에 따라 기초생활보장을 통해 저소득층에게 의료, 교육, 주거서비스를 지원하는 사업과 함께, 근로소득이 적은 빈곤층에 대해서는 근로소득보전세제(EITC: Earned Income Tax Credit)의 도입을 통해서 근로유인과 소득보전을 동시에 추구하는 정책을 추진하게 된다. 자활사업은 「국민기초생활보장법」에 근거하여 근로능력이 있는 저소득층이 스스로 자활할 수 있도록 자활능력을 배양하고 기능습득을 지원하여 근로의 기회를 주는 사업이다. 조건부 생계급여제도를 통해 근로능력이 있는 수급자가 국가의 보호에 안주하려는 도덕적 해이를 방지하기 위한 것이라고 할 수 있다. 18세 이상 60세 이하의 수급자를 대상으로 근로무능력자에 해당하지 않으면 조건부수급자로 선정하여 특성에 맞는 자활프로그램을 제공하는 사업이다.

ii) 사회적 일자리 사업

사회적일자리사업은 취업취약계층의 노동시장 진입과 지역주민의 서비스 욕구 충족과 함께 사회서비스 일자리 창출을 위한 것으로 실직자들을 위한 한시적, 임시적 일자리의 특성을 지닌다. 취업취약계층으로 노동시장에서 취업이 곤란하다고 판단하는 구직자나 취업 의사는 있으나 다른 구직자에 비해 취업능력(학력, 경력, 자격증 등)과 취업기술(이력서 작성, 면접요령 등)이 부족하고 경제적·심리적으로 어려움을 겪고 있어 심층상담 및 지원이 특별히 요구되는 구직자 등을 중심으로 사업을 진행하였다.

사회적일자리 사업은 한시적 사업으로써 사업의 지속성, 고용의 안정성 등에서 한계가 있다는 점이 부각됨에 따라 공익형 프로그램은 2007년에 폐지되었고, 기업연계형과 광역형은 사회적기업으로 전환되었다. 이후 우리나라는 사회적경제 영역이 빠르게 제도화 과정을 거치게 되는데, 2007년 「사회적기업 육성법」제정, 2012년 「협동조합기본법」가 제정되었으며, 이후 사회적경제기본법에 대한 논의가 활발하게 이루어졌다.

제4절 사회적경제와 사회서비스

1. 복지국가 모델과 사회서비스

(1) 복지국가 유형

복지서비스 제공은 국가의 전통과 산업화 정도, 복지 서비스 제공에 대한 요구와 경제적 기준 등에 의해 발전되어 왔다. 광의의 의미의 사회서비스는 사회복지서비스, 의료서비스뿐 아니라 공공행정, 국방, 교육서비스 등을 포용하지만, 협의의 의미로는 사회서비스에 국한해 "국가, 지방자치단체 및 민간전문가의 도움을 필요로 하는 모든 국민에게 상담, 재활, 직업 소개 및 지도, 사회복지시설 이용 등을 제공하여 정상적인 사회생활이 가능하도록 하는 제도"로 이해된다. 사회서비스의 범위와 기준은 다양하지만 크게 세 가지 모델로 구분된다.

i) 보편주의

보편주의 유형은 국가가 원칙상 복지서비스의 주도적 역할을 하기 때문에 시민사회는 다양한 목소리를 모아 주창활동을 하거나 사회복지서비스 전달을 지원하는 역할을 수행한다. 북유럽을 중심으로 한 국가들이 대체로 여기에 속한다.

ii) 자유주의

자유주의 유형은 복지서비스는 국가보다는 개인들이 스스로 문제를 해결하거나 시장에서 서비스를 구매해야 한다는 입장이다. 개인의 '자산조사'를 통해 정부가 사회서비스 제공책임을 지지 않고, 개인이나 가족의 책임에 맡겨진다. 소득 등 생계수단이 취약한 집단만을 대상으로 선별적인 서비스를 제공하는 모델로 잔여주의적 성격을 띠며, 영국과 미국이 대표적인 국가다.

iii) 조합주의

조합주의 유형은 복지국가에서 제3섹터의 역할은 비교적 광범위하게 정의하고 역할도 많다. 복지서비스는 사회정책의 통합적인 부분으로, 국가를 대신해서 다양한 시민사회조직 또는 사회적 경제 조직이 사회복지의 생산과 공급의 역할을 수행한다. 국가는 서비스의 재정 지원과 보증의 역할을 하며 동시에 서비스 제공 절차에 관한 규정으로 규제자 역할을 하지만, 시민사회조직의 자율성은 비교적 높은 편이다. 따라서 매우 다양한 형태의 사회적 기업이나, 협동조합, 공제회뿐 아니라 준정부형, 준시장형 복지단체들이 다양한 전문적 서비스 생산자 역할을 수행한다.

(2) 복지제공 모델 유형

정부와 제3섹터 관계에 관한 기드론 등(Gidron et al., 1992)은 재정부담과 공공서비스 공급 측면에서 양자의 관계를 정부주도 모델, 이중혼합모델, 상호공조모델, 제3섹터 주도 모델로 구분한다. 하지만, 어떤 국가도 하나의 모델만을 선택하지는 않고, 경제 여건과 상황을 고려하여 모델을 선택한다.

〈표 8-7〉 정부-제3섹터 관계 4개 유형

기능	①정부주도	②이중혼합	③상호공조	④제3섹터주도
재정	정부	정부/제3섹터	정부	제3섹터
공급	정부	정부/제3섹터	제3섹터	제3섹터

i) 정부주도 모델

정부주도 모델은 복지서비스를 정부가 주도하여 제공하는 복지국가 모델이다. 세계대전 이후 유럽의 국가들이 전쟁에서 황폐화된 국가의 재건과 시민들 삶의 진작을 위해 정부 중심의 모델을 채택했다. 제3섹터에 대한 재정부담과 서비스 공급 양면에서 정부 중심으로 진행되는 것이 특징이다. 정부주도모델은 공공서비스 모델이라고도 부르며 스칸디나비아의 스웨덴, 노르웨이, 덴마크, 핀란드가 해당된다. 프랑스의 경우 중앙정부의 막강한 위상이 크게 변화되지 않은 채, 제3섹터는 제2의 역할 또는 정부의 공공서비스 공급의 보조 역할을 수행했다. 그러나 거대정부와 관료제에 대한 비판적 여론이 강해짐에 따라 정부의 사회복지업무를 중앙집권에서 지방분권으로 변화시키는 정부개혁이 1982년에 단행되어 초기 '정부주도' 모델에서 '이중혼합' 모델을 거쳐 이제 '상호공조' 모델을 지향하게 된다.

ii) 제3섹터 주도 모델

제3섹터 주도 모델은 공공서비스의 공급과 재원 모두에서 제3섹터가 정부보다 주도적인 역할을 맡고 있는 모델이다. 사회복지를 포함한 일반 공공서비스의 공급에서 정부의 역할을 크게 신임하지 않으며 비판하는 분위기가 팽배한 국가에서 두드러지게 나타난다. 독일은 '제3섹터 주도' 모델에 의해 사회서비스가 제공되는 국가로 제3섹터기관이 정부와 '공조적 파트너십'(collaborative partnership)을 유지하는 국가이다.

iii) 이중혼합 모델

이중혼합 모델은 서비스 제공을 위한 재원과 공급 양면에서 정부와 제3섹터가 적절한 비중으로 역할을 공유하고 있는 형태이다. 사회복지와 같은 휴먼서비스 공급과 재정부담에서 두드러지며, 다른 영역에서는 각기 독립적인 위치를 유지하는 모델이다. 제3섹터의 주된 역할은 정부의 공공서비스 공급과 같은 서비스를 공급하지만 정부의 혜택을 받지 않은 계층에 대해 제3섹터가 주요역할을 맡는 '보충적인' 것, 정부의 재원 부족 또는 정책의 부재로 추진되고 있지 않은 영역에서 제3섹터가 독자적인 공공서비스 공급과 재원을 자체 부담하고 있는 것으로 구분된다. 이탈리아는 '이중혼합' 모델을 대표하는 국가로 역사적으로 종교기관들이 자체 재원을 갖고 공공서비스 공급을 담당해왔지만, '복지국가'가 도입되면서 이들의 역할이 점차 정부로 넘어가며 정부 업무를 보충하고 있다.

ⅳ) 상호공조 모델

상호공조 모델은 정부와 제3섹터가 각기 독자적인 역할을 수행하는 것이 아니라 상호분담을 하는 형식이다. 상호공조 모델은 미국의 '제3자정부'(third-party government)모델의 성격이 강하다. 정부의 역할을 민간이 대신하고 정부는 면세와 각종 재정지원을 해 주게 된다.

2. 사회적경제와 복지서비스

(1) 복지서비스 제공에서의 사회적경제의 의미

사회적 경제의 역사는 '복지국가'의 역사에 초점을 맞춰 이해해볼 필요가 있다. 사회적 경제는 복지국가 출현 이전부터 존재해온 오랜 역사를 갖고 있지만, 20세기 복지국가의 확대로 제도적으로 흡수되거나 심각하게 쇠퇴된 경험을 갖고 있다. 이런 쇠퇴는 복지국가가 번성하는 1970년대 말까지 지속된 후 경제구조조정, 대량실업, 빈곤확대 등으로 복지국가가 심각한 위기에 처하면서 다시 사회적 경제에 주목하는 새로운 변화를 맞이한 것이다.

'새로운' 사회적 경제는 이전의 사회적 경제와 전혀 다른 사회경제적 위기 상황에 직면하게 되는데, '노동의'위기인 산업경제의 구조적 문제와 '국가역할'의 위기인 '신자유주의' 정책에 따라 위축된 국가의 역할을 시민사회, 사회적 경제에 떠맡기는 새로운 변화이다. 취약층의 삶의 위기에 대한 문제를 사회적 경제가 담당하게 대면서 사회적경제의 역할에 대한 비판과 낙관론이 동시에 등장하였다. 사회적경제는 국가 대신 취약층의'관리자' 역할을 하며 신자유주의의 구조적 모순을 감추는 데 일조를 한다는 비판과 '분배정의 등 사회적 목표를 추구하며 지금의 위기를 극복할 수 있다.'는 비판적 시각, 그리고 국가실패와 시장실패의 '제3의' 대안으로 역할을 한다는 것이다.

사회적경제는 국가와 시장이 공급하지 않고 또 그런 의지가 없는 일자리 창출과 사회서비스 제공을 위해 지역사회 자원을 동원하고 활용함으로써 새로운 서비스 공급 체계로서의 역할을 수행하고 있다. 더불어 유럽에서는 사회적 경제가 사회문제 해결에 주도적인 역할을 하도록 하는 국가와의 '신사회계약'이 추진되고 있다. 사회적 경제의 역할 확대는 사회적 경제의 '지역'과 '공동체' 중심의 속성 때문에 대안으로서는 기능을 갖고 있지만, 복지국가의 소득재분배 기능을 대행할 수 없다는 점에서 한계가 있다.

(2) 사회적경제의 사회서비스 제공

사회서비스 제공에 있어서 사회적경제는 매우 중요한 역할을 하고 있다. 유럽 뿐 아니라 캐나다 역시 사회적경제가 사회서비스를 제공하는데 기여를 하고 있다. 캐나다의 경우 1960년대 이래 퀘벡에서는 4만 9천개의 조합이나 사회적경제 조직이 형성되고 있으며, 1990년대 복지국가 위기의 시대에 새로운 복지국가 대안으로 정부와 사회적경제의 확고한 파트너십을 구축하게 된다. 캐나다에서 사회적경제는 보육서비스, 노인과 장애인을 위한 홈케어(home care), 사회적 주택(social housing)에서 두드러진 역할을 하고 있으며, 점차 확대되어 가는 추세이다. 스웨덴은 보육과 교육을 중심으로 사회적경제가 사회서비스를 제공하고 있으며, 이탈리아는 사회적협동조합을 중심으로 노인서비스 제공에서 활발한 역할을 하고 있다.

대표적으로 사회적경제에 의해 서비스가 제공되는 캐나다의 보육서비스를 살펴보면, 캐나다의 보육서비스는 1960년대 말 이래로 무수한 사회운동과 지역사회 기반 조직들의 실험과 투쟁의 결과로 나타났다. 중앙정부가 재정적으로 지원하고 지역사회 기반의 서비스

기관들이 제공하는 보육서비스가 직장생활을 하는 여성들의 경제활동을 지원하고 아동이 지속 가능한 환경에서 건강하게 성장할 수 있는 최상의 모델이라는 확신에서 추진해온 것이다. '보편적' 보육서비스 정책으로 보육센터는 비영리적으로 운영하고 있으며, 동시에 민주적 조직형태를 갖추고 운영된다. 또한, 퀘벡 정부는 개인이 자신의 자연스러운 생활환경에서 생활하는 것이 개인의 건강과 복리에 기본이라는 인식을 바탕으로, 노인이나 장애인 등 취약층을 위한 재가서비스를 실시하고 있다. 홈케어 서비스는 오랫동안 영리기업이 독점적 시장을 갖고 있었으나, 퀘벡에서 시민사회가 사회적경제 조직화로 참여하게 된 것은 1997년 이후 정부의 새로운 가족 정책의 도입과 재정지원의 확대로 가능해진 것이다. 지자체들이 파트너로 참여해 도움을 주며, 동시에 고령화 사회가 진행되며 인구의 고령화가 초래하는 서비스 양의 증가를 효과적으로 대처하기 위한 방안을 탐색하는 과정에서 출발하였다. 사회적 주택도 사회적경제 전략으로 추진하고 있는데, 주택은 개인의 건강과 복리의 기본으로 사회적경제 영역에는 주택공급조합 등 다양한 형태가 존재한다. 몬트리얼에서는 2천개의 주택이 사회적경제 조직들이 담당하는 주택 및 의료, 복지서비스가 복합적으로 이뤄지고 있다.

캐나다 사회적경제는 보육서비스, 재가서비스, 사회적 주택에 사회적 경제 조직들이 참여해 공급자 역할을 하고 이용자 주민들과 더불어 민주적 조직을 운영하고 있는데, 이러한 변화는 1990년대 캐나다의 보편적인 동향이라고 할 수 있다. 복지국가의 위기를 맞아 국가와 시장에서 시민사회에 새로운 관심의 초점을 맞추기 시작하여 수동적인 복지수혜자로 간주했던 시각이 수정되어. '수혜자'가 아니라 '참여자'로, '의존'이 아니라 '자율'로 시각이 바뀌면서, 정부의 사회정책도 정부가 일방적으로 주도하는 정책이 아니라 정책의 직접적인 영향을 받는 시민들이 의사결정과정에 참여해 발언하고 자신들의 이해를 증진시키는 정책과정으로 변하게 된 것이다. 주민들의 참여는 '시민권'으로서 '이용자 자치역량'이나 '시민사회의 역할' 등에 긍정적인 기여를 하고 있다.

제5절 사회적 혁신과 기업가 정신

1. 사회적 혁신의 의의

(1) 사회적 혁신의 의미

'사회혁신'이란 사회문제 해결에 타깃을 맞춰 사회 전체에 혜택이 돌아가는 혁신으로 정부의 영역을 넘어 시민사회와 시민들의 활동으로 수행된다. 사회적 혁신은 경제적 혁신처럼 새로운 형태의 생산을 도입하거나, 새로운 시장 자체를 위해 새로운 시장을 활용하는 것이 아니라, 시장이 제공하지 못하는 새로운 요구를 충족시키며 사람들이 생산과정에 일자리를 갖고 역할을 하도록 함으로써 새롭고 보다 만족스런 접합(insertion)의 방안을 창출하는 일을 의미한다. 사회적경제에서 혁신의 의미는 고용, 소비 또는 참여를 통해 개인과 공동체의 복지를 개선하는 일, 개인과 공동체 문제에 해결 방안을 제시하는 것을 의미한다. 이미 사회적 혁신의 중요성을 인지한 OECD에서는 사회적혁신포럼을 통해 사회적 혁신은 1) 개인과 공동체의 삶의 질을 개선하는 새로운 서비스를 개발해 제공하고 2) 새로운 노동시장 통합과정, 새로운 능력, 새로운 일자리, 새로운 참여 형태를 파악해 실행함으로써 이런 다양한 요소들 각각이 개인의 직장에서의 위상을 개선하는 데 기여해야 함을 제시하고 있다.

(2) 사회적 혁신에 대한 사회적경제의 기여

i) 사회문제 해결 방법의 전환

사회적 문제를 해결하기 위한 사회적 혁신 방안으로 유럽에서는 생활 실험실로 정의되는 소셜리빙랩을 활용하고 있다. 유럽은 2006년에 20여개의 리빙랩들이 모여 유럽리빙랩네트워크(ENoLL, European Network of Living Labs)를 설립하여 사용자 중심(user-centred) 열린 혁신 생태계로서, 실제 생활 공동체와 조건 안에서 연구와 혁신적 진행 체계를 통합한 체계적인 사용자 공동 창조 접근(법)에 기반을 두고 운영 중이다. 소셜리빙랩은 능동적 사용자의 참여(active user involvement)를 통해 사용자가 혁신의 전 과정에 영향을 미칠 수 있도록 권한을 부여하고, 실제 생활에서의 구성(real-life setting)으로 현장에서의 실험과 시도를 유도하며, 다양한 이해관계자의 참여(multi-steakholder participation)와 다양한 방법론적 접근(multi-method approach)등을 활용하여 공동생산 작업을 추진 중이다.

ii) 사회적경제 특성에 기인한 기여

① 지역공동체 지향성=지역주민에 대한 민감성

사회적 경제는 '사회적' 목적을 위해 민주성, 공동체 지향성, 취약계층에 대한 대응성, 자치역량강화 등을 추구한다. 지역성(공동체) 기반의 논리는 사회적 경제는 지역사회의 문제를 기반으로 공동체가 직면한 문제들 실업, 가난, 일자리 상실, 공동체 문제들을 공동체가 중심이 되어 해결한다는 것을 의미한다.

② 민주성에 기여

사회적경제의 민주적 효과는 개인적 차원, 공공적 차원, 제도적 차원으로 구분한다. 개인적 차원에서는 정치적 능력과 시민적 덕성, 비판적 능력을 함양함으로써 민주주의의 학교 역할을 담당하고, 공적 차원은 시민사회의 공공역할과 토의의 저변을 확산하며, 제도적 차원에서는 전통적 의미의 이익극대화와 저항의 기능을 담당하며, 국가에 대한 민주적 정통성을 재고하는 역할을 한다.

③ 거버넌스 협력체체

사회적 경제는 다중이해당사자와 지역사회에 착근을 위해 존재하며 '호혜적 관계에 기초한 경제'로써, '호혜성'은 사회자본(social capital)을 구성하는 핵심요소로서 사회자본 축적에 기여한다.

④ 자원혼합에 따른 지역사회 신뢰유발효과에 기여

사회적경제는 다중이해당사자 조직과 다중목적(multiple purpose)의 성격을 지녀, 이해관계자가 '내부화(internationalization)' 된다. 노동자, 경영자, 자원봉사자, 기부자, 소비자와 이용자, 공공기관, 지역사회, 조합, 다른 제3섹터 조직, 민간기업, 혹은 조직과 관련하여 다른 범주가 포함되는 역동성으로 인해 유익한 논의와 사회자본 창출에 의해 갈등이 대체되는 다면적인 사회 환경에서 출현하는 '신뢰유발효과(trust generation effects)'에 기여한다.

iii) 사회적기업가정신 혁신성에 기반한 기여

사회적경제는 기업들처럼 자신들의 내부 조직 문화를 강화하며, 시장경쟁으로 소비자를 만족시키는 재화와 서비스를 생산하고, 새로운 서비스 요구에 부응하기 위해 노력하는 기업이다. 그러나 사회적기업은 일반기업과는 달리 사회적 문제를 해결하고자 하는 의지가 강하며, 사회문제를 해결하는 과정에서 환경의 지속성, 일자리의 안정성을 동시에 추구하는 사회적 가치 조직이라고 할 수 있다. 이러한 측면은 사회적경제 기업들이 본질적으로 사회적 목적을 달성하기 위해 기업적 수단을 활용한다는 점에서 기존의 사회문제를 해결하는 방식과는 차별화되는 것이라고 할 수 있다.

2. 기업가정신의 의의

(1) 기업가의 의미

기업가(Entrepreneur)란 '사회의 생산력을 향상시키고 경제적인 변화로 나아가게 하는 창조적 파괴를 제공하는 사람'으로 정의된다. '수행하다. 시도하다. 모험하다'라는 프랑스어 어원을 가지고 있으며 빠른 기술변화, 경쟁의 가속화, 기업들의 전략적 대응으로 인해 기업가의 역할이 더욱 커지고 있다. 슘페터는 기업가를 시장에서 잘 팔리는 신상품으로 이루어진 생산수단을 구입하는 대리인으로 정의하고 있고, Drucker는 관리경제에서 기업가적 경제로 변화함에 따라 기업들이 규모와 조직을 통해 지배하던 관리체제에서 사람과 새로운 기술이 중심이 되는 기업가적 경제체제로 전환되면서 중요성이 더 커졌다고 한다. 기업가는 실패할 위험을 밀고 나아가는 사람으로 혹은 새로운 아이디어나 발명을 성공적인 혁신으로 전환시키는 사람이나 혁신을 경제적 재화로 전환시키기는 사람으로 정의한다.

(2) 기업가정신의 개념

기업가정신(Entrepreneurship)은 기업가가 보유하고 있는 능력으로 현재 보유하고 있는 자원이나 능력에 구애 받지 않고, 기회를 포착하고 추구하는 사고방식 및 행동양식을 의미한다. 이러한 기업가 정신은 5가지 요소를 구비할 것을 의미한다.

① 혁신성(innovation)은 자본주의 경제성장의 필수불가결한 추진동력으로 기존의 아이디어, 시장, 기, 제품, 서비스 등을 새로운 것으로 하고자 하는 것을 의미한다.

② 기회포착(opportunity)은 기업가정신의 출발점으로 창업결정, 환경조건 판단 능력을 의미한다.

③ 위험감수(risk-taking)는 새로운 비즈니스의 성공에 대한 확신이 없을지라도 과감하게 행동하고 기꺼이 새로운 비즈니스 기회를 포착하는 능력을 의미한다.

④ 활동성(activities)는 새로운 무엇인가를 창출하고 위해 이를 탐색하고 행동으로 옮기는 것을 의미한다.

⑤ 진취성(proactiveness) : 변화의 인식과 자발적인 경쟁에 대한 통찰력을 제공하고 기업환경변화의 창출과 미래 수요의 예상 활동 및 경쟁에서 새로운 제품과 서비스를 도입하는 진취적, 적극적 경쟁자 제압하는 기업가적 자세를 의미한다.

2. 사회적기업가정신

(1) 사회적기업가의 의미

사회적기업은 사회문제에 대한 혁신적인 해결을 추구하는 정부정책과 제3섹터기관의 공동 노력의 결과이며, 문제해결의 중심에 '사회기업가'(social entrepreneur)가 핵심적인 역할을 하고 있다. 사회적 기업가는 다양한 형태의 시장 실패로 인한 사회문제 즉, 가난, 보건, 환경 파괴, 인권 침해, 부패 등과 같은 문제들에 대해 관심을 갖고 이를 해결하기 위한 제도와 조직을 구축하여 실질적인 변화를 모색하는 사람이다. 드러커(Peter F. Drucker)는 기업가정신이 기업 단위에 국한되는 것이 아니라 한 사회 의 모든 구성원이 본질적으로 지녀야 할 자기 혁신의 토대라고 강조했다.

사회적기업가는 사회적경제가 추구하는 사회적 혁신의 사회적 목적 추구와 연동되며, 사회적 목적은 비영리성, 민주성, 참여와 연대(사회적 자본 확대), 사회적 배제(social exclusion) 감소, 자치역량(empowerment) 강화 등에 긍정적인 영향을 미친다. 일찍이 사회적 혁신과 사회적경제에 관심을 기울인 유럽위원회는 사회적경제가 시민과 공동체의 자치역량에 크게 기여하고 있으며, 이러한 역할의 핵심적인 요소는 사회적기업가라는 점을 제시하고 있다.

영리기업가와 사회적기업가는 본질적으로 기업가정신을 추구한다는 점에서는 공통점이 있으나 몇 가지 점에서 구분되는 특징이 있다. Dees(1998)는 이러한 특징으로 ① 사회적 기업가는 개인이 아닌 사회적 가치를 창출하고 지속시키는 미션 실천하는 것, ② 사회적 가치를 제공하기 위한 새로운 기회들을 지속적으로 인지하고 추구, ③ 지속적인 혁신, 적용, 학습의 과정을 통해 사람들의 마음을 얻는 것, ④ 현재의 자원들의 제한을 뛰어넘는 혁신을 통해 대담하게 실천, ⑤ 사회적 가치를 창출하는 것에 대해 높은 책임감을 갖는 사람을 의미한다. 사회적기업가는 새로운 가치를 창출하고, 사회적혁신을 추구하며, 올바른 것을 실행하며, 다른 사람과 공감하는 마음가짐을 갖는 사람을 의미한다.

(2) 사회적기업가정신의 의미

사회적기업가정신은 1980년대 초반 아쇼카 재단의 빌드레이튼이 사용하기 시작하였다. 사회적기업가정신은 시민들이 빈곤, 질병, 교육, 환경 파괴, 인권 등의 사회 문제를 해결하기 위해 기관/제도(institution)를 만들거나 변화시키는 과정(process)을 의미한다. 사회적기업가정신의 특성은 사회적 가치 지향성, 혁신성, 진취성, 위험 감수성 등으로 나누어 볼 수 있다(Bornstein & Davis, 2010). 사회적 가치 지향성은 사회적 기업가가 처한 지역의 문제를 인지하고 해결함으로써 지역 사회에 기여하려는 성향을 말하며, 혁신성은 이러한 사회적 목적을 실현하는 데 있어 적절하고도 혁신적인 방법 및 대안을 모색하려는 성향을 말한다. 진취성은 이러한 방법이나 그 적용 시 시장의 변화에 적극적으로 대응하고, 사업 자체의 확장을 위해서도 노력하는 성향을 말한다. 위험 감수성은 이렇게 새로운 아이디어나 방법을 적용할 때 나타날 수 있는 사업적, 사회적 위험성에 대해 잘 인지하고 있는 것을 말한다.

사회적기업가정신은 영리적기업가와는 차이가 있는데, 영리적기업가정신과는 다음과 같은 차이가 있다. 사회적기업가정신은 당장의 문제를 넘어서 공동체와 사회 , 세상을 근본적으로 변화시키려는 태도, 급격하고 대담한 사회 변화를 의도, 사회를 재구성하려는 시도, 고통을 보살피는 것이 아니라, 고통 그 자체를 없애려는 접근, 문제 이면의 역학관계를 변화시켜, 불합리한 평형 상태의 변화를 목적으로 하거나, 비전에 자신을 몰입시키고, 고갈되지 않는 결심으로 전체 시스템을 바꾸려는 태도를 갖는 것을 의미한다.

〈표 8-8〉 사회적기업과 상업적 기업가 정신의 차이

	상업적 기업가 정신	사회적 기업가 정신
주된 적용 대상(목적)	영리기업: 이익이나 주주들의 부를 최대화 하는 것	사회적 기업: 사회적으로 과소평가되거나 무시되고 있는 사회적 필요들을 집어내어 사회적 영향력을 최대화 하는 것
공통점	- 기업가적 과정에 의해 운영(기회포착/추구, 자원 조달/활용, 마케팅) - 기업가의 역할이 매우 중요	
차이점	- 경제적 가치 창출, 개인의 부 축적, 기회 실현을 위해 외부자원 유치 - 주주 및 고객 중시 - 경쟁적 환경, 수익성/신속성 중시 - 기업가/팀에 대한 무제한 보상 가능	- 사회적 가치창출 초점, 사회적 문제 해결방식의 효율성/효과성 추구하고 경제적 생존을 달성하는데 기업가 정신 적용 - 이해관계자 중시 협력적 환경, 공익성/공정성 중시 - 인적, 물적 자원 활용에 한계

3. 공공 기업가 정신(기업가 정신의 확장)

(1) 대두배경

공공기업가정신은 관리주의(managerialism)와 신제도주의 경제학(new institutional economies)에 기초한 신공공관리의 등장에서 도출된 개념이다. 민간부문의 기업가 정신에 근거한 관리주의를 바탕으로 작고 효율적인 정부를 지향하고 공공서비스에 민간부문 및 NGO와의 협력적 거버넌스가 필요함에 따라 공공영역에서 도입되었다. 정부는 조정자로서 다양 사회변화로 인한 촉매자로서의 정부의 역할로 전환되고, 작고 효율적이며 성과지향적인 정부로서의 변화를 꾀하는 것이다. 이 과정에 공무원들은 효율성을 담보할 수 있도록 성과를 추진할 수 있는 기업가정신으로 무장해야 하며 궁극적으로 공공기업가로 변모해야 된다.

(2) 공공기업가정신

기업가정신이나 사회적기업가정신처럼 공공기업가정신도 새로운 세입원을 창출하고 향상된 서비스를 제공하며 시민교육을 늘려 시민참여를 돕는 행정책임성에 대한 적극적인 접근이 필요하며, 공공기관의 효율성 및 효과성을 강화시키기 위해 새로운 방법으로 자원을 적용하는 끊임없는 시도가 요구된다. 공공부문 조직과 운영상의 혁신적 변화를 위한 목적적, 조직적 추구와 더불어 사회적 기회를 탐색하기 위해 공공 및 민간자원을 상호 독특한 배합에 의거, 시민들을 위한 가치를 창출하는 과정을 의미한다.

공공기업가정신은 정책의 창조, 설계, 실행이라는 전체 혁신과정을 통해 새로운 아이디어를 개발하고 육성하는 것으로, 기업가정신은 공공부문 조직에 적용할 수 있는 보편적인 요소로써, 공공조직의 집단적 노력이라고 할 수 있다.

(3) 유형

공공기업가는 공공조직의 특성과 역할에 따라 4가지 유형으로 구분되며, 유형별로 기업가적 특성의 정도가 다르다.

① 정책 기업가(policy entrepreneur) : 정부의 공식적 직위 바깥에 있으면서 새로운 아이디어의 실행을 도입하고 촉진시키는 공공기업가

② 관료 기업가(bureaucratic entrepreneur) : 정부 내 비리더십 직위에 있으면서 공공조직에 새로운 아이디어를 도입하고 실행하는 공공기업가

③ 집행기업가(executive entrepreneur): 기업의 리더쉽 직위에 있으면서 공공조직을 창출, 확대시키고 공공자원의 배분 패턴을 변경시키며 조직에 새로운 프로그램을 설계하거나 중요한 혁신으로 이끌고 변화를 실천하는데 관여하는 공공기업가

④ 정치기업가(political entrepreneur) : 초기에 아주 작은 양의 자원들을 규모 있는 정치적 보유자산으로 쌓아 올릴 기회를 포착한 사람으로 이들의 영향은 장래 지원이 기대되는 영향력 중에 선의를 차례차례 창출하는 정책 촉진하는데 활용

제6절 지역공동체와 협력적 거버넌스

1. 지역공동체의 의의

(1) 지역공동체의 의미

마을은 생활공간이자 사회적 공간으로 지역과 '마을'을 중심으로 관계와 협력이 이루어지며, 사람들 간 정서적 공감이 이루어지는 장소성이 강한 특징을 갖는다. '마을'은 경제활동의 중심이 이루어지는 공간으로 마을 주민 간 공동의 생산활동이 수행되기도 하고, 노동과 자본, 사람과 시장의 이동이 자유로워진 신자유주의 시대에 '마을'을 중심으로 한 '공동체'에 대한 관심이 증가하고, 무너져가는 공동체를 회복하기 위한 각종 제도와 정책이 활발하게 추진되고 있다.

마을 중심의 공동체 회복에 대한 관심은 서구에서는 주로 다양한 형태의 시민참여와 거버넌스 형태로 등장했고, 사회적 자본의 개념으로 확대되었으며, 공동체 역량 강화를 위한 다양한 사업으로 확장되었다. '지역'이라는 지리적 공간과 공동체라는 공통의 가치를 공유하는 사회적 조직의 합성어로서 동일한 지리적 공간을 배경으로 공통의 가치를 공유하는 사회적 조직 지리적 측면보다는 유대관계의 특성이 중시된다.

(2) 지역공동체에 대한 접근

지역공동체의 개념은 19세기 말 독일의 Ferdinand Tönnies가 공동사회와 이익사회를 구분한 것에서 기원을 찾을 수 있지만, 오늘날에는 산업화에 따른 공동체 의식 약화, 복잡해진 지역사회의 문제, 저성장과 인구 과소화 문제와 함께 지역공동체 활성화의 필요성이 증가하면서 관련 논의가 활발히 진행되고 있다. 사회의 빠른 변화로 인해 전통적 의미의 공동체 개념이 다소 붕괴되고 있으나, 공동체의 속성을 중심으로 공통적 요소를 도출하여 접근하고 있다. 공동체에 대한 개념은 연구자들마다 다양하지만, 지역 안에서 개인들 간 네트워크를 통해 공동의 목적을 달성하는 과정 및 이 과정에서 발생하는 상호성과 호혜주의적 가치가 강조되는 특성을 보인다고 할 수 있다. Hillary(1955)는 공동체의 개념적 정의의 필요성을 인지하고, 공동체 형성에 필요한 요소로 지리적 근접성(geographical area), 사람들 간 사회적 상호작용(social interaction), 공동의 유대감(common tie)을 제시한다. 이러한 개념을 기반으로 지역공동체를 유형화하면 일정한 지리적 공간을 기반으로 하는 공동체, 주민과 생활 전반에 걸쳐 긴밀하게 사회적으로 상호작용하는 공동체, 공동의 목표와 가치를 추구하는 정서적 유대감을 갖는 공동체로 구분된다.

공동체는 공간적 형태 중심으로 접근할 때 농촌, 도시, 도농복합지역으로 구분할 수 있다. 최근에는 물리적 공간이 아닐 가상의 공간에서도 공동체가 형성되어 장소성에 대한 새로운 정의와 접근이 이루어진다. 한편, 행위적 관점에서 각자의 혹은 상호 간의 의미와 정체성, 배제 또는 소외되지 않는 관계, 소속감 강조, 사회심리학적 관점. 상호관계, 운명공동체, 밀접한 유대를 중심으로 접근하는 경우가 있으며, 이는 개인적 보상과 의무를 통해 접근하는 심리적 특성이 강하다.

우리나라는 마을기업시행지침에서 지역공동체의 구성요소를 지역성, 사회적 상호작용, 공동의 유대감, 공익성으로 구분하고 있다(행정안전부, 2017). 지역성(Locality)은 지역공동체는 지리적으로 구분된 공간 내에서 활동이 이루어지는 특성을 지닌다는 것이며, 사회적 상호작용(Interaction)은 지역공동체는 구성원들 간에 활발한 사회적 상호작용을 기반으로 하여야 하며, 공동의 유대(Common bonds)는 공통의 유대감과 소속감을 공유하면서 정체성을 형성하는 것을 의미하며, 공익성은 지역공동체를 통해 이루어지는 활동은 공동체의 편익을 위해 이루어질 필요가 있지만 이 과정에서 발생한 잉여는 지역사회를 위해 환원해야 할 필요가 있음을 의미한다.

(3) 지역공동체의 유형 분류

i) 주민과 행정과의 관계에 의한 구분

지역공동체는 주민과 행정의 관계에 의해 공동체 활동의 주체를 어디에 더 비중 있게 두는가에 따라 분류할 수 있다. 정부주도형은 주민과의 관계에서 정부가 주도하는 형태로 중앙정부 주도형과 지방정부 주도형으로 구분된다. 주민주도형은 민간의 주도성이 보다 큰 형태로 정부와의 관계에서 저항형, 파트너십형, 로컬 거버넌스형으로 구분된다. 민관협력형은 정부와 민간 영역이 협력을 통해 사업을 수행하는 것으로 민간자율 우선형, 재정지원 우선형으로 구분된다.

〈표 8-9〉 주민과 행정의 관계 의한 지역공동체 활성화 유형

구분	관리주의 모델	파트너쉽 모델	지역공동체 협치 모델
초점	서비스 전달체계의 중요성	민관공동생산을 위한 지역공동체 참여	지역공동체에게 사회문제 해결의 실질적 권한 부여
공동체의 역할	고객으로서의 공동체	공동생산자, 동반자(행정과 대등한 관계)	협치의 상대방
행정의 역할	공급자	공동생산자, 동반자	촉매자, 촉진자
주민자치센터 기능	문화여가 및 편의 제공	민관협력 네트워크 구축	지역공동체 자치
지역의 중요성	복지서비스 혜택의 장 공동소비와 여가 향유	대의민주주의 실천의 장, 공동체 의식 함양	참여민주주의 실천의 장, 지역공동체의 의식 함양
사례	한국 주민자치센터, 일본공민관, 서양 커뮤니티센터	일본의 마치츠쿠리,영국 이즐링턴구의 동네 포럼	스위스 준직접민주제(주민 총회 및 주민투표제) 코뮌

ii) 자산기반과 욕구중심 형태에 의한 구분

공동체주도발전(Community-Driven Development: CDD)은 개념적으로 상위에 존재하는 '지역공동체 기반의 발전(CBD: Community-Based Development)'에서 파생된 개념으로, 공동체 조직에게 자원과 의사결정 권한을 주는 것을 의미한다. 공동체주도발전은 사회적, 구조적으로 지역사회에 필요한 서비스를 제공하고, 경제적 활동을 조직하며, 가난한 사람에게 권한을 부여하고, 거버넌스를 증진시키며, 가장 빈곤한 사람들의 보호를 고양하기 위한 방법으로 정의된다.

〈표 8-10〉 공동체 활성화 인자 출처에 의한 구분

관점	요구에 기초한 접근방법 (Need-based approach)	자산에 기초한 접근방법 (Asset-based approach)
정책의도	욕구에 대응	역량강화
지원이유	자선	투자(investment)
목표	제도적 변화	공동체 형성
분석	결핍요소 정량화	파트너쉽 분석
대상	개인(고객)	커뮤니티/이웃(시민, 생산자)
권한	정부주도	지역조직의 권한이양
관계	수직적 관계	수평적 관계
접근방식	프로그램 지향적	사람 지향적

2. 공동체 네트워크

(1) 네트워킹의 개념

지역사회에서 공동체 형성은 조직 내·외부의 사람들과 비공식적인 인간관계를 구축하기 위해 고안된 행동이 요구된다. 네트워킹은 조직내외부에서 모두 행해질 수 있으며, 개인과 조직 및 단체, 정부 등 넓은 범위를 내포하는 목표지향적인 활동이라고 할 수 있다.

네트워킹은 시간이 지나면서 약한 연결에서 강한 연결로 진화하고 행위자들 간에 신뢰 형성하게 되는데 신뢰 관계는 정보 흐름의 효과적인 통로 제공과 공유 채널 창출, 활동기반을 확대할 수 있는 학습 기회 제공하며, 경쟁력을 높이고 이용 불가능한 행위자들 간에 강하고 장기적인 관계를 형성하는데 도움이 될 뿐 아니라 공식적인 계약 관계를 넘어서는 '호의(favor)'로 불리는 상호 간의 자발적인 노력을 통해 발달된다.

신뢰 관계는 개인 뿐 아니라 국가와 조직, 지역사회와의 관계를 통해 '사회 자본(social capital)'으로 연계되는데, 사회적경제 조직의 내외부에서 개인, 조직 및 단체, 정부 기관 등 네트워크 행위자들과 신뢰 관계 및 사회자본을 형성하고 이를 통하여 지역공동체 구성원들이 공동의 목표를 향해 효율적인 힘을 발휘하여 궁극적으로 사회적 경제 기업이 성과를 달성하게 하는 목표지향적 경영활동을 의미한다.

특히 자원이 부족한 사회적경제 영역에서의 네트워킹은 자원에 접근하여 역량을 확보하고 조직성과를 달성하는 데 기여하고, 자원이 제한적인 기업은 네트워킹을 통해 자원을 활용하며, 상호호혜와 신뢰를 바탕으로 다양한 이해관계를 추구하기 때문에 매우 중요하다.

(2) 사회적 자본

사회적 자본은 지역사회의 발전에 중요한 요소로 작용하는데, 호혜성을 바탕으로 일어나는 사람과 사람 사이의 협력 및 사회적인 거래를 촉진하는 신뢰와 규범 등 일체의 사회적 자산이다. 사회 자본은 정보, 영향력, 연대의 원천이 되고, 지역공동체 구성원들이 힘을 합쳐 공동의 목표를 향해 효율적으로 움직일 수 있도록 하는 힘이 되며, 사회적 경제 기업이 성과를 달성하는 데 성공요소로 작용하는 힘이 된다.

3. 사회적경제와 거버넌스

(1) 거버넌스의 의미

거버넌스는 정부나 시장 혹은 둘 이상의 어떤 관계망이 가족이나 집단, 공식 또는 비공식조직, 지역 내 혹은 지역 외 등의 사회시스템, 법률과 규범 및 권력 또는 조직된 사회의 언어에 의하여 영향을 받든지 아니든지 관계없이 진행되는 모든 관리 절차를 의미한다. 다양한 행위자의 참여로 이루어지는 사회적경제에 있어서 거버넌스는 협력이 필요하다. 협력적 거버넌스는 제3의 사회적 조정양식으로 "하나 혹은 그 이상의 공공기관의 공식적이고, 의견일치를 추구하고, 의도적으로 이루어지는 집합적 의사결정과 집행 과정에서 민간부문의 이해관계자와의 직접적 상호작용을 통하여 공공문제를 해결하는 것"으로 정의한다.

사회적경제에서 거버넌스는 빈곤, 실업, 양극화, 소외 및 배제 등과 같은 지역사회문제들에 있어서 중앙 또는 지방 부 중심의 문제 해결 방식에서 머물러 있지 않고 사회적 경제조직이 지역공동체를 중심으로 내외부의 이해관계자와 함께 적극적으로 능동적으로 상호작용하는 거버넌스가 요구된다.

(2) 사회적경제의 이해관계자와 중간지원조직

사회적경제에서 이해관계자란 '주주뿐 아니라 구성원, 지역공동체, 공급자, 정부 및 지자체, 중간지원조직, 협력사 등 내 외부에서 사회적경제 기업에게 특별한 공헌을 하고 반대로 사회적 경제 기업을 그들에게 서로 다른 이익을 제공하는 관계에 있는 사람 또는 조직'을 의미한다. 이해관계자 참여는 주주 위주의 경영에서 벗어나 지역공동체, 공급자, 협력사, 고객, 구성원, 환경 등의 다변화된 모든 이해관계자들을 위해 감정적, 경험적, 사회적, 재정적 측면에서 중요한 모든 형태의 가치 창출을 추구하는 기업이기 때문이다.

다중이해당사자 특성을 가진 사회적경제의 협력에서 중간지원조직의 역할이 중요하다는 인식은 다양한 차원에서 제기되고 있다. 중간지원조직은 지역사회에서 공공, 민간조직과 다른 민간조직이나 시민사회를 연결하고, 인적·물적·기술적 지원, 정보와 자원의 제공하기 위한 역량을 구축하고, 조정 활동을 통해 이들의 활동을 촉진하는 조직이라고 할 수 있다(김학실, 2014). 국가별로 서비스 제공의 역사와 정부의 역할과의 관계에 따라 중간지원조직의 역사와 역할도 다르다. 그러나 공통된 정의를 보자면, 정부의 역량으로 할 수 없는 영역에서 정부와 시민의 다양한 요구를 반영하고 연계를 하는 조직을 의미한다. 중간지원조직(intermediary support organization)은 '중간'(intermediaries 또는 intermediary organization)이라는 위상적 특성과 '지원조직'(support organization)이라는 기능적 특성을 가진 조직이다.

사회서비스가 증가하는 상황에서 비역자선단체의 서비스 공급이 중복되지 않도록 조율하는 인프라스트럭처 조직(Infrastructure Organization)으로 시작되어, 우산 조직(Umbrella Organizations), 로컬 디벨롭먼트 에이전시(Local Development Agency)와 같이 다양한 용어로 사용되면서 사회서비스와 관련된 지역의 공공서비스의 제공 및 핵심역할을 추진한다.

중간지원조직은 사회서비스가 증가하는 상황에서 비영리 자선단체의 서비스 공급이 중복되지 않도록 조율하는 인프라스트럭처 조직(Infrastructure Organization)으로 시작되어, 우산 조직(Umbrella Organizations), 로컬 디벨롭먼트 에이전시(Local Development Agency)와 같이 다양한 용어로 사용되면서 사회서비스와 관련된 지역의 공공서비스의 제공 및 핵심역할을 추진한다. 중간지원조직의 역할은 설립 목적에 따라 다르지만, 정보수집 및 제공기능, 자원과 기술의 중개 기능, 인재육성 기능, 상담 및 컨설팅 기능, 네트워크 및 교류 촉진 기능, NPO 평가 기능, 정책제안 기능, 조사연구기능으로 구분된다.

① 지원서비스: 지역사회에 필요로 하는 서비스제공 및 지원

② 역량강화: 특화된 기술, 전문성, 지식, 네트워크 등 활용

③ 옹호: 전달 통로, 대변인, 정책, 환경, 법, 제도 개선 촉구

④ 조정: 이해관계자 간 자원연결 코디네이터 역할

⑤ 자원동원 및 네트워킹: 교류·협력 촉진, 정보와 아이디어 공유, 공동의 활동조직화 기회 제공, 네트워크 형성 지원

⑥ 정책효과성 제고: 단체 활동 평가 및 모니터링, 피드백 제공을 통해 효과성 제고

중간지원조직은 민-관 두 부문의 중간에 위치해서 협력 네트워크를 촉진하고, 민과 관이 소통할 수 있는 공론의 장을 제공하며 다양한 행위자가 정책 결정 과정에 참여할 수 있는 기회를 제공함으로써 사회가 복잡화되어 갈수록 역할과 기능이 확대되고 있다.

제7절 사회적 임팩트와 사회적 금융

1. 사회적 임팩트

(1) 사회적 임팩트의 의미

사회적경제는 단기적 성과보다는 장기적 영향을 측정하는데 관심을 갖는다. 영국의 브리티시 카운슬(British Council 2014)의 〈2020년 사회적 기업 전망〉 보고서는 사회적 기업 등 사회적 경제의 전망을 낙관적으로 평가하면서 '사회적 임팩트의 주류화'(mainstreaming)를 제시하고 있다. 이는 사회적경제가 단기적으로 성과를 내기보다는 장기적 관점에서 사회적으로 긍정적 영향을 주는 사회적 가치에 보다 관심을 기울인다는 것을의미한다. OECD는 "사회적기업들은 새로운 일자리를 만들고, 효과적이며 효율적인 서비스 공급의 전달자이며, 시민의 지역공동체 참여를 진흥시키며, 혁신적 아이디어를 공공선의 혜택이 되는 행동으로 옮기고 있다."고 평가한다.

사회적경제는 다양한 소유권 구조를 갖춘 다중이해당사자적 성격을 가지고 있고, 영리적 목표 외에 다양한 목표를 추구하는 다중목표조직으로써 소비자들에게는 많은 선택의 기회를 제공하고, 독점의 형성을 차단하는 역할을 하며, 도매가격을 낮추고, 기술개발과 혁신의 기회를 제공해주고, 정보의 비대칭을 해소함으로써 전반적으로 시장경쟁력을 개선시키는 경제적 임팩트가 발생한다. 또한 사회적 재화와 서비스 공급을 확대해 공공부문의 서비스 저공급 문제를 보완하거나 재화와 서비스 공급의 확대로 지역 고용의 확대와 임금 증가라는 경제적 임팩트도 발생한다. 이처럼 사회적경제는 시장과 국가의 메커니즘과 구분되는 특징을 가지고 있으며, 이는 협동과 상호성이라는 조정의 메커니즘에 의해 조직이 운영되며, 조직을 설립한 사람들의 관여뿐 아니라 광범위한 이해관계자들의 참여에 의한 의사결정을 중시하여 참여자들 사이의 신뢰를 바탕으로 하는 민주적 의사결정구조를 가지고 있다. 사회적 경제 조직의 사회적 임팩트는 참여자들의 공통된 미션과 구조의 직접적인 결과에 기초함으로써 조직의 구성원들의 이해와 지역사회의 이해에 충실한 조직으로 유지될 수 있고, 이를 통해 사회와 경제의 신뢰 수준이 되는 사회자본을 증대시키는 중요한 역할을 한다. 이러한 다중이해당사자, 다중목표, 민주적 의사결정, 사회적 자본의 추구, 지역사회에 이익 환원 등은 국가와 시장이 추구하는 속성과 차별화되는 것이며 이러한 차별성이 사회적 임팩트를 구성하는 요소로 간주된다.

(2) 사회적 임팩트 투자

사회적 임팩트의 성장은 '사회적 임팩트 투자'(Social impact investment: SII)의 성장으로 진전되었다. OECD는 2015년 〈사회적 임팩트 투자〉 보고서에서 "측정 가능한 사회적, 재정적 수익에 대한 확고한 기대로 사회적 욕구충족에 활동하는 조직들에 대한 금융의 제공"이라 정의하였다. 또한 "혁신적 해결방안에 재정, 공급, 규모 확장을 할 수 있는 새로운 형태의 민관 파트너십(public and private partnership: PPP)을 비롯해, 사회적, 경제적 도전들을 해결하기 위한 공공 및 민간자본을 효과적이고 효율적으로 배분하는 새로운 방법들을 제공할 수 있는 잠재력을 갖고 있다."고 평가함으로써 사회적임팩트투자가 유용한 수단임을 제시하였다. 임팩트 투자는 재무적 성과 (financial impact)와 사회적 성과(social impact)를 모두 기대하는 투자이다. 재무적 성과는 증명이 쉽지만, 사회적 성과는 이를 정의, 이해, 측정, 평가, 관리하는 것이 어렵다.

사회적임팩트투자가 경제위기를 극복하고 사회혁신을 가져다줄 수 있는 대안으로 제시되면서, 자본이 취약한 사회적경제 영역이 활동할 수 있는 지지선으로서의 필요성이 높아지고 있다. 영국의 국가 자문위원회는 사회적 임팩트 투자는 사회적 욕구를 지속가능한 방법으로 충족시키는 데 도움을 주는 잠재력을 갖고 있으며, 미국의 국가 자문위원회는 사회적 임팩트투자가 '공공선을 위한 민간 자본'을 활용하는 수단임을 제시하고 있다. 사회적임팩트투자가 전통적인 공공부문의 핵심적인 역할 또는 자선기관의 역할을 대체하는 것은 아니지만, 시장기반의 자본 활용의 접근법으로 사회적 임팩트를 확대시키는 모델을 제시한다.

(3) 사회적 임팩트 평가방법

사회적 임팩트 투자를 위해서는 정확한 평가가 요구된다. 사회적 임팩트 평가는 정책이나 사회적 개입의 비용을 금전적으로 측정된 혜택과 비교하는 방법을 의미한다. 비용과 혜택을 같은 단위로 표시해 정책 목표가 바람직한 것인지를 제시해 보여주는 데 활용한다. 임팩트 측정은 임팩트 투자 생태계의 모든 이해관계자들에게 진정한 가치를 보여줄 수 있고, 임팩트 투자로 생산되는 집합적 임팩트의 규모를 증대시키는 자본의 동원이 가능하며, 계획된 임팩트를 수행하는 데 투명성과 책무성을 제고할 수 있는 장점이 있다. 이러한 사회적 임팩트를 평가하는 대표적인 방법은 논리모형을 제시할 수 있다.

	투입 imput	활동 activity	산출 output	결과 outcome	임팩트 impact
개념 정의	활동의 서비스에 투입되는 자원	목표달성을 수행하는 행동/임무	수행된 활동의 결과인 즉시적 실행, 산출, 서비스	산출과 서비스의 전달로 나타나는 개인이나 환경 변화, 효과	달성된 결과로 누적되는 사회나 환경 변화, 효과
예시	임팩트 기관 (예: 소액대출기관)에 투자	수혜자 유치를 위한 임팩트 기관의 활동(예:캠페인)	임팩트 기관의 서비스를 이용한 수혜자 (예: 대출건수)	수혜자의 변화(예: 대출로 수입 2배 증가)	임팩트 기관이 환경이 미치는 거시적 변화(예: 빈곤감소)
시각	자본의 투입 (초기 투자)	임팩트 목표 수행을 위한 활동	임팩트 자본을 통한 서비스	임팩트 자본으로 발생한 수혜자 소득	임팩트 자본이 만드는 사회적 임팩트

[그림 8-4] 임팩트 평가 논리

2. 사회적 금융

(1) 사회적 금융의 의미

사회적금융(Social Finance)은 사회적 가치(Social Value) 실현을 재무적 이익(Financial Return)과 함께 추구하는 금융으로 사회적으로 가치 있는 일에 돈을 투·융자하여 지속가능한 발전을 꾀하는 행위를 의미한다. 사회의 다양한 문제를 해결하기 위해 자본을 조성하고 금융서비스를 개발하는 것으로 현대적 의미의 사회적 금융은 마이크로파이낸스, 지역개발금융, 사회목적투자, 풀뿌리 관계금융 등을 제시할 수 있다.

사회적 금융을 활성화하기 위해서는 사회적 금융 생태계(social financing ecosystem)의 조성이 필요하다. 사회적 금융에는 많은 이해관계자들이 있어, 사회적 금융의 제공자, 투자처가 되는 사회적기업 등 조직, 그리고 사회적 투자 활동에 참여하거나 영향력을 갖고 있는 모든 이해관계자들을 포함한다. 사회적 금융 생태계는 사회적 투자의 수요와 공급이 만나는 사회적 금융으로 일차적으로 경제적, 사회적, 문화적 또는 환경적 목표를 달성하기 위해 자본을 활용하는 다양한 투자자들로 구성되어 있으며, 무수하고 다양한 유형의 중간지원조직(intermediaries)은 투자자와 투자처를 연계시켜 지역사회에 투자하도록 조성하는 역할을 하게 된다.

(2) 사회적 금융의 유형[50)]

i) 마이크로파이낸스(Micro Finance)

마이크로파이낸스는 빈곤층에 대한 소액대출과 경영지원서비스 등을 통해 경제적 자립 및 자활을 돕기 위한 투자방식을 의미한다. 경기 침체 등으로 제도권 금융기관에서 소외된 빈곤층이 늘어나면 불가피하게 사금융의 고금리 피해가 커지는 사회적 문제가 생길 수 있는데 이러한 폐해를 감소하는 효과가 있다. 대표적인 사례는 그 라 민 은행, 사회연대은행, 신나는 조합 등이 있다.

ii) 공동체금융(Community Finance)

공동체금융은 지역공동체 내에서 공동체 발전을 위하는 기관이 지역공동체에 제공하는 투자를 의미한다. 미국과 영국 등에서 은행 여신의 일정부분을 반드시 지역밀착형 대출로 하도록 의무화하여 낙후지역 투·융자를 간접적으로 유도하는 제도이다.

iii) 사회목적투자(Impact Investment)

사회적목적투자는 사회적으로 가치 있는 사회적, 환경적 임팩트를 창출함과 동시에 경제적 가치를 추구하는 투자를 의미한다. 자선과 투자의 중간 영역에서 지속가능한 사회적·환경적 가치 창출을 목표로 하는 금융 방식으로 재투자가 가능하도록 최소한 원금 회수를 목표로 재무적 수익을 기대하면서도 명시적으로 긍정적인 사회적·환경적 임팩트 창출을 동시에 추구하는 투자 유형이다. 단순 자금규모 확장 의미를 넘어 일반 투자자금이 가지는 장단점이 임팩트투자 영역 에서도 적용될 수 있다. 대표적인 사례로는 아큐먼펀드, 크레비스파트너스 한국사회투자, 신나는조합 등이 있다.

iv) 사회성과연계채권(Ssocial InvestB)

민간 투자자들이 정부와 계약을 맺은 다음 일단 민간 투자금으로 먼저 사업을 수행하고 향후 성과에 따라 투자금을 돌려받는 형식의 사회적금융 방식이다. 복지비용의 절감 차원에서 정부도 win이고 또 민간 투자자들은 본인이 원하는 섹터에 투자할 수 있고 또 감시

---

50) 김양우·김자혜(2016). 지역경제 활성화를 위한 사회적금융 발전방안: 경기지역을 중심으로.

도 용이하므로 win이며 납세자들도 결국 성공한 정책에만 본인의 세금이 쓰이기 때문에 win이라고 볼 수 있는 소위 증세가 없는 복지 대안이다.

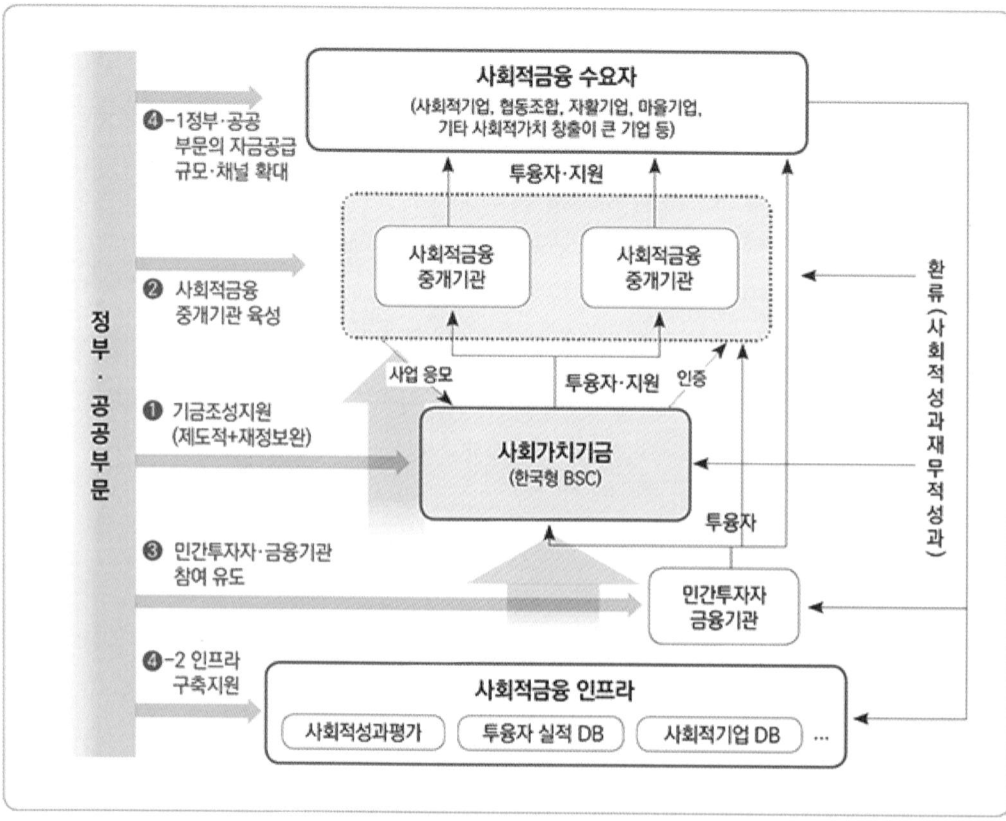

[그림 8-5] 우리나라 사회적금융 생태계

제8절 사회적경제의 평가와 미래

1. 사회적경제의 평가

사회적경제는 완전고용과 복지국가에 심각한 변화가 일어나 대안을 찾기 위한 탐색과정에서 정책대안으로 부상하였다. 경제위기와 복지위기 해결을 위한 사회적경제가 사회문제의 해결과정에 제3섹터로서의 역할을 수행하였는지에 대해서는 의견이 다양하다. 사회적경제는 자본주의 경제체제로 인한 대량실업, 빈곤, 사회적 배제 등의 문제를 해결하기 위한 대안적 역할은 가능하지만, 그 역할은 한계가 있다는 비판적 평가와 그러한 한계에도 불구하고 정부와 거버넌스를 형성하여 정책 파트너로써 서비스 전달과 통로의 역할을 수행하였다는 점에서 긍정적인 평가를 받기도 한다.

우리나라는 IMF 금융위기를 극복하면서 사회적경제에 대한 관심이 일어나게 되었고, 정부중심의 제도화 과정에서 사회적경제의 본질적인 사회문제 해결보다는 일자리 중심의 양적 성장에 천착하고 있다는 비판을 받고 있다. 인증을 위한 제도적 동형화의 문제와 사회적경제의 기본 가치를 훼손하는 유사 사회적경제조직의 등장으로 인해 사회적경제의 변화가 필요한 시점이라는 점도 상기해야 한다.

2. 사회적경제의 미래

우리 사회는 장기실업, 고용 없는 성장, 산업구조의 문제와 복지국가 역할 축소와 복지프로그램 폐지와 같은 경제, 사회의 다양한 문제에 노출되어 있다. 분야에 따라 정부의 역할이 증가되는 경우와 축소되는 경우가 있으나, 사회서비스 분야에서의 사회적경제 역할은 점점 증가되는 추세에 있다. 사회적경제는 국가, 시장, 제3섹터 등 무수한 이해관계자들이 참여해 만들어내는 경제로 서로 다른 배경을 가진 다양성이 뒤섞여 작용하는 '혼합'의 장으로 인식할 수 있다.

나라마다 사회적경제의 발전 배경과 속도, 제도화의 수준은 다르지만, 사회적경제의 역할이 증대되고 있다는 점은 부인할 수 없다. 그러나 사회적경제를 바라보는 시각은 비판과 우려가 동시에 존재한다. 사회적경제는 국가와 시장의 관계를 떠나 그 개념을 올바로 정의할 수 없고, 일자리 창출, 기업가정신, 지역 활성화, 복지 제공에 혁신적인 역할을 하기 어렵다고 보는 비관론적인 시각과 정부와 기업과 시민사회 모두에서 공통적인 '혁신'(innovation)이라는 특징을 갖고 사회문제를 해결하는 혁신적인 방법이라는 긍정론적인 시각이다.

사회적경제 조직들은 사회적 가치로서 이윤추구와 소유주에 대한 수익배분을 중시하지 않는 활동을 궁극적인 목표로 한다. 실제로 사회적경제 조직들이 추구하는 핵심목표는 자신들의 구성원들과 지역사회에 필요한 재화와 서비스의 제공, 공익을 위한 목표 추구를 통한 핵심적인 역할을 한다.

향후 사회문제는 매우 복잡하게 변화할 것으로 예상되며, 사회적 소외계층과 일자리 취약계층 등의 문제는 우리사회를 더욱 어렵게 만들 것이다. 일자리는 감소하고, 재취업을 위한 기술 습득도 어려우며, 고령화로 인한 노인문제와 사회서비스 요구에 대한 공급도 정부 단독으로만 해결하기 어려운 상황에 놓이게 될 것이다. 사회적경제는 여러 가지 문제 해결을 위한 한계에도 불구하고, 공동체 문제 해결과 지역위기 극복, 사회서비스 제공 등의 역할이 지속적으로 이루어질 것이며, 보다 다양한 형태로의 발전이 도모될 것으로 예상된다.

참고문헌

김선기 · 박승규 · 전대욱 · 최인수(2011). 지역주도의 일자리 창출전략, 한국지방행정연구원.

김양우 · 김자혜(2016). 지역경제 활성화를 위한 사회적금융 발전방안: 경기지역을 중심으로. 2016년 한국은행 경기본부 공동연구 과제.

김학실(2014). 지역공동체 위기에 대응한 공동체주도발전전략에 관한 연구, 위기관리논집, 10(5): 179-201.

김학실(2017). 사회서비스의 사회적경제 전략. 사회서비스연구, 7(2):127-174.

주성수(2010). 사회적경제-이론, 제도, 정책. 한양대학교 출판부.

행정안전부(2021). 마을공동체시행지침. 행정안전부.

행정안전부(2017). 지역공동체의 이해와 활성화. 행정안전부.

Alter K.(2004). Social Enterprise Typology.

Bornstein D., Davis S.(2010). Social entrepreneurship: What everyone needs to know. Oxford University Press.

Dees J.M.(1998). The Meaning of "Social Entrepreneurship".

Defourny J.(1990). Financial equilibrium and risk aversion in French workers' cooperatives. Annals of Public and Cooperative Economics.

Evers A, Laville J.(2004). The third sector in Europe. Edward Elgar Publishuing: USA.

Gidron B., Kramer R. M., Salamon L.M.(1992). Government and the third sector: Emerging relationships in welfare states. Jossey-Bass.

Hillery, G. A. (1955). Definitions of community: Areas of agreement. Rural sociology, 20, 111-123.

Kerlin(2006). social enterprise in the united states and europe.

Mook L., Richmond B.J., Quarter J.(2003). Integrated Social Accounting for Nonprofits: A Case From Canada. Voluntas: International Journal of Voluntary and Nonprofit Organizations, 14: 3, September.

Salamon L.M., Anheier H.K.(1996). The International Classification of Nonprofit Organizations. Johns Hopkins Institute for Policy Studies.

장소통합형 도시재생

저　　자 : 황재훈, 홍성조, 변나향, 박경옥,
김미경, 안대환, 박봉주, 김학실
발 행 처 : 충북대학교 출판부
발 행 인 : 김 수 갑
주　　소 : 28644 충북 청주시 서원구 충대로 1
전　　화 : (043) 261-2952, 3014
팩　　스 : (043) 274-1256
이 메 일 : presscbu@chungbuk.ac.kr
등　　록 : 제1983-2001-7호
초 판 1 쇄 : 2021년 10월 31일
인 쇄 처 : 삼성디자인기획 042)221-3111

ⓒ충북대 출판부 2021, printed in KOREA
ISBN 978-89-7295-525-2 93530

값 23,000원

* 이 저서는 2021년 충북대학교 국립대학 육성사업에 의해 지원 발행되었음.